U0178517

新型显示前沿
科学技术丛书

孟鸿 著

Perovskite Luminescent
Materials and Devices

钙钛矿发光材料与器件

图书在版编目(CIP)数据

钙钛矿发光材料与器件/孟鸿著. —北京：北京大学出版社，2022.9
（新型显示前沿科学技术丛书）
ISBN 978-7-301-33313-6

Ⅰ.①钙… Ⅱ.①孟… Ⅲ.①钙钛矿－发光材料 ②钙钛矿－发光器件 Ⅳ.①TB34 ②TN383

中国版本图书馆 CIP 数据核字（2022）第 160426 号

书　　名　钙钛矿发光材料与器件
　　　　　GAITAIKUANG FAGUANG CAILIAO YU QIJIAN
著作责任者　孟　鸿　著
责 任 编 辑　郑月娥　赵旻枫　王斯宇
标 准 书 号　ISBN 978-7-301-33313-6
出 版 发 行　北京大学出版社
地　　址　北京市海淀区成府路 205 号　100871
网　　址　http://www.pup.cn　新浪微博：@北京大学出版社
电 子 信 箱　zpup@pup.cn
电　　话　邮购部 010-62752015　发行部 010-62750672　编辑部 010-62764976
印 刷 者　北京九天鸿程印刷有限责任公司
经 销 者　新华书店
　　　　　787 毫米×1092 毫米　16 开本　17.25 印张　335 千字
　　　　　2022 年 9 月第 1 版　2022 年 9 月第 1 次印刷
定　　价　116.00 元（精装）

作 者 简 介

孟鸿，北京大学深圳研究生院新材料学院副院长、讲席教授、博士生导师，国家特聘专家，广东省领军人才，深圳市海外高层次人才计划 A 类，享受深圳市政府特殊津贴，2021 年入选美国斯坦福大学发布的全球前 2% 顶尖科学家榜单。孟鸿教授师从加利福尼亚大学洛杉矶分校有机光电材料科学家、美国国家科学院院士 Fred Wudl 教授，斯坦福大学有机半导体材料专家、美国国家工程院和美国艺术与科学院院士鲍哲南教授，诺贝尔化学奖获得者、美国国家科学院和工程院院士 Alan J. Heeger 教授。孟鸿教授 30 年来一直从事有机光电材料的研发工作，曾在美国杜邦公司、贝尔实验室和朗讯科技公司从事有机光电材料研究工作。在美国杜邦公司担任高级化学家期间，发明了当时世界上最好的蓝光有机发光二极管（OLED）材料（迄今依然是主要的商业化材料）和红光、绿光有机发光二极管材料。孟鸿教授在固态有机合成法、有机半导体器件工程、有机电子学等科学技术领域，特别是在有机发光二极管、显示技术、有机薄膜晶体管、有机导电聚合物和纳米技术的应用研发方面有着丰富的工作经验与理论基础。截至 2022 年 9 月，孟鸿教授发表 SCI 论文 270 余篇，同行引用逾 11 000 次（H-index：53），并申请 160 项发明专利（70 余项已授权），其中国际发明专利 45 项（17 项已授权）。出版了 *Organic Light-Emitting Materials and Devices*、*Organic Electronics for Electrochromic Materials and Devices*、《有机薄膜晶体管材料器件和应用》等学术专著。

丛书总序

新型显示技术已成为引领国民经济发展的变革性技术之一，新型显示产业是新一代信息技术产业的核心基础产业之一，不仅体量大、贡献率高，而且技术含量高，具有承上启下的作用，可以大大拉动上游材料、电子装备、智能制造等基础产业的发展。近年来，随着5G、物联网及人工智能等信息技术的发展和新型显示形态的不断涌现，融合催生出VR、可穿戴、超大尺寸及三维显示等一批新型应用场景，正在形成近万亿元的市场规模。当前，中国新型显示产业规模已跃居全球第一，累计投资总额超过1.3万亿元。以京东方、TCL华星、天马、惠科等企业为代表的面板企业，逐步成为面板行业的领头羊，中国新型显示产业的产值已经占据全球显示产业的半壁江山。

当今社会，显示无处不在，从人手一部的手机，到家家户户必有的电视，再到商场里、大街上的各种商用显示屏幕，以及汽车上的车载显示屏，显示屏已成为我们日常生活的重要组成部分，作为我们获取信息、观看世界的一个非常重要的窗口，具有不可替代的重要作用。随着人民美好生活需求的不断提升，对显示面板的品质也提出了更高的要求，各种不同技术的显示屏也经历着更新换代、产品升级，从最初的阴极摄像管(cathode ray tube，CRT)显示器，到薄膜晶体管液晶显示器(thin film transistor liquid crystal display，TFT-LCD)，再到当下已经广泛应用的有源矩阵有机发光二极管(active-matrix organic light-emitting diode，AMOLED)显示器，以及目前被大力研究的微型发光二极管(micrometer-scale light-emitting diode，micro-LED)显示器。除此之外，有机电致变色(organic electrochromic，OEC)材料与器件在电子纸、汽车车窗与天窗及玻璃幕墙等低功耗显示领域也具有广泛的应用前景。

随着新材料、新工艺和新型仪器设备的不断涌现，新型显示正朝着超高分辨率、大尺寸、轻薄柔性和低成本方向发展。随着各种半导体发光材料与器件的不断发展，新型显示技术与照明技术结合更加紧密，为未来显示与照明技术的交叉和多元化应用奠定了基础。从器件角度看，新型显示前沿科学技术所对应的显示器件包括：有机电致发光二极管、量子点发光二极管、钙钛矿发光二极管、电致变色材料与器件（作为被动显示器件），以及其他新型半导体发光器件。

“新型显示前沿科学技术丛书”涉及化学、物理、材料科学、信息科学和工程技术等多学科的交叉与融合。尽管我国显示产业非常庞大，但由于我国基础研究起步较晚，依然面临“大而不强”的局面，显示关键材料和核心装备仍然是产业的薄弱环节，产业自主可控性差。而在新型显示前沿科学技术方面，中国的基础研究可与世界水平比肩，新型发光材料与器件及其应用已发展到一定高度，并在一些领域实现了超越。

本丛书作者自 2014 年起，于北京大学深圳研究生院讲授“有机光电材料与器件”课程，本丛书是作者 8 年讲课过程中对新型显示技术的深度思考与总结，系统而全面地整理了新型显示前沿科学技术的科学理论、最新研究进展、存在的问题和前景，能为科研人员及刚进入该领域的学生提供多学科、实用、前沿、系统化的知识，启迪青年学者与学子的思维，推动和引领这一科学技术领域的发展。

“新型显示前沿科学技术丛书”以高质量、科学性、系统性、前瞻性和实用性为目标，内容涉及有机电致发光材料、量子点材料、钙钛矿光电材料、有机电致变色材料等先进的光电功能材料以及相应的光电子器件等方面，涵盖了新型显示前沿科学与技术的重要领域。同时，本丛书也对新型显示的专利情况进行了系统梳理与分析，可为我国新型显示方面的知识产权布局提供参考。

期待本丛书能为广大读者在新型显示前沿科学技术方面提供指导与帮助，加深新型显示技术的研究，促进学科理论体系的建设，激发科学发现，推动我国新型显示产业的发展。

前　　言

钙钛矿材料作为一类新型的半导体材料，近年来发展十分迅速。钙钛矿(perovskite)以俄罗斯地质学家列夫·佩罗夫斯基(Lev Perovski)的名字命名，是一类具有钛酸钙晶体结构(ABO_3)的物质的统称。不同于传统的氧化物钙钛矿材料，本书涉及的是有机-无机杂化金属卤化物钙钛矿材料，其一般结构通式为 ABX_3，其中 A 通常为一价有机或无机阳离子，例如甲胺离子、甲脒离子和铯离子；B 为金属阳离子，例如铅离子、锡离子等；X 为卤素阴离子。该材料具有优异的光学性质，例如通过改变卤素的种类可以实现发光波长覆盖可见光-近红外波段，通过改变 A 位离子的种类可以对钙钛矿结构进行维度调控，色纯度高使得发光色域广，缺陷态密度低使得发光效率高，以及可低温溶液制备从而可柔性、大面积制备等，在照明显示领域具有广阔的发展前景。

钙钛矿发光器件的制备与有机发光二极管的制备有异曲同工之处。基于传统的"三明治"器件结构，钙钛矿发光二极管自 2014 年首次被报道以来，其效率从不足 0.1% 到如今的超过 20%仅用了短短几年时间。其优异的光学性能可以满足现代社会对于更清晰、色饱和度更高及更轻便的显示与照明需求，有望成为下一代发光显示技术的有力竞争者，在未来显示与照明产业占有重要地位。

本书旨在深入理解钙钛矿材料，内容涵盖了钙钛矿材料的结构性质、钙钛矿材料的合成以及薄膜与器件的制备工艺，共十一章。第一章介绍了金属卤化物钙钛矿材料的结构特征及其物理性质；第二章罗列了钙钛矿材料的合成与制备方法，如量子点合成、纳米晶合成、薄膜制备以及发光器件制备等；第三章至第六章介绍了近些年基于钙钛矿材料的单色发光二极管的研究现状，包括近红外钙钛矿、红光钙钛矿、绿光钙钛矿和蓝光钙钛矿发光材料的合成与器件的制备方法，罗列了相应的器件性能研究成果，如外量子效率、发光亮度和器件寿命等；第七章介绍了金属离子掺杂对于钙钛矿材料性质及其器件性能的影响，包括A位离子、B位离子掺杂产生的影响等；第八章概述了几类非铅金属卤化物钙钛矿及其衍生材料，例如锡、锑、铋、铜代铅的金属卤化物以及双元金属卤化物材料与其相应的器件研究进展；第九章介绍了一些制备白光钙钛矿材料及器件的研究，包括多种单色钙钛矿叠加、维度调控发光性能以及离子掺杂实现白光发光等；第十章简介了钙钛矿发光器件中用到的电荷传输材料种类，主要为电子传输材料和空穴传输材料；第十一章罗列了各类钙钛矿发光器件的工作稳定性，例如在恒定电流或电压下工作的寿命。

本书基于著者在钙钛矿发光器件领域所取得的一系列研究成果。编撰期间汇总了一些国内外在该领域取得的重大研究成果和最新研究进展，引用了相关参考文献中的图片、表格和数据，在此向文献的作者们表示诚挚的感谢。同时，也要感谢著者课题组博士后陈红，研究员尹勇明博士、贺耀武博士，博士后姚露，博士研究生张鑫康、李鸿阳，硕士研究生陈经伟、杨标、徐金浩、薛网娟、蔡金桥、吴李杰、吴雨亭、王胧佩、王涛，助理张非及其他科研人员对书稿的形成与定稿所做出的贡献。最后，感谢北京大学出版社以及编辑郑月娥、赵旻枫、王斯宇给予本书出版的大力支持。

本书致力于反映目前钙钛矿材料发光二极管的最新研究成果和发展趋势，希望能有助于研究生、本科生在知识储备和实验技能方面的提升，同时希望能对于钙钛矿发光材料以及器件领域有指导意义，成为一本在钙钛矿发光方面有参考价值的图书。

由于著者水平有限，书中难免会存在一些缺点，敬请广大读者批评指正。

著 者

2022 年 7 月

于北京大学深圳研究生院

目　　录

第一章　金属卤化物钙钛矿结构及物理性质

1.1　钙钛矿材料的晶体结构

钙钛矿材料自1839年由Gustav Rose发现以来，已有百余年历史。目前，许多钙钛矿材料应用于多个领域，例如压电、光电、铁电、超导体、磁阻、催化和离子导体等[1-7]。金属卤化物钙钛矿已有60多年的研究历史[8]。如图1.1所示，钙钛矿的结构式通常为ABX_3，A为单价阳离子($CH_3NH_3^+$、$NH_2CHNH_2^+$或Cs^+)，B为金属阳离子(Pb^{2+}或Sn^{2+})，X是卤素阴离子(Cl^-、Br^-或I^-)。

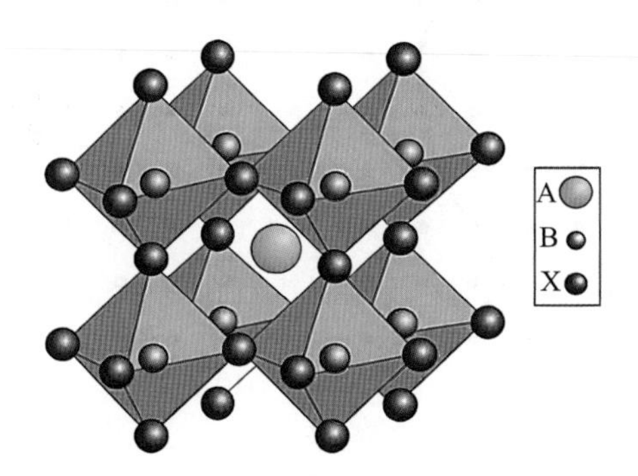

图1.1　钙钛矿的晶体结构[9]

金属卤化物钙钛矿材料在2009年首次被应用于液体染料敏化太阳能电池(dye-sensitized solar cell，简称DSSC)的光敏层中后，现已成为科学研究的“明星”材料[10]。基于钙钛矿材料的太阳能电池具有很高的缺陷容忍度，90%纯度也能实现较好的光电性能[11]。这种缺陷耐受性来源于钙钛矿材料的许多优异物理性质，例如缺陷密度低、载流子迁移率高、电荷载流子寿命长、电子-空穴扩散长度长等[12-15]。除了可以用作太阳能电池的吸光层以外，金属卤化物钙钛矿材料还被广泛用于发光二极管

(light-emitting diode,简称 LED)的发光层中,制备钙钛矿发光二极管。与传统的发光材料相比,金属卤化物钙钛矿材料具有独特的光电性质,例如带隙可调、色纯度高、色域广、荧光量子效率(PLQE)高等[16-18]。除此之外,钙钛矿材料还可以通过简便廉价的溶液法制备得到块状单晶、微晶或纳米晶(nanocrystals,简称 NCs)[19]。

1.2 钙钛矿材料的激子效应

1.2.1 激子的定义

当半导体吸收一个能量大于或等于其禁带宽度的光子时,电子会从价带跃迁到导带,此时导带中多出一个电子,从而在价带中形成一个空穴,而电子和空穴由于库伦力的作用互相吸引,形成电子-空穴对,又称激子,电子-空穴距离称为激子的玻尔半径。不同材料的激子玻尔半径不同,大约在 2～50 nm[20],按照玻尔半径的大小分为自由激子(Wannier 激子)和束缚激子(Frenkel 激子),如图 1.2 所示。

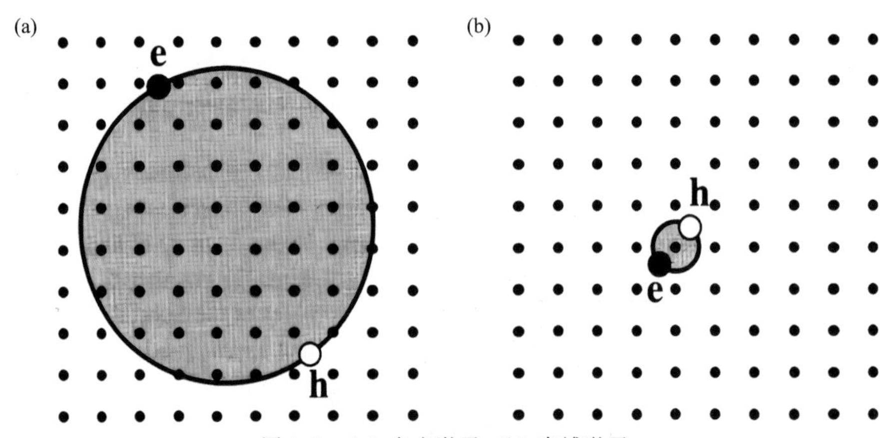

图 1.2 (a) 自由激子;(b) 束缚激子

在大部分钙钛矿材料中主要存在的是自由激子,可以用传统的氢原子模型来解释,其主要依赖于半导体中电子和空穴的有效质量,在此模型下,激子的能级可以用式 1-1 表示:

$$E_n = E_g - \frac{R^*}{n^2} \tag{1-1}$$

其中,E_g 为禁带宽度,R^* 为激子的有效里德伯常数。

在半导体中,载流子的有效质量通常要比激子的有效质量要小,因此载流子会受到晶格的屏蔽,有效里德伯常数可以写成归一化的里德伯常数(式 1-2):

$$R^* = R_0\mu/m_0\varepsilon_r^2 \quad (1\text{-}2)$$

其中，R_0 为里德伯常数，μ 为激子有效质量，m_0 为电子质量，ε_r 为晶体的相对介电常数。

当激子的质量减小到 $1/\mu = 1/m_h + 1/m_e$ 时（m_h、m_e 分别是空穴和电子的有效质量），其主要来源于被晶格屏蔽的载流子。因此，激子结合能取决于载流子的有效质量和晶体的介电常数。很多研究表明，在静态情况下和光诱导时钙钛矿的介电常数会有很大的不同。在卤化物钙钛矿材料中，静态时的介电常数 ε_s 约为 30，而在高频光照射下其介电常数 ε_∞ 也约为 30。因此，在钙钛矿激子结合能的计算中，不同的报道相差甚远。

1.2.2　钙钛矿材料中的自陷激子

钙钛矿材料的自陷激子对发光材料，尤其是白光钙钛矿材料的研究具有重要意义。在软晶格中，晶格会与载流子发生耦合，带来电弹性的扭曲，从而降低晶格的对称性。这些弛豫的载流子也称作极子，可以根据其势阱的深度和大小来进行分类，分为大极子和小极子[21]。大极子显示出较强的长程库伦作用，可以在几个晶胞内去局域化。小极子来源于局域化的载流子带来的晶格短程扭曲（图 1.3）。自陷激子的原理和小极子类似，其玻尔半径很小，和晶格的扭曲息息相关。

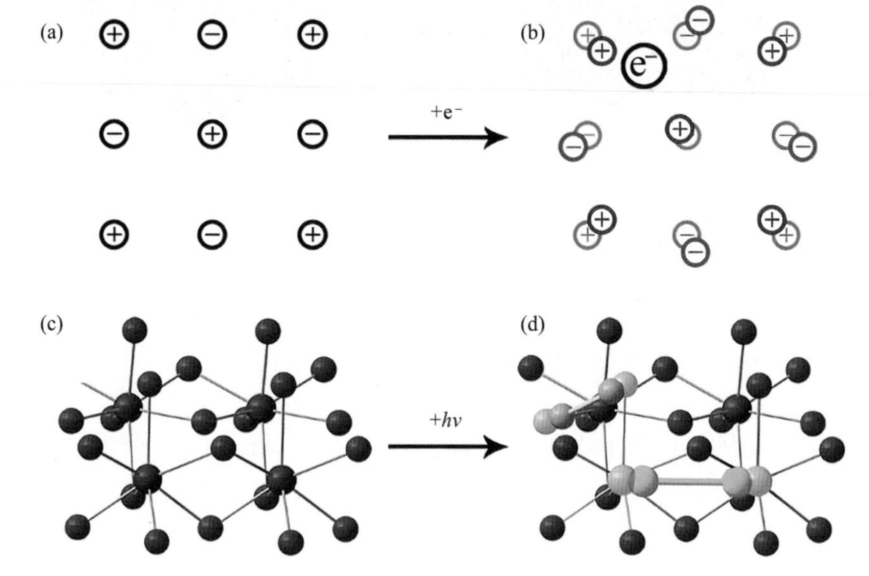

图 1.3　(a)(b) 在离子晶格上加入一个电子导致的大极子的形成示意，引起晶格的长程扭曲；(c) $PbBr_2$ 晶体结构单元，绿色和棕色分别代表 Pb 原子和 Br 原子；(d) 橙色的 Br_2^- 和蓝绿色 Pb_2^{3+} 二聚物形成自陷空穴和自陷电子，之后形成光激发[22]

本征的自陷激子不同于材料的永久缺陷[23]，可以想象成是一个硬球(电子/空穴/激子)掉到一个柔软的橡胶薄片(扭曲的晶格)上，球掉入自己形成的势阱内，薄片的扭曲主要来源于球的出现。球离开后，薄片会恢复成其原来的形状[图 1.4(a)]。当薄片中本来就存在一个压痕(永久缺陷)时，球也有可能会掉入这个压痕[图 1.4(b)]。但是当球和其附近的压痕产生作用时，就会形成一个新的缺陷，球会落入一个新的缺陷，这种激子叫做外来激子[图 1.4(c)]。

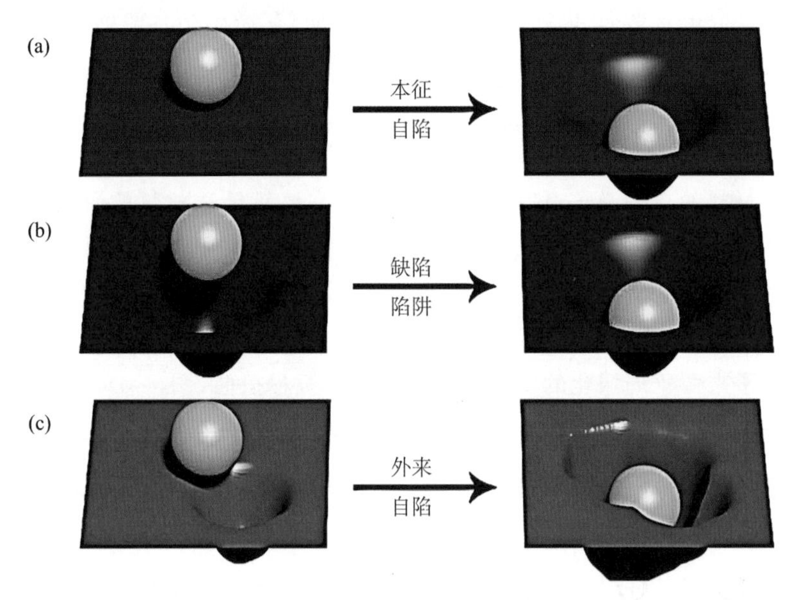

图 1.4 (a) 本征激子；(b) 自陷激子陷入永久缺陷；(c) 外来激子(自陷激子和永久缺陷相互作用，图中，硬球代表激子，橡胶薄片代表晶格)[22]

1.3 钙钛矿材料的尺寸效应

对于尺寸约为 a_0 或更小的半导体纳米晶而言，激子的波函数会受到空间限域的影响，尺寸的降低会带来电子态密度的变化，主要表现为禁带宽度的增加，以及价带顶和导带底出现一些离散的分裂能级，这种现象叫做量子限域效应。如图 1.5 所示，半导体的带隙会随着尺寸的减小而增大，使得发光峰蓝移，同时会产生更多的离散能级，且离散宽度也会随之增大。

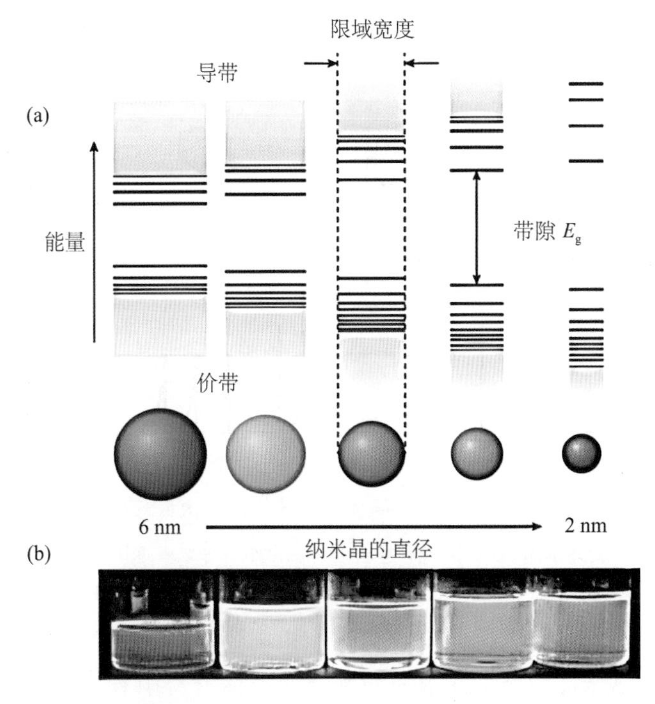

图 1.5 (a) 量子限域效应的模型：从中可以看到半导体的带隙随着尺寸的减小，在带边会出现更多离散的能级，而且带边能级的离散宽度会进一步增加；(b) 5 种不同尺寸的 CdSe 量子点胶体在紫外灯照射下的发光情况，可以看到，尺寸从 6 nm 到 2 nm 时其发光从红色变为蓝色[24]

由于量子限域效应的存在，可以在保持材料组分不变的前提下，通过改变颗粒尺寸的大小对吸收光谱和发射光谱进行调控。另外，由于尺寸和形貌的变化，量子限域的尺度在不同的方向上会有所不同(图 1.6)[25-27]。当激子在所有方向上的限域相同时，得到的为量子点，即零维结构；当纳米晶中的激子只限域在单一方向上时，得到的为量子线，即一维结构；当量子限域效应只发生在平面方向时，得到的为量子阱，即二维结构；当量子效应逐渐减弱时，材料生长趋向于体状，即形成三维结构。由于维度的改变会导致材料体系带隙及导电性的变化，因此半导体纳米晶的光学和电学性能极大地依赖于纳米晶的形状及尺寸。在量子限域区，半导体的尺寸和形状对激子的精细结构有很大的影响。激子的精细结构指的是由于晶体的对称性、纳米晶的各向异性以及电子和空穴的交换作用导致的激子能态的分裂，它类似于有机分子中的单线态-三线态的分裂，但是纳米晶中激子的能级分裂非常小，大约在 1～10 meV。因此，只有在低温下(一般是 100 K 以下)，激子的精细结构效应才会影响激子在温度场、磁场下的激子寿命[25-33]。

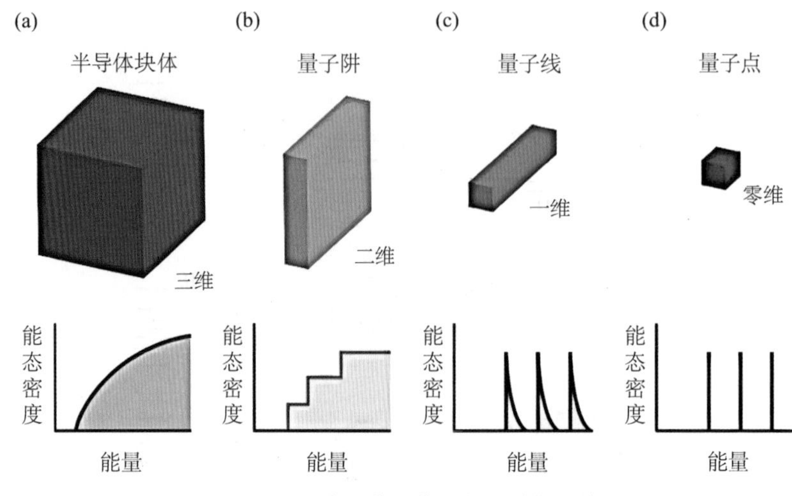

图 1.6 (a) 半导体块体的能级结构示意；
(b)～(d) 维度逐渐减少的半导体纳米结构(二维——一维—零维)及其能态密度[24]

半导体中的声子会与电荷载流子和激子相耦合，对半导体的光电性能产生决定性作用。半导体纳米晶中声子和激子的耦合与块体材料中有所不同，其量子限域效应和声子模都会受到维度的影响(例如声子的波长可能会大于纳米晶的尺寸)。声子与光生载流子的耦合会带来新的能量弛豫路径，对应一系列重要的光物理过程，例如激子的弛豫动态、载流子的冷却和热传递等。然而，与声子的声学模相耦合会带来光学跃迁的均匀线宽，与其光学模耦合会带来低温下的弛豫选择，从而引发特殊的声子辅助跃迁。

1.4 钙钛矿材料的发光性质

1.4.1 钙钛矿中的光子产生

钙钛矿初始的发光过程来源于光激发或电激发后形成的激发态发射能级。无论辐射复合是来源于自由载流子还是激子，有效的光发射要求注入或光激发的电荷具有强的相互作用[34]。在块体材料中，大的介电常数会导致比较低的激子结合能，其辐射复合来源于自由电荷-载流子的复合[35-36]。这个过程和载流子密度的二次方成正比，使得块体材料中双分子辐射复合过程中的电荷捕获更难。内部的双分子复合常数由电子和空穴交换作用的截面和群速度决定。无辐射的 Shockley-Read-Hall

(SRH)复合来源于材料的陷阱密度,但这个性能并非材料的固有性能,这些再复合的路径会导致发射效率强烈地依赖于载流子的密度。通过材料的瞬态光谱可以检测到这些再复合路径的复合常数[34]。这些瞬态的光谱一般在低的激发光密度下测试,在这种情况下单分子过程主导电荷的布居和衰减过程,双分子过程在高的激发光密度下比较适用[37]。

不同复合机制之间的相互影响预示着最高的内量子效率发生在载流子密度为 $10^{15}\sim10^{17}$ cm^{-3} 时,当载流子密度更高时,俄歇复合率降低。如果要在载流子密度低于 10^{13} cm^{-3} 时得到高的发光效率,则需要极低的非辐射复合率,其值要等于低载流子密度下载流子的寿命,范围大约在微秒级,或者通过掺杂的方式提高钙钛矿发光层的辐射率[38]。对于钙钛矿发光二极管,在低载流子密度下得到高的发光效率是一个挑战,因为其发光层很薄,载流子可能会聚集并且在局部的复合中心复合[39]。但具有空间限域的强激子的钙钛矿发光并不会受到载流子密度的影响[40-41]。

然而,扰乱块体的晶体结构可能会影响电荷的输运能力。通过控制块体钙钛矿材料晶格中的介电屏蔽可以控制载流子的相互作用和复合,例如,通过使用具有不同极性的基团,可以使电荷之间的相互作用增强,而且也不会扰乱块状晶体结构中的电荷输运,从而提升发光效率。但是载流子的捕获和复合过程以及它们之间的相互作用机制并没有被完全弄清楚。当前研究中讨论比较多的是晶格的软特性和电荷之间的相互作用,光引发的离子行为可能会改变局域的界电势,从而控制载流子相互作用的强度,而载流子的辐射复合方面还需要更多深入的研究。另外,由于钙钛矿材料的强的自旋轨道耦合,Rashba 型的能带劈裂可能会延迟电荷载流子的复合,圆形光伏效应测量在自旋轨道劈裂上的光传输会受到阻碍,然而钙钛矿中双分子的复合率与吸收系数的预测一致,并且可与Ⅲ-Ⅴ族中没有 Rashba 效应的复合常数的二阶相相当,二者大约都在 10^{-10} $cm^3\cdot s^{-1}$ 数量级[42]。近几年,针对 Rashba 效应及其对钙钛矿中载流子寿命的影响有较多报道[43-44]。目前的研究主要集中在钙钛矿中 Rashba 效应产生的原因、钙钛矿中 Rashba 效应的实验验证、不同条件或环境下 Rashba 效应对载流子复合的影响等几方面[45-46]。同时研究者针对钙钛矿的 Rashba 效应是否存在提出了不同的观点[47]。例如有研究者认为钙钛矿中不存在 Rashba 效应,或者说,这个发光并不是热激发导致的。这些看起来相互矛盾的结果可以通过考虑晶格的动态或载流子的局域化效应来使其合理化。为了得到确定性的答案,需要测量双分子复合常数对载流子温度的依赖关系,进而更直接地分析 Rashba 效应,并且对卤化物钙钛矿光激发后的动态过程进行分析。

1.4.2 钙钛矿发光的光物理过程及效率计算

钙钛矿发光包括一系列过程。首先,在光激发和电激发下,导带和价带中生成电子和空穴;其次,辐射过程和非辐射过程开始竞争,这个竞争过程会受到钙钛矿维度及结构的影响(图 1.7)。例如,三维的 $CH_3NH_3PbI_3$ 钙钛矿在初始激发后,基态和激发态的叠加态中存在一个去相位化的时间,这个时间大约是 220 fs,比 GaAs 要长 3 倍[48],且时间长短与载流子的数目无关,这表明可以忽略载流子在可测量范围内的散射。然而对于准二维(quasi-2D)的 I^- 基的钙钛矿,发现其体散射具有很大的主导作用,其去相位化时间随着量子限域空间的减少而减少[49]。

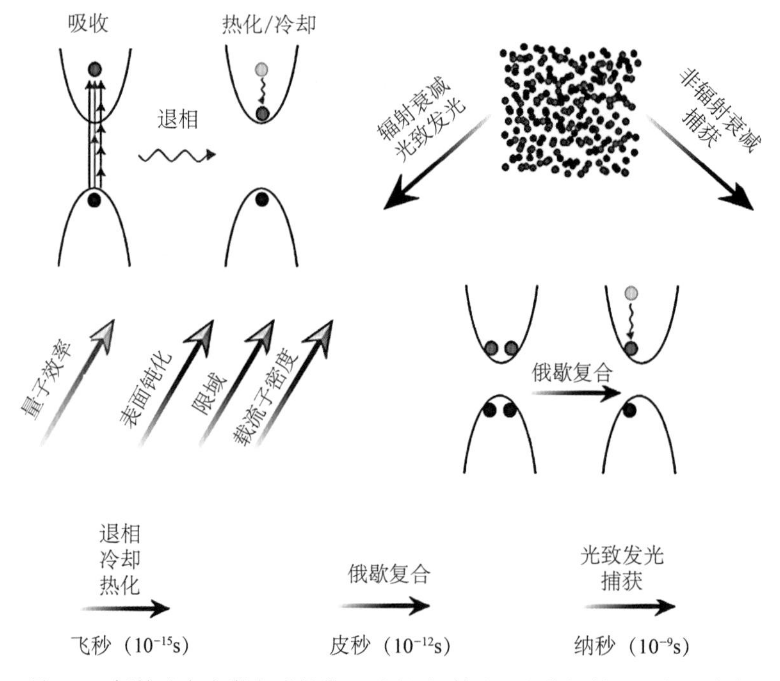

图 1.7 钙钛矿在光激发后的物理过程,辐射过程和非辐射过程相互竞争

在去相位化后,激发态会经历一个热交换的过程(例如和载流子之间发生热交换等),在 $CH_3NH_3PbI_3$ 中,热交换主要是通过载流子的散射,热交换的时间大约为 10～85 fs[50]。当时间大于 100 fs 后,载流子进入冷却过程。在高密度光的激发下,这个时间可能会因声子的瓶颈效应而大幅延长[51-53],例如在甲脒基碘化铅($NH_2CH_2NH_3PbI_3$,$FAPbI_3$)中得到了约 300 ps 的冷却时间[52]。在 $CH_3NH_3PbI_{3-x}Cl_x$ 中观察到了约 45 ps 的衰减时间,这来源于有机-无机亚晶格间的热交换过程[54]。

在以上的超快过程结束后，辐射衰减和非辐射衰减的竞争开始进行。在钙钛矿材料中，非辐射的路径来源于电荷陷阱的捕获。在三维钙钛矿中，低功率下电荷陷阱的复合占主导，会严重限制量子效率；在高功率下的辐射复合比较多，量子效率可以达到近 100%。这种策略可以应用到发光二极管上，但是由于电荷限域的缺失，其外量子效率(external quantum efficiency，简称 EQE)依然很低。

为了在低激发密度下得到高的量子效率，科研人员进行了二维钙钛矿的研究，主要是由于在室温下二维钙钛矿激子的稳定性比较好。虽然二维钙钛矿在低温下得到了近乎 100%的荧光量子效率[55]，但是在室温下的量子效率依然很低。这是由于激子的热淬灭导致的[56]。另外，当钙钛矿的维度从三维降到二维时，陷阱捕获的作用变得更加重要[57]。然而，混合相的准二维钙钛矿在近红外、可见光发射区显示出更高的内量子效率和外量子效率[58-60]。发光效率的增加主要来源于能量势阱的存在，在这个能量势阱内，电荷会局域化在最低的能量区域，允许辐射复合与电荷的陷阱捕获相竞争。对于钙钛矿纳米晶，表面的陷阱会降低量子效率，表面钝化能有效地提高其发光性能[61]。

在高激发功率下，由于载流子的浓度提升而辐射复合的速率有限，过多的载流子在扩散过程中发生相互碰撞而导致的激子湮灭过程，称为俄歇复合，属于一种非辐射复合过程。当载流子浓度达到一定阈值后，辐射复合会与俄歇复合相竞争，在这种情况下，多余的能量会由于冷却迅速失去，激子数量迅速减小，从而使得荧光量子效率降低。俄歇复合会随着激子结合能的增加而增加，因此，当钙钛矿的维度从三维降到二维时[62]，俄歇效应会增强。同样，随着量子限域的增加，双激子吸收会导致发光光谱产生较大的蓝移[63]。

如图 1.8 所示，金属卤化物钙钛矿薄膜的吸收光谱一般情况下呈现出一个很陡峭的吸收边[64-67]，说明其 Urbach 能量很低(约为 13 meV)，其性能可与其他高质量的半导体材料(GaAs，7.5 meV；c-Si，9.6 meV)媲美[68]。其发光位置与带边接近，发光峰比较尖，由于晶体内部的声子耦合效应[69]，其线宽会比较宽。这些性能表明金属卤化物钙钛矿即使在比较高的缺陷密度下，也能具有比较低的能量无序化态，为比较洁净的半导体材料。

1.4.3　表面和界面的非辐射复合机制

典型的钙钛矿块体薄膜，例如甲胺基碘化铅($CH_3NH_3PbI_3$，$MAPbI_3$)，或(Cs，FA，MA)$Pb(I_{0.85}Br_{0.15})_3$ 的外量子效率相比于 1 倍太阳光强下的发光强度大约在 1%～10%，转化成量子效率大约小于 50%[37,70-71]。这个值会随着载流子密度的增加

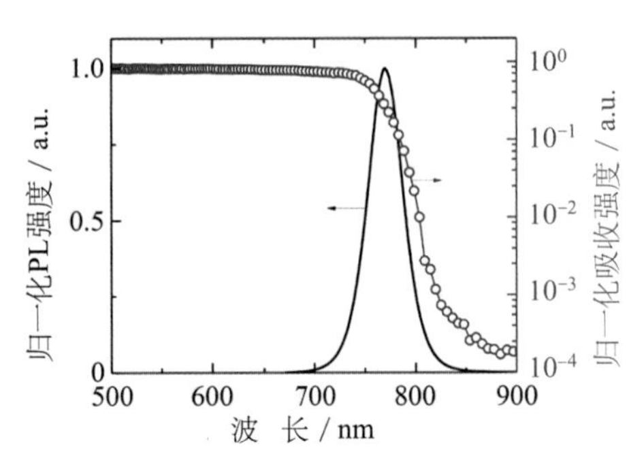

图 1.8 $(Cs_{0.06}MA_{0.15}FA_{0.79})Pb(I_{0.85}Br_{0.15})_3$ 光热反应偏转光谱测试的光致发光光谱(左轴)和吸收光谱(右轴)

而增加,但会在小于 100%达到极值平台。这个结果与不可忽略的亚间隙态密度一致,在多晶材料中亚间隙态密度的值大约在 $10^{13}\sim10^{15}$ cm^{-3}[55,72],它会主导非辐射复合和单分子复合,并且决定 Shockley-Read-Hall 复合常数。这些能态会在载流子密度小于陷阱密度时出现饱和,在这种情况下,复合主要由辐射复合和双分子复合主导。而陷阱密度在空间上是不均一的,当在微观尺度上观察时,颗粒之间的发光会有很大的差异[73-74]。

虽然在钙钛矿中的大量缺陷会导致很多浅的缺陷态,提供了一个明显的缺陷容忍度解释,但在这类结构中潜在的非辐射损失表明还存在大量的深能级陷阱[75-78]。研究者们猜测这类陷阱态很有可能来源于卤化物的空位,尤其是在晶界和表面处的空位[70]。这些假设在后来的一些研究中得以证实,这些研究证明通过表面钝化和缺陷的调控能有效地提升发光效率。例如,通过在前驱体中加入 KI 能够将薄膜的内量子效率增加到 95%[70]。KI 可以作为 I 源,既能用于填充卤素的空位,又可以将多余的卤化物固定,抑制离子迁移。事实上,最近的研究表明钙钛矿的光伏器件通过掺杂达到了很高的效率[79]。另外,应用了 Lewis 基团,例如吡啶、三辛基氧膦(TPPO)的化学钝化法也可以有效地提高量子效率和发光寿命,通过一些后处理的方法可以将 $MAPbI_3$ 薄膜载流子的寿命延长到 8 μs,内量子效率增加到 90%,在准二维薄膜中采用这种方法也会得到同样的提升[80-81]。在这里,一些研究提出了供电子基团与卤化物中空位导致未键接的铅位点相结合[82-83]。有些研究表明将薄膜和晶体在大气环境下点亮会导致其内量子效率和发光寿命的增加,使其量子效率超过 90%。该研究认为在光生电子存在时,空气中的氧气会在卤化物的表面空位产生耦合,形成超氧化物,从而有效地钝化这些空位的位点[84]。

在纳米结构的 $CsPbX_3$ 中也得到了高的量子效率,在这种结构中,电荷的限域和基团的表面钝化会使其外量子效率达到90%以上。这里值得注意的是在纳米结构的尺寸低于发射波长时，其光输出耦合率可以达到接近100%。层状的二维和准二维结构包括纳米盘状，都可以通过同样的方法使其外量子效率达到接近量子点的外量子效率[85]。

虽然薄膜在玻璃衬底和石英衬底上的量子效率和发光寿命非常重要[71,86]，但薄膜与电极的界面接触对器件的性能影响更大。界面接触导致的界面缺陷会带来更多的非辐射衰减过程，也会对光子的输出耦合带来约束。理想的界面接触应该是不会带来量子效率的减小和载流子寿命的衰减，事实上，在开路时，所有的复合都应该是辐射复合，并且这个辐射复合的过程要限域在钙钛矿发光层中。纯的(Cs,FA,MA)$Pb(I_{0.85}Br_{0.15})_3$薄膜在导电氧化铟锡玻璃(ITO玻璃)上的外量子效率超过了20%，但当其做成典型的太阳能电池结构时，n型TiO_2和p型Spiro-OMeTAD接触，其效率会降到1%[70]。如果在其中加入钝化层，效率损失会被有效地抑制，光电转化效率能达到15%，由于辐射的限域开路电压的损失会比无钝化层的减小很多，从0.26 V减小到0.11 V[70]。通过钝化，其在全电池中的发光寿命也会有所延长。但在钙钛矿发光二极管中，TiO_2和Spiro-OMeTAD中展示出很低的量子效率[39,87]，这进一步证明了界面损失的存在。

通过绝缘的聚合物薄膜可以减少界面的非辐射损失，例如聚苯乙烯[88]、聚乙烯吡咯烷酮(PVP)[89]。在ZnO注入层和$Cs_{0.87}MA_{0.13}PbBr_3$中加入PVP可以使得薄膜的荧光强度增加5倍，其荧光量子效率可以达到55%，制备成器件后的外量子效率可以提升至10.4%[89]。胺类的界面层例如聚乙烯亚胺[90]、乙二胺[91]等可以有效地提升薄膜的荧光量子效率，也可以提升发光二极管的外量子效率。这些提升主要来源于氨基中的N原子与裸露的铅卤框架结合，这种相互作用能有效地减少薄膜的非辐射复合中心的缺陷密度。采用TOPO[82]还有其他的Lewis基团，例如吡啶作为钝化层也能起到同样的效果[92]。但在这些方法中，需要在钝化层的增加和电荷注入势垒中找到一个平衡。

本征双分子复合常数由电子和空穴相互作用的截面和群速度决定。与非辐射Shockley-Read-Hall复合(取决于材料中的陷阱密度，是一种非本征性质)一起，这些复合途径的组合会导致内量子效率强烈依赖于发射层中的载流子密度[图1.9(a)]。一般可通过瞬态光谱法提取材料特定复合常数的值，瞬态发光测量通常在低激发密度下进行，在低激发密度下单分子过程主导电荷布居衰变动力学，而双分子过程在放大的激光系统可用的高激发密度下更容易获得。此外，外量子效率强烈依赖于外耦合效率，这是由于器件各层的折射率不同导致发光层中大部分的光只能被耗散在内部。内量子效率与外量子效率及外耦合效率之间的关系如图1.9(b)所示。一般对于平面结构来说，器件的外量子效率极限在20%左右[图1.9(c)]，介孔结构会有所提升，对衬底进行周期化处理能够进一步提升外耦合效率，从而提升外量子效率。

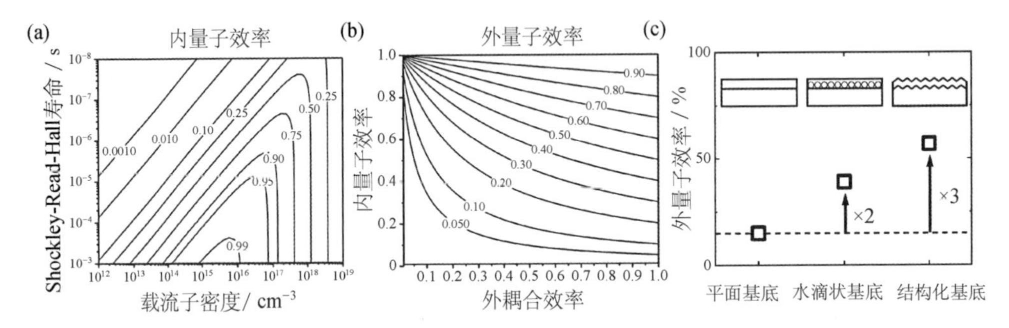

图1.9 (a) 采用已报道的双分子复合寿命和俄歇复合寿命常数计算的内量子效率随载流子密度的变化和外部Shockley-Read-Hall寿命；(b) 考虑到声子回收过程的外量子效率随输出耦合效率和内量子效率而变化的曲线；(c) $MAPbBr_3$ 薄膜在微电路基板上的外量子效率提升

1.5 影响钙钛矿发光二极管效率的因素

1.5.1 钙钛矿发光二极管的器件结构

钙钛矿发光二极管的器件结构与有机发光二极管十分类似，也是传统的“三明治”结构。如图1.10(a)(b)所示，钙钛矿发光二极管的器件结构基于制备工艺的不同可以分为两种：一是n-i-p反式结构，即在ITO玻璃基底上依次制备电子传输层、钙钛矿层、空穴传输层和电极。此结构常用到的电子传输材料为氧化锌(ZnO)和氧化锡(SnO_2)，常用的空穴传输材料为聚[(9,9-二正辛基芴基-2,7-二基)-alt-(4,4′-(*N*-(4-正丁基)苯基)-二苯胺)]{poly[(9,9-dioctylfluorenyl-2,7-diyl)-alt-(4,4′-(*N*-(4-butylphenyl)))],TFB}，电极为金、银、铝等。二是p-i-n正式结构，在ITO玻璃基底上依次制备空穴传输层、钙钛矿层、电子传输层和电极。此结构常用的空穴传输材料为聚(3,4-乙烯二氧噻吩)[poly(3,4-ethylenedioxythiophene),PEDOT]和氧化镍(NiO_x)，常用的电子传输材料为1,3,5-三(1-苯基-1-*H*-苯并咪唑-2-基)苯[1,3,5-tris(1-phenyl-1-*H*-benzimidazol-2-yl)benzene,TPBi]和1,3,5-三[(3-吡啶基)-3-苯基]苯

[1,3,5-tris(3-pyridyl-3-phenyl)benzen, TmPyPB],电极为金、银、铝等。图 1.12(c)(d)是两种器件结构下电子和空穴的传输示意,在外电压的作用下,电子从阴极产生,空穴从阳极产生,分别经由电子传输层、空穴传输层运输至钙钛矿层,进行辐射复合发光。

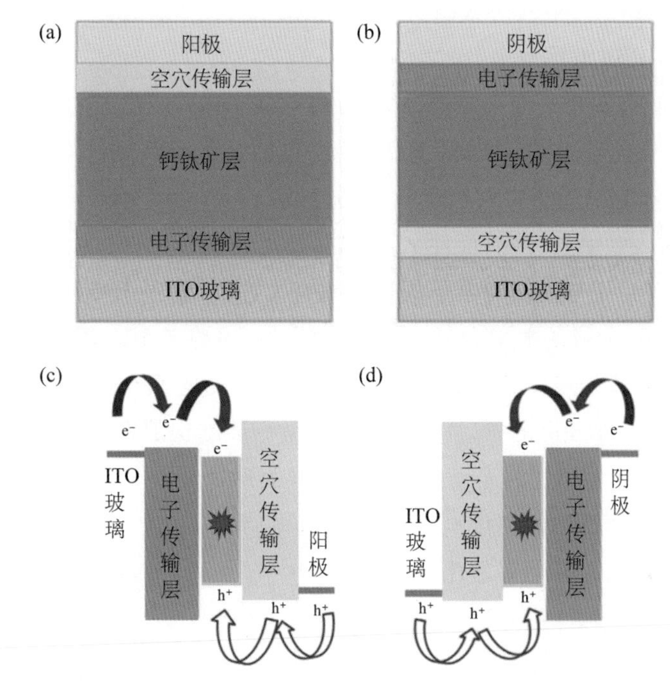

图 1.10 钙钛矿发光二极管器件结构示意:(a) n-i-p 反式结构;(b) p-i-n 正式结构
钙钛矿发光二极管电荷传输示意:(c) 反式结构;(d) 正式结构

1.5.2 钙钛矿发光二极管的物理参数

与传统的发光二极管一样,评估钙钛矿发光二极管性能的物理参数有:启亮电压、亮度或辐照度、发光峰半峰宽(FWHM)、外量子效率、电流效率、流明效率、能量转换效率和稳定性。

其中启亮电压定义为器件工作亮度为 1 $cd \cdot m^{-2}$ 时(可见光发光二极管)或开始有外量子效率时(紫外或红外发光二极管)所对应的电压值。亮度表示器件的辐射强度,单位为 $cd \cdot m^{-2}$($W \cdot sr^{-1} \cdot m^{-2}$),照明显示领域会对发光二极管有亮度的要求。

发光峰半峰宽是发光光谱峰高一半时的宽度,它代表了发光器件色纯度的高低,半峰宽越窄说明发光颜色越纯,有利于器件在显示方面的应用。

外量子效率是衡量发光器件的一个重要指标，其定义为单位时间内发出的光子数与注入的电子数之比，也可以用以下公式1-3描述：

$$EQE = f_{\text{blance}} \times f_{\text{e-h}} \times \eta_{\text{radiative}} \times f_{\text{outcoupling}} \tag{1-3}$$

其中，f_{balance} 是平衡电荷注入概率（当电子和空穴的注入数量一样时，其值为1），$f_{\text{e-h}}$ 是每对载流子形成电子-空穴对或激子的概率，$\eta_{\text{radiative}}$ 是每个电子-空穴对辐射复合的概率，$f_{\text{outcoupling}}$ 是光输出耦合率。

因此，为了使得发光更加高效，需要满足以下几个条件：① 电子和空穴的注入要保持平衡；② 形成电子-空穴对的概率要高；③ 辐射复合与非辐射复合的比例要最大化；④ 发光层内产生的光子能够被有效地耦合输出。发光二极管中的电荷平衡会受到电子和空穴注入效率的影响，而注入效率主要受到电子、空穴的注入势垒，钙钛矿导带和价带的影响，还与空穴和电子的迁移率有关，同时受限于传输层材料的种类和性质。电子-空穴对形成的概率和复合的效率也可以看作是材料的内量子效率，这与材料本身的性质如激子束缚能、缺陷态密度等有关。而光耦合输出效率主要与器件结构相关，受限于器件各层的折射率和形貌，通常平面结构的发光二极管的极限光耦合输出效率为25%，大部分的光子能量以光波导的形式耗散在器件内部。

电流效率是发光器件的亮度与电流之比，单位为 $cd \cdot A^{-1}$。流明效率是指器件发射的光通量与输入的电功率之比，单位为 $lm \cdot W^{-1}$。能量转换效率是指器件发出的光子能量与输入的总能量之比。

稳定性可以理解为发光器件的工作寿命，通常定义为在恒定电压或电流下，器件亮度或外量子效率衰减至初始值的一半时所用的时间，也称作 T_{50}。另外 T_{90}、T_{80} 等则是衰减至初始值的90%、80%等所用的时长。发光器件的稳定性越好，越有利于其商业化进程。

图1.11展示的为典型的钙钛矿发光二极管器件结构，钙钛矿发光层置于电子注入层ZnO/PEIE和空穴注入层TFB之间。在外电场的作用下，电子和空穴分别从器件的电子注入层和空穴注入层进入，在钙钛矿层中复合发光，这种辐射复合的过程可以通过带边载流子的复合或者是形成激子后的弛豫复合来实现。电子的注入效率可以通过降低电子注入层的电子亲和力来提升，例如在ZnO中掺入Mg形成ZnMgO结构[93-94]，或在注入层和发光层之间增加额外的界面层，例如聚乙烯亚胺等。同样，为了减少空穴的注入势垒，可以通过在空穴注入层中进行掺杂，例如在TFB中掺杂全氟化的锂离子盐等材料[95]；或者也可以通过引入高电子最高占据轨道（HOMO）能级的空穴传输材料，例如4,4′-二(9-咔唑)联苯[96]来降低空穴的注入势垒[97]。

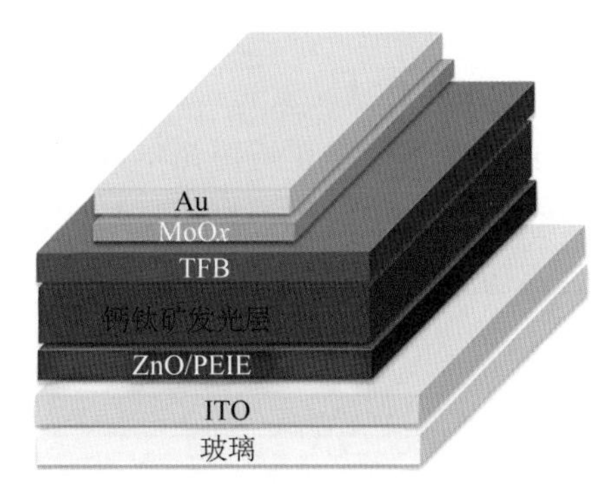

图 1.11　典型的钙钛矿发光二极管器件结构

不同层的注入势垒可以通过紫外光电子能谱来进行测试。但是，钙钛矿的能级结构会受到基底功函数的影响，因此，在钙钛矿的紫外光电子能谱测试中要求其在更接近于器件结构的基底下沉积薄膜。另外也可以用电子吸收谱来测量器件中的注入势垒[98]。在电子吸收谱中，主要测量内部的电场效应对透射光的影响[99]。根据单电子 Franz-Keldysh-Aspnes 低电场理论，透射光会随着电场平方的变化而变化，这点也可以应用到 $MAPbI_3$ 和其他块体材料上[100-101]。通过直流的偏压对内电场进行调控可以测量内电场的大小。但是，在这个过程中要考虑离子屏蔽的影响[102]。

1.5.3　钙钛矿发光二极管的器件性能发展

综上所述，影响钙钛矿发光及物理性能的主要因素包括钙钛矿的晶体结构、尺寸效应、光子的辐射复合及非辐射辐合过程、界面状态和电荷注入平衡。

在晶体结构和尺寸效应方面，钙钛矿的维度的变化、晶体缺陷的状态会直接影响激子的状态及载流子的输运，对器件性能造成比较大的变化。在一维和二维钙钛矿中，激子束缚能会比较强，发光色域会比较宽；在三维钙钛矿中，激子束缚能比较弱，发色峰会比较窄。晶体缺陷则对载流子的输运能力影响比较大，对于缺陷密度比较大的钙钛矿材料，其捕获的激子会更多，导致更多的非辐射输出，从而影响整体器件的效率。

对于光子的辐射复合及非辐射过程，首先其与晶体结构和尺寸效应息息相关，激子结合能、陷阱密度会直接影响复合路径。另外，激发光的密度也会影响辐射和衰减的过程。表面和界面处的陷阱态也会对非辐射过程造成极大的影响，对表面状态进行调控可以有效地提高器件的发光效率。电荷注入平衡主要取决于器件结构，只有各层材料的能级结构、界面的注入势垒达到理想的平衡，才能提高有效的外量子效率,同时也能保证器件的稳定运行。

与钙钛矿太阳能电池相比,虽然钙钛矿发光二极管的研究起步较晚,但是发展十分迅速。钙钛矿发光二极管的外量子效率在短短几年内已从不足 0.1%提高到超过 20%[103-107],到目前为止,近红外、红光、绿光和蓝光钙钛矿发光二极管的最大外量子效率分别达到了 22.2%、23%、28.1%和 12.8%[108-111]。

1.6 小　结

金属卤化物钙钛矿材料由于其优异的光电性质受到了广泛关注,本章介绍了钙钛矿材料的结构和发光性质,以及钙钛矿发光二极管的一些重要物理参数和目前的发展现状。

参考文献

[1] You Y M, Liao W Q, Zhao D, et al. An organic-inorganic perovskite ferroelectric with large piezoelectric response[J]. Science, 2017, 357(6348): 306-309.

[2] MØLLER C K. Crystal structure and photoconductivity of caesium plumbohalides[J]. Nature, 1958, 182(4647): 1436-1436.

[3] Bansal V, Poddar P, Ahmad A, et al. Room-temperature biosynthesis of ferroelectric barium titanate nanoparticles [J]. Journal of the American Chemical Society, 2006, 128 (36): 11958-11963.

[4] Bednorz J G, Müller K A. Possible high Tc superconductivity in the Ba-La-Cu-O system[J]. Zeitschrift für Physik B Condensed Matter, 1986, 64(2): 189-193.

[5] Jin S, Tiefel T H, McCormack M, et al. Thousandfold change in resistivity in magnetoresistive La-Ca-Mn-O films[J]. Science, 1994, 264(5157): 413-415.

[6] Miao X, Zhang L, Wu L, et al. Quadruple perovskite ruthenate as a highly efficient catalyst for acidic water oxidation[J]. Nature Communications, 2019, 10(1): 1-7.

[7] Zhao Y C, Zhou W K, Zhou X, et al. Quantification of light-enhanced ionic transport in lead iodide perovskite thin films and its solar cell applications[J]. Light: Science & Applications, 2017, 6(5): 16243-16243.

[8] Mitzi D B. Thin-film deposition of organic-inorganic hybrid materials[J]. Chemistry of Materials, 2001, 13(10): 3283-3298.

[9] Quan L N, Garcia de Arquer F P, Sabatini R P, et al. Perovskites for light emission[J]. Advanced Materials, 2018, 30(45): 1801996.

[10] Kojima A, Teshima K, Shirai Y, et al. Organometal halide perovskites as visible-lightsensitizers for photovoltaic cells[J]. Journal of the American Chemical Society, 2009, 131(17): 6050-6051.

[11] Mesquita I, Andrade L, Mendes A. Perovskite solar cells: Materials, configurations and stability[J]. Renewable and Sustainable Energy Reviews, 2018, 82(3): 2471-2489.

[12] Kang J, Wang L W. High defect tolerance in lead halide perovskite $CsPbBr_3$[J]. The journal of physical chemistry letters, 2017, 8(2): 489-493.

[13] Yettapu G R, Talukdar D, Sarkar S, et al. Terahertz conductivity within colloidal $CsPbBr_3$ perovskite nanocrystals: Remarkably high carrier mobilities and large diffusion lengths[J]. Nano letters, 2016, 16(8): 4838-4848.

[14] Shi D, Adinolfi V, Comin R, et al. Low trap-state density and long carrier diffusion in organolead trihalide perovskite single crystals[J]. Science, 2015, 347(6221): 519-522.

[15] Brandt R E, Stevanović V, Ginley D S, et al. Identifying defect-tolerant semiconductors with high minority-carrier lifetimes: Beyond hybrid lead halide perovskites[J]. MRS Communications, 2015, 5(2): 265-275.

[16] Shi Z, Li Y, Zhang Y, et al. High-efficiency and air-stable perovskite quantum dots light-emitting diodes with an all-inorganic heterostructure[J]. Nano letters, 2017, 17(1): 313-321.

[17] Han B, Cai B, Shan Q, et al. Stable, efficient red perovskite light-emitting diodes by (α, δ)-$CsPbI_3$ phase engineering[J]. Advanced Functional Materials, 2018, 28(47): 1804285.

[18] Ban M, Zou Y, Rivett J P H, et al. Solution-processed perovskite light emitting diodes with efficiency exceeding 15% through additive-controlled nanostructure tailoring[J]. Nature Communications, 2018, 9(1): 1-10.

[19] Protesescu L, Yakunin S, Kumar S, et al. Dismantling the "red wall" of colloidal perovskites: Highly luminescent formamidinium and formamidinium-cesium lead iodide nanocrystals[J]. ACS Nano, 2017, 11(3): 3119-3134.

[20] Schweinberger F F, Berr M J, Doblinger M, et al. Cluster size effects in the photocatalytic hydrogen evolution reaction[J]. Journal of the American Chemical Society, 2013, 135(36): 13262-13265.

[21] Zhu X Y, Podzorov V. Charge carriers in hybrid organic inorganic lead halide perovskitesmight be protected as large polarons[J]. The journal of physical chemistry letters, 2015, 6(23): 4758-4761.

[22] Smith M D, Karunadasa H I. White light emission from layered halide perovskites[J]. Accounts of Chemical Research, 2018, 51(3): 619-627.

[23] Tokizaki T, Makimura T, Akiyama H, et al. Femtosecond cascade-excitation spectroscopy for nonradiative deexcitation and lattice relaxation of the self-trapped exciton in NaCl[J]. Physical Review Letters, 1991, 67(19): 2701-2704.

[24] Efros A L, Rosen M, Kuno M, et al. Band-edge exciton in quantum dots of semiconductors with a degenerate valence band: Dark and bright exciton states[J]. Physical Review B, 1996, 54(7): 4843-4856.

[25] Franceschetti A, Fu H, Wang L W, et al. Many-body pseudopotential theory of excitons in InP and CdSe quantum dots[J]. Physical Review B, 1999, 60(3): 1819-1829.

[26] Leung K, Pokrant S, Whaley K B. Exciton fine structure in CdSe nanoclusters[J]. Physical Review B, 1998, 57(19): 12291-12301.

[27] Crooker S A, Barrick T, Hollingsworth J A, et al. Multiple temperature regimes of radiative decay in CdSe nanocrystal quantum dots: Intrinsic limits to the dark-exciton lifetime[J]. Applied Physics Letters, 2003, 82(17): 2793-2795.

[28] Labeau O, Tamarat P, Lounis B. Temperature dependence of the luminescence lifetime of single CdSe/ZnS quantum dots[J]. Physical Review Letters, 2003, 90(25): 257404.

[29] Donega C M, Bode M, Meijerink A. Size- and temperature- dependence of exciton lifetimes in CdSe quantum dots[J]. Physical Review B, 2006, 74(8): 085320.

[30] Wang H, Donega C M, Meijerink A, et al. Ultrafast exciton dynamics in CdSe quantum dots studied from bleaching recovery and fluorescence transients[J]. The Journal of Physical Chemistry B, 2006, 110: 733-737.

[31] Zhao Q, Peter A, Wesley B J, et al. Shape dependence of band-edge exciton fine structure in CdSe nanocrystals[J]. Nano letters, 2007, 7(11): 3274-3280.

[32] Oron D, Aharoni A, Donega C M, et al. Universal role of discrete acoustic phonons in the low-temperature optical emission of colloidal quantum dots[J]. Physical Review Letters, 2009, 102(17): 177402.

[33] Schaller R D, Crooker S A, Bussian D A, et al. Revealing the exciton fine structure of PbSe nanocrystal quantum dots using optical spectroscopy in high magnetic fields[J]. Physical Review Letters, 2010, 105(6): 067403.

[34] Richter J M, Abdi-Jalebi M, Sadhanala A, et al. Enhancing photoluminescence yields in lead halide perovskites by photon recycling and light out-coupling[J]. Nature Communications, 2016, 7(1): 13941.

[35] Lin Q, Armin A, Nagiri R C, et al. Electro-optics of perovskite solar cells[J]. Nature Photonics, 2014, 9(2): 106-112.

[36] Saba M, Cadelano M, Marongiu D, et al. Correlated electron-hole plasma in organometal perovskites[J]. Nature Communications, 2014, 5: 5049.

[37] Deschler F, Price M, Pathak S, et al. High photoluminescence efficiency and optically pumped lasing in solution-processed mixed halide perovskite semiconductors[J]. The journal of physical chemistry letters, 2014, 5(8): 1421-1426.

[38] Wang H, Zhang X, Wu Q, et al. Trifluoroacetate induced small-grained $CsPbBr_3$ perovskite films result in efficient and stable light-emitting devices[J]. Nature Communications, 2019, 10 (1): 665.

[39] Tan Z K, Moghaddam R S, Lai M L, et al. Bright light-emitting diodes based on organometal halide perovskite[J]. Nature Nanotechnology, 2014, 9(9): 687-692.

[40] Congreve D N, Weidman M C, Seitz M, et al. Tunable light-emitting diodes utilizing quantum-confined layered perovskite emitters[J]. ACS Photonics, 2017, 4(3): 476-481.

[41] Li G, Tan Z K, Di D, et al. Efficient light-emitting diodes based on nanocrystalline perovskite in a dielcctric polymer matrix[J]. Nano letters, 2015, 15(4): 2640-2644.

[42] Hutter E M, Gelvez-Rueda M C, Osherov A, et al. Direct-indirect character of the bandgap in methylammonium lead iodide perovskite[J]. Nature Materials, 2017, 16(1): 115-120.

[43] Etienne T, Mosconi E, De Angelis F. Dynamical origin of the Rashba effect in organohalide lead perovskites: A key to suppressed carrier recombination in perovskite solar cells? [J]. The journal of physical chemistry letters, 2016, 7(9): 1638-1645.

[44] Davies C L, Filip M R, Patel J B, et al. Bimolecular recombination in methylammonium lead triiodide perovskite is an inverse absorption process[J]. Nature Communications, 2018, 9 (1): 293.

[45] Niesner D, Wilhelm M, Levchuk I, et al. Giant Rashba splitting in $CH_3NH_3PbBr_3$ organic-inorganic perovskite[J]. Physical Review Letters, 2016, 117(12): 126401.

[46] Isarov M, Tan L Z, Bodnarchuk M I, et al. Rashba effect in a single colloidal $CsPbBr_3$ perovskite nanocrystal detected by magneto-optical measurements[J]. Nano letters, 2017, 17(8): 5020-5026.

[47] Stroppa A, Di Sante D, Barone P, et al. Tunable ferroelectric polarization and its interplay with spin-orbit coupling in tin iodide perovskites[J]. Nature Communications, 2014, 5: 5900.

[48] March S A, Riley D B, Clegg C, et al. Four-wave mixing in perovskite photovoltaic materials reveals long dephasing times and weaker many-body interactions than GaAs[J]. ACS Photonics, 2017, 4(6): 1515-1521.

[49] Elkins M H, Pensack R, Proppe A H, et al. Biexciton resonances reveal exciton localization in stacked perovskite quantum wells[J]. The journal of physical chemistry letters, 2017, 8(16): 3895-3901.

[50] Richter J M, Branchi F, Valduga de Almeida Camargo F, et al. Ultrafast carrier thermalization in lead iodide perovskite probed with two-dimensional electronic spectroscopy[J]. Nature Com-

munications, 2017, 8(1): 376.

[51] Price M B, Butkus J, Jellicoe T C, et al. Hot-carrier cooling and photoinduced refractive index changes in organic-inorganic lead halide perovskites [J]. Nature Communications, 2015, 6: 8420.

[52] Yang J, Wen X, Xia H, et al. Acoustic-optical phonon up-conversion and hot-phonon bottleneck in lead-halide perovskites[J]. Nature Communications, 2017, 8: 14120.

[53] Yang Y, Ostrowski D P, France R M, et al. Observation of a hot-phonon bottleneck in lead-iodide perovskites[J]. Nature Photonics, 2015, 10(1): 53-59.

[54] Chang A Y, Cho Y J, Chen K C, et al. Slow organic-to-inorganic sub-lattice thermalization in methylammonium lead halide perovskites observed by ultrafast photoluminescence [J]. Advanced Energy Materials, 2016, 6(15): 1600422.

[55] Stranks S D, Burlakov V M, Leijtens T, et al. Recombination kinetics in organic-inorganic perovskites: Excitons, free charge, and subgap states[J]. Physical Review Applied, 2014, 2 (3): 034007.

[56] Konstantinos C, Mitzi D B. Electroluminescence from an organic-inorganic perovskite incorporating a quaterthiophene dye within lead halide perovskite layers[J]. Chemistry of Materials, 1999, 11(11): 3028-3030.

[57] Wu X, Trinh M T, Niesner D, et al. Trap states in lead iodide perovskites[J]. Journal of the American Chemical Society, 2015, 137(5): 2089-2096.

[58] Xiao Z, Kerner R A, Zhao L, et al. Efficient perovskite light-emitting diodes featuring nanometre-sized crystallites[J]. Nature Photonics, 2017, 11(2): 108-115.

[59] Yuan M, Quan L N, Comin R, et al. Perovskite energy funnels for efficient light-emitting diodes[J]. Nature Nanotechnology, 2016, 11(10): 872-877.

[60] Quan L N, Zhao Y, Garcia de Arquer F P, et al. Tailoring the energy landscape in quasi-2D halide perovskites for efficient light emission[J]. Nano letters, 2017, 17(6): 3701-3709.

[61] Pan J, Quan L N, Zhao Y, et al. Highly efficient perovskite-quantum-dot light-emitting diodes by surface engineering[J]. Advanced Materials, 2016, 28(39): 8718-8725.

[62] Milot R L, Sutton R J, Eperon G E, et al. Charge-carrier dynamics in 2D hybrid metal-halide perovskites[J]. Nano letters, 2016, 16(11): 7001-7007.

[63] Yang Y, Yang M, Li Z, et al. Comparison of recombination dynamics in $CH_3NH_3PbBr_3$ and $CH_3NH_3PbI_3$ perovskite films: Influence of exciton binding energy[J]. The journal of physical chemistry letters, 2015, 6(23): 4688-4692.

[64] Stranks S D, Snaith H J. Metal-halide perovskites for photovoltaic and light-emitting devices [J]. Nature Nanotechnology, 2015, 10(5): 391-402.

[65] Green M A, Ho-Baillie A, Snaith H J. The emergence of perovskite solar cells[J]. Nature

Photonics, 2014, 8(7): 506-514.

[66] De Wolf S, Holovsky J, Moon S J, et al. Organometallic halide perovskites: Sharp opticalabsorption edge and its relation to photovoltaic performance[J]. The journal of physical chemistry letters, 2014, 5(6): 1035-1039.

[67] Sadhanala A, Deschler F, Thomas T H, et al. Preparation of single-phase films of $CH_3NH_3Pb(I_{1-x}Br_x)_3$ with sharp optical band edges[J]. The journal of physical chemistry letters, 2014, 5(15): 2501-2505.

[68] Johnson S R, Tiedje T. Temperature dependence of the Urbach edge in GaAs[J]. Journal of Applied Physics, 1995, 78(9): 5609.

[69] Wehrenfennig C, Liu M, Snaith H J, et al. Homogeneous emission line broadening in the organo lead halide perovskite $CH_3NH_3PbI_{3-x}Cl_x$ [J]. The journal of physical chemistry letters, 2014, 5(8): 1300-1306.

[70] Abdi-Jalebi M, Andaji-Garmaroudi Z, Cacovich S, et al. Maximizing and stabilizing luminescence from halide perovskites with potassium passivation[J]. Nature, 2018, 555(7697): 497-501.

[71] Stranks S D. Nonradiative losses in metal halide perovskites[J]. ACS Energy Letters, 2017, 2(7): 1515-1525.

[72] Wehrenfennig C, Eperon G E, Johnston M B, et al. High charge carrier mobilities and lifetimes in organolead trihalide perovskites[J]. Advanced Materials, 2014, 26(10): 1584-1589.

[73] Draguta S, Thakur S, Morozov Y V, et al. Spatially non-uniform trap state densities in solution-processed hybrid perovskite thin films[J]. The journal of physical chemistry letters, 2016, 7(4): 715-721.

[74] Wu C, Wu T, Yang Y, et al. Alternative type two-dimensional-three-dimensional lead halide perovskite with inorganic sodium Ions as a spacer for high-performance light-emitting diodess[J]. ACS Nano, 2019, 13(2): 1645-1654.

[75] Meng F, Liu X, Cai X, et al. Incorporation of rubidium cations into blue perovskite quantum dot light-emitting diodes via FABr-modified multi-cation hot-injection method[J]. Nanoscale, 2019, 11(3): 1295-1303.

[76] Ke Y, Wang N, Kong D, et al. Defect passivation for red perovskite light-emitting diodeswith improved brightness and stability[J]. The journal of physical chemistry letters, 2019, 10: 380-385.

[77] Kovalenko M V, Protesescu L, Bodnarchuk M I. Properties and potential optoelectronic applications of lead halide perovskite nanocrystals[J]. Science, 2017, 358(6364): 745-750.

[78] Kirchartz T, Markvart T, Rau U, et al. Impact of small phonon energies on the charge-carrier lifetimes in metal-halide perovskites[J]. The journal of physical chemistry letters, 2018, 9(5):

939-946.

[79] Yang W S, Park B W, Jung E H, et al. Iodide management in formamidinium-lead-halide-based perovskite layers for efficient solar cells[J]. Science, 2017, 356(6345): 1376-1379.

[80] Braly I L, deQuilettes D W, Pazos-Outón L M, et al. Hybrid perovskite films approaching the radiative limit with over 90% photoluminescence quantum efficiency[J]. Nature Photonics, 2018, 12(6): 355-361.

[81] Yang X, Zhang X, Deng J, et al. Efficient green light-emitting diodes based on quasi-two-dimensional composition and phase engineered perovskite with surface passivation[J]. Nature Communications, 2018, 9(1): 570.

[82] De Quilettes D W, Koch S, Burke S, et al. Photoluminescence lifetimes exceeding 8 μs and quantum yields exceeding 30% in hybrid perovskite thin films by ligand passivation[J]. ACS Energy Letters, 2016, 1(2): 438-444.

[83] Sadaf S M, Ra Y H, Nguyen H P T, et al. Alternating-current InGaN/GaN tunnel junction nanowire white-light emitting diodes[J]. Nano letters, 2015, 15(10): 6696-6701.

[84] Brenes R, Eames C, Bulovic V, et al. The impact of atmosphere on the local luminescence properties of metal halide perovskite grains[J]. Advanced Materials, 2018, 30(15): 1706208.

[85] Weidman M C, Seitz M, Stranks S D, et al. Highly tunable colloidal perovskite nanoplatelets through variable cation, metal, and halide composition[J]. ACS Nano, 2016, 10(8): 7830-7839.

[86] Tvingstedt K, Malinkiewicz O, Baumann A, et al. Radiative efficiency of lead iodide based perovskite solar cells[J]. Science Reports, 2014, 4: 6071.

[87] Chen C, Gao L, Gao W, et al. Circularly polarized light detection using chiral hybridperovskite [J]. Nature Communications, 2019, 10: 1927.

[88] Wolff C M, Zu F, Paulke A, et al. Reduced interface-mediated recombination for high open-circuit voltages in $CH_3NH_3PbI_3$ solar cells[J]. Advanced Materials, 2017, 29(28): 1700159.

[89] Zhang L, Yang X, Jiang Q, et al. Ultra-bright and highly efficient inorganic based perovskite light-emitting diodes[J]. Nature Communications, 2017, 8: 15640.

[90] Wang J, Wang N, Jin Y, et al. Interfacial control toward efficient and low-voltage perovskite light-emitting diodes[J]. Advanced Materials, 2015, 27(14): 2311-2316.

[91] Lee S, Park J H, Lee B R, et al. Amine-based passivating materials for enhanced optical properties and performance of organic-inorganic perovskites in light-emitting diodes[J]. The Journal of Physical Chemistry Letters, 2017, 8(8): 1784-1792.

[92] Wu C Y, Wang Z, Liang L, et al. Graphene-assisted growth of patterned perovskite films for sensitive light detector and optical image sensor application[J]. Small, 2019, 15(19): 1900730.

[93] Hoye R L, Chua M R, Musselman K P, et al. Enhanced performance in fluorene-free organometal halide perovskite light-emitting diodes using tunable, low electron affinity oxide electron injectors[J]. Advanced Materials, 2015, 27(8): 1414-1419.

[94] Hoye R L, Munoz-Rojas D, Musselman K P, et al. Synthesis and modeling of uniform complex metal oxides by close-proximity atmospheric pressure chemical vapor deposition[J]. ACS Applied Materials & Interfaces, 2015, 7(20): 10684-10694.

[95] Kim Y H, Cho H, Heo J H, et al. Multicolored organic/inorganic hybrid perovskite light-emitting diodes[J]. Advanced Materials, 2015, 27(7): 1248-1254.

[96] Veldhuis S A, Boix P P, Yantara N, et al. Perovskite materials for light-emitting diodes and lasers[J]. Advanced Materials, 2016, 28(32): 6804-6834.

[97] Kim Y H, Cho H, Lee T W. Metal halide perovskite light emitters[J]. PNAS, 2016, 113(42): 11694-11702.

[98] Hoye R L Z, Schulz P, Schelhas L T, et al. Perovskite-inspired photovoltaic materials: Toward best practices in materials characterization and calculations[J]. Chemistry of Materials, 2017, 29(5): 1964-1988.

[99] Brown T M, Kim J S, Friend R H, et al. Built-in field electroabsorption spectroscopy of polymer light-emitting diodes incorporating a doped poly(3, 4-ethylene-dioxythiophene) hole injection layer[J]. Applied Physics Letters, 1999, 75(12): 1679-1681.

[100] Ziffer M E, Mohammed J C, Ginger D S. Electroabsorption spectroscopy measurements of the exciton binding energy, electron-hole reduced effective mass, and band gap in the perovskite $CH_3NH_3PbI_3$[J]. ACS Photonics, 2016, 3(6): 1060-1068.

[101] Amerling E, Baniya S, Lafalce E, et al. Electroabsorption spectroscopy studies of $(C_4H_9NH_3)_2PbI_4$ organic-inorganic hybrid perovskite multiple quantum wells[J]. The journal of physical chemistry letters, 2017, 8(18): 4557-4564.

[102] Campbell I H, Hagler T W, Smith D L, et al. Direct measurement of conjugated polymer electronic excitation energies using metal/polymer/metal structures[J]. Physical Review Letters, 1996, 76(11): 1900.

[103] Song J, Li J, Li X, et al. Quantum dot light-emitting diodes based on inorganic perovskite cesium lead halides ($CsPbX_3$)[J]. Advanced Materials, 2015, 27(44): 7162-7167.

[104] Lu M, Zhang X, Zhang Y, et al. Simultaneous strontium doping and chlorine surface passivation improve luminescence intensity and stability of $CsPbI_3$ nanocrystals enabling efficient light-emitting devices[J]. Advanced Materials, 2018, 30(50): 1804691.

[105] Song J, Fang T, Li J, et al. Organic-inorganic hybrid passivation enables perovskite QLEDs with an EQE of 16.48%[J]. Advanced Materials, 2018, 30(50): 1805409.

[106] Chiba T, Hayashi Y, Ebe H, et al. Anion-exchange red perovskite quantum dots with ammo-

nium iodine salts for highly efficient light-emitting devices[J]. Nature Photonics, 2018, 12 (11): 681-687.

[107] Hou S, Gangishetty M K, Quan Q, et al. Efficient blue and white perovskite light-emitting diodes via manganese doping[J]. Joule, 2018, 2(11): 2421-2433.

[108] Zhu L, Cao H, Xue C, et al. Unveiling the additive-assisted oriented growth of perovskite crystallite for high performance light-emitting diodes[J]. Nature Communications, 2021, 12 (1): 5081.

[109] Liu Z, Qiu W, Peng X, et al. Perovskite light-emitting diodes with EQE exceeding 28% through a synergetic dual-additive strategy for defect passivation and nanostructure regulation [J]. Advanced Materials, 2021, 33(43): 2103268.

[110] Shen Y, Wu H Y, Li Y Q, et al. Interfacial nucleation seeding for electroluminescent manipulation in blue perovskite light-emitting diodes[J]. Advanced Functional Materials, 2021, 31 (45): 2103870.

[111] Wang Y K, Yuan F L, Dong Y T, et al. All-inorganic quantum-dot LEDs based on a phase-stabilized alpha-$CsPbI_3$ perovskite[J]. Angewandte Chemie-International Edition, 2021, 60 (29): 16164-16170.

第二章　钙钛矿材料的合成与制备

2.1　引　　言

金属卤化物钙钛矿材料在 1893 年首次被报道[1]，但直到 20 世纪 90 年代，它们才受到科学界和工程界的关注。2012 年研究人员开始大量报道钙钛矿材料在太阳能电池方面的应用。这类材料表现出极高的电荷传输特性，基于钙钛矿的单电池光伏器件的效率在较短时间内超过 23%。令人意外的是，钙钛矿被证明不仅可以分离电荷从而光致发电，而且也可以反过来聚集电荷电致发光(electroluminescence，简称 EL)。钙钛矿材料的非辐射复合相对较低，意味着它们可能比较节能，而且它们的颜色纯度很高。目前钙钛矿的报道大部分集中于电致发光与太阳能电池，晶体管与传感器也偶有报道(图 2.1)。

(a)

(b)
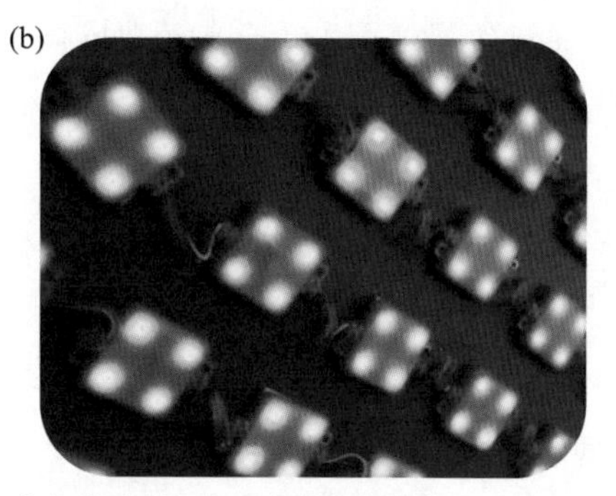

图 2.1　钙钛矿材料的应用：(a) 太阳能电池；(b) 发光二极管

但是，三维钙钛矿结构荧光量子效率低，其中有两个关键的限制因素：① 体缺陷导致的非辐射复合；② 较低的激子结合能使得电子空穴复合速率较低。为了解决上述问题，研究人员通过合成策略将大块钙钛矿材料转化为纳米晶，极大降低了钙钛矿材料中的电子缺陷密度，显著提高了钙钛矿薄膜的荧光量子效率。但是由于有机阳离子或配体的引入、维度的降低，使得薄膜的导电性下降，不利于发光器件的制备。

2.2 钙钛矿纳米晶化学

钙钛矿纳米晶带结构的特殊性质在于缺陷态只局限于价带或导带，本质上还是“惰性的”，这使得钙钛矿纳米晶具有很高的光致发光效率。因此，钙钛矿纳米晶通常被认为是可“容错的”。在过去的几年中，钙钛矿纳米晶已经实现了发射波长覆盖整个可见光谱范围，并且它们的荧光量子效率已经接近100%。钙钛矿纳米晶的荧光量子效率随合成方法的不同而不同，并且即使对给定的合成路线进行很小的修改，也会极大地影响它们的光学特性。其光学性质变化如此之大的原因是这些性质与钙钛矿结构中离子的化学计量比、所用配体的种类及含量相关联，然而目前这些方面的研究仍处于起步阶段。

20世纪80年代早期，人们通过纳米尺寸半导体的发光光谱发现了量子尺寸效应。金属卤化物钙钛矿中也存在类似的量子限制效应。2011年，Park等发表了一篇开创性的论文，研究了纳米晶形态的$MAPbI_3$在太阳能电池中的应用[2]，虽然当时效率不高，但这种材料的潜力引起了材料化学界的注意，他们开始对这类的直接带隙半导体进行研究。数年后，Schmidt等发表了第一个基于胶体溶液制备钙钛矿纳米晶的方法，并在2013年底制备了荧光量子效率为20%的$MAPbBr_3$纳米晶。2015年，Protesescu等报道了采用合成经典胶体量子点(如CdSe和PbSe)采用的标准热注入法来合成单分散$CsPbX_3$纳米晶，研究结果表明钙钛矿纳米晶具有许多优异的光学性质：① 高荧光量子效率(高达90%且无需进行任何的后处理)；② 光谱的半峰宽窄(小于100 meV)；③ 通过简单地改变结构中卤化物离子的种类和比例，可以在整个可见光谱范围内调节发光波长[3]。

到目前为止，关于卤化铅钙钛矿纳米晶的研究大多集中在具有三维$APbX_3$的晶体结构和组成的纳米晶上，为了制备尺寸、形貌及光学性能可控的金属卤钙钛矿纳米晶，近年来多个课题组持续开发可靠、简单的合成策略[4-5]。

本书主要介绍一些常见的金属卤钙钛矿纳米晶合成方法，包括机械化学法、旋涂法、超声波法、热注入法、配体辅助再沉淀法等。

2.3　钙钛矿纳米材料的制备方法

2.3.1　机械化学法

机械化学法(mechanochemistry)是近年来新兴的合成方法,是指由机械能引发的化学反应。这种能量可能来自几种力和操作模式,如冲击、压缩或剪切。图 2.2 是常用的机械化学法设备。下文将重点介绍机械化学合成的钙钛矿化合物,这些化合物是通过研磨或碾磨其前驱体的来实现合成的。比如用研钵和杵进行手工研磨,以及用摇床或行星式球磨机进行研磨,也可以用其他方法如使用双螺杆挤出机进行机械研磨。1820 年,法拉第在没有使用溶剂的情况下,通过杵研磨,利用固态的锌、铜、锡或铁将 AgCl 还原为银,这是首次机械化学法的合成实例。图 2.3 简述了机械化学法发展史。

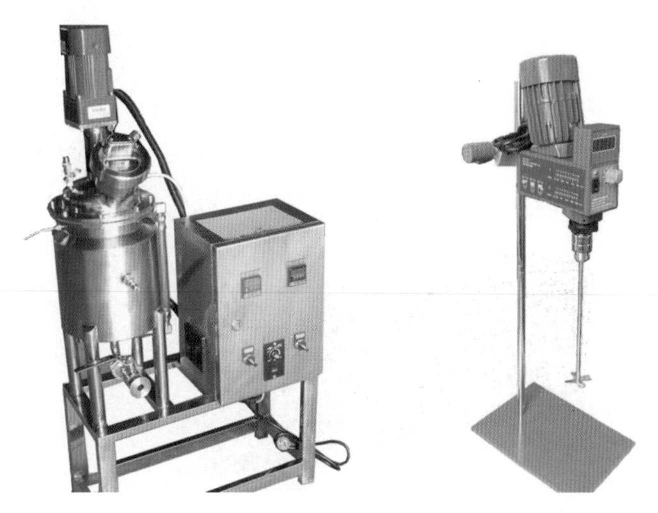

图 2.2　机械化学法常用设备

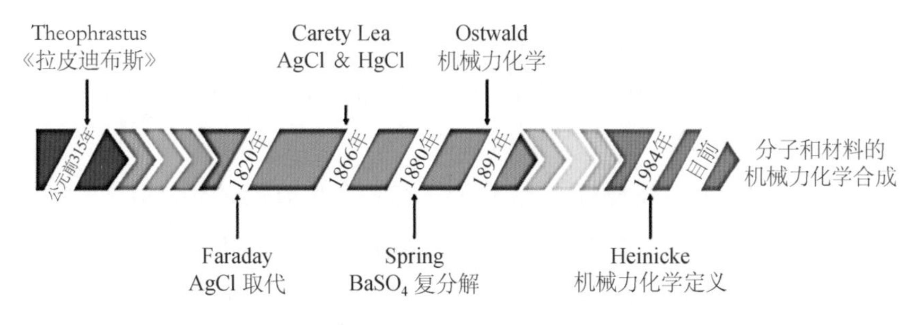

图 2.3　机械化学法发展史[6]

虽然至今为止机械化学法的确切作用机制尚未完全阐明，但是人们普遍认为，磨削引起的粒度减小导致反应物活性表面的不断暴露，有利于创造合适的化学反应环境，促进反应的进行。机械化学法操作简单，但与其他合成方法如溶剂合成、超临界二氧化碳辅助化学或离子液体相比，机械化学法一直被忽视。然而从最近的一些研究以及综述来看[7]，机械化学法正在引起重视，其主要优点之一是不需要溶剂。这与绿色化学的发展理念吻合，因为溶剂通常会产生大量的废液或有害蒸气。近年来机械化学法被用于合成多种功能材料，如有机材料等分子、剥落的石墨烯、金属有机骨架或金属合金等。

2.3.2 超声波法

超声波的频率在 10^4～10^9 Hz，属于高频音波。当超声波作用于液体时可以产生强大的拉应力，把液体中的颗粒破碎分散，因此常用于小颗粒的制备(常见的超声波发生器见图 2.4)。最早超声法(ultrasonic)被应用于制备粒径均一的铁纳米粒子，使用挥发性有机金属铁化合物如五羰基铁[$Fe(CO)_5$]为原料，以聚乙烯基吡咯烷酮或油酸(OA)为稳定剂，可得到粒径均一(约为 8 nm)的无定形铁纳米粒子。

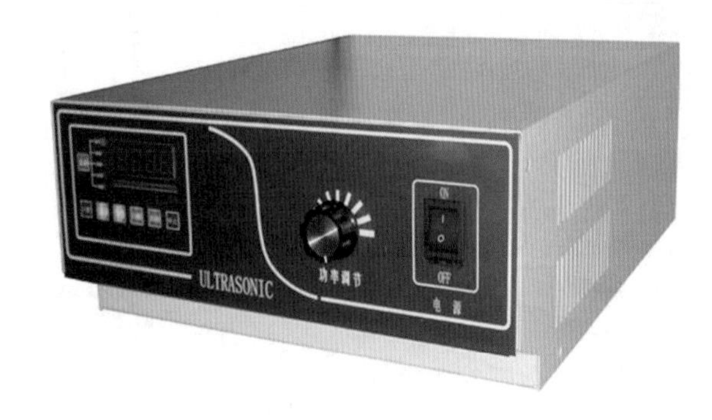

图 2.4　常见超声波发生器

2016 年，Feldmami 课题组采用超声法合成了 $CsPbX_3$(X＝Cl，Br，I)量子点[8]。如图 2.5 所示，他们在超声作用下将 Cs_2CO_3 与油酸合成油酸铯，随后在 PbX_2 油胺溶液(OAm)中形成钙钛矿，通过替换钙钛矿的卤素阴离子(氯、溴、碘)，实现可见光谱 400～700 nm 的全光谱发光，进一步证明了这种合成方法具有普适性。

Huang 课题组也采用油酸和油胺作为非极性溶剂体系，两步法合成钙钛矿纳米晶，绿光钙钛矿的荧光效率达 72%[9]。图 2.6 为超声法制备钙钛矿纳米晶的示意、流程。

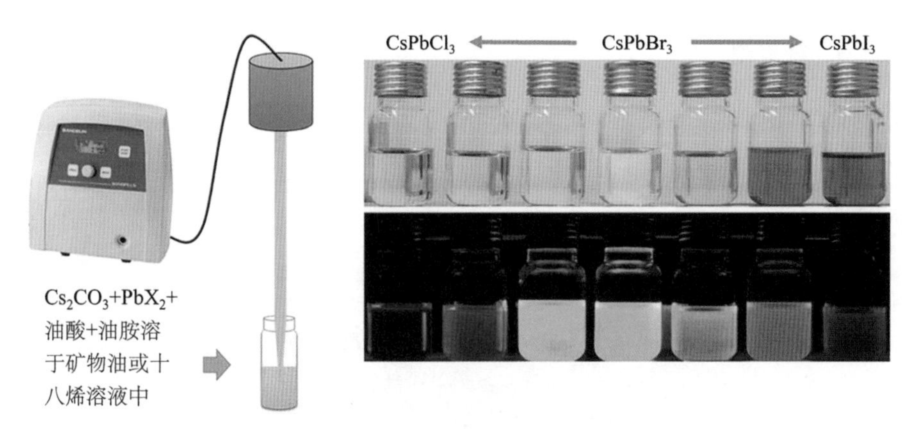

图 2.5　超声法实现全光谱发光[8]

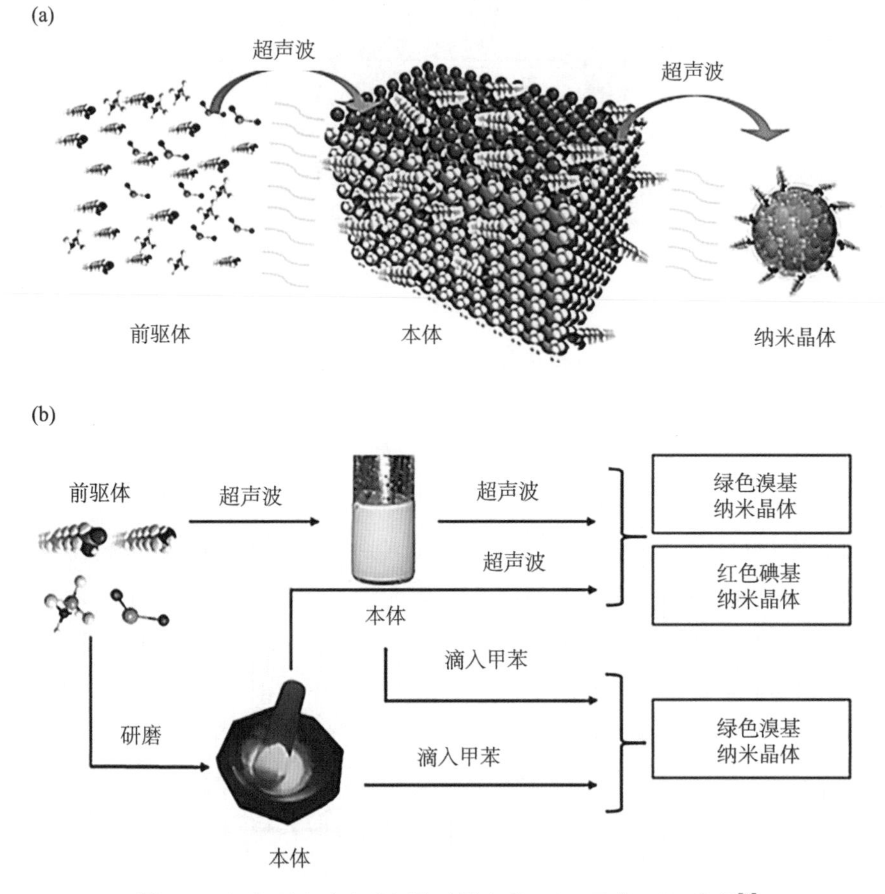

图 2.6　超声两步法合成钙钛矿纳米晶：(a) 示意；(b) 流程[9]

2.3.3 微波法

微波(microwave)为 0.3～300 MHz 的电磁波,基本性质为穿透性、反射、吸收。微波可以直接加热物体内容,不依赖物质的热传递,因此加热较为均匀且迅速。常见微波反应设备见图 2.7。

图 2.7 常见微波反应设备

目前微波法已经被用于制备高迁移率的钙钛矿纳米晶——通过微波处理在有机溶剂和水中制备具有强发射的量子点,如 CdSe 纳米晶。微波辐射合成金属卤素钙钛矿最近被报道。在此基础上,2018 年,Rogach 课题组使用微波辅助的方法合成了 $CsPbBr_3$ 钙钛矿纳米晶,并尝试解释纳米晶的形成机理(图 2.8)[10]。Rogach 将钙钛矿合成反应暴露在同样功率下发现,反应 50 s 可以得到最优的钙钛矿晶体,时间过长或过短均对晶体形貌有影响。通过扫描电子显微镜(scanning electron microscopy,简称 SEM)分析认为,微波的功率会影响钙钛矿纳米晶的合成反应速率,通过优化微波的功率与反应时间,可获得钙钛矿纳米颗粒生长的中间产物。研究进一步证明,$CsPbBr_3$ 的形成机理是铅离子和溴离子先构成[$PbBr_6$]正八面体,然后铯离子间隙由铯离子填充。

Zhang 课题组发现微波法合成钙钛矿晶体的形貌受到温度的影响[11]。如图 2.9 所示,在 80℃的反应温度下有利于板状结构的形成,而在温度升高到 160℃时,有利于棒状结构的产生。作者认为温度高的情况下前驱体的溶解速度加快,反应动力学也会加快。通过预溶解前驱体进一步调整反应动力学将导致棒状结构的形成。

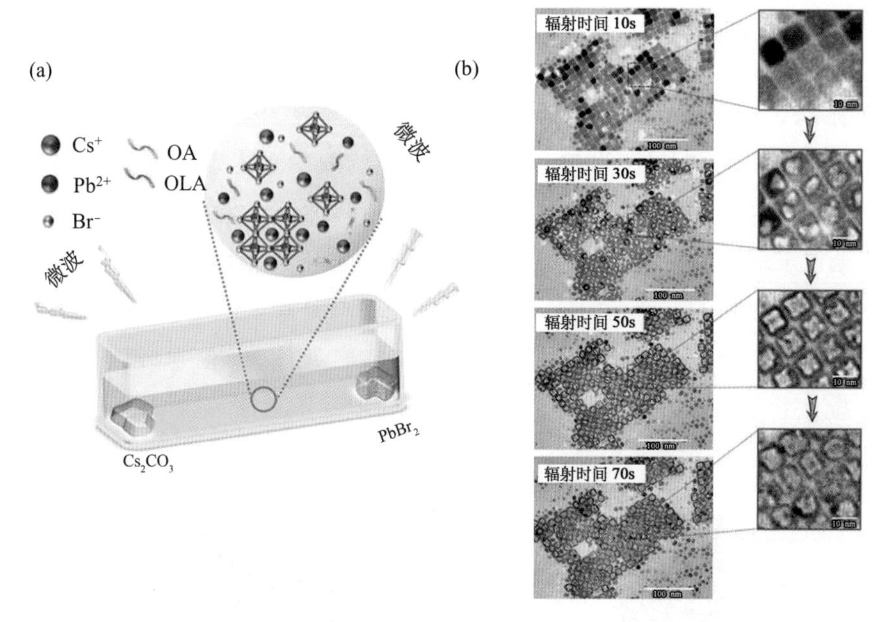

图 2.8　微波辐射时间对 $CsPbBr_3$ 晶体大小的影响[10]

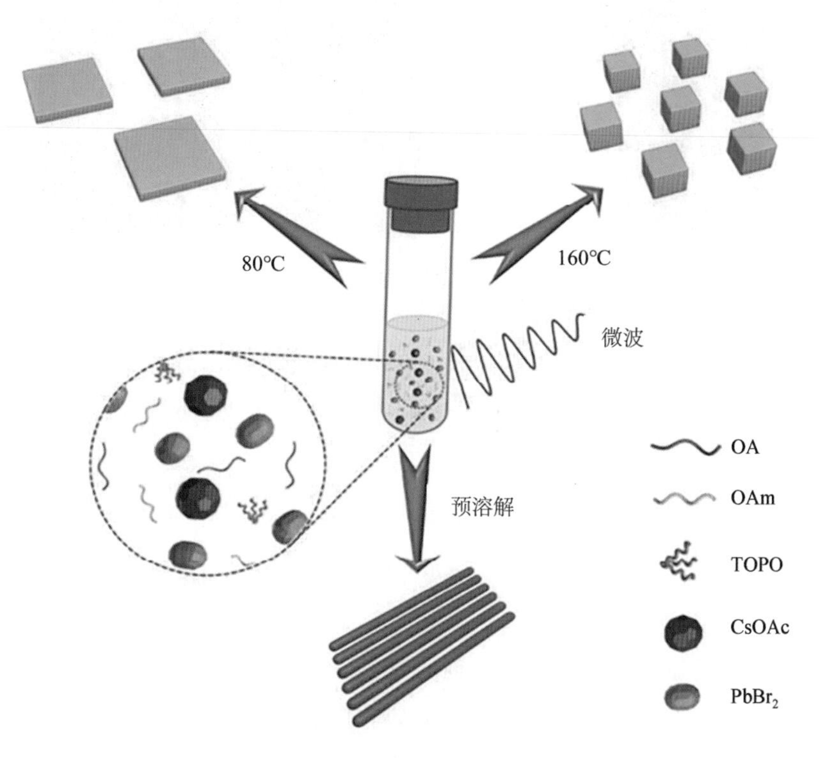

图 2.9　温度对微波法制备 $CsPbBr_3$ 纳米晶的影响[11]

2.3.4 溶剂热法

溶剂热法(solvothermal)是在水热法的基础上发展起来的(常见水热反应设备见图 2.10),指在密闭体系,如高压釜内,以有机物或非水溶媒为溶剂,在一定的温度和溶液的自生压力下,原始混合物进行反应的一种合成方法。它与水热反应的不同之处在于所使用的溶剂为有机物而不是水。水热法往往只适用于氧化物功能材料或少数一些对水不敏感的硫属化合物的制备与处理,涉及一些对水敏感(与水反应、水解、分解或不稳定)的化合物如Ⅲ-Ⅴ族半导体、碳化物、氟化物、新型磷(砷)酸盐分子筛三维骨架结构材料的制备与处理就不适用,这也就促进了溶剂热法的产生和发展。

图 2.10 常见水热反应设备

1985 年,Bindy 首次在 *Nature* 杂志报道了高压釜利用非水溶剂合成沸石的方法,随后引起研究热潮。在过去的几十年中,溶剂热法由于具有操作简单、形态控制精确、结晶度高、再生性高等优点,被认为是制备各种纳米晶最有希望的方法。图 2.11 展示了如何通过溶剂热法来控制 $CsPbX_3$ 纳米晶的结晶形态,调节成核的速率可以形成体相及低维结构的晶体[12]。Yang 课题组率先利用溶剂热法制备了高品质的 $MAPbI_3$ 钙钛矿晶体。

2018 年,Li 课题组进一步由溶剂热法合成双色发光且空气稳定的锰掺杂 $CsPbCl_3$ 纳米晶,制备过程如图 2.12 所示,所得纳米晶适用于构建纯白光发光二极管和温度传感器介质[13]。另外,华中科技大学唐江课题组利用溶剂热法成功制得无

铅卤素双钙钛矿 $Cs_2Ag_xNa_{1-x}InCl_6$ 用于高效稳定的暖白光发射器件。

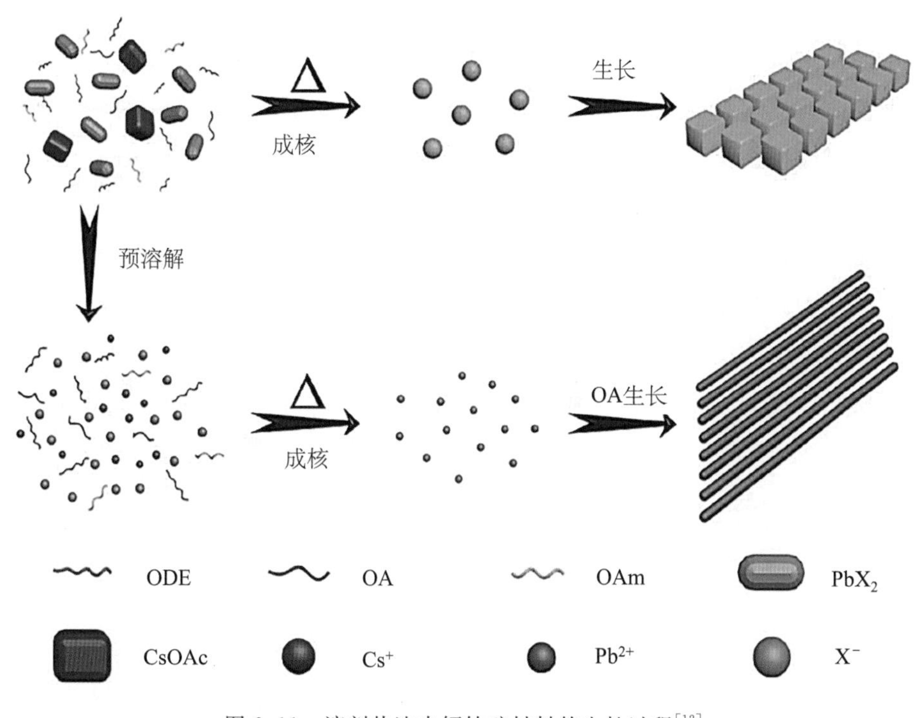

图 2.11　溶剂热法中钙钛矿材料的生长过程[12]

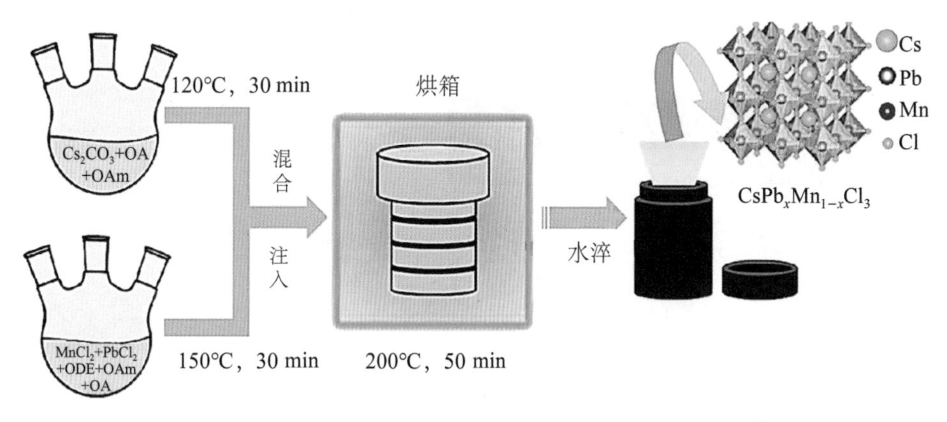

图 2.12　温度对溶剂热法合成的钙钛矿纳米晶的影响[13]

2.3.5 热注入法

热注入法(heat injection method)是将前驱体快速地注入高温的、含有其余前驱体和配体的高沸点溶剂里,早在 1993 年热注入法就被用于合成硫化镉纳米晶[14]。热注入法可以将成核阶段和生长阶段分开,从而可以获得尺寸分布较窄的小纳米晶。在热注入之后,立即发生快速的成核阶段,形成大量的小核。单体的快速消耗使成核阶段终止,随后这些小核开始生长(理想情况下,此时不会形成新的小核)。若反应在尺寸分布比较集中的阶段停止(即环境中仍有大量单体存在时),就会生成尺寸分布较窄的纳米晶。热注入法合成控制胶体纳米晶的尺寸大小、分布和形貌的关键在于控制:① 表面活性剂与前驱体的比例;② 注入的温度;③ 反应时间;④ 前驱体的浓度。

2015 年,Protesescu 等引入热注入法用于合成 $CsPbX_3$ 量子点[3]。主要方法是将油酸铯在 140～200℃下注入含有卤化铅、羧酸和伯胺的十八烯(ODE)溶液中。加入定量的羧酸和伯胺即可形成单分散的纳米晶。如图 2.13 所示,纳米晶的大小可以通过改变反应温度来调节。通过调节不同卤化物中阴离子的比例,也可以方便地生成混合卤素阴离子的钙钛矿纳米晶。通过调节尺寸和阴离子的比例,生成的钙钛矿纳米晶的荧光发射可以在整个可见光区域内精细地调制。随后,使用甲胺溶液代替油酸铯,以及调整油酸和油胺(作为配体)的比例,即可获得有机-无机杂化的 $MAPbX_3$ 钙钛矿纳米晶。

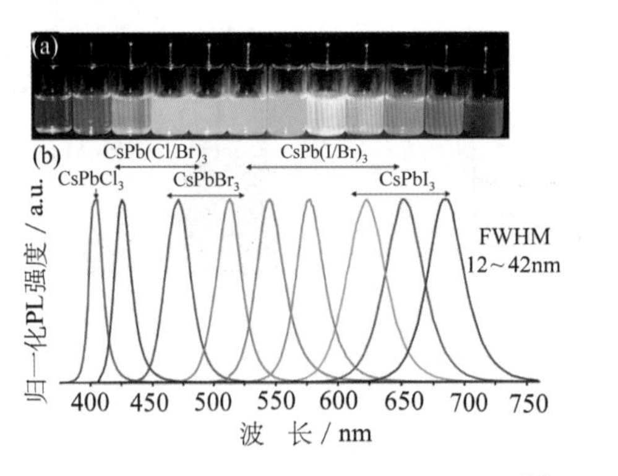

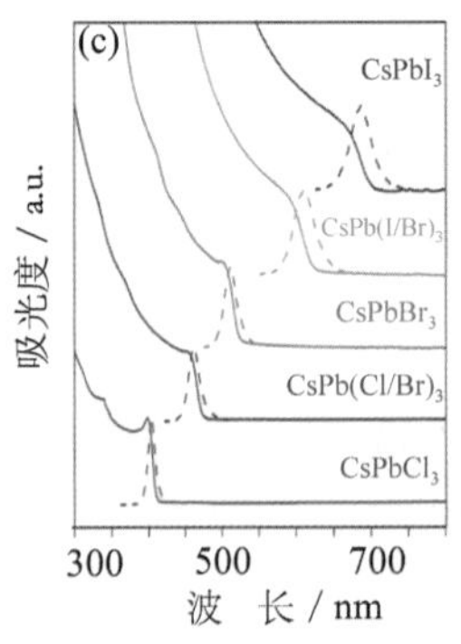

图 2.13 热注入法实现可见光区域全波段发射[3]:(a) $CsPbX_3$ 量子点溶液荧光照片;(b) $CsPbX_3$ 量子点的归一化荧光光谱;(c) $CsPbX_3$ 量子点的吸收及荧光光谱

热注入法也适用于钙钛矿衍生材料的合成。例如，Cs_4PbX_6 即可通过在过量 Cs^+ 和油胺的环境中合成，合成出的 Cs_4PbX_6 纳米晶几乎是单分散的；使用油酸、辛胺作为配体在 $PbBr_2$ 过量的环境中合成 $CsPb_2Br_5$ 也有报道。为了阐明热注入法的动力学过程，Lignos 等利用一个微流控平台研究 $CsPbX_3$ 的原位吸收和光致发光过程，研究表明 $CsPbX_3$ 成核和生长过程发生在第一个 5 s 内，显示了这些纳米晶极快的反应动力学(图 2.14)[15]。

Koolyk 等的报道结果略有不同，研究提取不同反应阶段的样品，使用透射电子显微镜进行分析(图 2.15)[16]，发现成核时纳米晶的尺寸聚焦状态持续了大概 20 s，随后开始产生不同尺寸的晶体。另外，研究发现生长阶段并无尺寸聚焦状态，从一开始生长就扩大了粒径分布，并且反应时间持续了 40 s。总的来说，与经典的Ⅱ-Ⅵ族(CdTe、CdSe、CdS、HgS 等)、Ⅳ-Ⅵ族(PbSe 等)、Ⅲ-Ⅴ族(InP、InAs 等)量子点相比，金属卤化物钙钛矿的成核和生长过程并不明确。由于钙钛矿是离子晶体，很容易在溶液中形成，因此钙钛矿纳米晶的成核和生长非常之快，通常在 1 min 内完成，并且难于分离。故控制钙钛矿的成核及生长过程并使其均匀是近年来在研究钙钛矿方面最大的挑战，最近的一项研究表明在热力学平衡而不是动力学控制下的工作可能克服这一挑战。

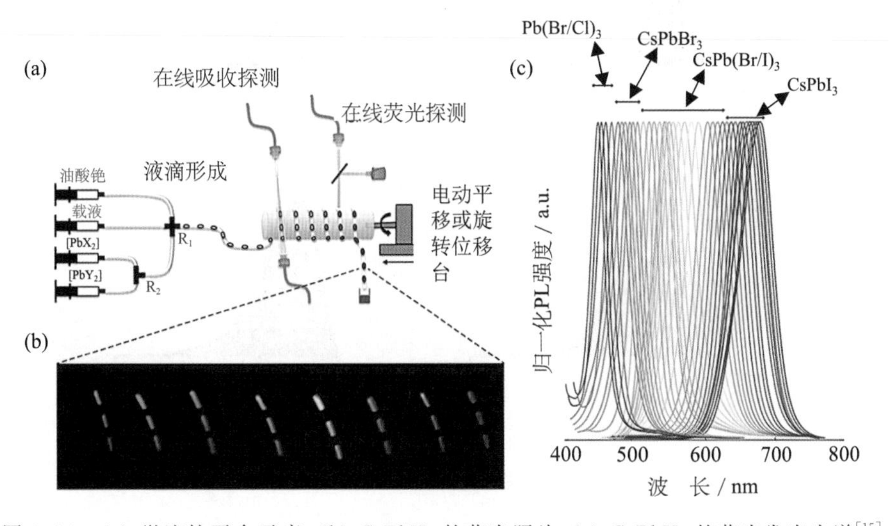

图 2.14　(a) 微流控平台示意；(b) $CsPbX_3$ 的荧光照片；(c) $CsPbX_3$ 的荧光发光光谱[15]

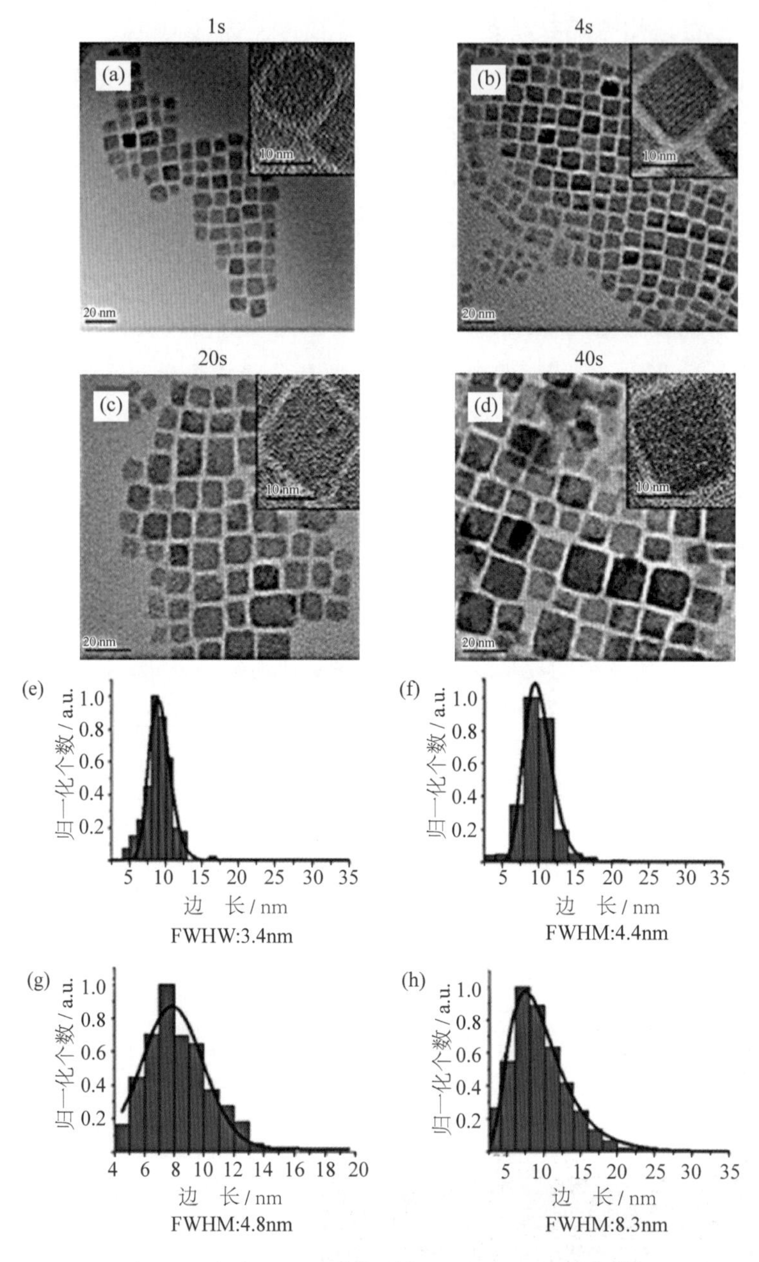

图 2.15 扫描电子显微镜研究 $CsPbBr_3$ 生长机理[16]

据以上所述热注入法的问题，Liu 等提出了一种“三前驱体”热注入法用以合成 $CsPbX_3$ 纳米晶。他们使用 NH_4X 和 PbO 分别作为卤素前驱体和铅前驱体，替代 PbX_2 用于合成钙钛矿（图 2.16）[17]。实验中使用过量的 NH_4X 营造一种富卤素环境，可以使三前驱体合成的纳米晶有更好的稳定性以及光学性能，并且在提纯过程中可以抵抗一些极性溶剂的影响。

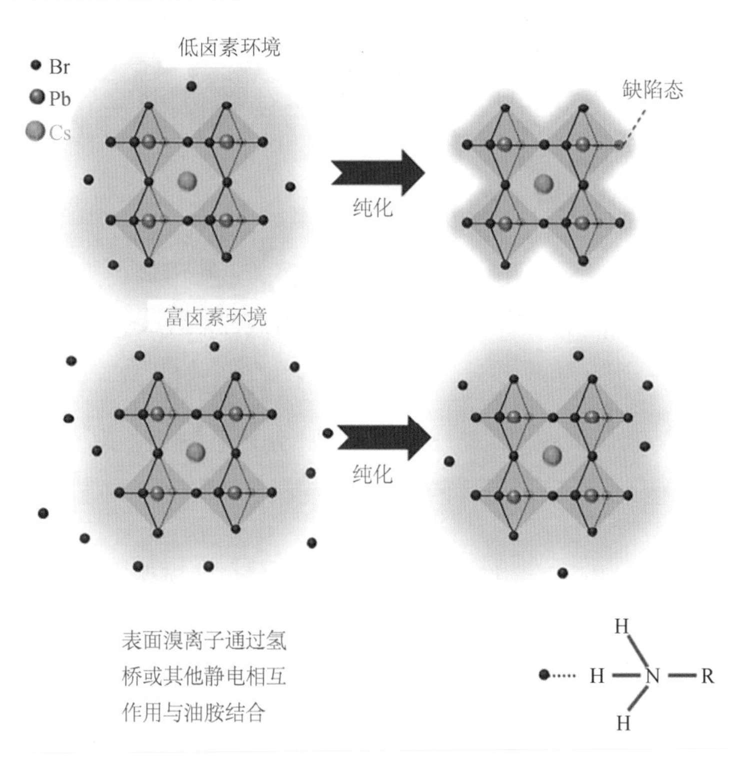

图 2.16 富卤素环境制备钙钛矿纳米材料[17]

Yassitepe 等进一步发展了三前驱体热注入法。他们在前驱体中移去有机胺，合成了油酸钝化的 $CsPbX_3$ 量子点(图 2.17)[18]。在这种方法中，使用季铵盐(如溴化四辛基铵)与醋酸铯、醋酸铅反应。这种季铵盐即使在有质子存在的环境下也不会质子化形成胺。移除了油胺之后，其反应动力学大大加快了，在较低的温度(75℃)下即可合成 $CsPbX_3$ 纳米晶。这种方法合成的 $CsPbBr_3$ 量子点的荧光量子效率高达 70%，并且稳定性较好。但这种方法无法合成质量和稳定性较好的 $CsPbI_3$ 量子点。随后 Protesescu 课题组采用三前驱体热注入法合成了胶体 $FAPbX_3$ 纳米晶溶液[19]。他们使用醋酸铅、油酸溶于十八烯中，然后注入溴化油胺。最终产品中含有 5%～10%的 $NH_4Pb_2Br_5$ 副产物，可能来自 FA^+ 在较高温度下分解产生的 NH_4^+。2017 年，使用普通的二前驱体热注入法成功合成了有更好光学性能的相纯的 $FAPbI_3$ 量子点。这种方法在 80℃将甲脒的油酸盐热注入溶有碘化铅、油酸、油胺的十八烯中，甲脒的含量稍过量。

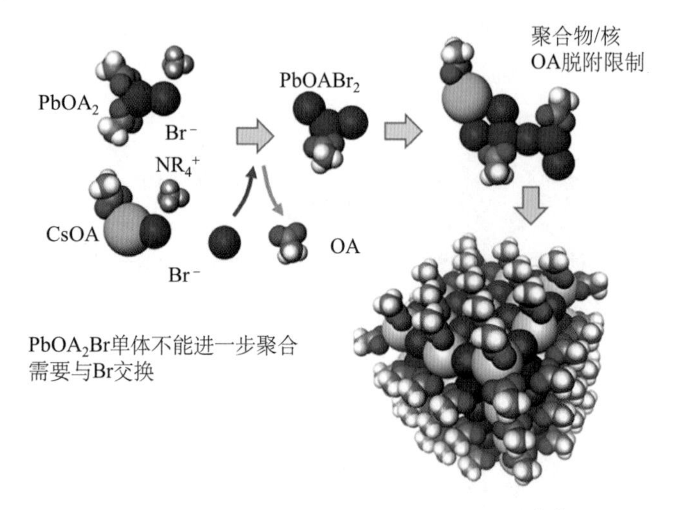

图 2.17　富三前驱体法制备钙钛矿纳米晶[18]

尽管三前驱体法使金属离子与卤素离子不再锚定，从而保证合成反应按照设计的化学计量进行，但仍有一些问题。一方面，$CsPbI_3$、$CsPbCl_3$、$MAPbX_3$ 还未能通过三前驱体法进行合成，说明卤素前驱体在这种方法下反应活性较差。另一方面，在 $FAPbX_3$ 纳米晶的合成中，发现生成了大量不需要的次级相，这些副产物可能来自卤化烷基铵前驱体的分解。为了解决这些问题，Imran 等和 Creutz 等提出了新的方法。这两种方法都是使用高活性的卤化物离子前驱体，可以方便地注入金属的羧酸盐溶液中，注入后，纳米晶立即开始成核、生长。Imran 等使用苯甲酰卤作为卤化物前驱体制备全无机钙钛矿纳米晶和有机-无机杂化钙钛矿纳米晶，其产物的尺寸分布和相纯度控制得很好。Creutz 等利用卤代硅烷合成了 Cs_2AgBiX_6 无铅钙钛矿纳米晶。这些方法不但可以定制所需比例的化学计量，更重要的是，可以在富卤素条件下进行钙钛矿纳米晶的合成。

对于热注入法，可以通过改变配体的种类和比例以及控制反应温度来调控合成纳米晶的尺寸及形貌。一般来说，使用油酸和油胺作为配体时，在较低的温度(90～130℃)钙钛矿倾向于非均匀生长，形成准二维结构，通常被称为纳米片(nano sheets，简称 NSs)；而在较高的温度(170～200℃)长时间反应会生成纳米线(nanowires，简称 NWs)。Pan 等通过系统地改变反应中有机胺和羧酸的碳链长度，研究了配体对 $CsPbBr_3$ 纳米晶的形貌影响(图 2.18)[20]。在一个系列实验中，他们控制油胺的量不变，加入不同量的羧酸进行反应（温度 170℃）。当羧酸的碳链缩短时，获得的 $CsPbBr_3$ 纳米小方块的边长从 9.5 nm 增加到 13 nm[图 2.18(a)～(d)为不同链长修饰的 $CsPbBr_3$ 薄膜 TEM]。此外，当使用油酸反应但把温度降低至 140℃，反应获得了宽 20 nm、厚 2.5 nm 的纳米薄片。在另一系列实验中，作者通过控制油酸不变，加入不同有机胺来进行反应。每个实验中都有纳米片生成，尤其是当使用油胺时，在较低的温度（140℃）就可生成纳米片。

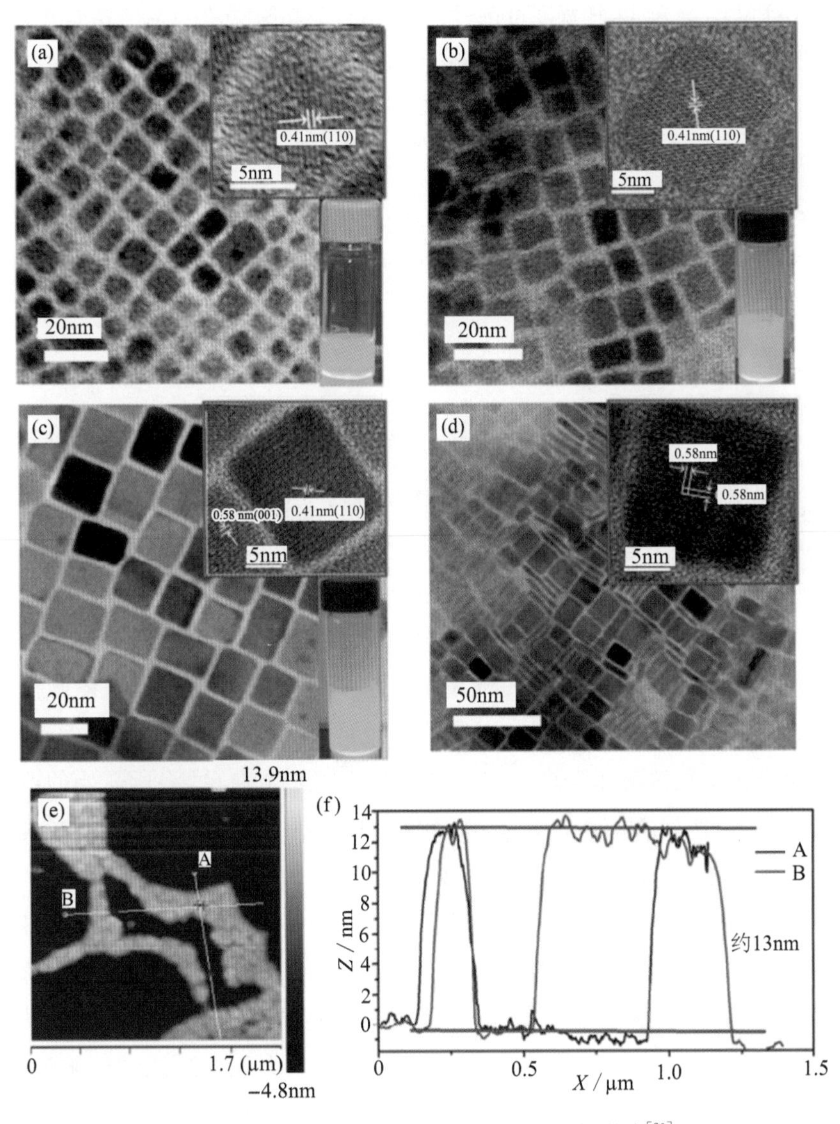

图 2.18　有机修饰链段长度对 $CsPbBr_3$ 的影响[20]

虽然研究在控制钙钛矿纳米小方块横向尺寸上做了许多工作，但也有研究致力于合成各向异性的纳米结构，如纳米薄片和纳米线，并尝试控制其尺寸形貌。Song等使用热注入法合成了 $CsPbBr_3$ 原子级薄片，厚度 3.3 nm，边长 1 μm，方法是使用十二胺和油酸作为配体，并且将反应时间延长到 3 h[21]。Shamsi 等制备了一种 $CsPbBr_3$ 薄片，其横向大小可从 1～10 mm 至 200 nm 调节，同时保持着数个晶胞的厚度。这种方法是通过在油酸和油胺配体中添加短链的配体，如辛胺和辛酸。Imran 等报道了一种 $CsPbBr_3$ 纳米线，其宽度可调，最低可达数个晶胞[22]。这种方法是在热注入过程中仅使用辛胺和油胺，可以合成出半径为 10～20 nm 的绿色荧光纳米线。通过引入短链的有机酸(如己酸和辛酸)可以制备出半径为 3.4～10 nm 的纳米线。Zhang 等报道了一种超薄 $CsPbBr_3$ 纳米线，半径仅为 2.2 nm±0.2 nm，长度可达 1～10 μm。这种方法使用油胺、油酸和十二胺作为配体热注入合成，并且通过逐步提纯提高荧光效率[23]。

然而热注入法一般需要高温和惰性气体辅助，这使得合成的成本不可避免地增加，同时也限制了大规模量产。

2.3.6 配体辅助再沉淀法

配体辅助再沉淀法(ligand-assited-reprecipitation，简称 LARP)是一种过饱和析晶的方法，其过程包含了将所需的离子溶解在溶剂中，达到平衡浓度，然后将溶液移动到过饱和的非平衡状态。达到过饱和状态可以通过改变温度、蒸发溶剂或是加入离子溶解度较低的混相不良溶剂实现。在过饱和状态，溶质会自发地沉淀、结晶直到恢复成平衡状态为止。这种方法在 20 世纪 90 年代也被成功地扩展到制备有机的或聚合物的纳米点材料。因为过饱和析晶中通常用各种有机或无机配体调控结晶过程，因此被称为配体辅助再沉淀法。这种方法也可以用作制备纳米晶、量子点等。

配体辅助再沉淀法应用于钙钛矿的制备时合成非常简单，将所需要的前驱体溶于一种极性溶剂，例如 *N*,*N*-二甲基甲酰胺(DMF)或二甲基亚砜(DMSO)，配体存在时滴入一种不良溶剂，例如甲苯或正己烷。配体辅助再沉淀法中常用的前驱体为 MX_2(M=Pb，Sn 等)和 MAX、CsX、FAX(X=Cl，Br，I)等。两种溶液混合进入大量不良溶剂中形成瞬间过饱和，随后钙钛矿纳米晶开始成核、生长。显然，配体辅助再沉淀法可在室温、空气条件下进行合成，使用的仪器装置非常简单。与热注入法相比，配体辅助再沉淀法可以容易地扩大规模，从而可以大规模生成钙钛矿量子点，目前已可以达到克级规模制备。但同热注入法一样，配体辅助再沉淀法的成核与生长阶段亦不能及时分离。

首次报道使用配体辅助再沉淀法合成有机-无机杂化钙钛矿的是2012年Papavassiliou课题组，他们将$MAPbX_3$、$MA(CH_3C_6H_4CH_2NH_{32})PbX_7$或$MA(C_4H_9NH_3)Pb_2X_7$溶于DMF或乙腈中，然后将其滴入甲苯(或甲苯与聚甲基丙烯酸甲酯混合溶液)中，旋即生成了荧光纳米晶，尺寸为30～160 nm，荧光发射强度远超相应的钙钛矿块体材料(图2.19)[24]。在此几年后，研究将配体辅助再沉淀法扩展至其他ABX_3纳米晶系统(A＝MA，FA，Cs；B＝Pb，Sn，Bi；X＝Cl，Br，I)。

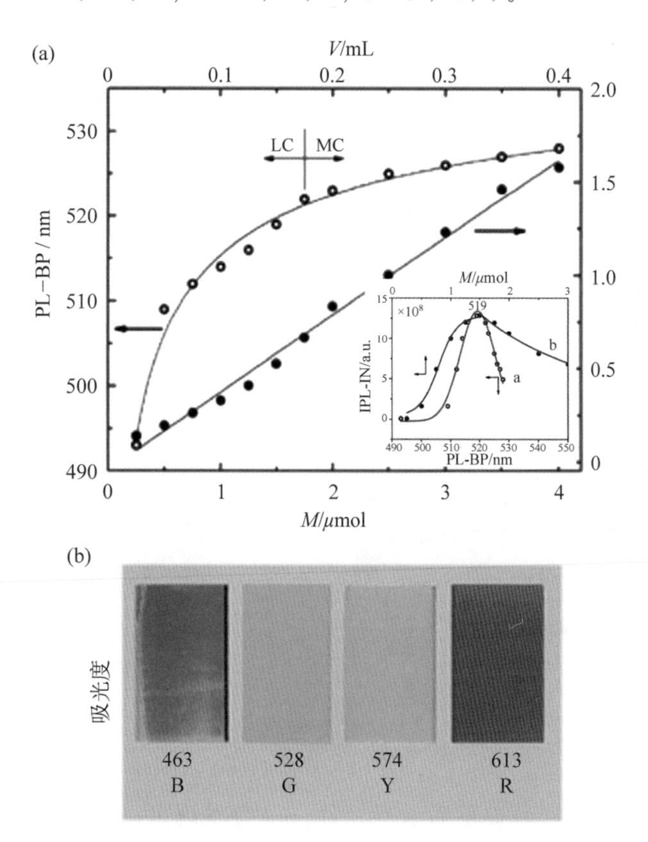

图2.19 高荧光强度钙钛矿材料的制备[24]

2015年，Zhang等的研究首次系统展示了使用配体辅助再沉淀法制备$MAPbBr_3$量子点(图2.20)[25]。他们将MABr、PbBr、有机胺、羧酸溶于DMF中制备前驱体，然后在剧烈搅拌下将一定量的前驱体滴入甲苯中，室温下即可生成量子点胶体溶液。为了探究有机胺及羧酸在这一过程中的作用，使用了不同的有机胺(己胺、辛胺、十二胺、十六胺)和不同的羧酸(丁酸、辛酸、油酸)进行实验。结果显示，如果不使用有机胺也可以形成钙钛矿，但其尺寸会不受控制；如果不使用羧酸可以如常地生成钙钛矿纳米晶,但其会在更短的时间内凝聚。从这些对比实验中作者得出结论:有机胺的作用是调节结晶动力学,实现对纳米晶尺寸的调控;有机羧酸作为一种稳定剂,可以缓解纳米晶的凝聚。

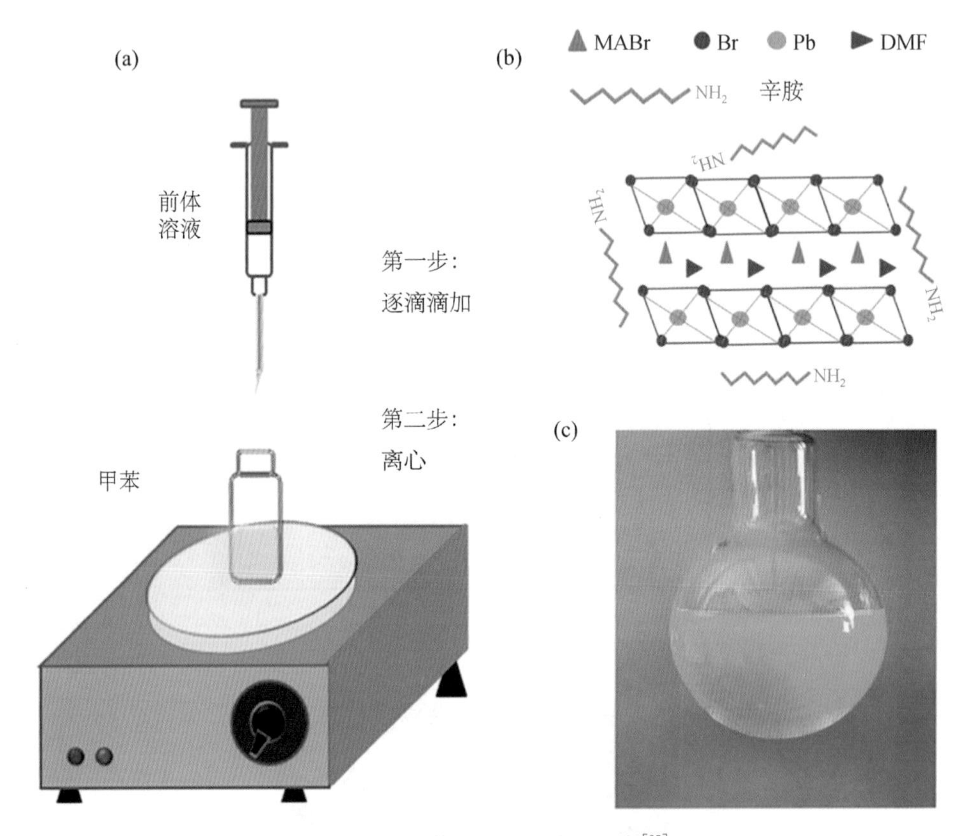

图 2.20 配体辅助再沉淀法示意[25]

随后几年,类似的实验被不断研究。Huang 等发现可以通过调节反应温度进一步调控生成物的尺寸及尺寸分布(图 2.21)[26];Arunkumar 等发现在前驱体中加入 $MnCl_2$,就可以制备出 Mn^{2+} 掺杂的 $MAPbX_3$ 纳米晶[27]。其他配体随后也被证明可以用于配体辅助再沉淀法合成钙钛矿纳米晶。Luo 等通过使用两种支链配体 3-氨丙基三乙氧基硅烷(APTES)和[3-(2-氨乙基)氨基]丙基七异丁基聚苯乙烯磺酸钠取代的笼形聚倍半硅氧烷(NH_2-POSS)制备出大小可调的钙钛矿纳米晶[28]。作者指出,与直链配体相比,APTES 和 NH_2-POSS 可以起到更强的控制尺寸作用,原因是这些配体可以保护钙钛矿纳米晶免于被 DMF 溶解。Veldhuis 等使用苯甲酰乙醇作为辅助配体(还有油酸和辛胺),加快反应动力学,改善了生成的纳米晶的光学性质[29]。

Luo 等使用 12-氨基月桂酸多肽作为唯一配体合成出 $MAPbBr_3$ 纳米晶[30]。多肽同时含有氨基和羧基，可以很好地控制纳米晶的尺寸。除此之外，还可以对配体辅助再沉淀法的流程进行一些小修改，以进一步优化该程序。Shamsi 等设计了一种新的配体辅助再沉淀法[31]：将 PbX_2 溶于 N-甲基甲酰胺（NMF）中，混合油酸、油胺后加热溶液到 100℃后保持 10 min，然后将其逐滴滴加到不良溶剂[如二氯苯或氯仿（CF）]中。这种方法的原理是加热条件下溶剂通过转酰胺基反应原位生成 MA^+，可以免去合成 MAX 的过程。值得一提的是，这种方法不使用不良溶剂就能在室温下生成大块的 $MAPbX_3$ 晶体。Dai 等通过喷雾法制备了尺寸分布均匀的 $MAPbBr_3$ 纳米晶，这种特殊的方法直接将前驱体溶液（溶有 MABr、$PbBr_2$、油酸和油胺的 DMF 溶液）喷在不良溶剂甲苯中[32]。喷雾形成的微米级的液滴有效地增大了两种溶液的接触面积，使得混合更为充分。

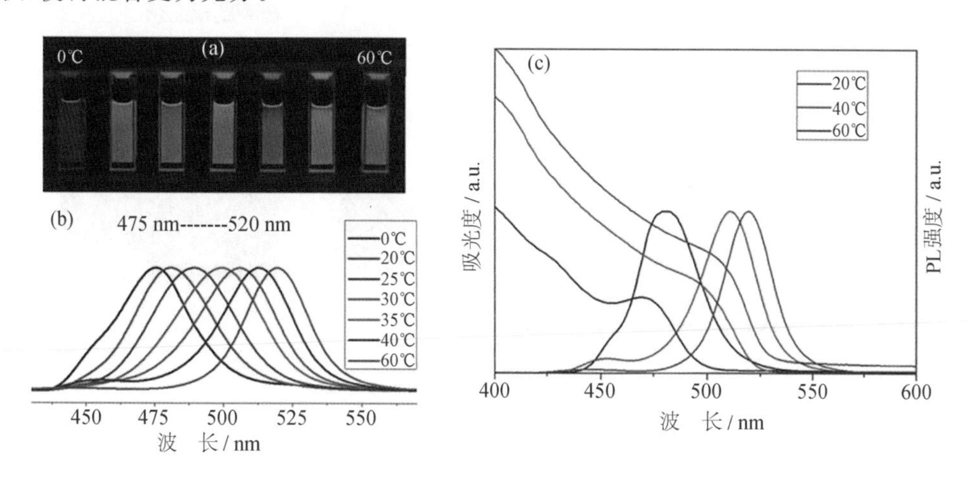

图 2.21 反应温度对发光颜色的影响[26]

$MAPbBr_3$ 量子点的配体辅助再沉淀法出现后不久，人们就开始努力优化材料的光学性能，并且尝试控制其尺寸和形貌。2015 年，Sichert 等报道了一种不使用羧酸配体的配体辅助再沉淀法（图 2.22）[33]。这种方法仅使用油胺和甲胺作为配体，辛胺与甲胺的比例越小，所制备的纳米片就越薄。当仅使用辛胺时，观察到单层钙钛矿纳米薄片与层状钙钛矿晶体中的现象类似。Kumar 等使用油酸和辛胺时可以将 $MAPbBr_3$ 薄片厚度控制在一个单层[34]。Cho 等对配体辅助再沉淀法合成 $MAPbBr_3$ 进行了研究，他们使用油酸和不同碳链长度的有机胺进行实验，有机胺包括丁胺（BA）、己胺、辛胺、十二胺、油胺等[35]。他们发现，碳链长度和有机胺浓度都对产物的厚度有很大影响，其中高浓度的有机铵阳离子可以有效地钝化钙钛矿表面，阻止其沿垂直方向生长，从而可产生厚度可调的钙钛矿纳米薄片。这种情况下，长链的有机胺与钙钛矿纳米晶表面静电作用更强，因此其钝化作用更强。2017 年，Levchuk 等使用油酸和油胺作为配体，通过引入氯仿作为不良溶剂很好地控制了制备出的 $MAPbBr_3$ 纳米片的厚度[36]。Ahmed 等使用油酸、油胺并引入吡啶作为配体来精细调节钙钛矿纳米片的厚度[37]。他们通过 DFT 计算表明，吡啶中的 N 原子可与 Pb^{2+} 离子配位从而限制钙钛矿的纵向生长速度，从而形成二维的纳米片结构。

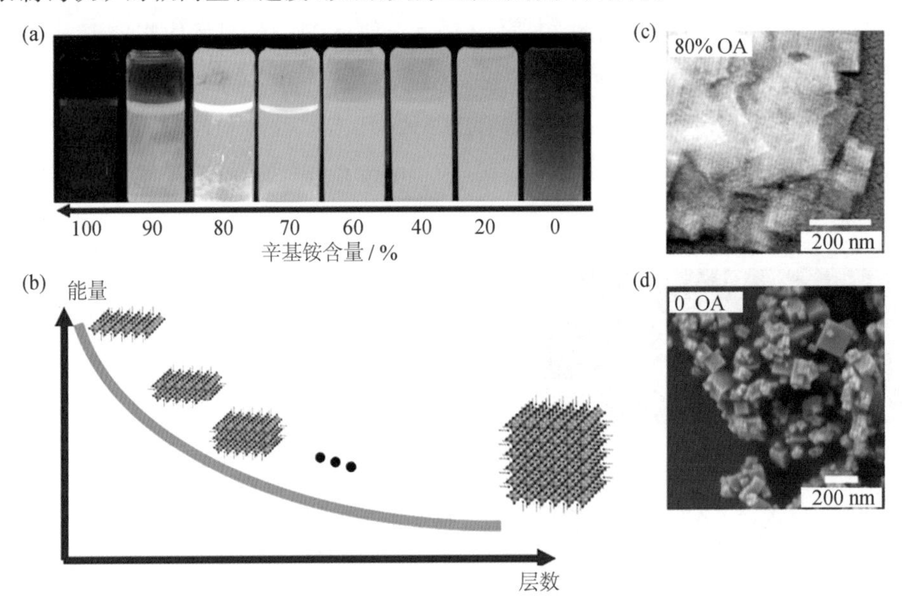

图 2.22 单层纳米发光层的制备[33]

除了控制纳米晶的纵向形貌之外，也有控制其横向尺寸的相关研究。Kirakosyan 等发现在不良溶剂中加入前驱体溶液的方式会影响最终纳米晶的大小和形状(图 2.23)[38]。通过改变加入前驱体溶液的量(加入 1～8 滴，滴加速率 45 滴 · min^{-1})可以改变产物的尺寸，制备的钙钛矿纳米晶的横向尺寸可由 3 nm 调至 8 nm，同时保持厚度不变(2.5～3 nm)。Huang 等对合成机理进行了探索，系统地研究了配体总量、配体与前驱体的比例、反应的温度等对 $MAPbBr_3$ 纳米晶的影响[39]。他们观察到，对这些参数进行微调可以控制 $MAPbBr_3$ 纳米晶的尺寸及尺寸分布。在高的配体/前驱体比例下可观察到 $MAPbBr_3$ 纳米晶的形成，而在高的前驱体/配体比例下则可观察到多分散的微米级晶体。在合适的配体/前驱体比例下可以更好地控制纳米晶的成核和生长，在这种条件下可以随时间产生小的纳米晶。总而言之，通过调控长碳链有机胺(或吡啶等)配体与前驱体的比例，可以在配体辅助再沉淀法中调控 $MAPbBr_3$ 纳米片的大小和厚度，这些配体可以有效地钝化钙钛矿纳米晶的表面，减少其垂直方向生长的速率，使纳米晶沿侧向生长，从而获得不同形貌的钙钛矿纳米材料。

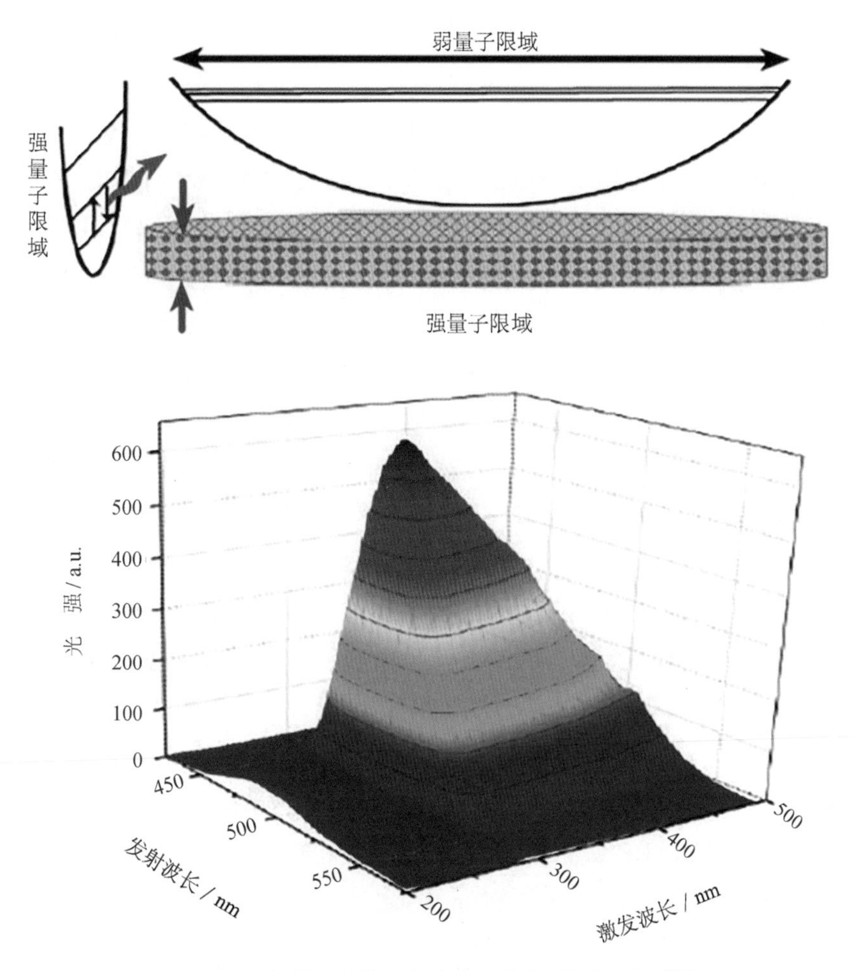

图 2.23　钙钛矿晶体生长方向的控制（横向生长）[38]

配体辅助再沉淀法一开始是为合成 $MAPbBr_3$ 纳米材料所发展，但随后便发展到用于合成全无机钙钛矿纳米晶 $CsBX_3$（B＝Pb^{2+}，Bi^{3+}，Sb^{3+} 等）、Cs_4PbX_6、$CsPb_2X_5$ 以及 $APbX_3$ 混合阳离子钙钛矿等体系。2016 年，Weidman 等首次报道使用配体辅助再沉淀法合成全无机或混合阳离子的 ABX_3（A＝Cs，MA，FA；B＝Pb，Sn）纳米薄片，厚度为一到两个单原子层[40]。他们使用前驱体（AX 和 BX_2 盐）溶于 DMF 中，加入卤化辛铵和卤化丁铵。之后将这前驱体溶液逐滴滴加到甲苯中并剧烈搅拌，室温下即可立即生成钙钛矿纳米晶。为了使胶体稳定并使厚度均匀，他们使用了过量的配体(配体∶BX_2∶AX=10∶2∶1)。Perumal 等报道了 $FAPbBr_3$ 纳米晶的合成[41]。他们主要研究如何获得明亮的 PL 发射而不是控制形貌。在他们的方法中,FABr 与 $PbBr_2$ 溶于 DMF 中,在搅拌下滴加到甲苯、丁醇、辛胺和油酸的溶液中。Levchuk 等首次报道了关于 $FAPbX_3$(X=Cl,Br,I)的合成[42],他们使用了与数月前制备的 $MAPbX_3$ 类似的合成方案,并做了一些小的修改。该方法将溶有 PbX_2 与 FAX、油酸、油胺的 DMF 溶液于室温下快速注入氯仿中。通过控制油酸与油胺的比例可以控制制备的纳米晶的厚度,从而可以获得不同形貌的纳米小方块或纳米薄片。有趣的是,虽然甲苯会阻止 $FAPbI_3$ 纳米晶的生成,但是会使 $FAPbCl_3$ 或 $FAPbBr_3$ 纳米晶快速凝聚。

Minh 等报道了使用 PbX_2 的 DMSO 复合物作为新型前驱体合成 $FAPbX_3$ 纳米方块[43]。他们将 PbX_2-DMSO 复合物与 FAX、油胺溶于 DMF 中,然后将其注入溶有油酸的甲苯中。其反应机理被认为是通过分子内交换反应合成了钙钛矿纳米晶,在这种反应中,卤代有机铵可以取代 DMSO 与 PbX_2 形成钙钛矿结构,通过改变油胺的含量,可以很好地控制钙钛矿纳米晶的尺寸大小及分布。Kumar 等报道了一种略有改进的合成策略,用以合成可用于发光二极管器件的高荧光量子效率的 $FAPbBr_3$ 纳米片[44]。与通常方法不同,他们将 FABr 溶于乙醇中而 $PbBr_2$ 溶于 DMF 中,随后将两种溶液同时加入甲苯、油酸、辛胺的混合溶液中。

在 2015 年之前,全无机的钙钛矿纳米晶只能通过热注入法合成。直到 2016 年 Li 等在室温下通过配体辅助再沉淀法合成了 $CsPbX_3$ 纳米晶[45],合成方法与通常的 $MAPbX_3$ 纳米晶的 LARP 法相似,只是把前驱体中的 MAX 换成了 CsX。他们将 CsX、PbX_2、油酸和油胺一同溶解在 DMF 中,之后将前驱体溶液加入甲苯中,立即生成了全无机的钙钛矿纳米晶。几个月后,Seth 等进一步发展了这种方法,以实现对 $CsPbX_3$ 纳米晶的形貌控制[46]。他们发现通过改变不良溶剂的组成比例(从甲苯到乙酸乙酯)、配体的含量、反应时间都可控制生成的纳米晶的形貌:乙酸乙酯会促进形成准立方体的量子点、纳米片或纳米棒,而使用甲苯会倾向于生成纳米小方块或纳米线。他们将这些不同的形态归因于配体与非极性溶剂的相互作用。由于乙酸乙酯的极性比甲苯更强,它既作为溶剂也作为亲核试剂,使得一些油胺分子从生长中的纳米晶核表面脱离,从而形成定向附着。而在甲苯中,如果油胺的浓度足够,纳米晶的表面会在各个方向受到保护,从而阻止表面的合并或附着;如果油胺的浓度不足,纳米晶会在较长的反应时间里以纳米线等形式各向异性地生长,这可能是表面钝化不完全导致的结果。

2017 年,Kostopoulou 等报道了一种配体辅助再沉淀法合成微米长度的 $CsPbBr_3$ 纳米线的方法[47]。其方法的要点是无水及低温:将前驱体溶液($CsBr$、$PbBr_2$、油酸、油胺溶于 DMF 中)注入无水甲苯中,体系用冰水浴降温。在注入后,产物由短的子弹形纳米棒逐渐生长为纳米线,在室温下生长 24 h 后纳米线宽度达到 2.6 nm,而在室温下生长一周后,生成了直径 6.1 nm 的厚的纳米线。

2018 年,Zhang 等将水引入配体辅助再沉淀法中,证明了水对 $CsPbBr_3$ 纳米晶的生长速率和晶体形貌的影响(图 2.24)[48]。作者提出 H_3O^+ 和 OH^- 离子可以视作活性高于油胺、油酸的表面活性剂,这导致钙钛矿纳米晶向不同方向生长。

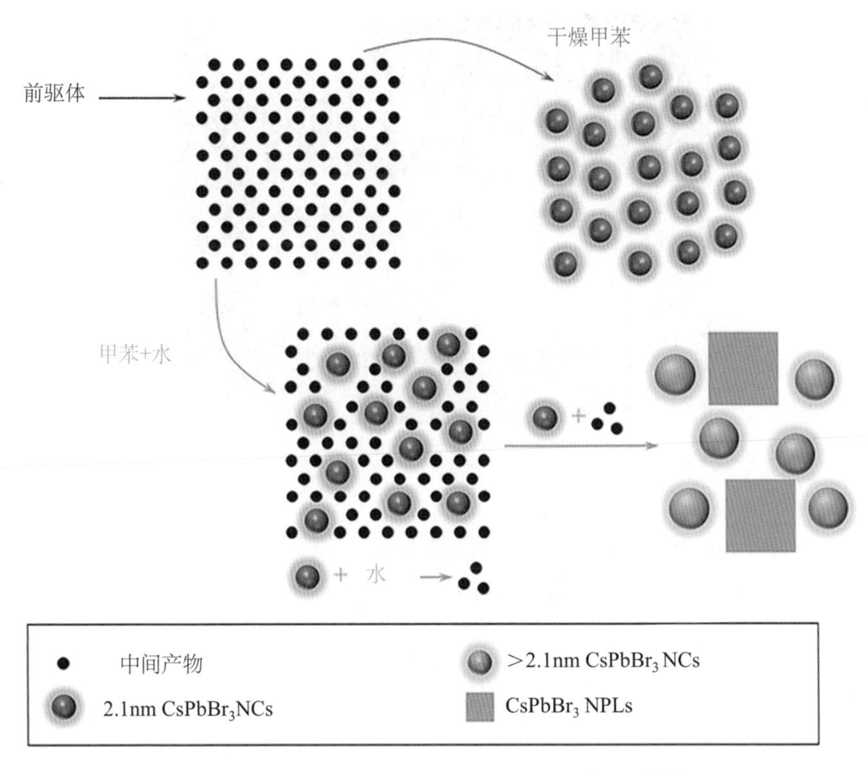

图 2.24 引入水对 $CsPbBr_3$ 生长方向的影响[48]

尽管配体辅助再沉淀法可以在室温下直接合成许多不同的钙钛矿体系,这种方法辅助再沉淀法也有一些缺陷。钙钛矿对极性溶剂非常敏感,常用于配体辅助再沉淀法的良溶剂如 DMF、DMSO 等可以很容易地溶解钙钛矿纳米晶,特别是 $CsPbI_3$ 极易被降解。事实上,前驱体-极性溶剂的相互作用在不完美钙钛矿纳米晶的生成过程中起了很重要的作用。为了阐明这种溶剂效应,Zhang 等研究了不同极性溶剂对 $MAPbI_3$ 纳米晶结晶的影响。他们发现 PbI_2 会在配位溶剂(如 DMF、DMSO、THF 等)中生成稳定的中间体,而在非配位溶剂(如 γ-丁内酯和乙腈)中不会生成这样的复合物。

2.3.7 阴离子交换法

阴离子交换法(ion exchange)属于间接合成法。大致步骤是将已经制备好的 $CsPbX_3$ 纳米晶作为原料与不同卤素成分的溶液混合。晶格中的卤素阴离子会快速迁移,相互替换,得到混合卤素无机钙钛矿 $CsPb(Br_{1-x}I_x)_3$ 或 $CsPb(Br_{1-x}Cl_x)_3$。这种合成方法反应时间短、操作简便,但是可控性差、重复性不高。离子交换反应器见图 2.25。

图 2.25 离子交换反应器

2017 年,Huang 课题组通过 $CsPbX_3$ 纳米晶与表面含氯的 PbSe 进行离子交换(图 2.26)[49],在 $CsPbX_3$ 量子点表面形成了更稳定的混合卤化物钝化层,提高了其荧光量子效率与空气稳定性,并将太阳能电池的最大光电转化效率提高至 8.2%,暴露在空气中 57 天后转化效率仍保持初始值的 95%。

2.3.8 激光刻蚀法

2022 年,邱建荣课题组报道了利用三维直接光刻技术,尤其是超快激光脉冲引起的局部熔化和随后的结晶,在掺杂金属氧化物玻璃中制备了可调成分和带隙的钙钛矿纳米晶(图 2.27)[50]。通过超快激光诱导液体纳米相分离,将成分从 $CsPb(Cl_{1-x}Br_x)_3$ 转变为 $CsPbI_3$,在纳米尺度上控制卤离子的分布,实现在 480~700 nm 光致发光带隙可调。这种钙钛矿纳米晶玻璃材料的 3D 打印结构,对紫外线照射、有机溶液和高温(250℃)表现出良好的稳定性,有望用于光学存储、微型发光二极管和全息显示器。

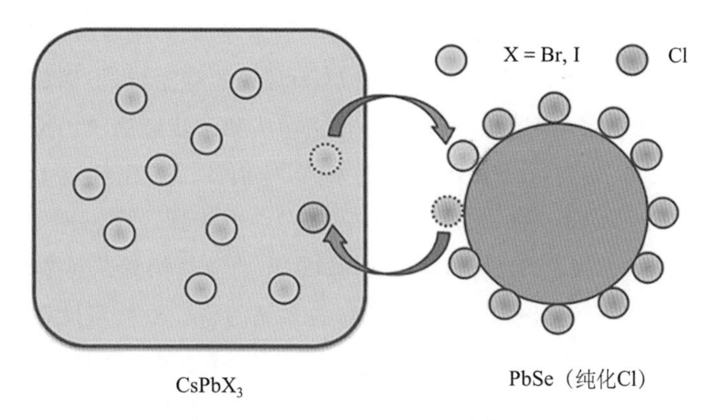

图 2.26 离子交换法实例[49]

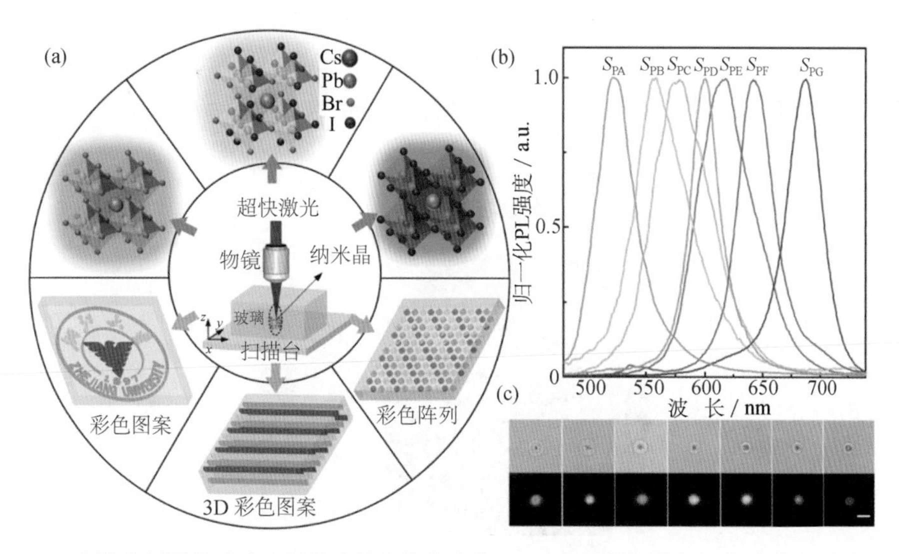

图 2.27 直接光刻调节玻璃中钙钛矿纳米晶的成分：(a) 光刻制备彩色钙钛矿纳米晶示意及其图案；(b) 玻璃上刻蚀 $CsPb(Br_{1-x}I_x)_3$ 纳米晶的 PL 光谱，其中 S_{PA}～S_{PG} 代表不同的激光参数；(c) 对应的 $CsPb(Br_{1-x}I_x)_3$ 纳米晶顶部光学图片和底部荧光图片，标尺为 1 μm[50]

2.4 大面积钙钛矿薄膜的加工技术

2.4.1 旋涂法

旋涂法(spin coating)是依靠工件旋转时产生的离心力及重力作用将落在工件上

的涂料液滴全面流布于工件表面的涂覆过程。旋涂法涉及许多物理化学的过程，如流体流动、润湿、挥发、黏滞、分散等。图 2.28 为常见的旋涂仪，溶液旋涂法多是用来制备金属卤素钙钛矿多晶薄膜。主要分一步旋涂法和两步旋涂法。以一步旋涂法为例，该法最早是日本 Miyasaka 课题组提出来的，他们在二氧化钛层上旋涂卤甲胺和卤化铅前驱体得到 $MAPbI_3$[51]。这类方法一般分 3 个步骤：① 将前驱体以一定比例溶解配成溶液，溶剂主要有 DMF、DMSO 等；② 将前驱体溶液旋涂在洁净的基底上成膜；③ 对湿膜进行退火处理得到结晶良好的多晶薄膜。虽然可能存在某些前驱体溶解度低、旋涂不均匀、成膜性不好(有针孔)等缺点，但是可以通过溶剂工程技术、退火或添加剂处理等方式优化成膜。这类方法操作简单、成本低廉，是目前用于制备光电器件较为普遍的方法。基于溶液旋涂法制备吸收层的太阳能电池器件效率已经突破 22%，发光二极管器件效率也超过 20%[58]。CsBr 和 $PbBr_2$ 溶于 DMSO 溶剂配成 0.3 $mol \cdot L^{-1}$ 前驱体溶液，加入不同比例的聚环氧乙烷(polyethylene oxide，PEO)改善成膜性，转速为 3000 $r \cdot s^{-1}$ 成膜后，进行 70℃退火处理得到所需薄膜。

图 2.28　常见旋涂设备

2.4.2　真空热蒸镀法

真空热蒸镀法(vacuum evaporating)是制备金属卤素钙钛矿薄膜的方法之一，指的是在真空条件下加热蒸发物质使其气化并沉积在基底表面形成薄膜的方法。将基片放入真空室内，以电阻、电子束、激光等方法加热膜料，使膜料蒸发或升华，气化为具有一定能量(0.1～0.3 eV)的粒子(原子、分子或原子团)。气态粒子以基本无碰撞的直线运动飞速传送至基片，到达基片表面的粒子一部分被反射，另一部分吸附在基片上并发生表面扩散，沉积原子之间产生二维碰撞形成粒子簇团，有的可能在表面短时停留后又蒸发。粒子簇团不断地与扩散粒子相碰撞,或吸附单粒子,或放出单粒子。此过程反复进行,当聚集的粒子数超过某一临界值时就变为稳定的核,再继续吸附扩散粒子而逐步长大,最终通过相邻稳定核的接触、合并形成连续薄膜。图 2.29 为常见的真空热蒸镀设备。

图 2.29 真空热蒸镀法设备

2.4.3 印刷法

印刷法(printing)可实现大面积制备金属卤素钙钛矿薄膜。通常是将钙钛矿前驱体溶液和有机聚合物混合均匀印刷在基底上。图 2.30 为常见印刷涂布仪。佛罗里达州立大学 Yu 等利用印刷法制备 $MAPbBr_3$ 发光层构造性能良好的发光二极管[52],该法将 $PbBr_2$ 和 MABr 按照 1∶1.5 的摩尔比溶解在无水 DMF 中制备钙钛矿前驱体溶液,浓度为 500 mg · mL^{-1}。PEO 溶解于 DMF,得到浓度为 10 mg · mL^{-1} 的溶液。然后将钙钛矿前驱体和 PEO 溶液以所需比例混合。在使用前将所用溶液在 70℃下搅拌 30 min。将 40 μL 复合溶液滴在 ITO 玻璃基板上,用刮刀均匀铺展,

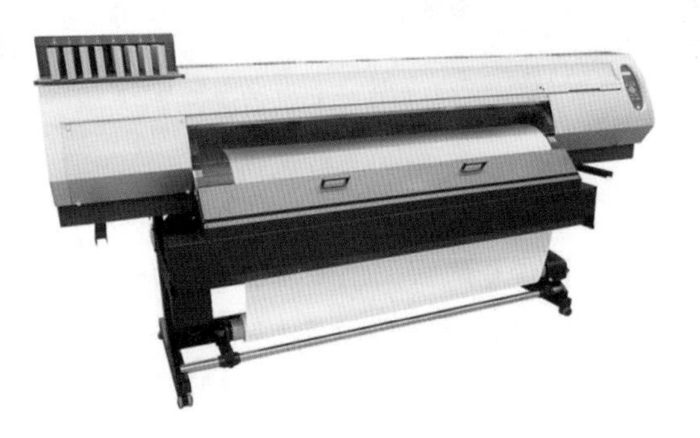

图 2.30 印刷涂布仪

然后在热板上在80℃下干燥5 min。使用复合薄膜作为发光层构造的发光二极管器件，其开路电压仅为2.6 V，最大亮度为21 014 cd · m^{-2}，最高外量子效率为1.1%。

2.4.4 化学气相沉积法

化学气相沉积(chemical vapour deposition)是一种利用加热、等离子体激励或光辐射等方法，使气态或蒸气状态的化学物质发生反应并以原子态沉积在置于适当位置的衬底上，从而形成所需要的固态薄膜或涂层的过程。化学气相沉积法是一种非常灵活、应用极为广泛的工艺方法，可以用来制备各种涂层、粉末、纤维和成型元器件。特别在半导体材料的生产方面，化学气相沉积法的外延生长与其他外延方法(如分子束外延、液相外延)相比显示出无与伦比的优越性，即使在化学性质完全不同的衬底上，利用化学气相沉积也能产生晶格常数与衬底匹配良好的外延薄膜。此外，利用化学气相沉积还可生产耐磨、耐蚀、抗氧化、抗冲蚀等功能涂层。很多超大规模集成电路中的薄膜都是采用化学气相沉积法制备。图2.31所示为化学气相沉积法设备。

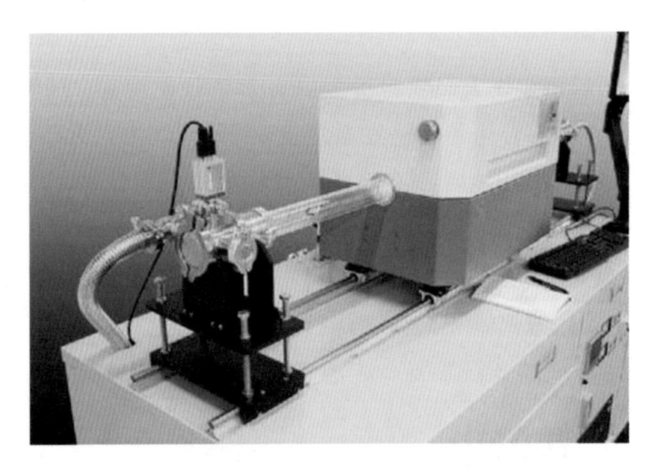

图2.31 化学气相沉积法设备

化学气相沉积的过程示意如图2.32，反应物随着载气进入样品舱内，随后扩散至基底表面并产生吸附，反应物在基底表面上发生化学反应成核并结晶生长，形成固态沉积物，产生的副产物脱离基底表面被转移至主气流区，再随着载气被排出。

图2.33简单介绍了几种常用的化学气相沉积的设备，包括管式炉型、立式型、圆筒型和串联环绕型，还介绍了这些设备的加热方式及其能达到的温度范围、设备的工作原理。

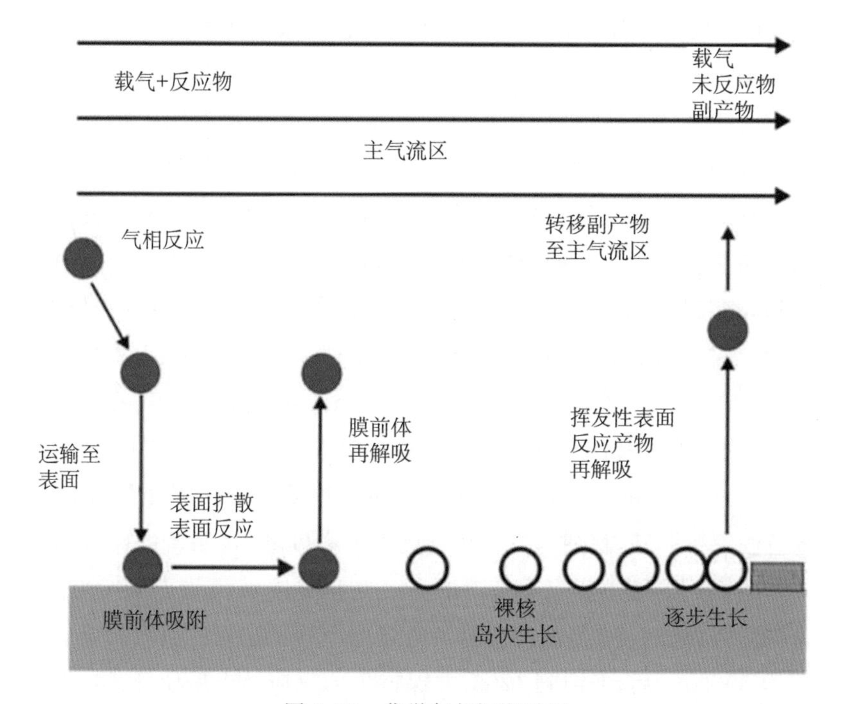

图 2.32　化学气相沉积过程

设备类型	加热方式 (温度范围 / ℃)	原　理
管式炉型	电阻加热模式（≈1000）	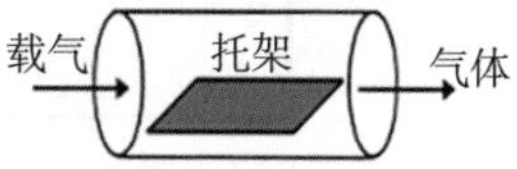 载气 托架 气体
立式型	平板加热模式（≈500） 感应加热模式（≈1200）	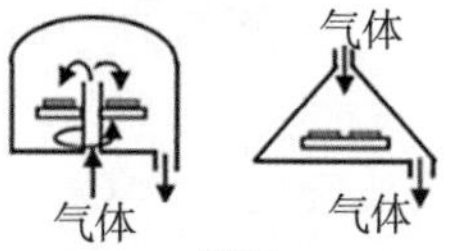 气体 气体 气体
圆筒型	感应加热模式（≈1200） 红外辐射加热模式（≈1200）	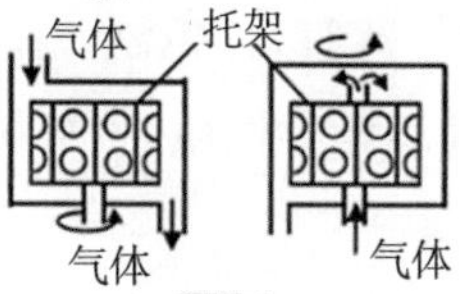 气体 托架 气体 气体
串联环绕型	平板加热模式（≈500） 红外辐射加热模式（≈1200）	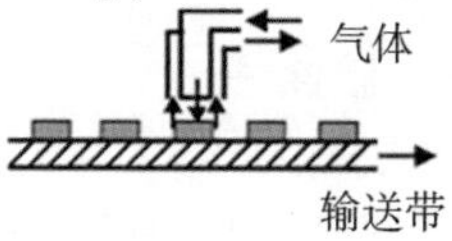 气体 输送带

图 2.33　化学气相沉积设备类型

2014 年,新加坡南洋理工大学 Xiong 课题组首次报道了通过气相沉积法制备甲胺铅卤钙钛矿微米片[53]。其中 $MAPbI_3$ 微米片显示出优异的光学性质,电子扩散长度达 200 nm,大约是溶液处理薄膜的两倍,显示了金属卤素钙钛矿在光伏器件应用方面具有巨大的前景。具体方法如图 2.34 所示。制备过程分两步: 第一步,合成卤化铅纳米片;第二步,将卤化铅纳米片与甲基卤化铵分子通过气固异相反应转变为甲胺铅卤微米片。卤化铅微米片的合成: PbI_2、$PbBr_2$ 或 $PbCl_2$ 粉末用作原料投放在石英管上游区域,将新切割的白云母基质用丙酮预清洁并置于石英管内的下游区域,于管式炉内煅烧。首先将石英管抽真空达到 2 mTorr(1 Torr≈133.322 368 4 Pa)基础压强,然后将含 5%氮气的高纯度氩气体以 30 sccm① 流速通入石英管。对于不同的卤化铅,石英管内的温度和压力需要设定不同的期望值。一般情况下,合成时间控制在 20 min 以内,反应结束后使管式炉自然冷却至环境温度。甲胺铅卤微米片的合成: 通过溶液法制备甲基卤化胺,投放在石英管中心区域,将制备的卤化铅微米片随着云母片一同放在距离中心区域 5～6 cm 的下游区域。将石英管抽真空达到 2 mTorr 基础压强,然后将 5%高纯度氢氩气体以 30 sccm 流速通入石英管。稳定石英管中压强为 50 Torr 后,升温到 120℃并保持 1 h,反应结束后使管式炉自然冷却到室温。制备的微米片可用于平面太阳能电池、激光器等器件。

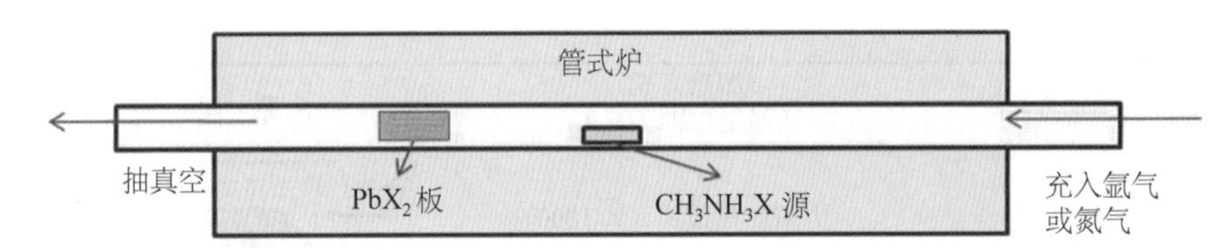

图 2.34　化学气相沉积法制备甲胺铅卤钙钛矿微米片[53]

美国威斯康星大学 Chen 等利用气相沉积法首次在钛酸衬底上制备大面积连续的 $CsPbBr_3$ 薄膜,可控制薄膜的厚度在微米级[54]。得到的薄膜表现出优异的晶体质量、光物理和电学性质,例如缓慢的电荷载流子复合速率、低表面复合速度以及低体缺陷密度等。

2.4.5 喷涂法

喷涂法(spray coating,图 2.35)的优势在于它已在工业中使用,并结合了快速生产和高效利用材料的优点。多数情况下喷涂法包含四个过程: 液体的产生;液滴向

---

① 1 sccm 是指在标准状态(即 1 个大气压、25℃)下流量为 1 mL·min^{-1}。

基底的传输;液滴聚集成湿膜;薄膜干燥。以两步法喷涂为例,中国科学院物理研究所 Meng 等利用两步超声喷雾方法来制造厘米级、均匀、光滑的钙钛矿 $MAPbI_3$ 薄膜,可用于高效和大面积太阳能电池。除了较大面积和较高光滑度的优点外,通过该方法沉积的钙钛矿薄膜显示出更好的结晶度、更低的非辐射复合和更有效的界面电荷提取性能。通过系统优化,最终得到了高效的介观太阳能电池,效率为16.03%。

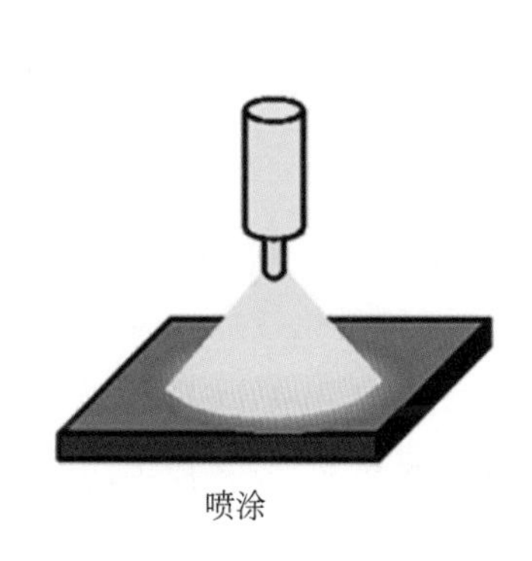

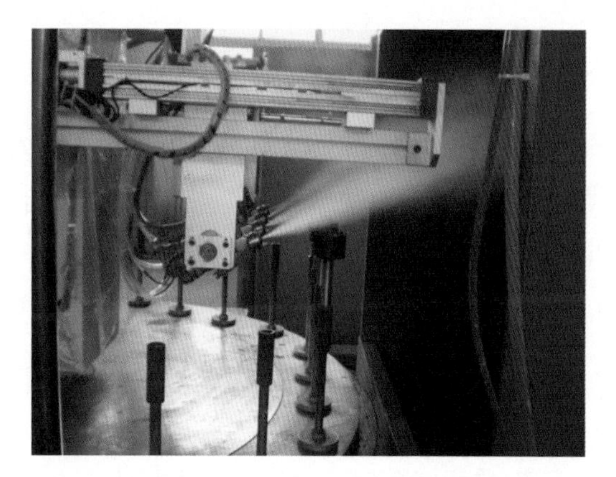

图 2.35 喷涂法示意

喷涂法工艺如下:用 DMSO 溶解溴化铅配成 1 mol · L^{-1} 前驱体,在 60℃的条件下喷涂在二氧化钛基底上,随后将溶解了 MAI 的异丙醇溶液 80℃喷涂在 PbI_2 湿膜上,并对薄膜进行热处理促进 $MAPbI_3$ 结晶。Dai 等结合喷雾法和过饱和结晶法,报道了一种新的钙钛矿量子点合成方法[32]。得到的 $MAPbBr_3$ 量子点结晶度高,胶体溶液和量子点薄膜都具有 100%的荧光量子效率。量子点薄膜显示饱和的 526 nm 绿色发射,其中半峰宽为 20 nm。这些薄膜还用作 QD-LED 的有源发光层,这些器件也显示出不错的性能,电致发光外量子效率为 1.81%。

2.4.6 模板法

Kovalenko 等开发了一种无配体的方法——模板法(template,图 2.36),制备了嵌入介孔二氧化硅的无机钙钛矿纳米晶[55]。二氧化硅为无机钙钛矿纳米晶的生长提供模板的作用,前驱体在介孔内生长为纳米晶。晶体的尺寸和荧光颜色可以通过孔径和前驱体比率控制。这种方法简单方便而且有机溶剂含量相对其他方法更低,更适用于高效地大规模生产。

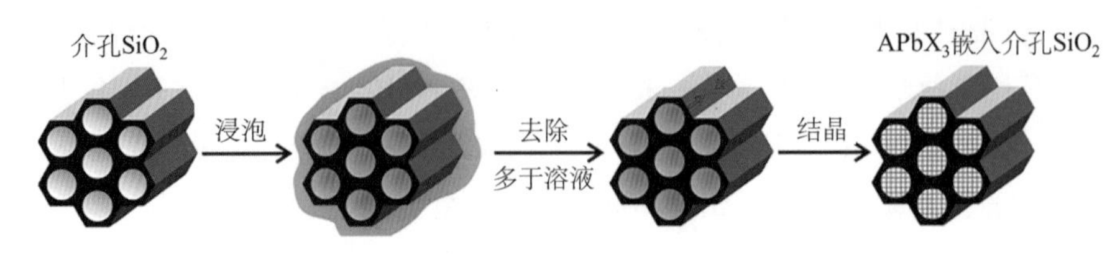

图 2.36 模板法示意

2.4.7 非模板法

Schmidt 等采用非模板法(non-template)合成出了尺寸大小仅为 6 nm 左右的 $CH_3NH_3PbBr_3$ 钙钛矿纳米晶[56]。研究中,采用长链烷基溴化铵[如十八溴化铵 $CH_3(CH_2)_{17}NH_3Br$]控制纳米晶的尺寸。首先,将长链烷基溴化铵加入含有油酸的十八烯溶液中,溶液温度为 80℃。其次,连续加入甲基溴化铵(CH_3NH_3Br)与 $PbBr_2$。为了提高 CH_3NH_3Br 和 $PbBr_2$ 在十八烯中的溶解度,将两者预先溶于少量的 DMF 溶剂中. 再次,将丙酮加入其中,溶液中即出现黄色沉淀。最后,用离心机高速分离溶液,得到沉淀。所合成的 $CH_3NH_3PbBr_3$ 钙钛矿纳米晶能够溶于甲苯中,说明形成的是 $CH_3NH_3PbBr_3$ 钙钛矿纳米晶。该 $CH_3NH_3PbBr_3$ 钙钛矿纳米晶的荧光量子效率为 20%。

为了提高 $CH_3NH_3PbBr_3$ 钙钛矿纳米晶的荧光量子效率,Carrero 课题组等在这个方法的基础上进行深入研究,通过调控加入 DMF 溶液中 CH_3NH_3Br、$PbBr_2$、辛基溴化铵(OABr)和十八烯的比例,合成出荧光量子效率为 83%左右的 $CH_3NH_3PbBr_3$ 钙钛矿纳米晶[57]。

2.5 结论与展望

目前研究证实可用作合成钙钛矿纳米晶材料的方法种类较多。包括机械化学法、超声波法、微波法、溶剂热法、热注入法、配体辅助再沉淀法、阴离子交换法、激光刻蚀法、旋涂法、真空热蒸镀法、印刷法、化学气相沉积法、喷涂法、模板法、非模板法等。这些方法目前仍然面对许多问题,许多方法无法控制晶体的生长方向与尺寸,存在着缺陷密度大等问题,因此更高效的合成方法有待开发。

参考文献

[1] Wells H L. Über die cäsium-und kalium-bleihalogenide[J]. Zeitschrift für anorganische Chemie, 1893, 3: 195-210.

[2] Im J H, Lee C R, Lee J W, et al. 6.5% efficient perovskite quantum-dot-sensitized solar cell [J]. Nanoscale, 2011, 3(10): 4088-4093.

[3] Protesescu L, Yakunin S, Bodnarchuk M I, et al. Nanocrystals of cesium lead halide perovskites ($CsPbX_3$, X=Cl, Br, and I): Novel optoelectronic materials showing bright emission with wide color gamut[J]. Nano letters, 2015, 15(6): 3692-3696.

[4] Manser J S, Christians J A, Kamat P V. Intriguing optoelectronic properties of metal halide perovskites[J]. Chemical Reviews, 2016, 116(21): 12956-13008.

[5] Travis W, Glover E N K, Bronstein H, et al. On the application of the tolerance factor to inorganic and hybrid halide perovskites: A revised system[J]. Chemical Science, 2016, 7(7): 4548-4556.

[6] Tan D, Garcia F. Main group mechanochemistry: From curiosity to established protocols[J]. Chemical Society Reviews, 2019, 48(8): 2274-2292.

[7] Palazon F, El Ajjouri Y, Bolink H J. Making by grinding: Mechanochemistry boosts the development of halide perovskites and other multinary metal halides[J]. Advanced Energy Materials, 2020, 10(13): 1902499

[8] Tong Y, Bladt E, Aygueler M F, et al. Highly luminescent cesium lead halide perovskite nanocrystals with tunable composition and thickness by ultrasonication[J]. Angewandte Chemie-International Edition, 2016, 55(44): 13887-13892.

[9] Huang H, Xue Q, Chen B, et al. Top-down fabrication of stable methylammonium lead halide-perovskite nanocrystals by employing a mixture of ligands as coordinating solvents[J]. Angewandte Chemie-International Edition, 2017, 56(32): 9571-9576.

[10] Li Y, Huang H, Xiong Y, et al. Revealing the formation mechanism of $CsPbBr_3$ perovskite nanocrystals produced via a slowed-down microwave-assisted synthesis[J]. Angewandte Chemie-International Edition, 2018, 57(20): 5833-5837.

[11] Pan Q, Hu H, Zou Y, et al. Microwave-assisted synthesis of high-quality "all-inorganic" $CsPbX_3$ (X=Cl, Br, I) perovskite nanocrystals and their application in light emitting diodes [J]. Journal of Materials Chemistry C, 2017, 5(42): 10947-10954.

[12] Chen M, Zou Y, Wu L, et al. Solvothermal synthesis of high-quality all-inorganic cesium lead halide perovskite nanocrystals: From nanocube to ultrathin nanowire[J]. Advanced Functional

Materials, 2017, 27(23): 1701121

[13] Chen D, Fang G, Chen X, et al. Mn-Doped $CsPbCl_3$ perovskite nanocrystals: Solvothermal synthesis, dual-color luminescence and improved stability[J]. Journal of Materials Chemistry C, 2018, 6(33): 8990-8998.

[14] Murray C B, Norris D J, Bawendi M G. Synthesis and characterization of nearly monodisperse CdE (E=S, Se, Te) semiconductor nanocrystallites[J]. Journal of the American Chemical Society, 1993, 115(19): 8706-8715.

[15] Lignos I, Stavrakis S, Nedelcu G, et al. Synthesis of cesium lead halide perovskite nanocrystals in a droplet-based microfluidic platform: Fast parametric space mapping[J]. Nano letters, 2016, 16(3): 1869-1877.

[16] Koolyk M, Amgar D, Aharon S, et al. Kinetics of cesium lead halide perovskite nanoparticle growth: Focusing and de-focusing of size distribution[J]. Nanoscale, 2016, 8(12): 6403-6409.

[17] Liu P, Chen W, Wang W, et al. Halide-rich synthesized cesium lead bromide perovskite nanocrystals for light-emitting diodes with improved performance[J]. Chemistry of Materials, 2017, 29(12): 5168-5173.

[18] Yassitepe E, Yang Z, Voznyy O, et al. Amine-free synthesis of cesium lead halide perovskite quantum dots for efficient light-emitting diodes[J]. Advanced Functional Materials, 2016, 26 (47): 8757-8763.

[19] Protesescu L, Yakunin S, Bodnarchuk M I, et al. Monodisperse formamidinium lead bromide nanocrystals with bright and stable green photoluminescence[J]. Journal of the American Chemical Society, 2016, 138(43): 14202-14205.

[20] Pan A, He B, Fan X, et al. Insight into the ligand-mediated synthesis of colloidal $CsPbBr_3$ perovskite nanocrystals: The role of organic acid, base, and cesium precursors[J]. ACS Nano, 2016, 10(8): 7943-7954.

[21] Song J, Xu L, Li J, et al. Monolayer and few-layer all-inorganic perovskites as a new family of two-dimensional semiconductors for printable optoelectronic devices[J]. Advanced Materials, 2016, 28(24): 4861-4869.

[22] Imran M, Di Stasio F, Dang Z, et al. Colloidal synthesis of strongly fluorescent $CsPbBr_3$ nanowires with width tunable down to the quantum confinement regime[J]. Chemistry of Materials, 2016, 28(18): 6450-6454.

[23] Zhang D, Yu Y, Bekenstein Y, et al. Ultrathin colloidal cesium lead halide perovskite nanowires[J]. Journal of the American Chemical Society, 2016, 138(40): 13155-13158.

[24] Papavassiliou G C, Pagona G, Karousis N, et al. Nanocrystalline/microcrystalline materials based on lead-halide units[J]. Journal of Materials Chemistry, 2012, 22(17): 8271-8280.

[25] Zhang F, Zhong H, Chen C, et al. Brightly luminescent and color-tunable colloidal

$CH_3NH_3PbX_3$ (X=Br, I, Cl) quantum dots: potential alternatives for display technology[J]. ACS Nano, 2015, 9(4): 4533-4542.

[26] Huang H, Susha A S, Kershaw S V, et al. Control of emission color of high quantum yield $CH_3NH_3PbBr_3$ perovskite quantum dots by precipitation temperature[J]. Advanced Science, 2015, 2(9): 1500194.

[27] Arunkumar P, Gil K H, Won S, et al. Colloidal organolead halide perovskite with a high Mn solubility limit: A step toward Pb-free luminescent quantum dots[J]. The journal of physical chemistry letters, 2017, 8(17): 4161-4166.

[28] Luo B, Pu Y C, Lindley S A, et al. Organolead halide perovskite nanocrystals: Branched capping ligands control crystal size and stability[J]. Angewandte Chemie-International Edition, 2016, 55(31): 8864-8868.

[29] Veldhuis S A, Tay Y K, Eugene B, et al. Benzyl alcohol-treated $CH_3NH_3PbBr_3$ nanocrystals exhibiting high luminescence, stability, and ultralow amplified spontaneous emission thresholds [J]. Nano letters, 2017, 17(12): 7424-7432.

[30] Luo B, Naghadeh S B, Allen A, et al. Peptide-passivated lead halide perovskite nanocrystals based on synergistic effect between amino and carboxylic functional groups[J]. Advanced Functional Materials, 2017, 27(6): 1604018.

[31] Shamsi J, Abdelhady A L, Accornero S, et al. *N*-methylformamide as a source of methylammonium ions in the synthesis of lead halide perovskite nanocrystals and bulk crystals[J]. ACS Energy Letters, 2016, 1(5): 1042-1048.

[32] Dai S W, Hsu B W, Chen C Y, et al. Perovskite quantum dots with near unity solution and neat-film photoluminescent quantum yield by novel spray synthesis[J]. Advanced Materials, 2018, 30(7): 1705532.

[33] Sichert J A, Tong Y, Mutz N, et al. Quantum size effect in organometal halide perovskite nanoplatelets[J]. Nano letters, 2015, 15(10): 6521-6527.

[34] Kumar S, Jagielski J, Yakunin S, et al. Efficient blue electroluminescence using quantum-confined two-dimensional perovskites[J]. ACS Nano, 2016, 10(10): 9720-9729.

[35] Cho J, Choi Y H, O'Loughlin T E, et al. Ligand-mediated modulation of layer thicknesses of perovskite methylammonium lead bromide nanoplatelets[J]. Chemistry of Materials, 2016, 28 (19): 6909-6916.

[36] Levchuk I, Herre P, Brandl M, et al. Ligand-assisted thickness tailoring of highly luminescent colloidal $CH_3NH_3PbX_3$ (X=Br and I) perovskite nanoplatelets[J]. Chemical Communications, 2017, 53(1): 244-247.

[37] Ahmed G H, Yin J, Bose R, et al. Pyridine-induced dimensionality change in hybrid perovskite nanocrystals[J]. Chemistry of Materials, 2017, 29(10): 4393-4400.

[38] Kirakosyan A, Kim J, Lee S W, et al. Optical properties of colloidal $CH_3NH_3PbBr_3$ nanocrystals by controlled growth of lateral dimension[J]. Crystal Growth & Design, 2017, 17(2): 794-799.

[39] Huang H, Raith J, Kershaw S V, et al. Growth mechanism of strongly emitting $CH_3NH_3PbBr_3$ perovskite nanocrystals with a tunable bandgap[J]. Nature Communications, 2017, 8: 996.

[40] Weidman M C, Seitz M, Stranks S D, et al. Highly tunable colloidal perovskite nanoplatelets through variable cation, metal, and halide composition [J]. Acs Nano, 2016, 10 (8): 7830-7839.

[41] Perumal A, Shendre S, Li M, et al. High brightness formamidinium lead bromide perovskite nanocrystal light emitting devices[J]. Science Reports, 2016, 6: 36733.

[42] Levchuk I, Osvet A, Tang X, et al. Brightly luminescent and color-tunable formamidinium lead halide perovskite $FAPbX_3$ (X=Cl, Br, I) colloidal nanocrystals[J]. Nano letters, 2018, 18(9): 6106-6106.

[43] Minh D N, Kim J, Hyon J, et al. Room-temperature synthesis of widely tunable formamidinium lead halide perovskite nanocrystals[J]. Chemistry of Materials, 2017, 29(13): 5713-5719.

[44] Kumar S, Jagielski J, Kallikounis N, et al. Ultrapure green light-emitting diodes using two-dimensional formamidinium perovskites: Achieving recommendation 2020 color coordinates[J]. Nano letters, 2017, 17(9): 5277-5284.

[45] Li X, Wu Y, Zhang S, et al. $CsPbX_3$ quantum dots for lighting and displays: Room-temperature synthesis, photoluminescence superiorities, underlying origins and white light-emitting diodes[J]. Advanced Functional Materials, 2016, 26(15): 2435-2445.

[46] Seth S, Samanta A. A facile methodology for engineering the morphology of $CsPbX_3$ perovskite nanocrystals under ambient condition[J]. Science Reports, 2016, 6: 37693.

[47] Kostopoulou A, Sygletou M, Brintakis K, et al. Low-temperature benchtop-synthesis of all-inorganic perovskite nanowires[J]. Nanoscale, 2017, 9(46): 18202-18207.

[48] Zhang X, Bai X, Wu H, et al. Water-assisted size and shape control of $CsPbBr_3$ perovskite nanocrystals[J]. Angewandte Chemie-International Edition, 2018, 57(13): 3337-3342.

[49] Zhang Z, Chen Z, Yuan L, et al. A new passivation route leading to over 8% efficient PbSe quantum-dot solar cells via direct ion exchange with perovskite nanocrystals[J]. Advanced Materials, 2017, 29(41): 1703214.

[50] Sun K, Tan D, Fang X, et al. Three-dimensional direct lithography of stable perovskite nanocrystals in glass[J]. Science, 2022, 375(6578): 307-310.

[51] Kojima A, Teshima K, Shirai Y, et al. Organometal halide perovskites as visible-light sensitizers for photovoltaic cells[J]. Journal of the American Chemical Society, 2009, 131(17): 6050.

[52] Bade S G R, Li J, Shan X, et al. Fully printed halide perovskite light-emitting diodes with silver nanowire electrodes[J]. ACS Nano, 2016, 10(2): 1795-1801.

[53] Ha S T, Liu X, Zhang Q, et al. Synthesis of organic-inorganic lead halide perovskite nanoplatelets: Towards high-performance perovskite solar cells and optoelectronic devices[J]. Advanced Optical Materials, 2014, 2(9): 838-844.

[54] Chen J, Morrow D J, Fu Y, et al. Single-crystal thin films of cesium lead bromide perovskite epitaxially grown on metal oxide perovskite ($SrTiO_3$)[J]. Journal of the American Chemical Society, 2017, 139(38): 13525-13532.

[55] Dirin D N, Protesescu L, Trummer D, et al. Harnessing defect-tolerance at the nanoscale: Highly luminescent lead halide perovskite nanocrystals in mesoporous silica matrixes[J]. Nano letters, 2016, 16(9): 5866-5874.

[56] Schmidt L C, Pertegas A, Gonzalez-Carrero S, et al. Nontemplate synthesis of $CH_3NH_3PbBr_3$ perovskite nanoparticles[J]. Journal of the American Chemical Society, 2014, 136(3): 850-853.

[57] Gonzalez-Carrero S, Schmidt L C, Rosa-Pardo I, et al. Colloids of naked $CH_3NH_3PbBr_3$ perovskite nanoparticles: Synthesis, stability, and thin solid film deposition[J]. ACS Omega, 2018, 3(1): 1298-1303.

[58] Yang W S, Park B W, Jung E H, et al. Iodide management in formamidinium-lead-halide-based perovskite layers for efficient solar cells[J]. Science, 2017, 356(6345): 1376-1379.

第三章　近红外发光器件

3.1 引　言

近红外光(near infrared,简称 NIR)是介于可见光和中红外光(middle infrared,简称 MIR)之间的电磁波,按美国试验和材料检测协会的定义是指波长范围在 780～2526 nm 的电磁波,习惯上又将近红外区划分为近红外短波(780～1100 nm)和近红外长波(1100～2526 nm)两个区域。近红外光源应用广泛,包括夜视设备、光通信、传感、生物成像、面部识别和监视等[1]。

目前近红外发光二极管主要由Ⅲ-Ⅴ型半导体外延生长在蓝宝石衬底上制备,须在专用洁净室中进行处理。此种制备方法不仅成本高昂,还限制了它们在集成光电器件中的应用[2]。因此长期以来一直需要研究制备可以克服这些缺点且高效的近红外发光材料。有机半导体和胶体硫属元素铅量子点已被广泛研究,然而由于这两种材料目前都存在一些固有的缺陷,基于这两种材料的近红外发光器件的外量子效率仍远不能令人满意[3]。

对于有机半导体而言,根据能隙定律:振动耦合增加,电子能量容易转变为振动能量,随后导致激发态快速淬灭[4-5],因此发光量子产率随发射波长的增加而降低。此外,共轭体系在低禁带材料中的延展可能导致紧密的分子堆积,从而促进三线态-三线态湮灭。通过使用 Pt(Ⅱ)配合物或热激活延迟荧光(TADF)材料,对于峰值发射波长在 700～800 nm 之间的发光二极管,可以实现超过 10%的外量子效率。然而在更长的发射波长(例如接近 900 nm 时),有机发光二极管的器件性能要差得多。对于 PbS 和 PbSe 等量子点材料,虽然溶液中的发光量子产率可以大于 50%[6],但是由于横向点间耦合促进了运输辅助的俘获,以及激子解离与辐射复合过程之间的竞争,使得它们在固态膜中会有强烈的发光湮灭[7]。

3.2　近红外钙钛矿发光进展

金属卤化物钙钛矿材料因其可溶液加工、成本低廉、带隙易调节、光吸收系数大和激子扩散长度长、色纯度高、荧光量子效率高等优点得到了广泛的研究。图 3.1 列举了近年来近红外钙钛矿发光器件外量子效率的一些重大提升。

2014 年，Friend 课题组首次报道了使用钙钛矿材料作为发光层用于制备发光二极管，虽然当时的器件效率不高，但由于其成本低、波长可调等优势开启了溶液法钙钛矿发光材料的研究热点[8]。此后，研究人员提出了许多改善近红外钙钛矿材料性能的方法。考虑到钙钛矿纳米材料有很好的激子扩散长度以及钙钛矿量子点材料具有高的荧光量子效率（比如 PbS、PbSe、CdSe 量子点等），Sargent 课题组在 2015 年首次提出量子点异质外延生长钙钛矿的多异质晶体，形成量子点生长在钙钛矿基体中的结构——钙钛矿包覆量子点结构（quantum dots in perovskite，简称 QDiP）[9]，2016 年，Gong 等通过调整钙钛矿中卤素离子的成分来获得更优的晶格匹配，从而得到了外量子效率为 5.2% 的近红外发光器件[10]。后续研究者对于通过改变量子点体系中量子点的成分以及钙钛矿结构维度等方法进一步提升外量子效率[11-12]。由于制备过程更为简单，研究人员对于单纯的钙钛矿近红外发光材料提出了许多提高效率的实验措施，包括尺寸及维度的调控、缺陷钝化、提高光提取效率等方法。2017 年，Rand 等通过尺寸调控的方法在钙钛矿前驱体中加入有机卤化铵阳离子，原位生长出粒径大小为 5.4 nm±0.8 nm 的纳米晶，获得了外量子效率为 7.9% 近红外发光器件[13]。提升光提取效率亦是提高发光器件电致发光效率的关键因素，2018 年，黄维以及王建浦课题组通过在钙钛矿前驱体中添加 5-氨基戊酸（5-AVA）以及过量的卤化胺，使薄膜中的晶体可以自发形成亚微米尺寸，并且光提取效率大幅度增加，制备得到的近红外钙钛矿发光二极管外量子效率达 21.6%[14]。2021 年，王建浦课题组继续攻克薄膜中钙钛矿的结晶过程，通过对戊胺、戊酸等一系列氨和酸进行对比，发现胺类添加剂能够与体系中的 MA 或 FA 产生静电吸附作用，进而辅助钙钛矿定向结晶生长[15]，最终通过优化体系中 2-[2-(2-氨基)乙氧基]乙酸（AEAA）的含量实现了外量子效率高达 22.2% 的近红外钙钛矿发光二极管，也是目前钙钛矿发光器件在近红外领域的最高效率。

本章节总结了近红外钙钛矿发光材料种类以及器件外量子效率的提升方案。内容主要分为三个部分：① 介绍近红外钙钛矿材料的结构、性质和研究进展。② 总结近红外钙钛矿发光器件效率的提升方案。③ 介绍提高近红外发光器件稳定性的措施并总结近红外钙钛矿材料今后的研究方向。

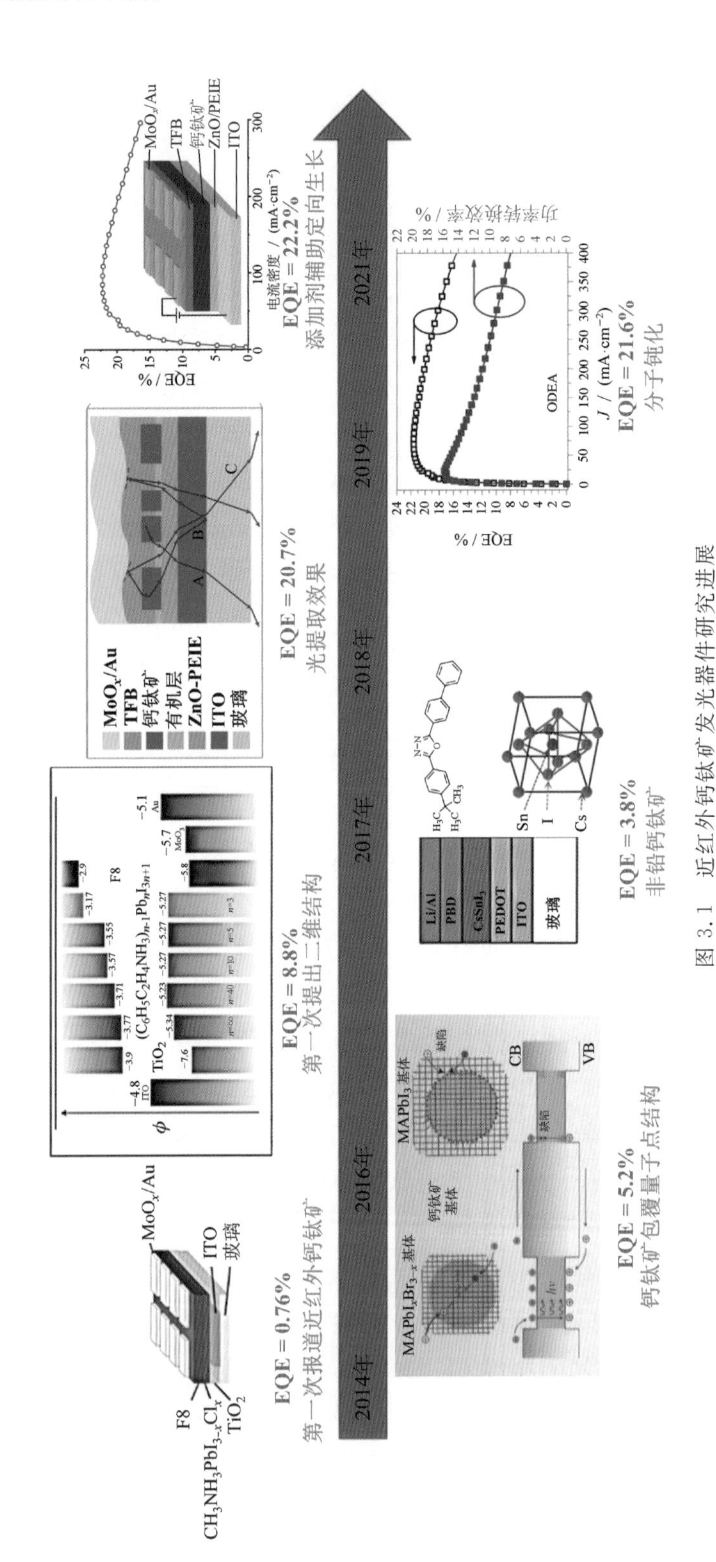

图 3.1 近红外钙钛矿发光器件研究进展

3.3 近红外钙钛矿发光材料

钙钛矿层是影响近红外发光器件性能最重要的部分。本章简要回顾了常见的近红外钙钛矿发光材料种类以及当前的研究进展。有关金属卤化物钙钛矿的结构以及合成的综合介绍可以参考钙钛矿纳米晶的有关综述[16]。

3.3.1 $MAPbI_3$

金属卤化物钙钛矿与其他类型的发光材料相比具有显著的优势。它们具有比有机发光器件更窄的发光光谱，比胶体量子点更容易合成的制备方法，与Ⅲ-Ⅴ族半导体相比能达到更大的面积且可在柔性衬底上制备[7]。目前 NIR-钙钛矿材料主要可以分为全无机钙钛矿、有机金属钙钛矿。其中发射近红外波长的有机金属钙钛矿研究相对更多。

发射近红外波长的有机金属钙钛矿主要包括 $MAPbI_3$、$FAPbI_3$ 以及对这两者进行掺杂的钙钛矿。经过多年的研究，钙钛矿结构在尺度和维度上挖掘出多种形态。目前在近红外使用的主要为三维钙钛矿[13,17]以及由 Ruddlesden-Popper 相形成的准二维结构[18-19]。其中传统三维钙钛矿遵循化学式 ABX_3，其中 A 和 B 为阳离子，X 为阴离子。钙钛矿中晶格的高可塑性能够将不同离子掺入主体中，从而改变形成能以获得更好的稳定性，并可以调整带隙改变钙钛矿材料的发光波长。因此，可以使用其他离子全部或部分替换 A 位置的有机阳离子、B 位置的 Pb^{2+} 或 X 位置的 I^-。但是，并非所有原子都可以被掺杂到钙钛矿结构当中，掺杂需要遵循 Goldschmidt 容忍因子规则(τ)和八面体系数(μ)，可以描述如下：

$$\tau = \frac{r_X + r_A}{r_X + r_B} \tag{3-1}$$

$$\mu = \frac{r_B}{r_X} \tag{3-2}$$

其中 r_A，r_B 和 r_X 分别是离子 A、B 和 X 离子的半径。通常当 τ 值接近 1.0 时，钙钛矿显示立方结构。如果 1.0 和 τ 值之间的偏移较大，则钙钛矿结构倾向于为对称性较低的四方或正交结构，通常被称为黄相[20]。考虑到有机阳离子易挥发的性质，目前文献报道有将 A 位的有机阳离子用 Cs^+ 进行部分替代，增加结构稳定性。由于 Pb^{2+} 的毒性以及铅基卤化物钙钛矿发光波长仅限于第一个近红外窗口(NIR-Ⅰ，700～900 nm)[11]，于是对 B 位子的 Pb^{2+} 可以用低毒性、等化学价的 Sn^{2+}，或者用一

个 Ag^+ 和一个 In^{3+} 替换两个 Pb^{2+}（这部分可参见第八章）。对于 X 位置的 I^- 则使用 Cl^- 进行部分替代，这样可以提高效率以及结晶度[21]，但是会导致近红外波长蓝移[18]。另外准二维结构，也被称为多量子阱结构（multiple quantum wells，简称 MQWs），即在 ABX_3 体系中[图 3.2(b)]，有一部分小体积的一价有机阳离子被体积更大的一价阳离子取代，自发形成结构式为 $L_2(SMX_3)_{n-1}MX_4$ 的具有不同层数 MX_2 的薄膜。图 3.2(c)中 L 为大尺寸一价阳离子（此处为萘甲胺阳离子），S 为小尺寸一价阳离子（此处为 FA^+），M 为二价金属阳离子（此处为 Pb^{2+}），X 为卤素阴离子（此处为 I^-），n 为 MX_2 的层数。这类薄膜自组装成多量子阱结构的金属有机钙钛矿也是制备近红外钙钛矿发光二极管的优异材料体系。

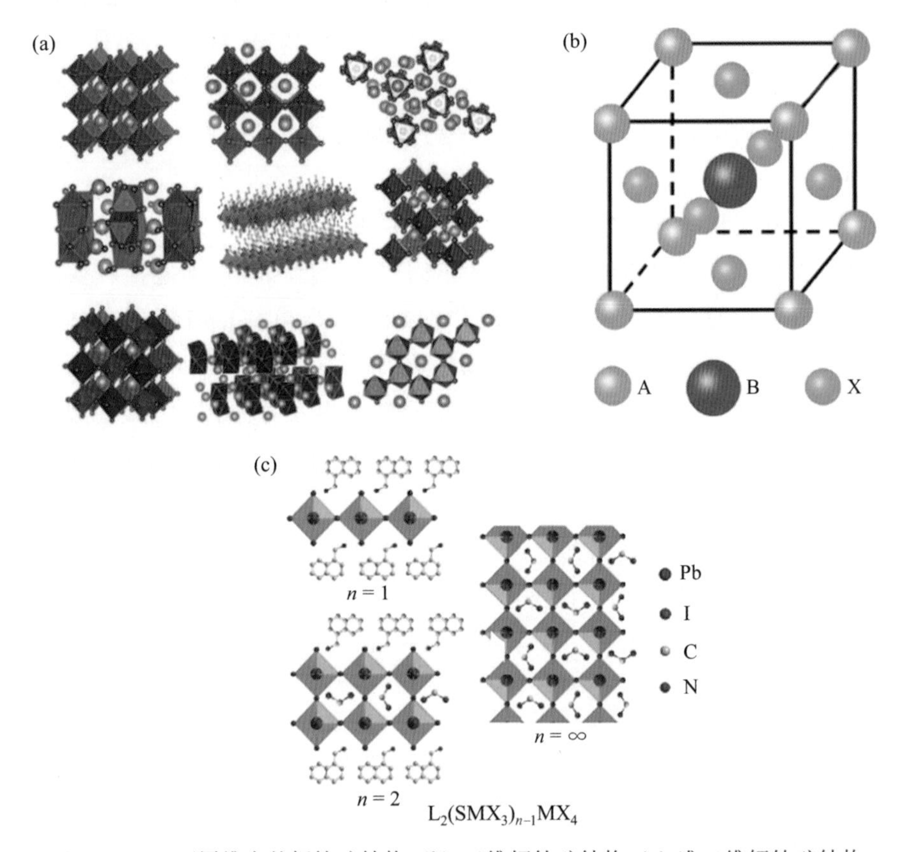

图 3.2 (a) 不同维度的钙钛矿结构；(b) 三维钙钛矿结构；(c) 准二维钙钛矿结构

有机金属钙钛矿在合成过程中，有机配体可促进晶体在纳米尺寸范围生长，并以类似于传统纳米晶合成的方式主动钝化表面缺陷，也可以微调尺寸和纳米晶的形状，合成任一种类似块状的纳米材料（即颗粒足够大从而具体类似于块状晶体或薄膜的光学特性)或纳米尺度的纳米板(nanoplates,简称 NPLs)、纳米片、纳米线和量子点,如图 3.2(a)。这些纳米结构的大小可以控制到单个钙钛矿层,厚度大大低于激子玻尔半径(在强量子限域效应下)。纳米晶的组成、结构和大小不仅可以在合成过程中调整,而且还可以在合成后形成,例如通过离子交换或剥离[16]。近红外薄膜材料的几乎全部使用低温溶液法,可以更具体地分为一锅溶液合成法和不良溶剂滴加法。不良溶剂滴加法得到的钙钛矿在晶界处几乎没有针孔和裂纹[22],这种原位合成钙钛矿的方法可以获得均匀、致密的薄膜[13],目前多数采用不良溶剂滴加的合成方法。

第一次通过溶液制备的高亮度红外电致发光材料是有机金属卤化物钙钛矿。Friend 课题组报道了 $CH_3NH_3PbI_{3-x}Cl_x$ 在电流密度为 363 mA · cm^{-2} 时的 13.2 W · sr^{-1} · m^{-2} 红外辐射,最高外量子效率和内量子效率分别为 0.76% 和 3.4%[8]。通过合理的分子钝化,黄维等获得了性能卓越的近红外 $FAPbI_3$ 发光器件,其外量子效率达到了创纪录的 21.6%[23]。目前在溶液法制备近红外钙钛矿材料中研究最多的是金属卤化物钙钛矿,相对钙钛矿包覆量子点体系其合成更为简单,然而由于基本带隙将有机铅基卤化物钙钛矿发光波长限制于 NIR-Ⅰ[11],用 Sn^{2+} 替换或部分替换 Pb^{2+} 可以将红外波长拓展到 NIR-Ⅰ以外。

3.3.2　以钙钛矿为基底的近红外发射材料

由于可调的带隙、高荧光量子效率以及可溶液法制备等优点,胶体量子点逐渐成为有前景的红外发光材料。然而前言中也提到量子点在固态薄膜状态下会有强烈的发光湮灭。解决量子点发光湮灭的方法包括生长保护壳结构、包覆绝缘的有机配体、引入聚合物基体等,但是这些方法为了得到较亮的发光需要高电压来注入足够的电流,从而提高了功率损耗。总结来说,目前可用的量子点薄膜在发光效率和电荷传输之间折中,这导致了不可接受的高功耗[7]。考虑到钙钛矿扩散长度大,一些研究人员通过将量子点嵌入高迁移率钙钛矿基质中来克服这个问题[9-12,24]。该策略不仅提高了胶体量子点在近红外的发光效率,而且还避免了钙钛矿材料在近红外应用中的波长限制,比如传统 $CH_3NH_3PbX_3$ 发光材料可调的发射波长最长仅为 780 nm[25]。

对于钙钛矿包覆量子点体系两种异质材料结构[如图 3.3(a)],相似是必要的,但不足以产生两者的外延键合,还必须考虑能量。钙钛矿基质与量子点之间的外延界面结构将提供出色的钝化性能,提高荧光量子效率。目前钙钛矿包覆量子点结构采用1型能带排列[图3.3(b)]的异质外延结构,该类型异质结构通过空间限域作用增强辐射复合适用于发光材料。使用1型能带排列可使电子和空穴有效地从基质中漏出并被限制在量子点中[图3.3(c)][10]。类似于多量子阱结构,能量能够快速地从势垒深的量子阱传输至势垒浅的量子阱,最终辐射复合发光,如图3.3(d)。合成钙钛矿包覆量子点结构主要包括胶体量子点的制备以及通过再沉淀法制备量子点和钙钛矿杂化薄膜两个步骤[9-12]。

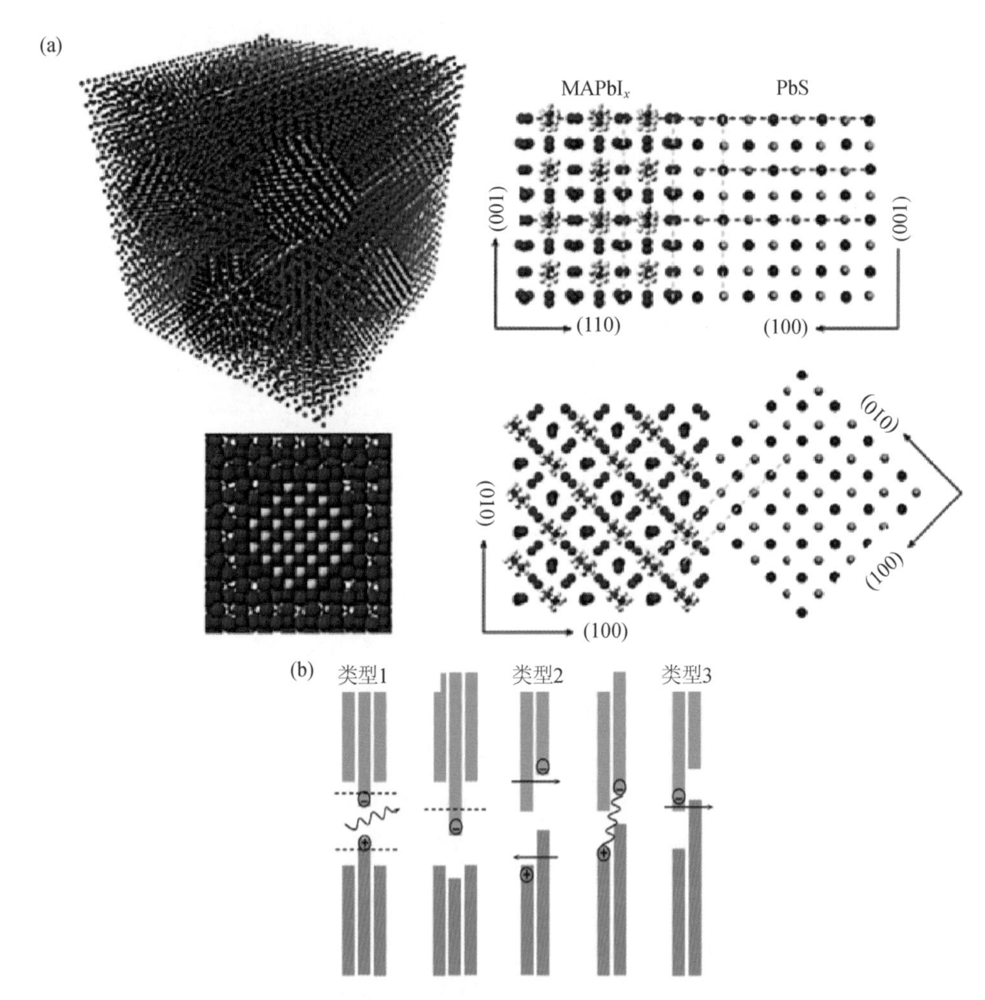

图3.3 (a) 钙钛矿包覆量子点结构示意;(b) 不同能带排列的异质外延结构;(c) 晶格参数匹配的量子点结构;(d) 基底为准二维钙钛矿的量子点体系的能量转移过程

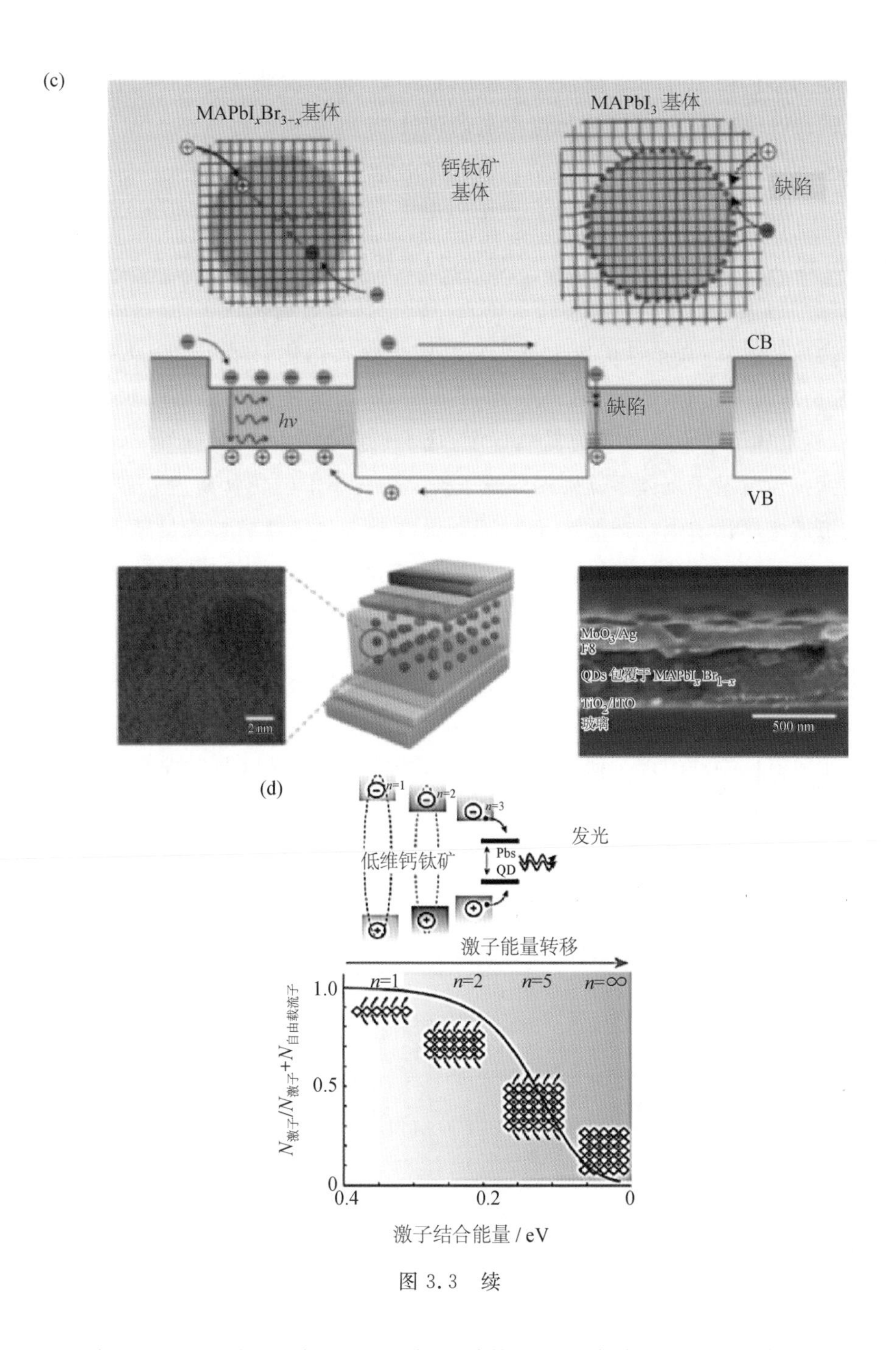

图 3.3 续

2015 年,Sargent 课题组提出量子点异质外延生长钙钛矿从而形成量子点在钙钛矿基体中的结构[9]。2016 年,通过调整钙钛矿中卤素离子的成分来获得更优的晶格匹配,器件性能从而达到了外量子效率为 5.2%[10]。考虑到金属卤化物钙钛矿中载流子动力学的快速且不平衡以及大量的相分离，他们又报道了一种钙钛矿包覆量子点材料，该材料使用的基体是维度降低的钙钛矿，并在辐射高达 7.4 $W \cdot sr^{-1} \cdot m^{-2}$ 的情况下在 980 nm 处实现了 8.1%的外量子效率[12]。类似地，Yusoff 等将核壳结构的 Ag_2S @ SiO_2 量子点嵌入钙钛矿基质中并通过优化器件的电荷注入平衡，在 1397 nm 波长处的外量子效率为 16.98%，功率转换效率为 11.28%[11]。

钙钛矿包覆量子点结构相对传统的近红外钙钛矿材料来说多了一步量子点发光材料的合成。另外，在钙钛矿包覆量子点结构中硫族铅化物量子点有大的波尔半径（PbS 量子点为 20 nm、PbSe 量子点为 46 nm），所以其发射光谱与尺寸大小密切相关，这也就增加了量子点合成的复杂程度、成本以及批次间的可变性[7]。总体来说，目前钙钛矿包覆量子点体系器件的外量子效率仍比不上纯钙钛矿发光器件。另外也有研究报道在钙钛矿中掺杂镧系元素 Yb^{3+} 或 Er^{3+}，与钙钛矿包覆量子点体系类似，通过将钙钛矿的激子能量传递到镧系元素，然后到这些离子发射的近红外光[24]。

3.4 提高近红外钙钛矿器件性能的策略

由于对器件物理的理论研究、先进的 NIR 材料的开发以及器件结构优化，近红外钙钛矿器件在几年内就实现了外量子效率从 0.76%到 21.6%的突破。本节展现了获得更好近红外光学性能、更高效率发光器件的代表性策略。这些代表性策略以及对应的器件性能参数总结在表 3.1。

表 3.1 基于钙钛矿材料近红外发光半导体的提升策略和相应的器件性能报道

年　份	策　略	器件结构	PLQY /%	波长 /nm	EQE /%	辐射度 /($W \cdot sr^{-1} \cdot m^{-2}$)
2015[17]	添加 PEI 夹层提高表面形貌，从而降低非辐射复合并且降低电子注入势垒	ITO/ZnO/PEI/$MAPbI_{3-x}Cl_x$/TFB/MoO_x/Au	—	768	3.8	28
2016[10]	量子点结构提高辐射复合并且获得更长的近红外波长	ITO/TiO_2/PbS QD 包覆于 $MAPbX_3$/F8/MoO_3/Ag	—	1390	5.2	2.6
2016[19]	调节 MA：PEA 比例，提高表面形貌，从而低非辐射复合并且获得能量势阱	ITO/TiO_2/$PEA_2(MA)_{n-1}Pb_nI_{3n+1}$/F8/$MoO_3$/Au	10.6	760	8.8	80

续表

年　份	策　略	器件结构	PLQY /%	波长 /nm	EQE /%	辐射度 /(W · sr^{-1} · m^{-2})
2016[22]	甲苯滴加法提高表面形貌，从而降低非辐射复合	ITO/PEDOT：PSS/$CsSnI_3$/PBD/LiF/Al	—	950	3.8	40
2016[18]	调节 FA：NMA 比例，提高表面形貌，从而降低非辐射复合并且获得多量子阱结构	ITO/ZnO/PEIE/$NMA_2FA_{n-1}Pb_nI_{3n+1}$/TFB/$MoO_x$/Au	60	800	9.6	55
2017[13]	卤化有机铵调控晶粒尺寸，从而提高辐射复合	ITO/poly-TPD/$MAPbI_3$/TPBi/LiF/Al	4.4	750	7.9	72
2018[14]	添加氨基酸提高光的耦合输出效率	ITO/ZnO/PEIE/$FAPbI_3$/TFB/MoO_x/Au	70	800	20.7	18.4
2018[7]	Sn^{2+} 掺杂增加近红外波长	ITO/poly-TPD/$MAPb_{0.6}Sn_{0.4}I_3$/ TPBi/LiF/Al	—	917	5.0	2.7
2019[23]	添加含胺基的钝化分子来降低非辐射复合	ITO/ZnO/PEIE/ $FAPbI_3$/TFB/MoO_3/Au	65	800	21.6	308
2019[23]	过量的卤化有机胺以及钝化分子，从而降低非辐射复合	ITO/ZnO/PEIE/$Cs_{0.1}FA_{0.9}PbI_3$/TFB/MoO_3/Ag	70	780	19.6	301.8
2019[11]	量子点结构提高了辐射复合，并增加了近红外波长	ITO/TiO_2/Ag_2S QD 包覆于 $Cs_{10}(MA_{0.17}FA_{0.83})Pb(Br_xI_{1-x})_3$/卟啉/$MoO_3$/Ag	84	1397	16.98	83.93
2019[26]	引入 poly-TPD 提高器件的载流子平衡	ITO/ZnO/PEIE/ $FAPbI_3$/poly-TPD/MoO_3/Al	—	799	20.2	57
2020[12]	量子点结构提高了辐射复合并增加了近红外波长	ITO/PEDOT：SS PbS QD 包覆于 $PEA_2Cs_2Pb_3Br_{10}$/TPBi/LiF/Al	38	980	8.1	7.4
2020[24]	掺杂 Yb^{3+} 到 $CsPbCl_3$，增加近红外波长	TCO/SnO_2/Liq/ Yb^{3+} 掺杂 $CsPbCl_3$/poly-TPD/PEDOT：PSS/Au	60	984	5.9	—

3.4.1 近红外钙钛矿材料优化

总结前人的工作,钙钛矿材料的优化途径可以分为:粒径及维度的调控、均匀薄膜的制备、配体工程、后期加工处理[27]。总结来说,这些策略是从发射光的纯度、材料的效率以及稳定性的角度出发,因此,在这一小节我们归纳了近红外钙钛矿材料在这几个方面的优化。具体地说,包括近红外波长调节、从提高辐射复合和非辐射复合两个角度提高材料激子的辐射复合效率。

(1) 近红外波长调节

根据之前的研究,可以通过取代 A 位阳离子(例如 Cs^+、MA^+ 和 FA^+)和卤素离子(Cl^-、Br^- 和 I^-)调节卤化物钙钛矿的光学带隙,但纯铅基钙钛矿发光二极管仅发射 800 nm 以下的光[11,25]。这限制了上述材料在近红外波段中的应用。目前报道的掺杂 Sn^{2+} 和以钙钛矿为基底的包覆量子点等方法都可以使近红外波长红移。

Rand 课题组利用混合的 Pb-Sn 钙钛矿得到高效的近红外发光材料,并且发射波长在 850~950 nm 可调[图 3.4(a)]。利用了 Pb∶Sn 之比为 0.6~0.45 的混合钙钛矿,他们得到了一种高效的近红外器件,其外量子效率为 5.0%,开启电压为 1.65 V,发射峰为 917 nm[7]。除了用同一主族的 Sn^{2+} 部分替代 Pb^{2+},通过钙钛矿基底能量传递到镧系离子或形成量子点材料也可以使近红外波长红移。图 3.4(b)展示了 Lshii 和 Miyasaka 关于掺有 Yb^{3+} 的 $CsPbCl_3$ 钙钛矿薄膜的荧光光谱。Yb^{3+} ∶$CsPbCl_3$ 膜通过从钙钛矿到 Yb^{3+} 的有效能量转移显示出很强的近红外发射,从而实现了薄膜结构中高的光致发光量子产率(超过 60%)。基于 Yb^{3+} ∶$CsPbCl_3$ 的发光器件在 1000 nm 附近也显示出明亮的电致发光,外量子效率达到 5.9%[24]。值得注意的是,这种将镧系元素掺杂到钙钛矿中的发光类型与前一种掺杂方式不同,是通过能量传递,最终通过镧系离子发射近红外波长,与钙钛矿包覆量子点体系发光原理类似。考虑到钙钛矿在潮湿和高温环境中的不稳定性以及铅离子的毒性,研究者也使用了双钙钛矿掺杂 Yb^{3+} 或 Er^{3+}[28-29]。所谓的双钙钛矿是用一个一价和一个三价的离子替代钙钛矿晶格中的两个 Pb^{2+} 离子,结构如图 3.4(d)所示。双钙钛矿结构有着优异的热稳定性,Lee 等合成的 $Cs_2AgInCl_6$ 双钙钛矿可以承受 400℃的高温不分解,进一步推动了钙钛矿材料在近红外的实际应用。未掺杂的 $Cs_2AgInCl_6$ 有着较宽的 PL 光谱,通过镧系元素的掺杂,在近红外波长的荧光光谱的半高宽显著缩小[图 3.4(c)]。另外,可以看出不管是否掺杂其吸收波长都在 300 nm 以下,也就是说需要很高的激发能量,该激发能量大于传统商用紫外发光半导体(发射波长大于 365 nm),从而限

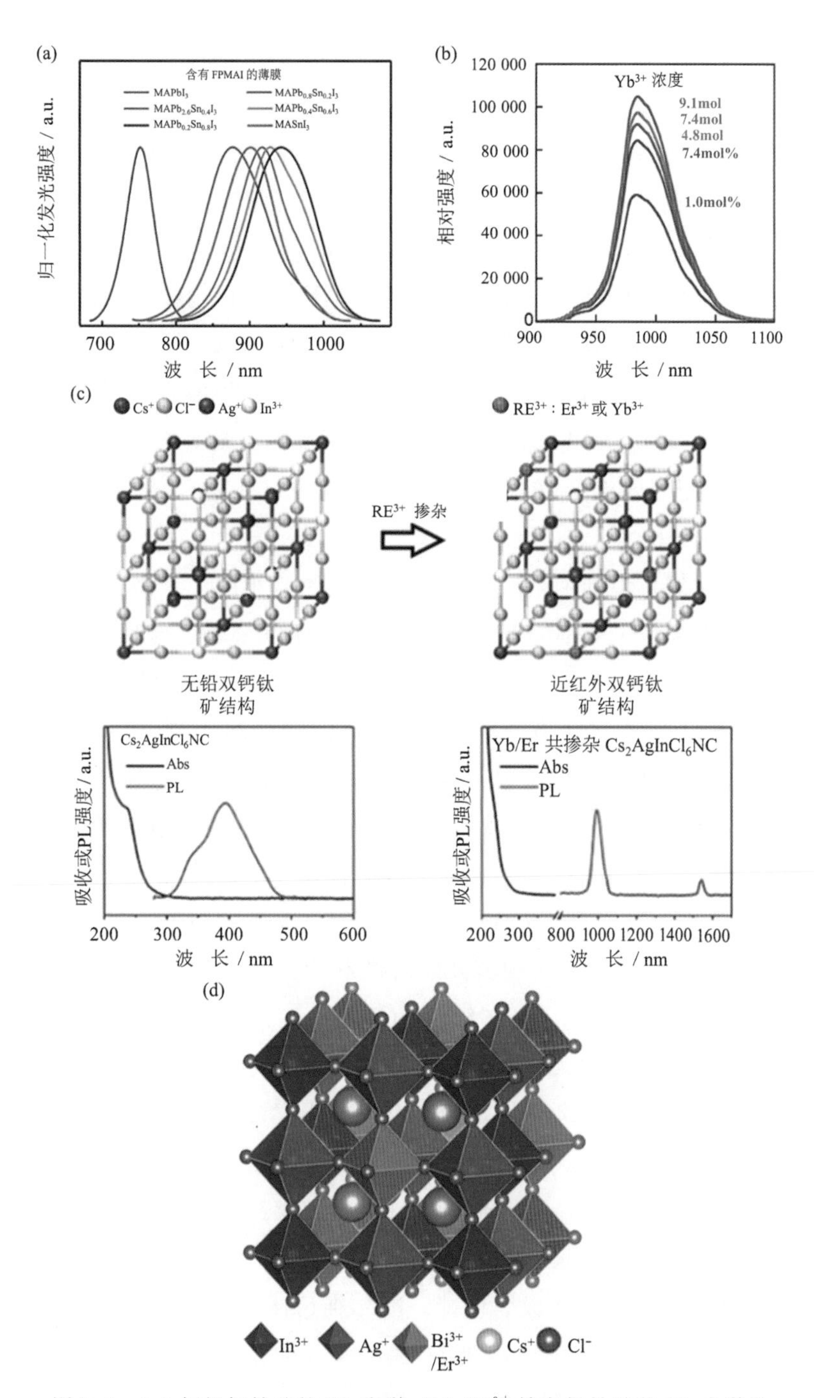

图 3.4 (a) 锡铅钙钛矿的 EL 光谱;(b) Yb^{3+} 掺杂钙钛矿的 PL 光谱以及荧光量子效率随 Yb^{3+} 浓度的变化;(c) 掺杂与不掺杂镧系元素的双钙钛矿结构以及吸收发射光谱;(d) Bi^{3+}-Er^{3+} 共掺杂双钙钛矿结构

制了其在实际场景中的应用。为了解决这一问题，Arfin 等通过 Bi^{3+}-Er^{3+} 或 Bi^{3+}-Yb^{3+} 共掺杂的方法使激发波长增加至 400 nm，Bi^{3+} 的掺杂在带边处修饰了投影态密度，使得在较低的能量处产生新的吸收通道。最终在 Bi^{3+}-Er^{3+} 和 Bi^{3+}-Yb^{3+} 分别获得 1537 nm、996 nm 的近红外发射。

目前在 NIR-Ⅱ(1000～1700 nm)生物窗口，量子点仍然是较有前景的可通过溶液法制备的近红外发光材料。Sargent 课题组开创性地提出钙钛矿包覆量子点结构，并对包含 PbS 量子点的钙钛矿体系进行持续研究，这在本章 3.3.2 小节中已进行详细介绍。类似地，Yusof 等通过采用由二氧化硅包裹的硫化银(Ag_2S @ SiO_2)量子点分散在 $Cs_{10}(MA_{0.17}FA_{0.83})Pb(Br_xI_{1-x})_3$ 中构成钙钛矿包覆量子点体系，其峰值发射在 1397 nm 处，外量子效率为 16.98%，辐射强度为 83.93 $W \cdot sr^{-1} \cdot m^{-2}$[11]。

(2) 多量子阱结构

将尺寸从微米级减小到纳米级并将尺寸从三维减小到二维或零维[30]是增加钙钛矿发光材料的荧光量子效率的有效方法，因为这样可以通过电荷载流子的空间限域和增强激子辐射复合来提高钙钛矿器件的流明效率[27]。减小的晶粒尺寸提高了辐射复合率，增强了荧光量子效率并且在可见光区域，可实现 8.53% 的外量子效率[31]。尽管此方法在溴化钙钛矿中非常成功，但碘化钙钛矿 $CH_3NH_3PbI_3$ 的激子结合能比前者低三倍[32]，因此空间限域效应并不能使红外钙钛矿材料的荧光量子效率大幅增加[19]。作为解决方案，二维层状钙钛矿提供了一种在室温下形成激子的方法，最大的激子结合能高达 320 meV[19]。然而，因为激子的淬灭速度很快，到目前为止仅在液氮温度下从这些材料中观察到发出强光[18]。

三维钙钛矿实际上是分子式一般为 $L_2(SMX_3)_{n-1}MX_4$ 的层状有机金属卤化物钙钛矿的一个极端例子，其中 M、X、L 和 S 分别为二价金属阳离子、卤化物、长链有机阳离子和短链有机阳离子。这里 n 是两个有机绝缘层(阳离子 L)中半导体 MX_4 单层片数，$n=\infty$对应三维钙钛矿 SMX_3 的结构。随着 MX_4 层数的减少，量子限域效应(如带隙和激子能量的增加)会非常显著，因此层状钙钛矿自然形成量子阱结构。在另一个极端，当 $n=1$ 时，层状钙钛矿形成二维钙钛矿 L_2MX_4 的单层结构。二维 L_2MX_4 钙钛矿通常具有良好的成膜性能。准二维钙钛矿($n>1$)结合了二维以及三维钙钛矿的优势，由此，Sargent 等通过掺入庞大的阳离子苯基乙基胺(PEA = $C_8H_9NH_3^+$)合成了多层准二维钙钛矿化合物[图 3.5(a)]。PEA(苯乙胺)具有较大的离子半径，不适合共角卤化铅八面体三维框架，这导致三维钙钛矿结构分离为层状。当厚度在量子约束范围内，Ruddlesden-Popper 相层状钙钛矿会自然形成量子阱，结构能级结构如图 3.5(b)所示，随着 n 的不断增大，带隙逐渐减少。[33] 荧光量子效率随层数的增加呈现出先上升再下降的趋势，如图 3.5(c)。这是由于在常温下纯二维体系($n=1$)的声子与激子相互作用较强导致荧光效率较低，纯三维体系($n=\infty$)缺陷过多导致荧光淬灭。不同激发光强度下几种 n 值对应的薄膜的荧光量子效率如图 3.5(d)所示，整体都呈现出随激发光强度增强而上升的趋势。研究者使用这种结构的材料制备的器件外量子效率最大值为 8.8%，辐照度为 80 $W\cdot sr^{-1}\cdot m^{-2}$[19]。相似地，通过在钙钛矿前驱体中加入碘化 1-萘甲胺，黄维等基于多量子阱结构的钙钛矿发光二极管稳定性好且具有出色的器件性能，在电流密度为 100 $mA\cdot cm^{-2}$ 时，外量子效率高达 11.7%，能量转换效率为 5.5%[18]。

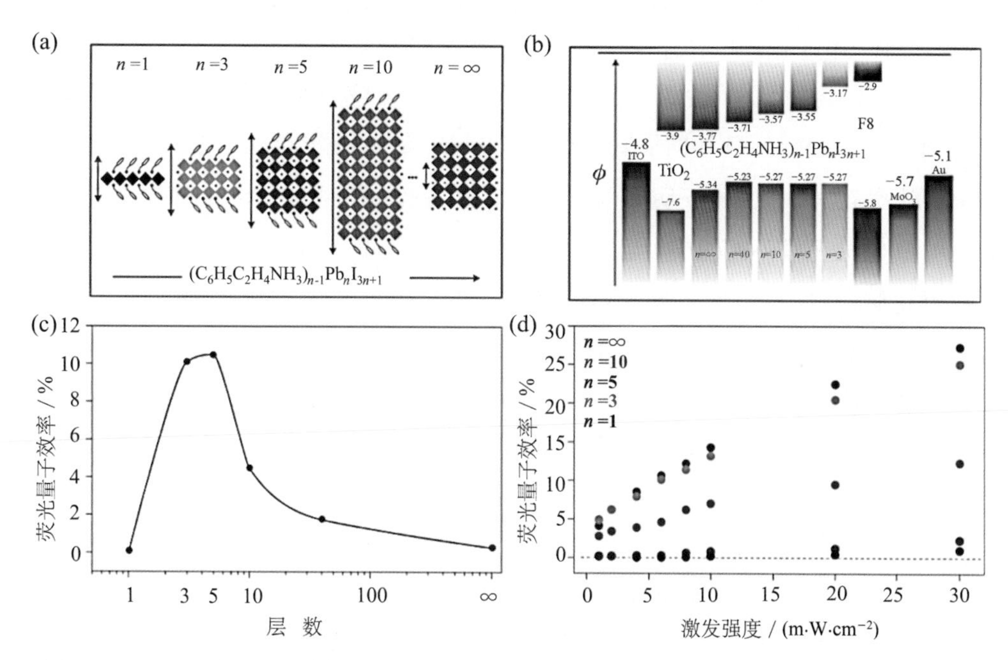

图 3.5　(a)(b) 多量子阱结构以及能带示意；(c) 不同铅卤层厚度的钙钛矿材料的荧光量子效率；(d) 不同铅卤层厚度的钙钛矿材料在不同激发光强度下的荧光量子效率

(3) 分子钝化

为了实现高效钙钛矿发光二极管，研究通过限域电子和空穴来增强辐射复合率。这些限域措施包括使用超薄发光层、纳米级多晶的制造、低维或多量子阱结构的设计和钙钛矿量子点的合成。通过这些措施，器件的外量子效率已从不到 1% 提高到 14%，但该值仍远低于通过光学模拟预测的结果[34]。因为这些措施要么牺牲了电荷注入效率和输运性能，要么引入大量的晶界，从而增加了缺陷的数量，加剧了非辐射复合。提高器件性能除了增强辐射复合率外，同样重要的是减少非辐射复合。然而目前效率最高的溶液法制备的钙钛矿半导体存在严重的陷阱介导的非辐射损失，这已确定是限制光伏和发光器件效率的主要因素。通常认为陷阱态与离子缺陷有关，例如卤化物空位。合成过程中，过量加入反应物卤化胺也能形成缺陷较少的晶体[35]。此外通过与缺陷化学键合的分子钝化剂（PA）进行钝化是解决此问题的一种有效方法[23]。目前具有大粒径和良好钝化晶体的三维钙钛矿薄膜已经成为一种很有前景的高效率发光层。

已有文献中发现，合成过程中加入过量的卤化胺可以极大促进钙钛矿薄膜的流明效率。黄维以及王建浦课题组使用包括140％的过量FAI和70％的5-氨基戊酸的前驱体，通过制备具有自发性孤立的亚微米级晶粒的钙钛矿薄膜，在近红外钙钛矿发光二极管中实现了20.7％的外量子效率。Lin等报道的绿光钙钛矿发光二极管，通过引入100％额外的甲基铵形成$CsPbBr_3$/MABr准核壳结构，获得20％的外量子效率[36]，其中壳被证明可以钝化非辐射缺陷。但是过量卤化胺提高外量子效率的具体机理尚不清楚，之后Jia等使用$Cs_{0.17}FA_{0.83}PbI_{2.5}Br_{0.5}$作为模型研究过量卤化胺（在这个模型中为FAI）钙钛矿结晶过程作用[35]。结果如图3.6(a)所示，在沉积态中过量的FAI可诱发形成致密的宽带隙中间相薄膜，然后在退火过程中转变成孤立的和高度结晶钙钛矿晶粒。利用激发相关光致发光，通过光谱学分析发现，过量的FAI导致了较低的深阱态密度，因此减少了材料的非辐射损耗。

目前一些功能化的基团（比如—NH_2、P＝O）作为分子钝化的方法在钙钛矿电池中使用。高峰课题组使用一种二胺钝化分子（TTDDA）进一步抑制钙钛矿膜中的非辐射复合，改进后的荧光量子效率可达到70％左右，而且电荷载流子寿命增长[23]。然而这些现有的分子钝化剂存在着强大的结构依赖性，即使它们有着相同的官能团。缺乏对添加剂化学结构如何影响钝化效果的深入了解，阻碍了合理设计分子钝化剂来最大程度地减少非辐射重组损失。他们首先利用第一性原理，计算得出薄膜表面的碘离子空位是三维$FAPbI_3$材料主要的结构缺陷；其次选择两个相似的氨基官能化分子钝化剂，即2,2′-(乙二氧基)二乙胺（EDEA）和6-亚甲二胺（HMDA）对比[图3.6(b)]，证明由于HMDA与钙钛矿中有机阳离子的较强氢键，修复缺损部位效果较差；最后合理设计出氢键结合更弱的2,2′-[氧双(乙氧基)]二乙胺（ODEA），得到的近红外钙钛矿发光半导体外量子效率高达21.6％[23]。

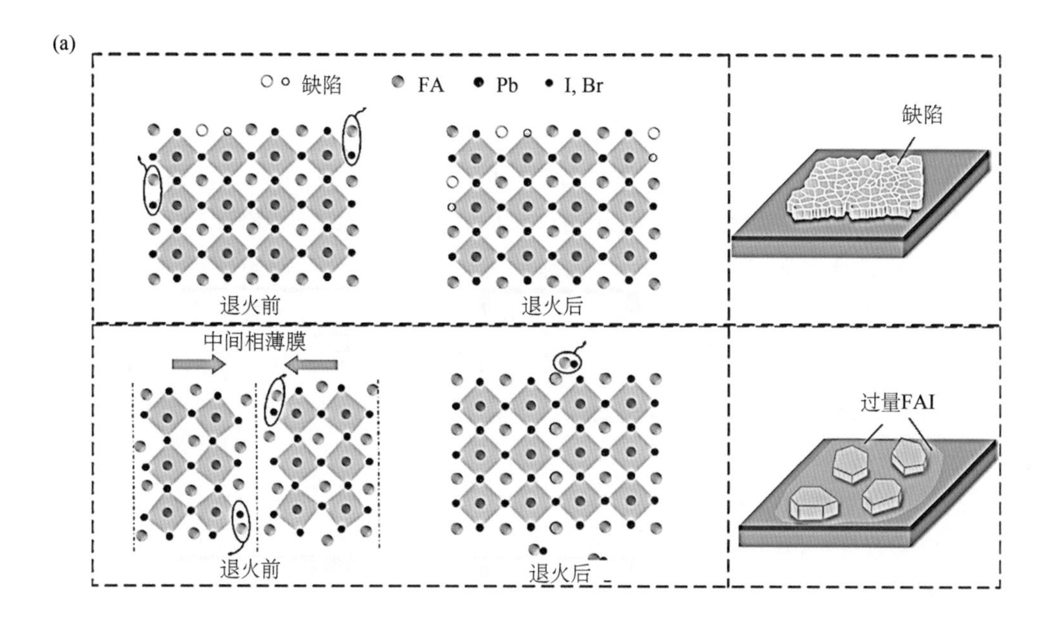

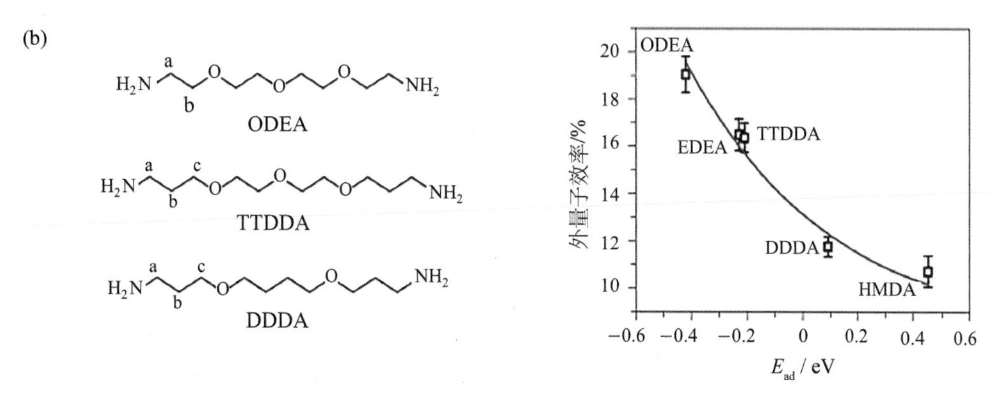

图 3.6　(a) 过量卤化胺钝化示意；(b) 钝化分子结构及相应钙钛矿发光器件外量子效率

3.4.2　器件结构优化

当对具有多层结构(例如，阳极/空穴注入层/钙钛矿发光层/电子注入层/阴极)的发光二极管施加电偏压时，空穴注入阳极，电子注入阴极。然后空穴通过空穴注入层的最高占据分子轨道移动到钙钛矿的最高价带，电子通过电子注入层的最低未占据分子轨道移动到钙钛矿的最低导带。这些载流子在钙钛矿层中复合，产生与钙钛矿带隙能量相似的光，并通过透明电极发射出来。这里器件的外量子效率主要计算为：

$$\mathrm{EQE}=\chi\gamma\beta\Phi_{\mathrm{L}} \tag{3-3}$$

其中,χ 是外耦合因子,γ 是电荷平衡因子,β 是辐射光种类的概率,Φ_{L} 是发光的量子效率。

因此,式 3-3 中受近红外钙钛矿材料影响的因素包括 β 和 Φ_{L}。具体地说,除了由于载流子辐射复合率低导致的近红外钙钛矿固有的低荧光量子效率之外,还有载流子-离子晶格耦合和缺陷状态。此外,粗糙的近红外钛矿形貌、成膜过程中胶体钙钛矿量子点的聚集、运行不稳定性以及金属从电极扩散到近红外钙钛矿中都会降低器件的 EL 效率[27]。式 3-3 中 χ、γ 两个因素则与器件结构有关,比如光的外耦合效率差(界面处的光损耗与式 3-3 中的 χ 有关)和器件中的电荷平衡低(界面处的电损耗与式 3-3 中的 γ 有关)。

器件的外量子效率受输出耦合因子 χ 和电荷平衡因子 γ 的影响(式 3-3)。这些因素可以通过优化器件结构等方法(例如中间层或界面处理)来优化。中间层或界面处理可使电荷有效注入近红外钙钛矿中,通过减少电极与钙钛矿和电子注入层之间的电荷注入势垒,增强器件中的电荷平衡因子 γ。在一篇提高钙钛矿流明效率的综述中[27],提到了提高空穴注入的中间层全氟离子交联聚合物(PFI)、提高电子注入的中间层(例如 PEI)、沉积的大气层原子层($Zn_{0.56}Mg_{0.44}O$ 膜)以及界面溶剂处理(例如乙醇胺),这些处理也同时降低了界面处的发光湮灭。其中,在沉积发光层之前的处理还能改变钙钛矿薄膜的形貌,而且这几种中间层的组合也能更大程度提高器件效率。

中间层还可以有效地将光从发光层提取到外表面。与有机发光二极管中的 Buf-HIL 一样,控制电荷注入/传输层的折射率可以提高钙钛矿发光二极管中的输出耦合效率。分散在聚(3,4-乙烯二氧噻吩):聚苯乙烯磺酸盐(PEDOT:PSS)中的金纳米颗粒和分散在 *N*,*N'*-双(1-萘基)-*N*,*N'*-双(苯基联苯胺)(NPB)中间层中的银纳米棒引起局部表面等离子体共振效应,增加了光的提取效率。目前除了对钙钛矿发光二极管内部结构的外耦合效率进行研究,也有对钙钛矿发光二极管中钙钛矿发光层进行修饰的研究。黄维课题组展示了溶液法钙钛矿中自发形成亚微米级结构,得到高效、高亮度的电致发光,该结构可以有效地从器件中提取光,并保留与波长和视角无关的电致发光。如图 3.7 所示,他们将 5-氨基戊酸添加到 $FAPbI_3$ 钙钛矿前驱体溶液中,然后达到 20.7%的峰值外量子效率(在 18 $mA\cdot cm^{-2}$ 的电流密度下)和 12%的能量转换效率(在 100 $mA\cdot cm^{-2}$ 的高电流密度下)[14]。

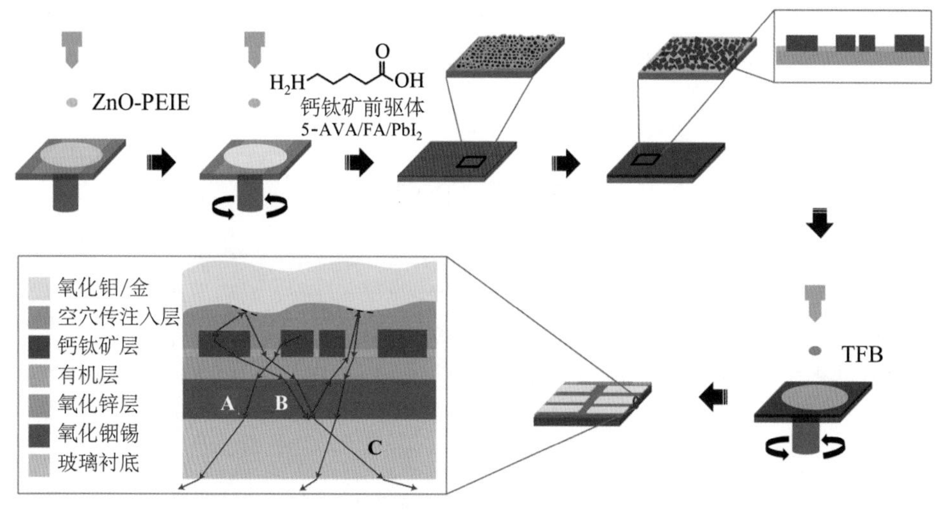

图 3.7　光提取器件制备以及结构

3.5　结论与展望

本章总结了目前的近红外钙钛矿材料，将这些材料分类为：① 金属卤化物钙钛矿；② 以钙钛矿为基底的发光层。分别介绍了这些材料的结构、特性和最新的研究进展。根据先前的研究，金属卤化物钙钛矿的外量子效率和基于钙钛矿基质的近红外发光二极管的外量子效率都可以超过 15%[23-24]。但是，铅基钙钛矿发光二极管仅发射 800 nm 以下的光，钙钛矿包覆量子点的合成相对复杂，并且无铅钙钛矿的效率还有很大的提高空间。然后，本章总结了从近红外钙钛矿材料以及器件角度出发改善电学和光学性能方面的研究进展，例如近红外光谱的调整、多量子阱结构以及器件结构优化等。

钙钛矿发光二极管的外量子效率在几年内从 0.76%提高到 21.6%，然而近红外钙钛矿发光二极管的能量转换效率和长期稳定性不足，难以实际应用[27]。未来开发在工业生产中兼容的高效近红外钙钛矿材料和器件是必不可少的，比如油墨印刷和转移印刷。另外，对于钙钛矿材料不得不提的就是它的稳定性以及使用寿命，有较多文献对这一难题进行了研究，但到目前为止这仍限制着近红外钙钛矿材料在实际中的应用。近红外光源具有广泛的应用，包括夜视设备、光通信、传感、生物成像、面部识别、监视等，但关于近红外钙钛矿的应用的报道很少。而柔性、大面积、可拉伸的钙钛矿发光二极管和多功能集成是有前途的研究主题，由于有机发光二极管研究开始得更早，研究者可以借鉴有机发光二极管在这些方面的研究。

参考文献

[1] Xiang H, Cheng J, Ma X, et al. Near-infrared phosphorescence: Materials and applications[J]. Chemical Society Review, 2013, 42(14): 6128-6185.

[2] Hunt N E J, Schubert E F, Logan R A, et al. Enhanced spectral power density and reduced linewidth at 1.3 μm in an InGaAsP quantum well resonant-cavity light-emitting diode[J]. Applied Physics Letters, 1992, 61(19): 2287-2289.

[3] Kim D H, D'Aléo A, Chen X K, et al. High-efficiency electroluminescence and amplified spontaneous emission from a thermally activated delayed fluorescent near-infrared emitter[J]. Nature Photonics, 2018, 12(2): 98-104.

[4] Siebrand W. Radiationless transitions in polyatomic molecules Ⅰ: Calculation of Franck-Condon factors[J]. The Journal of Chemical Physics, 1967, 46(2): 440-447.

[5] Wilson J S, Chawdhury N, Al-Mandhary M R A, et al. The energy gap law for triplet states in Pt-containing conjugated polymers and monomers[J]. Journal of the American Chemical Society, 2001, 123(38): 9412-9417.

[6] Moroz P, Liyanage G, Kholmicheva N N, et al. Infrared emitting PbS nanocrystal solids through matrix encapsulation[J]. Chemistry of Materials, 2014, 26(14): 4256-4264.

[7] Qiu W, Xiao Z, Roh K, et al. Mixed lead-tin halide perovskites for efficient and wavelength-tunable near-infrared light-emitting diodes[J]. Advanced Materials, 2019, 31(3): 1806105.

[8] Tan Z K, Moghaddam R S, Lai M L, et al. Bright light-emitting diodes based on organometal halide perovskite[J]. Nature Nanotechnology, 2014, 9(9): 687-692.

[9] Ning Z, Gong X, Comin R, et al. Quantum-dot-in-perovskite solids[J]. Nature, 2015, 523(7560): 324-328.

[10] Gong X, Yang Z, Walters G, et al. Highly efficient quantum dot near-infrared light-emitting diodes[J]. Nature Photonics, 2016, 10(4): 253-257.

[11] Vasilopoulou M, Kim H P, Kim B S, et al. Efficient colloidal quantum dot light-emitting diodes operating in the second near-infrared biological window[J]. Nature Photonics, 2019, 14(1): 50-56.

[12] Gao L, Quan L, García de Arquer F P, et al. Efficient near-infrared light-emitting diodes based on quantum dots in layered perovskite[J]. Nature Photonics, 2020, 14(7): 227-233.

[13] Zhao L, Yeh Y W, Tran N L, et al. In situ preparation of metal halide perovskite nanocrystal thin films for improved light-emitting devices[J]. ACS Nano, 2017, 11(4): 3957-3964.

[14] Cao Y, Wang N, Tian H, et al. Perovskite light-emitting diodes based on spontaneously formed submicrometre-scale structures[J]. Nature, 2018, 562(7726): 249-253.

[15] Zhu L, Cao H, Xue C, et al. Unveiling the additive-assisted oriented growth of perovskite crystallite for high performance light-emitting diodes [J]. Nature Communications, 2021, 12 (1): 5081.

[16] Shamsi J, Urban A S, Imran M, et al. Metal halide perovskite nanocrystals Synthesis post synthesis modifications and their optical properties [J]. Chemical Reviews, 2019, 119 (5): 3296-3348.

[17] Wang J, Wang N, Jin Y, et al. Interfacial control toward efficient and low-voltage perovskite light-emitting diodes[J]. Advanced Materials, 2015, 27(14): 2311-2316.

[18] Wang N, Cheng L, Ge R, et al. Perovskite light-emitting diodes based on solution-processed self-organized multiple quantum wells[J]. Nature Photonics, 2016, 10(11): 699-704.

[19] Yuan M, Quan L N, Comin R, et al. Perovskite energy funnels for efficient light-emitting diodes[J]. Nature Nanotechnology, 2016, 11(10): 872-877.

[20] Li W, Wang Z, Deschler F, et al. Chemically diverse and multifunctional hybrid organic-inorganic perovskites[J]. Nature Reviews Materials, 2017, 2(3): 16099.

[21] Jeon N J, Noh J H, Yang W S, et al. Compositional engineering of perovskite materials for high-performance solar cells[J]. Nature, 2015, 517(7535): 476-480.

[22] Hong W L, Huang Y C, Chang C Y, et al. Efficient low temperature solution processed lead free perovskite infrared light emitting diodes [J]. Advanced Materials, 2016, 28 (36): 8029-8036.

[23] Xu W, Hu Q, Bai S, et al. Rational molecular passivation for high-performance perovskite light-emitting diodes[J]. Nature Photonics, 2019, 13(6): 418-424.

[24] Ishii A, Miyasaka T. Sensitized Yb^{3+} luminescence in $CsPbCl_3$ film for highly efficient near-infrared light-emitting diodes[J]. Advanced Science, 2020, 7(4): 1903142.

[25] Xing G, Kumar M H, Chong W K, et al. Solution-processed tin-based perovskite for near-infrared lasing[J]. Advanced Materials, 2016, 28(37): 8191-8196.

[26] Zhao X, Tan Z K. Large-area near-infrared perovskite light-emitting diodes[J]. Nature Photonics, 2019, 14: 215-218.

[27] Kim Y H, Kim J S, Lee T W. Strategies to improve luminescence efficiency of metal-halide perovskites and light-emitting diodes[J]. Advanced Materials, 2019, 31(47): 1804595.

[28] Arfin H, Kaur J, Sheikh T, et al. Bi^{3+}-Er^{3+} and Bi^{3+}-Yb^{3+} codoped $Cs_2AgInCl_6$ double perovskite near-infrared emitters [J]. Angewandte Chemie International Edition, 2020, 59 (28):

11307-11311.

[29] Lee W, Hong S, Kim S. Colloidal synthesis of lead-free silver-indium double-perovskite $Cs_2AgInCl_6$ nanocrystals and their doping with lanthanide ions[J]. The Journal of Physical Chemistry C, 2019, 123(4): 2665-2672.

[30] Byun J, Cho H, Wolf C, et al. Efficient visible quasi-2D perovskite light-emitting diodes[J]. Advanced Materials, 2016, 28(34): 7515-7520.

[31] Cho H, Jeong S, Park M, et al. Overcoming the electroluminescence efficiency limitations of perovskite light-emitting diodes[J]. Science, 2015, 350(6265): 1222-1225.

[32] Yang Y, Yang M, Li Z, et al. Comparison of recombination dynamics in $CH_3NH_3PbBr_3$ and $CH_3NH_3PbI_3$ perovskite films: Influence of exciton binding energy[J]. The journal of physical chemistry letters, 2015, 6(23): 4688-4692.

[33] Si J, Liu Y, He Z, et al. Efficient and high-color-purity light-emitting diodes based on In-situ-grown films of $CsPbX_3$ (X=Br, I) nanoplates with controlled thicknesses[J]. ACS Nano, 2017, 11(11): 11100-11107.

[34] Shi X B, Liu Y, Yuan Z, et al. Optical energy losses in organic inorganic hybrid perovskite light emitting diodes[J]. Advanced Optical Materials, 2018, 6(17): 1800667.

[35] Jia Y H, Neutzner S, Zhou Y, et al. Role of excess FAI in formation of high-efficiency $FAPbI_3$-based light-emitting diodes[J]. Advanced Functional Materials, 2019, 30(1): 1906875.

[36] Lin K, Xing J, Quan L N, et al. Perovskite light-emitting diodes with external quantum efficiency exceeding 20 per cent[J]. Nature, 2018, 562(7726): 245-248.

第四章　红光钙钛矿材料与器件

4.1　红光钙钛矿发光二极管的发展历程

钙钛矿材料因其具有优异的光电性能，如高的载流子迁移率、简易和精确的可调节带隙、较高的光致发光量子产率、高颜色纯度、窄半峰宽、出色的缺陷容忍度而受到了广泛的关注。然而由于钙钛矿材料的形成能较低，因此其稳定性较差，例如常温下容易发生相变的红光钙钛矿材料 $CsPbI_3$，这限制了它们的商业化应用。

自 2014 年第一个基于钙钛矿的三维钙钛矿发光二极管问世以来[1]，在研究人员的不懈努力下，钙钛矿发光二极管的性能迅速得到了提升，外量子效率从开始的不到 1%，短短几年就超过了 20%[2-3]。而且与有机发光二极管和量子点发光二极管相比，钙钛矿发光二极管具有易于合成[4]、便捷且精确的可调带隙[5]等优势。因此，越来越多的研究人员投入钙钛矿发光二极管的研究中，他们通过形貌调节[6]、配体工程[7]、界面处理[5]、成分工程[8]和器件工程学[3,9]等从材料和器件结构方面优化钙钛矿发光二极管的性能。

红光(620～760 nm)发光二极管是显示器和照明的重要组成部分，但是由于钙钛矿材料的稳定性差，因此相比绿光钙钛矿发光二极管而言发展有限[10]。目前有很多优化方案来提高红光钙钛矿材料的稳定性以及光电性能[2,5,7,10-21]。图 4.1 显示了红光钙钛矿发光二极管从发明以来的研究进展。横轴的颜色表示年份，纵轴表示红光钙钛矿发光二极管的外量子效率，图中圆形的半径表示某文章中红光钙钛矿发光二极管的最大亮度，圆形中心点坐标为对应的器件外量子效率和文章发表年份。从图中可以看出，红光钙钛矿发光二极管的效率和亮度逐步得到优化，最大外量子效率从最初的不足 0.1%到 2021 年已经达到 23%[22]。

本章将从以下几个主要方面详细介绍红光钙钛矿发光二极管材料和器件的相关知识。首先,介绍红光钙钛矿发光二极管的常用发光材料及其相应的基本特性、材料合成方法以及材料性能优化的策略。其次,介绍红光钙钛矿发光二极管的器件结构、每个功能层中常用的材料以及器件的优化方案。最后,结合当前的研究进展,总结和分析红光钙钛矿发光二极管所面临的挑战和机遇。

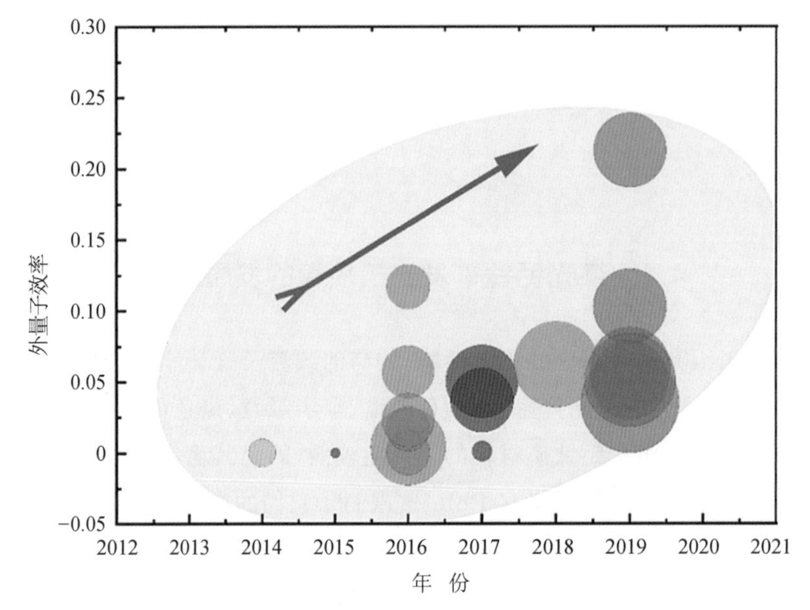

图 4.1 红光钙钛矿发光二极管最大外量子效率以及亮度发展

注:圆形颜色代表年份,圆形半径代表最高亮度,圆形中心纵坐标代表最高外量子效率。

4.2 红光钙钛矿材料

钙钛矿材料是钙钛矿发光二极管的核心,器件的性能主要取决于材料的性质。因此,有必要对钙钛矿材料进行一些介绍。本节简要介绍常见的红光钙钛矿材料、基本光电性质、合成方法和优化策略。

4.2.1 典型红光钙钛矿材料 $CsPbI_3$

$CsPbI_3$ 是一种典型的全无机卤化物钙钛矿。据报道,$CsPbI_3$ 钙钛矿量子点可用于波长约为 700 nm 的深红色钙钛矿发光二极管中[23-25],这是钙钛矿覆盖整个可见光谱的重要组成部分。可以通过掺杂或改变晶粒尺寸等策略来精确调节材料的带隙，以获得不同的发射波长。

$CsPbI_3$ 具有四种晶相：α-立方相、β-四方相、γ-斜方相和 δ-斜方相。其中，由于 α-立方相具有合适的带隙（约为 1.73 eV）而被广泛应用于红光钙钛矿发光二极管中[2,14-15,26-30]。α-$CsPbI_3$ 具有典型的钙钛矿立方体结构，如图 4.2 所示。Cs 离子占据了立方的顶部，即 A 位置；Pb 占据了立方体的中心，即 B 位置；I 原占据了立方体的面心，即 X 位置。这种结构的特征是由[PbI_6]组成的八面体阵列，空隙中充满 Cs 离子。$CsPbI_3$ 的能带结构中，价带由 I 原子的 p 轨道组成，导带由 Pb 原子的 4p 轨道组成[31]。因此，在 $CsPbI_3$ 中，I 原子和 Pb 原子对材料性能起决定性作用，而 Cs 离子仅起到支撑[PbI_6]八面体阵列的作用，对材料的能级结构影响很小。

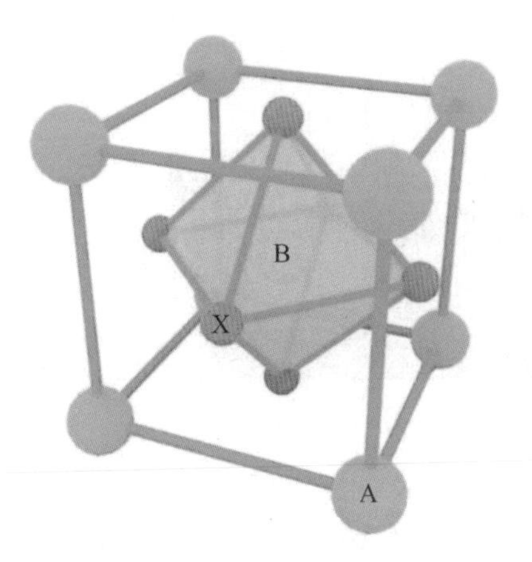

图 4.2　钙钛矿材料的晶体结构

然而，一般 α-$CsPbI_3$ 相只有在高温下才能稳定存在。在最近的研究中，Even 等使用变温同步辐射 X 射线衍射研究 $CsPbI_3$ 材料在温度变化过程中的相变关系，见图 4.3(b)。研究得到，$CsPbI_3$ 的 α 相在 645 K 以上稳定存在，当温度开始降低时，α-立方相将转变为 β-四方相，然后逐渐转变为 γ-斜方相，最后转变为非钙钛矿的 δ-斜方相[32]。相反地，在加热过程中，δ 相将直接转化为 α 相，而不会通过中间相阶段。具体的相变示意如图 4.3(a)。

幸运的是，最近的研究发现当 α-$CsPbI_3$ 为纳米尺寸时在室温下是可以稳定的[26,33]。这种现象促使许多研究探索室温下稳定的 α-$CsPbI_3$，并且取得了一定进展。然而 α-$CsPbI_3$ 由于热力学不稳定性而有向非钙钛矿相转变的趋势，因此即使 α-$CsPbI_3$ 可以在室温条件下稳定存在，其稳定性相对于 $CsPbCl_3$ 和 $CsPbBr_3$ 也是较差的，因此需要一些手段来进一步提高 α-$CsPbI_3$ 的稳定性。

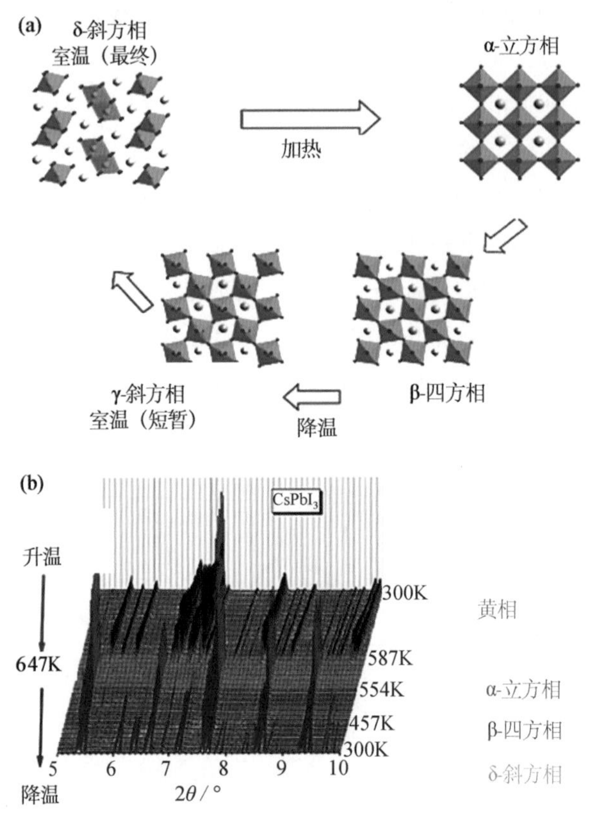

图 4.3　$CsPbI_3$ 材料在不同温度下的相组成：(a) $CsPbI_3$ 材料随着温度变化发生相变的示意；(b) $CsPbI_3$ 材料随着温度变化发生相变时的变温同步加速器 X 射线衍射研究

4.2.2　其他红光钙钛矿材料

综上所述，可知 α-$CsPbI_3$ 的稳定性是比较差的，另外，其中的铅元素对环境和生物有害。因此，研究人员探索了一些新的红光钙钛矿材料，例如其他能够取代 $CsPbI_3$ 的 ABX_3 型、杂化 ABX_3 型以及双钙钛矿型材料。

(1) 其他 ABX_3 型以及杂化 ABX_3 型材料

通常，钙钛矿遵循化学式 ABX_3，其中 A 和 B 为一价阳离子和二价阳离子，X 为一价阴离子。由于钙钛矿材料的晶格具有良好的可塑性，可以将许多离子掺杂到晶格中[34]。通常掺杂后，不同离子之间的相互作用可以得到具有不同形成能的钙钛矿材料。同时，大多数掺杂会改变材料的能级结构，从而调整发射波长。因此，我们可以使用其他离子全部或部分替换 A 位置的 Cs^+、B 位置的 Pb^{2+} 和 X 位置的 I^-，从而精确调节钙钛矿材料的稳定性和带隙。但是，并非所有原子都可以被掺杂到 $CsPbI_3$ 中，掺杂或合金化也要遵循容忍因子的规则(τ)和八面体因子(μ)，描述如下：

$$\tau = \frac{r_X + r_A}{\sqrt{2}(r_X + r_B)} \tag{4-1}$$

$$\mu = \frac{r_B}{r_X} \tag{4-2}$$

其中，r_A、r_B 和 r_X 分别表示 A、B 和 X 的离子半径[5]。通常，当 τ 的值接近 1 时，钙钛矿为稳定的立方结构。当 τ 的值偏离 1 时，钙钛矿的结构倾向于对称性较小的正方形或正交结构[35]。另外，为了考虑八面体晶格中 B 位离子的可能性，需要满足八面体因子。一个简单的数学推导表明，当 $\mu=0.41$ 时，BX_6 八面体正好紧紧堆积，如图 4.4 所示。

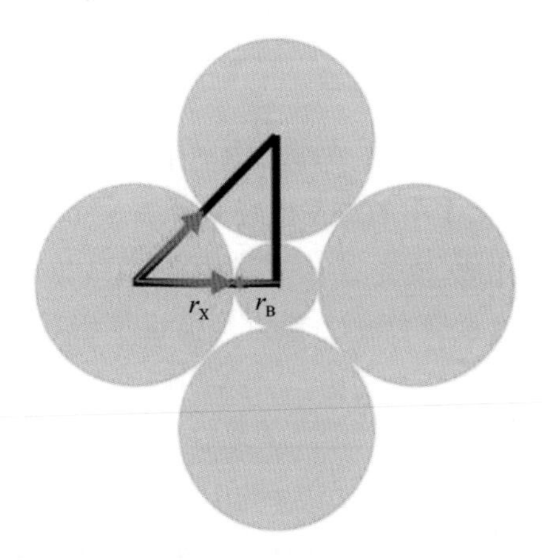

图 4.4　八面体因子 $\mu=0.41$ 时的晶体排列示意

通常，当 τ 的值在 0.76～1.13 时[36]，会形成稳定的三维钙钛矿结构；当 μ 值在 0.442～0.895 时钙钛矿被认为是结构稳定的[37]。因此，当知道离子半径时，可以基本预测是否可以将离子掺杂到 $CsPbI_3$ 中。表 4.1 中展示了常见离子的大小[37,39]。

表 4.1　钙钛矿材料中 A、B 和 X 位可能的离子半径

A 位置离子	半　径/Å	B 位置离子	半　径/Å	相应碘的半径/Å
铵	1.46	镍(二价)	0.57	2.77
铷	1.72	汞(二价)	0.61	2.80
铯	1.88	钛(二价)	0.66	2.86
羟基铵	2.16	钒(二价)	0.68	2.88
甲基铵	2.17	铬(二价)	0.68	2.88

续表

A 位置离子	半　径/Å	B 位置离子	半　径/Å	相应碘的半径/Å
肼	2.17	铁(二价)	0.68	2.88
氮乙胺	2.50	锰(二价)	0.72	2.92
甲酰胺	2.53	镁(二价)	0.75	2.93
咪唑	2.58	锗(二价)	0.77	2.97
二甲基铵	2.72	镉(二价)	0.81	3.01
3-吡咯	2.72	镓(二价)	0.92	3.12
乙基铵	2.74	镱(二价)	0.93	3.13
胍	2.78	铥(二价)	0.95	3.15
四甲基铵	2.92	锡(二价)	0.97	3.17
噻唑	3.2	镝(二价)	0.97	2.20
哌嗪	3.22	铅(二价)	1.03	2.20
环庚三烯基	3.33	钐(二价)	1.11	3.31
三乙烯二胺	3.39	锶(二价)	1.18	2.22

注：Å=0.1 nm。

Anirban Dutta 课题组通过更改 ABX_3 中一个离子的半径参数并将其他两个离子半径设置为常量，结合表 4.1 中的离子半径来计算 τ 和 μ，得到各个可能的钙钛矿材料的 τ-μ，见图 4.5。具体地，改变 A 位离子的半径，B 位和 X 位保留为 Pb^{2+} 和 I^-。图 4.5 为理解晶体以获得这些钙钛矿的稳定性提供了指导，并在这方面提供了连续的讨论视角。

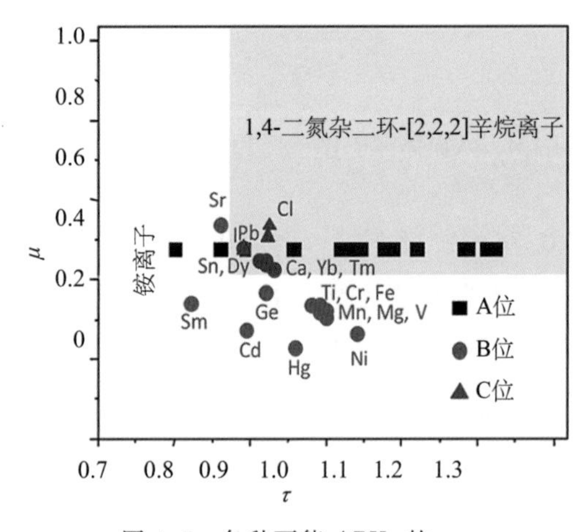

图 4.5　各种可能 ABX_3 的 τ-μ

从图 4.5 中能清楚知道有很多的阳离子可以代替 A 位离子，但是只有少数阳离子可以代替 B 位离子。具体详细讨论如下：

① 其他 ABX_3 型。对于 A 位置，较大的离子半径会增加公差系数。其中，$CsPbI_3$ 的容忍因子为 0.893(这是一个适当的值)，但是 Cs 离子已经是可以使用的最大无机离子，因此不需要考虑元素周期表中排在前面的离子。对于如何进一步提高容忍因子，考虑到 A 位离子通常仅起到支撑钙钛矿晶格的作用，对材料的能级结构影响很小，研究人员尝试用较大的有机阳离子代替 Cs，表 4.1 显示了可以取代 Cs 的有机阳离子。目前，钙钛矿材料中最常用的材料是甲脒离子和甲铵离子，用它们取代 A 位离子[10]。然而，在钙钛矿材料中，这两种有机阳离子通常用作掺杂离子而不是主体离子，$FAPbI_3$ 和 $MAPbI_3$ 红光钙钛矿材料鲜有报道[28]。对于 B 位置来说，离子的选择更为严格，因为不仅要考虑容忍因子，还要考虑八面体因子。图 4.5 中的红点显示了一些离子替代了 Pb^{2+} 后的容忍因子和八面体因子，显然只有少数离子可以替代 Pb^{2+}。最近有成功合成可完全替代 Pb^{2+} 的红光钙钛矿材料的报道，如 $CsSnI_3$ 钙钛矿材料，但是其带隙为 1.3 eV(属于近红外区域)，并且其稳定性比 $CsPbI_3$ 差得多。因为 Sn^{2+} 容易被氧化成 Sn^{4+}，并且容忍因子和八面体因子的值比较低[30,40]。对于 X 位置，只有少数卤素可以取代 X 位置，例如 Cl^-、Br^- 和 I^-。但是，离子的不同会显著影响材料的能级结构[10]。例如，常见的 $CsPbCl_3$ 和 $CsPbBr_3$ 分别是发出蓝光和发出绿光的钙钛矿。总的来说，用于红光钙钛矿的 ABX_3 型材料很少。

② 杂化钙钛矿。钙钛矿材料的开发过程中发现杂化的钙钛矿材料具有带隙可调节和优异的稳定性等优点。因此，研究最多的还是通过掺杂和其他工艺获得的各种类型的杂化钙钛矿材料。对于杂化钙钛矿材料，掺杂离子不一定遵守容忍因子和八面体因子，因此有更多的离子可供选择。我们也具体从 A、B 和 X 位进行讨论。

对于 A 位置，如上所述，可以将 MA 和 FA 掺杂到 $CsPbI_3$ 中以形成有机-无机杂化钙钛矿材料。近期研究表明，FA 含量为 10%(相对于 Cs)时，可以获得稳定的钙钛矿，并保持了稳定的发射波长[28]。对于 B 位置，近年来的文献报道中可以看出，B 位置的钙钛矿掺杂对红光钙钛矿是很有限的，仅研究了 Sn^{2+}、Mn^{2+}、Sr^{2+} 和 Cu^{2+} 这几个离子。它们与 Pb^{2+} 形成阳离子杂化钙钛矿，主要提升了材料的稳定性，并改善了材料的光电性能。对于 X 位置，其杂化通常用于精确调整发射波长，以达到覆盖可见光发射光谱的目的[10]。

虽然杂化钙钛矿改善了钙钛矿的稳定性和光电性能，但是杂化钙钛矿会引起很多问题，例如工作条件下的相分离问题、两个离子在主晶格中的混溶性以及固有缺陷的增加，这限制了它们的应用[41-44]。

(2) 双钙钛矿

通式为 $A_2M_{I}M_{III}X_6$($A=Cs^+$;$M_{I}=Cu^+,Ag^+,Na^+$;$M_{III}=BI_3^+,Sb^{3+},In^{3+}$;$X=Cl^-,Br^-,I^-$)的金属卤化物双钙钛矿是两种钙钛矿晶体有序周期排列的混合结构,并保持了电荷中性。本质上,双钙钛矿就是将 $APbX_3$ 结构中的两个 Pb^{2+} 离子替换为一个 M^+ 和一个 M^{3+} 金属离子,典型的 $A_2M_{I}M_{III}X_6$ 双钙钛矿材料 $Cs_2AgInCl_6$ 结构如图 4.6 所示[20]。

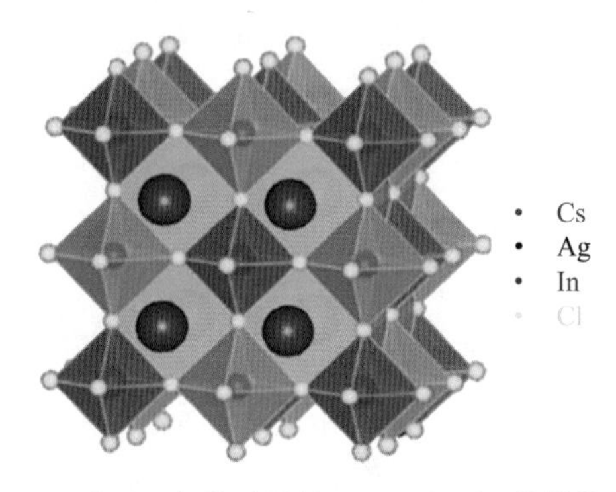

图 4.6 典型双钙钛矿材料($Cs_2AgInCl_6$)的结构示意

但是,大多数双钙钛矿可能存在具有较大的带隙、间接带隙、稳定性差、载流子传输能力较差等问题[20,45-52],所以距离用于红光钙钛矿发光二极管还很远。可发射红光的双钙钛矿一般都是在双钙钛矿材料中掺杂 Mn^{2+},主要是由 Mn 的自旋禁止的 $^4T^1 \rightarrow {}^6A_1$ d-d 跃迁来发出黄光[20-21,31]。

4.2.3 红光钙钛矿合成

(1) 纳米晶的合成

纳米颗粒由于在光学、热学、电学、磁学和力学等方面表现出优异的性质而被广泛研究[53-54]。同样,在钙钛矿材料中有很多的研究都是针对钙钛矿纳米晶的,其尺寸一般在 5~20 nm,形貌有立方体、片状、球状和线状等[55-58]。

红光钙钛矿纳米晶当前的合成方法都是热注入方法[2,11,15-18,53-54,59]。该方法是将前驱体溶液快速注入含有其余前驱体、配体和高沸点溶剂组成的热溶液中,具体的合成示意可见图 4.7(a)[60-62]。热注入方法通常可通过在成核和生长阶段之间的分离来合成尺寸分布较窄的小型纳米晶[63]。注射后立即发生快速成核,同时形成小核。单体的快速消耗终止了成核阶段,此后小核还会继续生长(理想情况下不会形成新的核)。对于热注入法来说,要想掺杂纳米晶或改变其形貌,也只需要稍微改变前驱体的组成和比例或在合成纳米晶后进行离子交换[2]，整个合成非常方便。得到的纳米晶透射电镜形貌如图 4.7(b)所示，可以看出热注入法合成得到纳米晶尺寸非常均匀，形成 10 nm 左右的晶粒，形成薄膜后的覆盖率也很好。

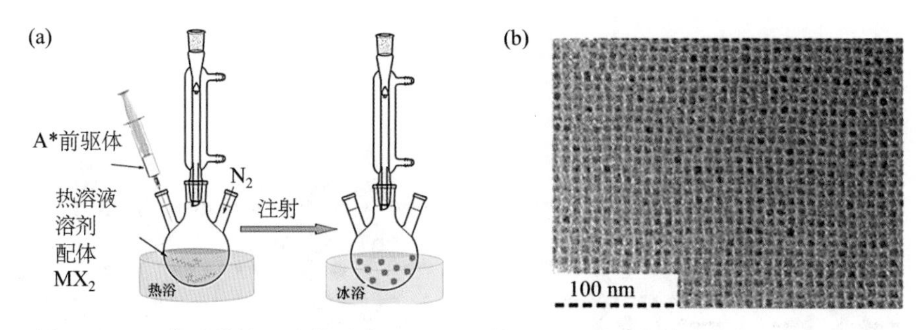

图 4.7 (a) 典型热注入法的示意；(b) 通过热注入法得到的纳米晶的透射电镜图像

(2) 准二维薄膜的合成

这里讨论的准二维薄膜是指直接在基底上合成的二维膜，而不是指通过某种方式将纳米晶转移到基底上的薄膜。

通常，钙钛矿的化学式也可以写为 $L_2A_{n-1}M_nX_{3n+1}$，其中 M、X、A、L、n 分别表示短链的二价金属阳离子、卤化物、一价金属阳离子或有机阳离子、具有长链的有机阳离子和八面体 MX_6 的层数。准二维钙钛矿的结构可见图 4.8(b)[64-65]。显然，当 n 连续增加时，$L_2A_{n-1}M_nX_{3n+1}$ 将变为 $L_2(AMX_3)_n$，这就是三维钙钛矿 AMX_3 的结构。相反，当 n 变得非常小时，它会变为二维钙钛矿。且由于量子限域效应会使材料许多性质发生巨变(例如增加激子结合能和带隙)[66-67]。准二维钙钛矿的特点是会形成自然的量子阱结构，有利于能量快速转移，实现载流子的辐射复合，因此也有许多的研究集中在准二维膜上。具体量子阱能带见图 4.8(a)。

对于准二维红光钙钛矿材料，溶液法是最常见的合成方法。通常，首先将钙钛矿的前驱体试剂溶解在极性溶剂中，其次将该溶液旋涂在基板上，最后通过退火处理去除极性溶剂，以获得准二维钙钛矿薄膜。最近一些关于准二维钙钛矿薄膜的报道集中在多量子阱结构，其载流子注入效率更高，能够获得更好性能的红光钙钛矿发光二极管[12,19]。

4.2.4 材料的优化策略

如上所述，各种红光钙钛矿材料都有其缺点，如不稳定、荧光量子效率低，这严重影响了钙钛矿材料的应用。近年来，研究人员在优化材料性能方面做了很多工作。目前，它们可以分为以下 4 个领域：掺杂、表面钝化、多层量子阱结构以及纯化策略。

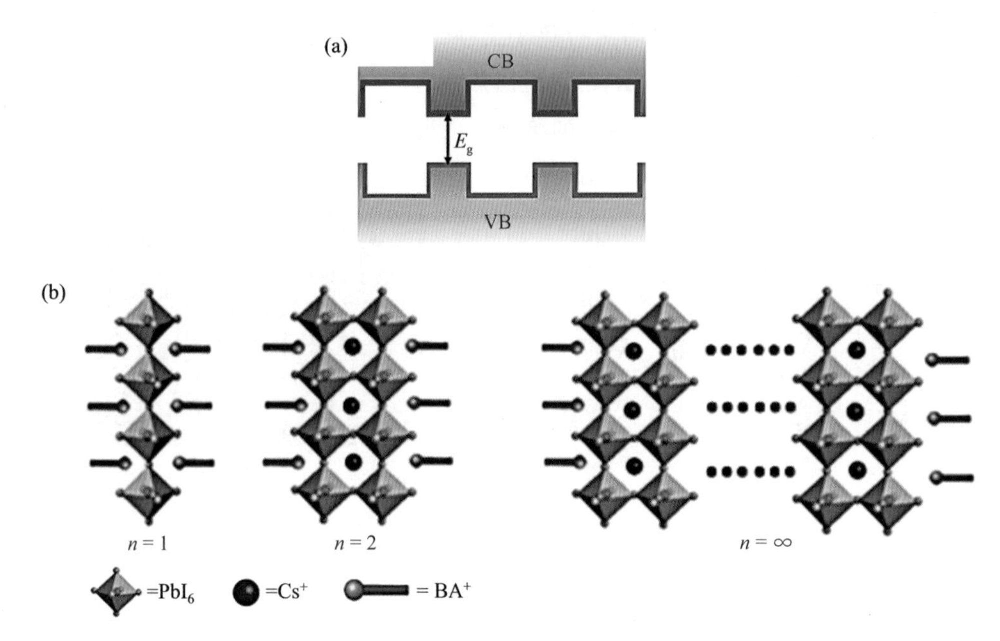

图 4.8　准二维钙钛矿能带结构和结构示意：(a) 能带结构；(b) 结构示意

(1) 掺杂

近年来，红色钙钛矿材料的掺杂已经取得了很大的进步。掺杂可以调节发光波长并能减少 Pb 的含量，但是最重要的还是能增加钙钛矿的形成能并进一步提高其稳定性。正如前文所讨论的，红光钙钛矿材料中可以掺杂许多离子。但是，并非所有掺杂在红光钙钛矿材料中的离子都能提高材料稳定性和光电性能，具体的情况需要具体分析。

对于 A 位置，只有较大空间尺寸的有机阳离子才能代替 Cs^+[10]。这方面被广泛探索的有机阳离子是 MA^+ 和 FA^+。最近，有研究表明使用 FA^+ 取代部分的 Cs^+，有利于提升材料的稳定性和光电性能[28]。

对于 B 位置，当前的研究主要集中在 Mn、Sn、Sr 和 Cu 来代替 Pb[11,18,29-30,40,68-69]。有趣的是，$CsMnI_3$、$CsSnI_3$ 和 $CsMnI_3$ 无法形成钙钛矿结构或是形成不稳定的钙钛矿结构，而掺杂 Mn、Sn 和 Cu 可以显著改善红光钙钛矿材料的稳定性和光电性能。具体地说，Mn 掺杂可以显著提高 $CsPbI_3$ 的稳定性，使材料可以保存几个月。另外 Mn 的 d 态在 $CsPbI_3$ 材料导带的下方，不会影响整个材料的能级结构，因此不能够调节红光钙钛矿材料的带隙和光学性能[68]。Sn 掺杂的钙钛矿材料比 Mn 掺杂具有更好的稳定性(能够稳定 150 天)，但会改变 $CsPbI_3$ 中的带隙[30]。Zhang 等发现，Cu 掺杂

能显著改善 $CsPbBrI_2$ 的荧光量子效率和稳定性，但不能提高甚至会降低 $CsPbI_3$ 的稳定性，主要是因为掺杂 Cu 后，Cu：$CsPbI_3$ 材料的八面体因子太小，不利于晶体结构的维持[18]。除了这些掺杂剂研究还探索了 Sr^{2+} 离子来稳定 $CsPbI_3$ 纳米晶[11]。

对于 X 位置，只有一些卤化物如 Cl 和 Br 可以进行掺杂。合成方式主要是起初通过采用不同比例的钙钛矿前驱体或之后进行阴离子交换，得到 X 位掺杂的红光钙钛矿[70-74]。由于卤化物对钙钛矿体系的导带有较大影响，因此掺杂不同比例的卤化物可以精确调控发光波长。当然，掺杂不同的卤化物对红光钙钛矿稳定性也是有好处的[10]。

(2) 表面钝化

钙钛矿纳米晶具有较大的比表面积，表面缺陷的存在会严重降低钙钛矿纳米晶的发光性能和稳定性，从而降低了发光二极管的器件性能[29,75]。因此，如何减少表面缺陷已然成为一个非常重要的问题。表面钝化是减少表面缺陷最有效的方法之一，具体是使用表面配体（通常是有机胺或有机羧酸）来配位钙钛矿纳米晶表面上一些未配位的阴离子或阳离子所产生的悬键，进而减少钙钛矿纳米晶表面的缺陷，具体可见图 4.9 中黑色方块中油酸和油胺形成的配体层。

最常见的表面配体是油胺和油酸[2,11,16,18]，它们有助于溶液分散和胶体稳定性，并与表面态相互作用有助于保留一些材料的特性。但是，油酸和油胺本身是绝缘的，这严重阻碍了载流子在纳米晶表面的注入。另外，配体结合的动态性和不稳定性使得配体容易从纳米晶表面脱离，导致表面缺陷增加[76-78]。因此，Pan 课题组利用了双齿配体来钝化 $CsPbI_3$ 的表面，显著提高了稳定性并获得了接近 100%的荧光量子效率[15]。除了常用的有机胺和有机羧酸，还有一些无机离子也可以用来钝化红光钙钛矿纳米晶的表面，例如 SCN^- 和 K^+，它们分别用于与 $CsPbI_3$ 和 $CsPbI_{3-x}Br_x$ 配位[16-17]。

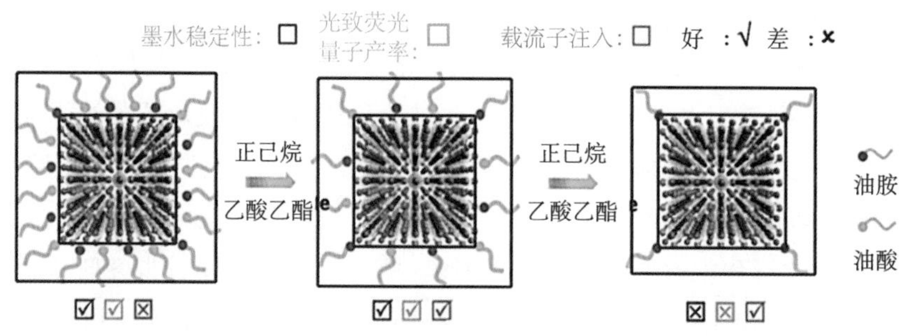

图 4.9 钙钛矿纳米晶表面上的配体层及其对纳米晶光电性能的影响

(3) 多量子阱

尽管准二维薄膜具有许多优势,例如更好的成膜性和更大的激子结合能。然而,由于强烈的激子-声子相互作用,使得准二维钙钛矿的激子淬灭速度在室温下较快[66,79-80],从而使得荧光量子效率非常低。最近,Wang 等发现使用多量子阱结构可以获得很高的外量子效率(11.7%),这归因于能量的快速转移[19]。具体地,首先,将载流子注入钙钛矿层中。其次,由于钙钛矿型多量子阱薄膜的级联能量结构,这些载流子会聚集在 n 数值较大的量子阱处($L_2A_{n-1}M_nX_{3n+1}$),定义为大 n-MQW。最后,这些电子和空穴最终在大 n-MQW 层中复合,从而获得非常出色的电致发光性能。具体器件的能级结构如图 4.10 所示。仅仅几个月后,Zhang 等展示了基于 Cs 原子的多量子阱红光钙钛矿发光二极管,其外量子效率为 3.7%,稳定性也有了改善。

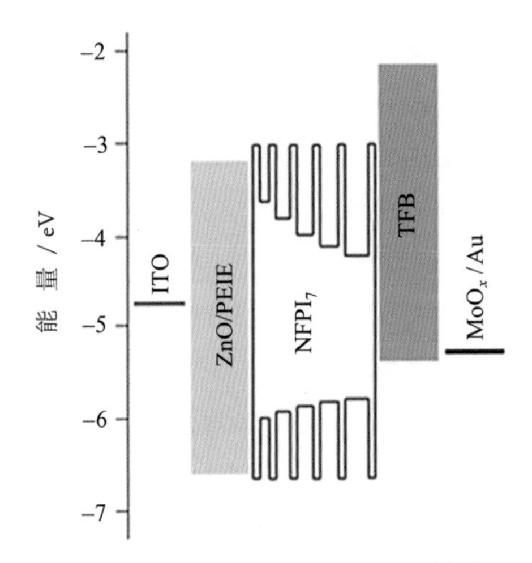

图 4.10 多量子阱的器件的能级结构

(4) 纯化策略

在前文中,我们讨论了表面钝化的作用。纳米晶表面的钝化配体对于获得很高的荧光量子效率起着至关重要的作用。这些钝化配体可以有效地减少纳米晶表面的缺陷。然而,一方面这些配体与纳米晶之间的结合非常弱,并且容易从表面脱落,特别是在纯化过程中;另一方面由于极性较高,一些常用的非溶剂(例如甲醇、乙醇和丙酮)会在过度纯化过程中改变纳米晶相。因此,探寻具有低极性的非溶剂和合适的纯化路径对于获得高荧光量子效率纳米晶非常重要[26,81]。Luther 等使用低极性乙酸甲酯作为非溶剂来纯化 $CsPbI_3$ 纳米晶在室温下成功获得了稳定的纳米晶,同时这项研究也促进了对表面配体层的理解[26]。经过这项研究，人们开始广泛使用乙酸甲酯纯化 $CsPbI_3$、$CsPbBr_3$ 和 $CsPbCl_3$ 等纳米晶。

4.3 红光钙钛矿发光二极管

虽然红光钙钛矿材料具有出色的稳定性和光电性能，但是由于功能层之间的能级不匹配、光子的自吸收和反射以及界面的缺陷，相应的发光二极管器件性能表现依旧不佳[82]。因此，适当的器件结构、材料和制备过程可以充分发挥材料的发光潜力。

4.3.1 器件结构和各功能层常用材料

钙钛矿型发光二极管的器件结构与有机发光二极管非常相似，具有电极、载流子传输层和发光层，具体结构如图 4.11(a)所示。通常，电子从阴极注入并穿过电子注入层到达钙钛矿发光层。同时，空穴从阳极注入并穿过空穴注入层到达钙钛矿发光层。然后空穴和电子在钙钛矿层中辐射复合，从而发光。

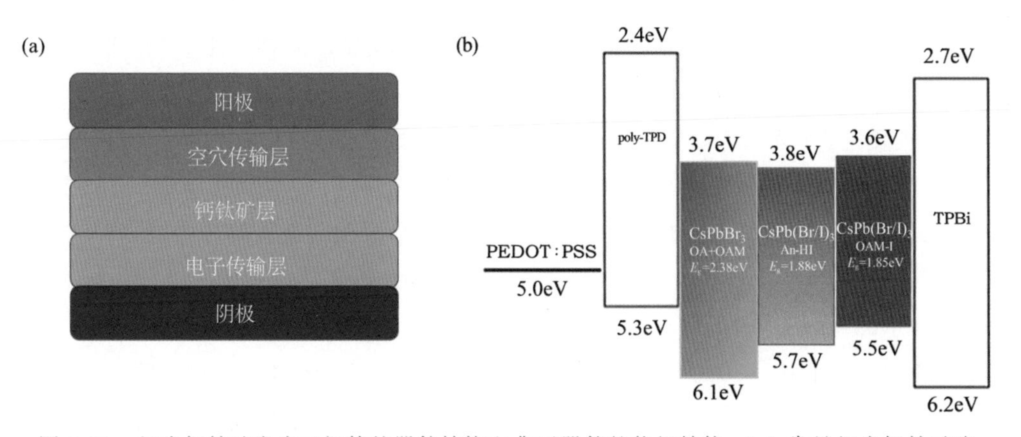

图 4.11 红光钙钛矿发光二极管的器件结构和典型器件的能级结构：(a) 常见红光钙钛矿发光二极管的器件结构；(b) 当前外量子效率最高的红光钙钛矿发光二极管的能级

对于红光钙钛矿发光二极管，常用的电极材料、电子传输层的材料及其各自的能级结构如表 4.2 所示[2,11-13,15-19,59]。目前，效率最高的红光钙钛矿发光二极管的外量子效率为 21.3%，其器件能级结构如图 4.11(b)所示，分别使用 ploy-TPD 和 TPBi 作为空穴传输层和电子传输层[2]。

表 4.2 常见红光钙钛矿发光二极管器件结构里的各层材料以及对应能级位置

阳 极	能 级	参考文献	空穴传输层	能 级		参考文献	电子传输层	能 级		参考文献
ITO	−4.7 eV	[1-11]	PEDOT∶PSS	−2.0	−5.2 eV	[3,5-7,11]	TFB	−2.3	−5.3 eV	[2,4,10]
阴 极	能 级	参考文献	ZnO/PEIE	−3.2	−6.5 eV	[2,9-10]	TFBi	−2.7	−6.2 eV	[3,5-7,11]
Al/LiF	−3.0 eV	[3,5,6,7]	poly-TPD	−2.0	−5.4 eV	[3,5-7,11]	TCTA	−2.3	−5.7 eV	[8]
Al/MoO_3	−5.6 eV	[9]	ZnO	−3.7	−7.3 eV	[4]				
Au/MoO_3	−5.3 eV	[2,8,10]								
Ag/MoO_3	−5.3 eV	[4]								

4.3.2 器件优化策略

为了进一步提高红光钙钛矿发光二极管的性能，需要优化器件制备过程中的许多过程。幸运的是，自 2014 年开发出第一款钙钛矿发光二极管以来，已经发明了许多发光二极管的优化方法，例如电荷注入和传输增强、界面处理和光提取技术，这些是红光钙钛矿发光二极管常用的一些优化方法。

(1) 能级调节

发光二极管器件中当发光层的材料确定后，各层之间的能级匹配直接决定了器件的效率以及亮度。因此有必要总结一下各功能层常用的材料和改善手段。

众所周知，在有机发光二极管中载流子传输层的材料、载流子迁移率和能级结构直接决定了载流子注入的效率和平衡，以及对反向载流子的阻挡效果，对有机发光二极管的发光效率起着至关重要的作用。同样，钙钛矿发光二极管用的载流子传输层都是有机发光二极管常用的。当把这些载流子传输层的材料用在钙钛矿器件中时，需要适当修饰以降低载流子传输层与发光层之间的壁垒。具体来说，Rogach 等在空穴注入层 poly-TPD 和钙钛矿发光层之间加了一个全氟化的离子聚合物层，将空穴注入层的价带提升了 0.34 eV，促进了空穴的注入，最大亮度从原来的 340 cd·m^{-2} 增加到 1377 cd·m^{-2}[83]，类似操作还有用 PEI 来修饰 ZnO[84]、PEIE 修饰 ZnO、PEI 修饰的 PEDOT∶PSS[8]、PVK∶PBD 复合[85]以及 PEDOT∶MoO_3[86]。这些方法都进一步降低了载流子传输层与发光层之间的壁垒，增大了载流子的注入。可以注意到，常用的载流子传输材料是无机氧化物，主要原因是无机材料的电子亲和力较低，可以有效增强载流子的注入[87-89]。

另一方面就是对于电极的修饰。近期有报道用多壁碳纳米管与电极复合，从而增加了载流子的注入能力[90-91]，另一个报道则是利用缺陷工程提高载流子的属于能力[92]。

(2) 光提取技术

即使钙钛矿材料的内量子效率很高，也并非所有从钙钛矿层发射的光子都可以穿过器件的各层并进入自由空间[82]。这主要是由于器件结构的固有局限性,例如各层对光的自吸收和反射。有许多方法可以改善钙钛矿发光二极管的性能。例如,Sun课题组利用银纳米岛局域等离子耦合量子点中的激子[93],或使用特殊纹理和二氧化硅微球来增加钙钛矿发光二极管的光耦合输出[82]。基底微结构对于发光二极管的外量子效率的具体影响见图 4.12(a)。

(3) 界面处理方法

① 气固相互作用。在制备夹层钙钛矿发光二极管时,必须考虑溶剂的正交性,以防止溶剂清洗前一层。然而,这种合适的正交溶剂相对较少,这增加了期间制备的难度。Tan 等使用基于三甲基铝蒸气的交联方法解决了这个问题。具体来说,就是利用原子层沉积将 TMA 沉积在钙钛矿量子点薄膜上,进一步固定和钝化纳米晶,以防止在下一层中使用的溶剂清洗掉红光钙钛矿量子点,得到的红光钙钛矿发光二极管的外量子效率为 5.7%。具体 TMA 处理后纳米晶的表面状态示意见图 4.12(b)[14]。

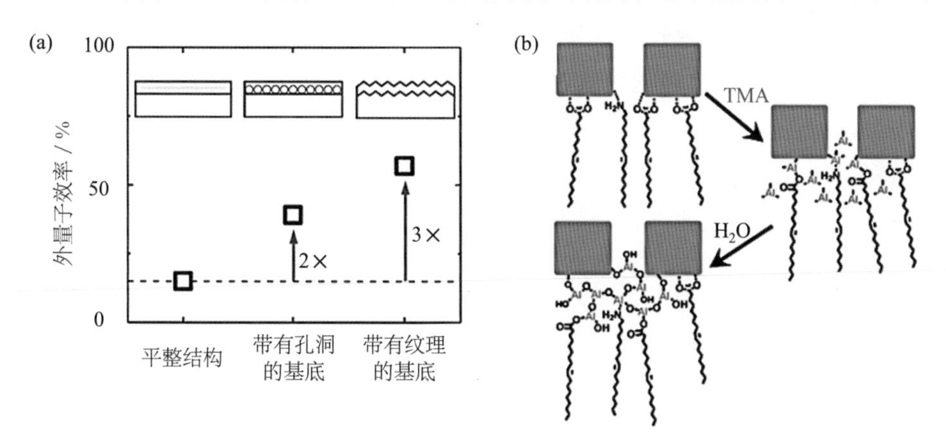

图 4.12 (a) 基底微结构对于发光二极管外量子效率的影响;
(b) TMA 处理后纳米晶的表面状态示意

② 热退火。热处理对设备性能也有重大影响,适当的退火工艺有助于减少缺陷并提高每一层的结晶度,从而降低发光二极管的漏电流和接触电阻。

③ 界面钝化。两种设备都依赖于 p-i-n 体系结构,其中金属氧化物的 CTL 直接与量子点层接触。金属氧化物中的陷阱会导致 CTL 和量子点之间的界面处的激子淬灭。金属氧化物的表面缺陷应进行钝化处理。

④ 聚合物辅助膜。在基底上直接合成钙钛矿薄膜的时候,其成膜性不是很好。通常利用一些聚合物与钙钛矿前驱体混合后再制备钙钛矿薄膜,这样能够得到质量较好的薄膜。另外聚合物的辅助也有利于增加薄膜的可打印性[1,13,38]。Zhang 等在 2016 年

的时候采用 PEI 来辅助钙钛矿薄膜的合成，有效地钝化了钙钛矿的缺陷，从而得到外量子效率为 7.25%的红光钙钛矿器件。相似地，2018 年，Tian 等将 PEO 直接加到钙钛矿前驱体中，制备了 PEO 与钙钛矿的复合薄膜，红光钙钛矿发光二极管达到了 1392 $cd \cdot m^{-2}$ 的最大亮度和 6.23%的最大外量子效率，且稳定性也有了实质性的增加[13]。

4.4 结论与展望

近年来，红光钙钛矿发光二极管的研究取得了全面进展。首先，本章介绍了典型的红光钙钛矿材料 $CsPbI_3$ 的晶体结构、能级结构及其光电性能。但是，$CsPbI_3$ 在室温下对相敏感，并且含有 Pb 的有毒成分。因此，研究人员发现了可以改善或替代 $CsPbI_3$ 来解决稳定性和毒性问题的材料，例如掺杂其他元素形成杂化钙钛矿材料、使用具有双钙钛矿结构的材料等。其次，分别介绍了两种主要的用于红光钙钛矿纳米晶和准二维薄膜的红光钙钛矿材料合成方法：热注射法和溶液法。由于对纳米晶的研究很多，热注入方法已经比较成熟。最后，介绍了近年来针对钙钛矿材料的稳定性和光电性能的一些优化方法，包括掺杂、红光钙钛矿纳米晶的表面钝化、准二维薄膜的多量子阱以及纯化策略。

对于红光钙钛矿发光二极管，本章分为两个方面进行介绍，一方面是红光钙钛矿发光二极管的基本结构和一些常用的功能层材料，另一方面是红光钙钛矿发光二极管制备过程中的一些优化方法。特别是将制备红光钙钛矿发光二极管的重点放在一些优化技术上，例如电荷注入和传输增强、界面处理和光提取技术。

然而，与钙钛矿发光二极管一样，尽管红光钙钛矿器件的外量子效率为 21.3%，但其稳定性、发射波长的调节和可重复性仍需要进一步完善，这些问题都限制了红光钙钛矿的应用。具体的问题如下：

(1) 红光钙钛矿纳米晶目前没有像绿光钙钛矿材料一样在空气中具有低温合成方法(如配体辅助再沉淀法)，因此需要扩展合成方法。

(2) 目前，只有一种阴离子交换方法制备得到了效率非常高的红光钙钛矿发光二极管。因此，进一步调节配体和改善器件制备过程有望得到更稳定、更优异的器件。

(3) 目红光钙钛矿发光二极管的最大亮度仍较低，仅为 2000 $cd \cdot m^{-2}$ 左右。

考虑到钙钛矿发光二极管相关研究仅仅发展了几年，已经取得了世界闻名的成果。我们相信，在研究人员的努力和多学科合作下，未来几年中红光钙钛矿发光二极管在稳定性、光电性能和合成方法方面也将取得长足发展。

参考文献

[1] Tan Z, Moghaddam R S, Lai M L, et al. Bright light-emitting diodes based on organometal halide perovskite[J]. Nature Nanotechnology, 2014, 9(9): 687-692.

[2] Chiba T, Hayashi Y, Ebe H, et al. Anion-exchange red perovskite quantum dots with ammonium iodine salts for highly efficient light-emitting devices[J]. Nature Photonics, 2018, 12(11): 681-687.

[3] Lin K, Xing J, Quan L N, et al. Perovskite light-emitting diodes with external quantum efficiency exceeding 20 percent[J]. Nature, 2018, 562(7726): 245-248.

[4] Shamsi J, Urban A S, Imran M, et al. Metal halide perovskite nanocrystals: Synthesis, post-synthesis modifications, and their optical properties[J]. Chemical Reviews, 2019, 119(5): 3296-3348.

[5] Shan Q, Song J, Zou Y, et al. High performance metalhalide perovskite light-emitting diode: from material design to device optimization[J]. Small, 2017, 13(45): 1701770.

[6] Yu J C, Kim D B, Jung E D, et al. High-performance perovskite light-emitting diodes via morphological control of perovskite films[J]. Nanoscale, 2016, 8(13): 7036-7042.

[7] Kim Y H, Kim J S, Lee T W. Strategies to improve luminescence efficiency of metal-halide perovskites and light-emitting diodes[J]. Advanced Materials, 2019, 31(47): 1804595.

[8] Cho H, Jeong S, Park M, et al. Overcoming the electroluminescence efficiency limitations of perovskite light-emitting diodes[J]. Science, 2015, 350(6265): 1222-1225.

[9] Wang H, Yu H, Xu W, et al. Efficient perovskite light-emitting diodes based on a solution-processed tin dioxide electron transport layer[J]. Journal of Materials Chemistry C, 2018, 6(26): 6996-7002.

[10] Dutta A, Pradhan N. Phase-stable red-emitting $CsPbI_3$ nanocrystals: Successes and challenges [J]. ACS Energy Letters, 2019, 4(3): 709-719.

[11] Yao J, Ge J, Wang K, et al. Few-nanometer-sized α-$CsPbI_3$ quantum dots enabled by strontium substitution and iodide passivation for efficient red-light emitting diodes[J]. Journal of the American Chemical Society, 2019, 141(5): 2069-2079.

[12] Zhang S, Yi C, Wang N, et al. Efficient red perovskite light-emitting diodes based on solution-processed multiple quantum wells[J]. Advanced Materials, 2017, 29(22): 1606600.

[13] Tian Y, Zhou C, Worku M, et al. Highly efficient spectrally stable red perovskite light-emitting diodes[J]. Advanced Materials, 2018, 30(20): 1707093.

[14] Li G, Rivarola F W R, Davis N J L K, et al. Highly efficient perovskite nanocrystal light-emit-

ting diodes enabled by a universal crosslinking method[J]. Advanced Materials, 2016, 28(18): 3528-3534.

[15] Pan J, Shang Y, Yin J, et al. Bidentate ligand-passivated $CsPbI_3$ perovskite nanocrystals for stable near-unity photoluminescence quantum yield and efficient red light-emitting diodes[J]. Journal of the American Chemical Society, 2018, 140(2): 562-565.

[16] Yang J, Song Y, Yao J, et al. Potassium-bromide surface passivation on $CsPbI_{3-x}Br_x$ nanocrystals for efficient and stable pure red perovskite light emitting diodes[J]. Journal of the American Chemical Society, 2020, 142(6): 2956-2967.

[17] Lu M, Guo J, Lu P, et al. Ammonium thiocyanate-passivated $CsPbI_3$ perovskite nanocrystals for efficient red light-emitting diodes[J]. The Journal of Physical Chemistry C, 2019, 123(37): 22787-22792.

[18] Zhang J, Zhang L, Cai P, et al. Enhancing stability of red perovskite nanocrystals through copper substitution for efficient light-emitting diodes[J]. Nano Energy, 2019, 62: 434-441.

[19] Wang N, Cheng L, Ge R, et al. Perovskite light-emitting diodes based on solution-processed self-organized multiple quantum wells[J]. Nature Photonics, 2016, 10(11): 699-704.

[20] Nandha K N, Nag A. Synthesis and luminescence of Mn-doped $Cs_2AgInCl_6$ double perovskites [J]. Chemical Communications, 2018, 54(41): 5205-5208.

[21] Majher J D, Gray M B, Strom T A, et al. $Cs_2NaBiCl_6$: Mn^{2+}—a new orange-red halide double perovskite phosphor[J]. Chemistry of Materials, 2019, 31(5): 1738-1744.

[22] Wang Y K, Yuan F L, Dong Y T, et al. All-inorganic quantum-dot LEDs based on a phase-stabilized alpha-$CsPbI_3$ perovskite[J]. Angewandte Chemie-International Edition, 2021, 60(29): 16164-16170.

[23] Yassitepe E, Yang Z, Voznyy O, et al. Amine-free synthesis of cesium lead halide perovskite quantum dots for efficient light-emitting diodes[J]. Advanced Functional Materials, 2016, 26(47): 8757-8763.

[24] Davis N J L K, La Pena F D, Tabachnyk M, et al. Photon reabsorption in mixed $CsPbCl_3$: $CsPbI_3$ perovskite nanocrystal films for light-emitting diodes[J]. The Journal of Physical Chemistry C, 2017, 121(7): 3790-3796.

[25] Zou C, Huang C, Sanehira E M, et al. Highly stable cesium lead iodide perovskite quantum dot light-emitting diodes[J]. Nanotechnology, 2017, 28(45): 455201.

[26] Swarnkar A, Marshall A R, Sanehira E M, et al. Quantum dot-induced phase stabilization of α-$CsPbI_3$ perovskite for high-efficiency photovoltaics[J]. Science, 2016, 354(6308): 92-95.

[27] Liu F, Ding C, Zhang Y, et al. Colloidal synthesis of air-stable alloyed $CsSn_{1-x}Pb_xI_3$ perovskite nanocrystals for use in solar cells[J]. Journal of the American Chemical Society, 2017, 139(46): 16708-16719.

[28] Protesescu L, Yakunin S, Kumar S, et al. Dismantling the "red wall" of colloidal perovskites: Highly luminescent formamidinium and formamidinium-cesium lead iodide nanocrystals[J]. ACS Nano, 2017, 11(3): 3119-3134.

[29] Lu M, Zhang X, Zhang Y, et al. Simultaneous strontium doping and chlorine surface passivation improve luminescence intensity and stability of $CsPbI_3$ nanocrystals enabling efficient light-emitting devices[J]. Advanced Materials, 2018, 30(50): 1804691.

[30] Liu F, Zhang Y, Ding C, et al. Highly luminescent phase-stable $CsPbI_3$ perovskite quantum dots achieving near 100% absolute photoluminescence quantum yield[J]. ACS Nano, 2017, 11(10): 10373-10383.

[31] Locardi F, Cirignano M, Baranov D, et al. Colloidal synthesis of double perovskite $Cs_2AgInCl_6$ and Mn-doped $Cs_2AgInCl_6$ nanocrystals[J]. Journal of the American Chemical Society, 2018, 140(40): 12989-12995.

[32] Marronnier A, Roma G, Boyer-Richard S, et al. Anharmonicity and disorder in the black phases of cesium lead iodide used for stable inorganic perovskite solar cells[J]. ACS Nano, 2018, 12(4): 3477-3486.

[33] Protesescu L, Yakunin S, Bodnarchuk M I, et al. Nanocrystals of cesium lead halide perovskites ($CsPbX_3$, X=Cl, Br, and I): Novel optoelectronic materials showing bright emission with wide color gamut[J]. Nano letters, 2015, 15(6): 3692-3696.

[34] Akkerman Q A, Raino G, Kovalenko M V, et al. Genesis, challenges and opportunities for colloidal lead halide perovskite nanocrystals[J]. Nature Materials, 2018, 17(5): 394-405.

[35] Wang Z, Shi Z, Li T, et al. Stability of perovskite solar cells: A prospective on the substitution of the A cation and X anion[J]. Angewandte Chemie, 2017, 56(5): 1190-1212.

[36] Li W, Wang Z M, Deschler F, et al. Chemically diverse and multifunctional hybrid organic-inorganic perovskites[J]. Nature Reviews Materials, 2017, 2(3): 16099.

[37] Travis W, Glover E N K, Bronstein H, et al. On the application of the tolerance factor to inorganic and hybrid halide perovskites: A revised system[J]. Chemical Science, 2016, 7(7): 4548-4556.

[38] Bade S G R, Li J, Shan X, et al. Fully printed halide perovskite light-emitting diodes with silver nanowire electrodes[J]. ACS Nano, 2016, 10(2): 1795-1801.

[39] Saparov B, Mitzi D B. Organic-inorganic perovskites: Structural versatility for functional materials design[J]. Chemical Reviews, 2016, 116(7): 4558-4596.

[40] Lei T, Lai M L, Kong Q, et al. Electrical and optical tunability in all-inorganic halide perovskite alloy nanowires[J]. Nano letters, 2018, 18(6): 3538-3542.

[41] Li Z, Yang M J, Park J S, et al. Stabilizing perovskite structures by tuning tolerance factor: Formation of formamidinium and cesium lead iodide solid-state alloys[J]. Chemistry of Materi-

als, 2016, 28(1): 284-292.

[42] Hazarika A, Zhao Q, Gaulding E A, et al. Perovskite quantum dot photovoltaic materialsbeyond the reach of thin films: Full-range tuning of A-site cation composition[J]. ACS Nano, 2018, 12(10): 10327-10337.

[43] Jong U G, Yu C J, Kye Y H, et al. A first-principles study on the chemical stability of inorganic perovskite solid solutions $Cs_{1-x}Rb_xPbI_3$ at finite temperature and pressure[J]. Journal of Materials Chemistry A, 2018, 6(37): 17994-18002.

[44] Brennan M C, Draguta S, Kamat P V, et al. Light-induced anion phase segregation in mixed halide perovskites[J]. ACS Energy Letters, 2018, 3(1): 204-213.

[45] Volonakis G, Filip M R, Haghighirad A A, et al. Lead-free halide double perovskites via heterovalent substitution of noble metals[J]. The journal of physical chemistry letters, 2016, 7 (7): 1254-1259.

[46] Mcclure E T, Ball M R, Windl W, et al. Cs_2AgBiX_6 (X=Br, Cl): New visible light absorbing, lead-free halide perovskite semiconductors[J]. Chemistry of Materials, 2016, 28(5): 1354.

[47] Slavney A H, Hu T, Lindenberg A M, et al. A bismuth-halide double perovskite with long carrier recombination lifetime for photovoltaic applications[J]. Journal of the American Chemical Society, 2016, 138(7): 2138-2141.

[48] Slavney A H, Leppert L, Bartesaghi D, et al. Defect-induced band-edge reconstruction of a bismuth-halide double perovskite for visible-light absorption[J]. Journal of the American Chemical Society, 2017, 139(14): 5015-5018.

[49] Creutz S E, Crites E N, De Siena M C, et al. Colloidal nanocrystals of lead-free double-perovskite (elpasolite) semiconductors: Synthesis and anion exchange to access new materials[J]. Nano letters, 2018, 18(2): 1118-1123.

[50] Du K, Meng W, Wang X, et al. Bandgap engineering of lead-free double perovskite $Cs_2AgBiBr_6$ through trivalent metal alloying[J]. Angewandte Chemie, 2017, 56(28): 8158-8162.

[51] Volonakis G, Haghighirad A A, Milot R L, et al. $Cs_2InAgCl_6$: A new lead-free halide double perovskite with direct band gap[J]. The journal of physical chemistry letters, 2017, 8(4): 772-778.

[52] Zhou J, Xia Z, Molokeev M S, et al. Composition design, optical gap and stability investigations of lead-free halide double perovskite $Cs_2AgInCl_6$[J]. Journal of Materials Chemistry, 2017, 5(29): 15031-15037.

[53] Rossetti R, Nakahara S, Brus L E. Quantum size effects in the redox potentials, resonance Raman spectra, and electronic spectra of CdS crystallites in aqueous solution[J]. Journal of Chemical Physics, 1983, 79(2): 1086-1088.

[54] Brus L E. Electronic wave functions in semiconductor clusters: Experiment and theory[J]. The Journal of Physical Chemistry, 1986, 90(12): 2555-2560.

[55] Pan A Z, He B, Fan X Y, et al. Insight into the ligand-mediated synthesis of colloidal $CsPbBr_3$ perovskite nanocrystals: The role of organic acid, base, and cesium precursors[J]. ACS Nano, 2016, 10(8): 7943-7954.

[56] Parobek D, Dong Y T, Qiao T, et al. Direct hot-injection synthesis of Mn-doped $CsPbBr_3$ nanocrystals[J]. Chemistry of Materials, 2018, 30(9): 2939-2944.

[57] Wang A F, Guo Y Y, Muhammad F, et al. Controlled synthesis of lead-free cesium tin halide perovskite cubic nanocages with high stability[J]. Chemistry of Materials, 2017, 29(15): 6493-6501.

[58] Seth S, Samanta A. A facile methodology for engineering the morphology of $CsPbX_3$ perovskite nanocrystals under ambient condition[J]. Scientific Reports, 2016, 6: 37693.

[59] Li G, Rivarola F W R, Davis N J L K, et al. Highly efficient perovskite nanocrystal light-emitting diodes enabled by a universal crosslinking method[J]. Advanced Materials, 2016, 28(18): 3528-3534.

[60] Yu W W, Peng X. Formation of high-quality CdS and other Ⅱ-Ⅵ semiconductor nanocrystals in noncoordinating solvents: Tunable reactivity of monomers[J]. Angewandte Chemie, 2002, 41(13): 2368-2371.

[61] Bullen C, Mulvaney P. Nucleation and growth kinetics of CdSe nanocrystals in octadecene[J]. Nano letters, 2004, 4(12): 2303-2307.

[62] Deka S, Genovese A, Zhang Y, et al. Phosphine-free synthesis of p-type copper(I) selenide nanocrystals in hot coordinating solvents[J]. Journal of the American Chemical Society, 2010, 132(26): 8912-8914.

[63] Li X, Zhang K, Li J, et al. Heterogeneous nucleation toward polar-solvent-free, fast, and one-pot synthesis of highly uniform perovskite quantum dots for wider color gamut display[J]. Advanced Materials Interfaces, 2018, 5(8): 1800010.

[64] Calabrese J C, Jones N L, Harlow R L, et al. Preparation and characterization of layered lead halide compounds[J]. Journal of the American Chemical Society, 1991, 113(6): 2328-2330.

[65] Tyagi P, Arveson S M, Tisdale W A. Colloidal organohalide perovskite nanoplatelets exhibiting quantum confinement[J]. The journal of physical chemistry letters, 2015, 6(10): 1911-1916.

[66] Hong X, Ishihara T, Nurmikko A V. Dielectric confinement effect on excitons in PbI_4-based layered semiconductors[J]. Physical Review B, 1992, 45(12): 6961-6964.

[67] Ishihara T. Optical properties of PbI-based perovskite structures[J]. Journal of Luminescence, 1994, 60: 269-274.

[68] Akkerman Q A, Meggiolaro D, Dang Z, et al. Fluorescent alloy $CsPb_xMn_{1-x}I_3$ perovskite

nanocrystals with high structural and optical stability[J]. Acs Energy Letters, 2017, 2(9): 2183-2186.

[69] Zou S, Liu Y, Li J, et al. Stabilizing cesium lead halide perovskite lattice through Mn (Ⅱ) substitution for air-stable light-emitting diodes[J]. Journal of the American Chemical Society, 2017, 139: 11443-11450.

[70] Jing Q, Zhang M, Huang X, et al. Surface passivation of mixed-halide perovskite $CsPb(Br_xI_{1-x})_3$ nanocrystals by selective etching for improved stability[J]. Nanoscale, 2017, 9(22): 7391-7396.

[71] Dastidar S, Egger D A, Tan L Z, et al. High chloride doping levels stabilize the perovskite phase of cesium lead iodide[J]. Nano letters, 2016, 16(6): 3563-3570.

[72] Chen X, Peng L, Huang K, et al. Non-injection gram-scale synthesis of cesium lead halide perovskite quantum dots with controllable size and composition[J]. Nano Research, 2016, 9(7): 1994-2006.

[73] He Y, Gong J, Zhu Y, et al. Highly pure yellow light emission of perovskite $CsPb(Br_xI_{1-x})_3$ quantum dots and their application for yellow light-emitting diodes[J]. Optical Materials, 2018, 80: 1-6.

[74] Gualdron-Reyes A F, Yoon S J, Barea E M, et al. Controlling the phase segregation in mixed halide perovskites through nanocrystal size[J]. ACS Energy Letters, 2019, 4(1): 54-62.

[75] Zhang X, Lu M, Zhang Y, et al. PbS capped $CsPbI_3$ nanocrystals for efficient and stable light-emitting devices using p-i-n structures[J]. ACS Central Science, 2018, 4(10): 1352-1359.

[76] De Roo J, Ibanez M, Geiregat P, et al. Highly dynamic ligand binding and light absorption coefficient of cesium lead bromide perovskite nanocrystals[J]. ACS Nano, 2016, 10(2): 2071-2081.

[77] Shao H, Bai X, Cui H, et al. White light emission in Bi^{3+}/Mn^{2+} ion co-doped $CsPbCl_3$ perovskite nanocrystals[J]. Nanoscale, 2018, 10(3): 1023-1029.

[78] Pan G, Bai X, Yang D, et al. Doping lanthanide into perovskite nanocrystals: Highly improved and expanded optical properties[J]. Nano letters, 2017, 17(12): 8005-8011.

[79] Gauthron K, Lauret J S, Doyennette L, et al. Optical spectroscopy of two-dimensional layered $(C_6H_5C_2H_4\text{-}NH_3)_2\text{-}PbI_4$ perovskite[J]. Optics Express, 2010, 18(6): 5912-5919.

[80] Li R Z, Yi C, Ge R, et al. Room-temperature electroluminescence from two-dimensional lead halide perovskites[J]. Applied Physics Letters, 2016, 109(15): 151101.

[81] Behera R K, Adhikari S D, Dutta S K, et al. Blue-emitting $CsPbCl_3$ nanocrystals: impact of surface passivation for unprecedented enhancement and loss of optical emission[J]. The journal of physical chemistry letters, 2018, 9(23): 6884-6891.

[82] Richter J M, Abdijalebi M, Sadhanala A, et al. Enhancing photoluminescence yields in lead halide perovskites by photon recycling and light out-coupling[J]. Nature Communications,

2016, 7(1): 13941.

[83] Zhang X, Lin H, Huang H, et al. Enhancing the brightness of cesium lead halide perovskite nanocrystal based green light-emitting devices through the interface engineering with perfluorinated ionomer[J]. Nano letters, 2016, 16(2): 1415-1420.

[84] Wang J, Wang N, Jin Y, et al. Interfacial control toward efficient and low-voltage perovskite light-emitting diodes[J]. Advanced Materials, 2015, 27(14): 2311-2316.

[85] Ling Y, Yuan Z, Tian Y, et al. Bright light-emitting diodes based on organometal halide perovskite nanoplatelets[J]. Advanced Materials, 2016, 28(2): 305-311.

[86] Kim D B, Yu J C, Nam Y S, et al. Improved performance of perovskite light-emitting diodes using a PEDOT : PSS and MoO_3 composite layer[J]. Journal of Materials Chemistry C, 2016, 4(35): 8161-8165.

[87] Hoye R L Z, Chua M R, Musselman K P, et al. Enhanced performance in fluorene-free organometal halide perovskite light-emitting diodes using tunable, low electron affinity oxide electron injectors[J]. Advanced Materials, 2015, 27(8): 1414-1419.

[88] Shan Q, Li J, Song J, et al. All-inorganic quantum-dot light-emitting diodes based on perovskite emitters with low turn-on voltage and high humidity stability[J]. Journal of Materials Chemistry C, 2017, 5(18): 4565-4570.

[89] Shi Z, Li Y, Zhang Y, et al. High-efficiency and air-stable perovskite quantum dots light-emitting diodes with an all-inorganic heterostructure[J]. Nano letters, 2017, 17(1): 313-321.

[90] Jiang Y, Liu H, Gong X, et al. Enhanced performance of planar perovskite solar cells via incorporation of Bphen/Cs_2CO_3-MoO_3 double interlayers[J]. Journal of Power Sources, 2016, 331: 240-246.

[91] Cheng N, Liu P, Qi F, et al. Multi-walled carbon nanotubes act as charge transport channel to boost the efficiency of hole transport material free perovskite solar cells[J]. Journal of Power Sources, 2016, 332: 24-29.

[92] Peng B, Yu G, Zhao Y, et al. Achieving ultrafast hole transfer at the monolayer MoS_2 and $CH_3NH_3PbI_3$ perovskite interface by defect engineering[J]. ACS Nano, 2016, 10(6): 6383-6391.

[93] Yang X, Hernandezmartinez P L, Dang C, et al. Electroluminescence efficiency enhancement in quantum dotlight-emitting diodes by embedding a silver nanoisland layer[J]. Advanced Optical Materials, 2015, 3(10): 1439-1445.

第五章　绿光钙钛矿材料与器件

5.1　绿光钙钛矿发光二极管的发展历程

钙钛矿材料由于其优异的光电性质引起了人们的广泛关注，被应用于太阳能电池、发光二极管以及光电探测器领域等[1-4]。与传统的显示器如液晶显示器(LCD)、有机发光二极管相比，钙钛矿发光二极管优势明显——光谱半峰宽窄、颜色饱和度高、缺陷容忍性好、在可见光发光范围内颜色和亮度可调、载流子迁移率高以及低成本等[5-7]。在钙钛矿材料作为发光层的有关研究中，红光钙钛矿发光二极管和绿光钙钛矿发光二极管比蓝光钙钛矿发光二极管具有更好的电致发光效率和亮度。到目前为止，红光钙钛矿发光二极管和绿光钙钛矿发光二极管的外量子效率都超过了20%，而蓝光钙钛矿发光二极管的外量子效率只有10%左右。由于人眼对绿光非常敏感，研究绿光钙钛矿发光二极管在照明和显示方面的应用是非常有意义的。

三维钙钛矿材料的化学结构式为 ABX_3，准二维钙钛矿材料的化学结构通式为 $L_2A_{n-1}B_nX_{3n+1}$[7,9]。三维钙钛矿材料结构式中，A 位通常为有机或金属阳离子，如甲胺离子($CH_3NH_3^+$，MA^+)、甲脒离子[$CH(NH_2)_2^+$，FA^+]和铯离子(Cs^+)；B 位通常为二价过渡金属阳离子铅离子(Pb^{2+})；C 位为卤素离子，在绿光钙钛矿材料中通常为 Br^-。在准二维型绿光钙钛矿材料中，A 位、B 位、X 位离子与上述情况一致，L 代表离子半径较大的长链有机铵阳离子，如丁胺、苯乙胺(PEA)等。

绿光钙钛矿发光二极管的研究发展历程如图 5.1 所示。第一个可以在室温下工作的绿光钙钛矿发光二极管诞生于 2014 年，Friend 课题组采用 $MAPbBr_3$ 作为发光材料，制备出的器件外量子效率为 0.1%[10]。2015 年，曾海波课题组报道了第一篇基于无机钙钛矿材料的电致发光器件，他们采用 $CsPbBr_3$ 量子点作为发光层材料，解决了 $MAPbBr_3$ 作为发光材料导致器件不稳定的问题，器件的外量子效率为 0.12%[11]。

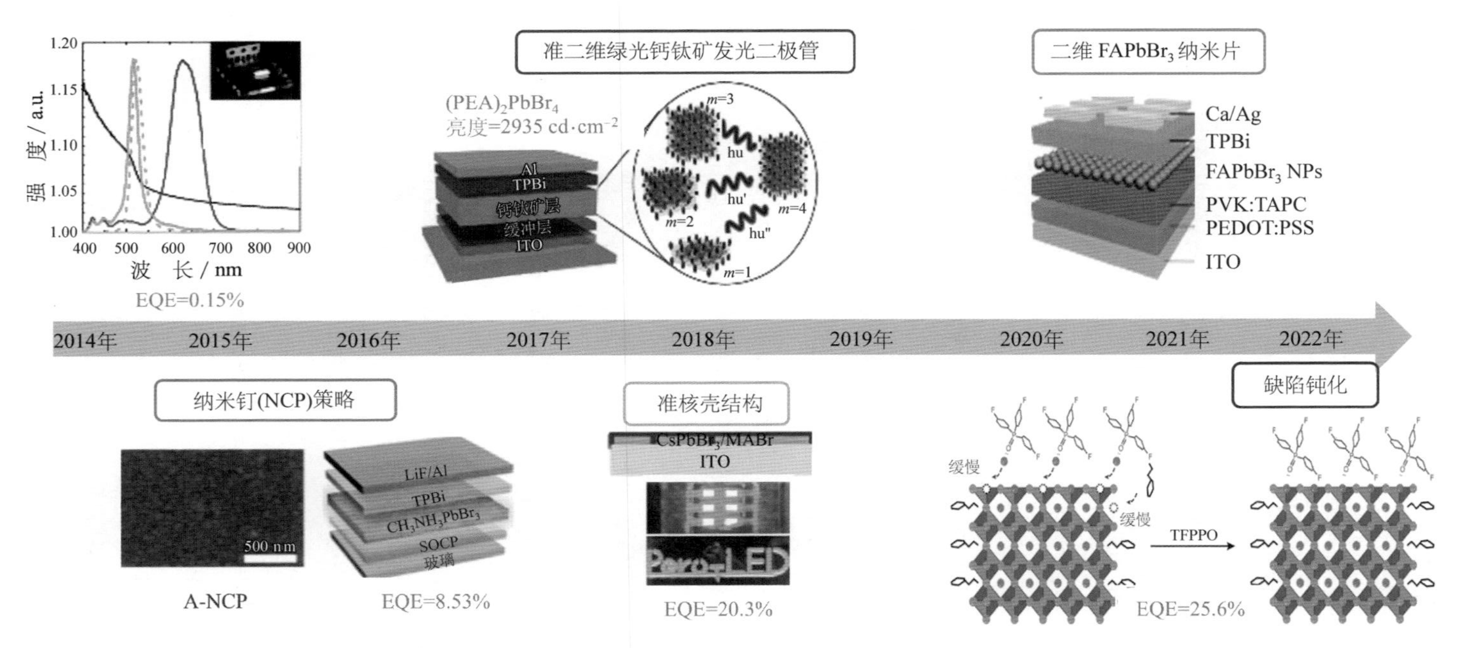

图 5.1　绿光钙钛矿发光二极管的发展历程

同年 Lee 课题组通过精准调控前驱体组分中 MABr 和 $PbBr_2$ 的比例，同时向空穴注入层加入添加剂来调节各功能层能级，将器件的外量子效率提升至 8.53%[45]。2016 年，Byun 等首次提出准二维结构钙钛矿材料——$(PEA)_2PbBr_4$。他们通过使用长链有机胺(PEA)阳离子取代甲胺离子，既提高了激子束缚能，又缩短了激子扩散长度，极大地增强了薄膜的荧光量子效率[13]。此外，研究人员也通过调整合成工艺和后处理等方法，制备出表面致密、晶粒尺寸均一的钙钛矿薄膜，从而提高钙钛矿发光器件的稳定性和效率。2017 年，大量关于通过晶体工程、器件结构优化等手段提高钙钛矿发光二极管器件性能的文献被报道[14-18]。2018 年，绿光钙钛矿发光二极管发展到一个新高度——通过构建 $CsPbBr_3$/MABr 的准核壳结构，魏展画课题组将绿光钙钛矿发光二极管的外量子效率提升至 20.3%[3]。同年，Zhang 课题组通过控制大阳离子的种类和含量，合成了准二维$FAPbBr_3$ 纳米片，其中 Pb 的层数为 1～4，由此方法制备得到了当时纯度最高的绿光钙钛矿发光二极管，与 2020 标准色域相比，其覆盖度达 97%[23]。2019 年，不少研究通过表面修饰钝化缺陷的策略来提高绿光钙钛矿发光二极管性能，这些研究工作均取得显著成效[19-22]。目前关于绿光钙钛矿发光二极管研究多集中于提高器件稳定性和延长使用寿命，涉及机理的研究仍较少。

绿光钙钛矿发光二极管器件的外量子效率发展历程如图 5.2 所示。第一个钙钛矿发光二极管发表于 2014 年，外量子效率只有 0.1%[10]。2015 年，Zhu 课题组使用纳米晶钉扎原理合成 $MAPbBr_3$，外量子效率达到 8.53%[45]。2017 年，游经碧课题组采用混合阳离子 $Cs_{0.87}MA_{0.13}PbBr_3$ 作为发光材料，使器件的外量子效率达到 10.43%[24]。2018 年 3 月，Mhaisallar 等从材料结构设计出发，构建三维 $FAPbBr_3$ 结合二维辛胺铅溴微片多层次结构，使荧光量子效率超过 80%，外量子效率达到 13.4%[25]。同年 9 月，曾海波课题组采用有机-无机杂化配体对 $CsPbBr_3$ 量子点进行表面钝化，器件的外量子效率为 16.48%[26]。同年 10 月，魏展画课题组制备 $CsPbBr_3$/MABr 核壳结构钝化 $CsPbBr_3$ 表面缺陷态，同时引入 PMMA，平衡载流子传输平衡，将外量子效率提升至 20.3%[3]。2020 年，Dong 等对 $CsPbBr_3$ 钙钛矿量子点表面进行处理，利用静电吸附作用，制备由内部阴离子壳、外部阳离子和极性溶剂分子壳的双极性壳 $CsPbBr_3$ 量子点，降低表面缺陷密度，提高载流子迁移率，外量子效率可达 22%[27]。2021 年，Lee 课题组采用单掺杂合金化策略，将胍盐掺杂到 $FAPbBr_3$ 纳米晶中限制其溶解度，同时利用多余的胍盐填充配体缺陷，成功制备出晶粒尺寸均匀、稳定性高的钙钛矿纳米晶，器件性能优异，外量子效率可达 23.4%[28]。同年，Sargent 课题组通过在反溶剂中添加氟化三苯基氧磷(TFPPO)来钝化苯乙胺基钙钛矿绿光薄膜，其中的磷氧双键可以与体系中的铅相互作用起到缺陷钝化的效果，而氟原子可以通过氢键桥连苯乙胺阳离子，提升薄膜及器件的稳定性，最终制备出外量子效率高达25.6%的绿光钙钛矿发光二极管。同时器件稳定性也大有提升，初始亮度为7200 cd·cm^{-1}时的T_{50}长达2 h[29]。无独有偶，同期东南大学课题组也发表了相关高效率器件论文，他们在钙钛矿体系中引入添加剂18-冠-6醚和聚乙二醇甲醚丙烯酸甲酯(MPEG-MAA)，其中的醚键(C—O—C)不仅能够有效钝化缺陷，还能防止体系中的有机配体自聚集，并诱导形成具有准核壳结构的钙钛矿纳米晶。经过热退火后，MPEG-MAA及其碳碳双键(C ═C)可以聚合得到梳状聚合物，进一步保护钙钛矿纳米晶免受水和氧的侵蚀。最终制备的绿光钙钛矿发光二极管外量子效率高达28.1%，这也是目前为止绿光钙钛矿发光二极管达到的最高外量子效率[30]。虽然钙钛矿发光二极管表现出出色的光电性质，但它也存在一些问题——如在高电流密度下易发生效率滚降、对光和湿气敏感、离子迁移引起的器件寿命短等，这些问题都使器件性能大打折扣，甚至发生损坏[31-34]。外量子效率是器件性能好坏的主要评判依据之一，它受到材料的非辐射复合、器件结构的不平衡载流子传输和漏电流影响。为了使钙钛矿发光二极管能达到商业应用的水平，研究人员提出诸多方法，如缺陷态钝化、纳米结构调整和配体工程，来提高器件的电致发光效率并抑制效率滚降[14,31,35-36]。另外，环保问题日益引起人们的关注，钙钛矿发光二极管中的有毒元素——铅会限制它在日常生活中的应用。因此一些无铅钙钛矿材料逐渐出现，以满足社会需求。

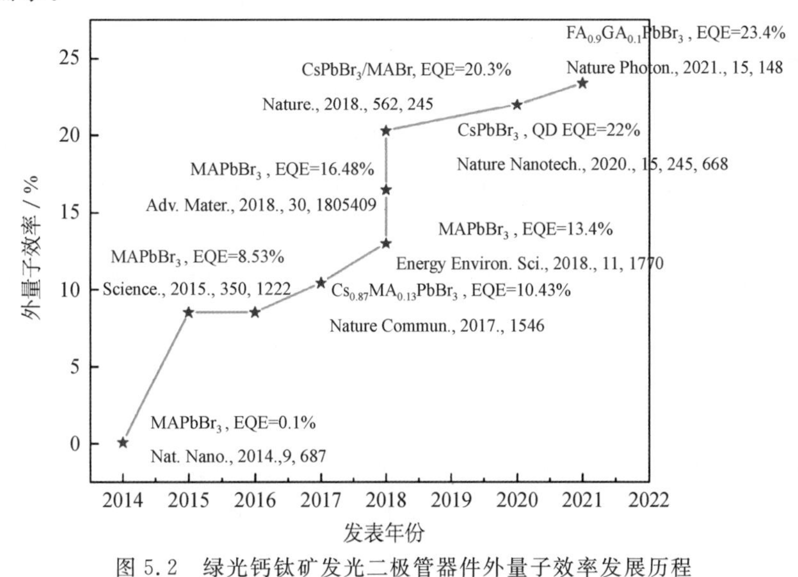

图5.2　绿光钙钛矿发光二极管器件外量子效率发展历程

本章从材料方面，包括材料维度、合成以及器件组装，讨论绿光钙钛矿发光二极管的发展。其中，主要探讨绿光钙钛矿发光二极管外量子效率的发展及其影响因素，从现有的文献中总结归纳提高绿光钙钛矿发光二极管外量子效率的策略。此外，本章也对绿光钙钛矿发光二极管的稳定性和寿命进行讨论，对提升绿光钙钛矿发光二极管性能给出一些见解。

5.2 绿光钙钛矿材料

常见绿光卤素钙钛矿的化学结构通式为 ABX_3，A 位通常为有机胺阳离子或金属 Cs^+，B 位通常为二价过渡金属 Pb^{2+}，X 代表卤素原子 Br。如图 5.3(a)所示，B 位 Pb^{2+} 通常被 6 个卤素离子 Br^- 包围，形成八面体构型[$PbBr_6$][37]。这些八面体在三维空间里以顶点相连，形成空间网络结构，同时 A 位阳离子填充于这些八面体空隙。只有 A 位离子能恰好填充八面体间隙才能形成钙钛矿结构，这需要 A 位、B 位、X 位三种离子的离子半径满足式 5-1：

$$\tau=\frac{r_A+r_B}{\sqrt{2}(r_A+r_B)} \tag{5-1}$$

其中，τ 表示容忍因子，大致范围在 0.81～1.11[38]。若 τ 数值不在这个范围内，离子间的相互排斥作用会引起钙钛矿立方晶体构型扭曲变形。若 A 位元素离子半径过大，[$PbBr_6$]八面体间的空隙不能容纳 A 位离子，那么八面体中层与层之间的顶点连接会断开，结构将由传统三维结构转变成层状二维结构。层状二维结构的化学结构通式为 A_2PbBr_4。此结构中，A 位通常为长链有机胺离子，A 位离子通过离子间相互作用和氢键与八面体构型相连，层与层之间通过范德华力连接。若三维结构钙钛矿在大的有机离子的引导下沿(100)和(001)方向取向，结构中同时存在二维结构和三维结构，则形成准二维结构，具体如图 5.3(b)所示。它的化学通式为 $L_2A_{n-1}Pb_nBr_{3n+1}$，n 值代表相邻两层有机胺阳离子层间八面体结构的层数，n 值可通过调节二维和三维比例改变。钙钛矿的纳米结构与合成方法有关，包括纳米粒子、纳米片、准二维型以及传统三维型，如图 5.3(c)所示。本章着重讨论纳米粒子(纳米晶和量子点)、准二维型钙钛矿材料在绿光钙钛矿发光二极管中的研究与发展。

绿光钙钛矿发光二极管中常用的卤素钙钛矿可分为两类：一类是纯无机钙钛矿，以 $CsPbBr_3$ 为主；另一类是有机-无机杂化钙钛矿，包括 $MAPbBr_3$、$FAPbBr_3$ 和准二维型 $L_2A_{n-1}Pb_nBr_{3n+1}$。

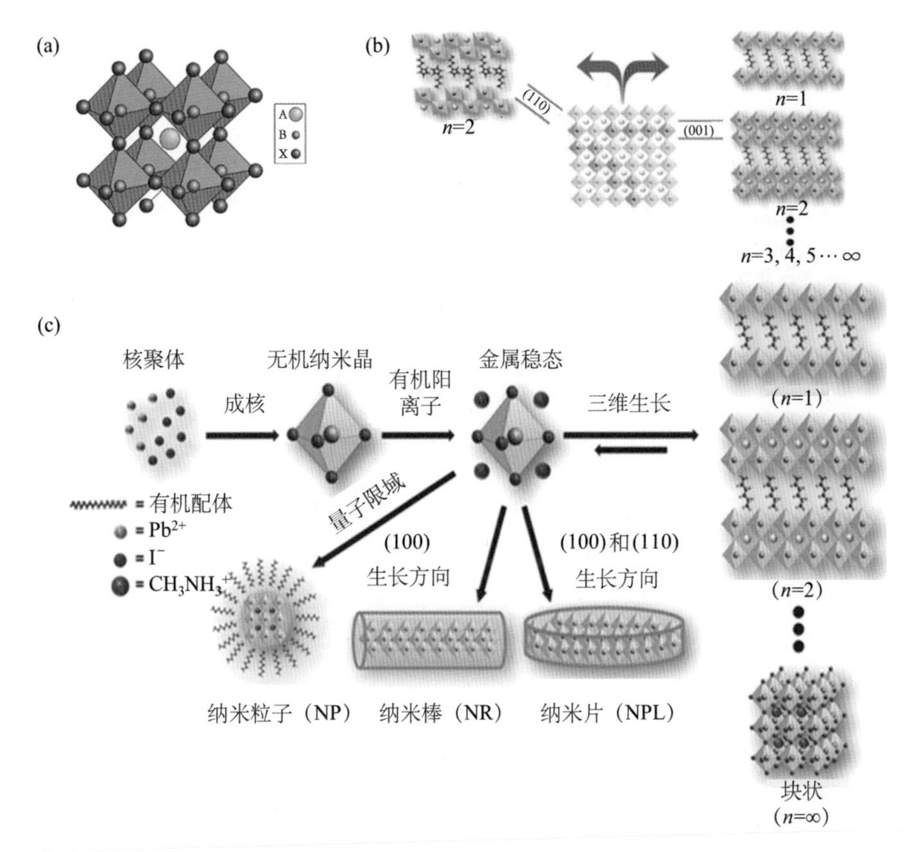

图 5.3　(a) 立方型 ABX_3 钙钛矿晶体结构；(b) 准二维型钙钛矿结构；(c) 杂化钙钛矿晶相和形貌形成的关系示意

5.2.1　纯无机钙钛矿材料

第一个采用 $CsPbBr_3$ 作为发光层的研究是曾海波课题组于 2015 年报道的[11]，他们采用热注入法合成了尺寸分散均匀、平均直径为 8 nm 的 $CsPbBr_3$ 量子点。如图 5.4(a)所示，器件结构为 ITO/PEDOT∶PSS/PVK/QD/TPBi/LiF/Al。

该器件外量子效率为 0.12%[图 5.4(b)]，发光亮度为 946 cd·m^{-2}。与有机-无机杂化钙钛矿材料相比，无机钙钛矿材料优势突出——稳定性好、光致发光量子效率高(大于 90%)。但也存在一些问题：$CsPbBr_3$ 激子束缚能低(40 meV)，激子容易解离成自由载流子，形成非辐射复合；量子点比表面积大，易形成聚集体，降低膜表面形貌和质量，使器件性能衰减。不少科研人员对此展开研究，提出改变合成原料比例、引入有机烷基长链作为配体等方法来解决上述问题[21,39]。

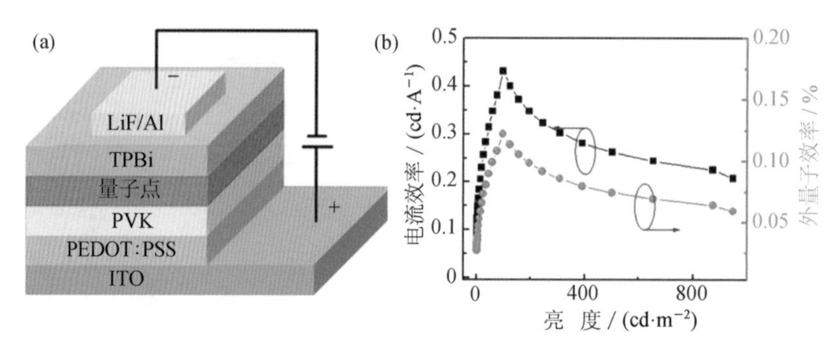

图 5.4 (a) 器件结构示意;(b) 电流效率-亮度-外量子效率(CE-*L*-EQE)曲线

Mathews 等首先向 $CsPbBr_3$ 中引入溴化苯乙胺(PEABr),将三维 $CsPbBr_3$ 钙钛矿结构转变成准二维层状结构[15]。通过调节 PEABr 和 $CsPbBr_3$ 的摩尔比,得到如图 5.5 所示的膜表面形貌。当 PEABr 和 $CsPbBr_3$ 摩尔比为 0.8∶1 时,膜表面致密且晶粒尺寸小、孔洞小、覆盖均匀。将该准二维 $CsPbBr_3$ 钙钛矿材料作为发光层,器件的外量子效率为 1.97%,相较于纯 $CsPbBr_3$ 钙钛矿发光二极管提高了 50 倍(图 5.6)。

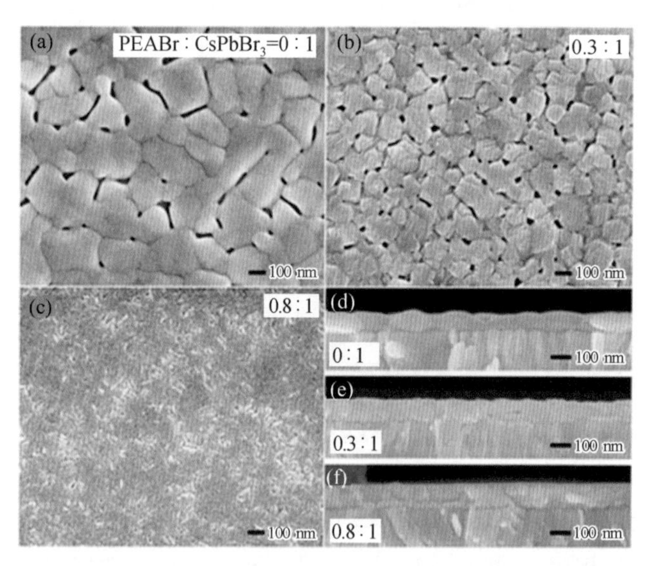

图 5.5 不同 PEABr 和 $CsPbBr_3$ 摩尔比制备的 $CsPbBr_3$ 钙钛矿薄膜 FESEM:(a)～(c) 膜表面形貌;(d)～(f) 膜截面形貌

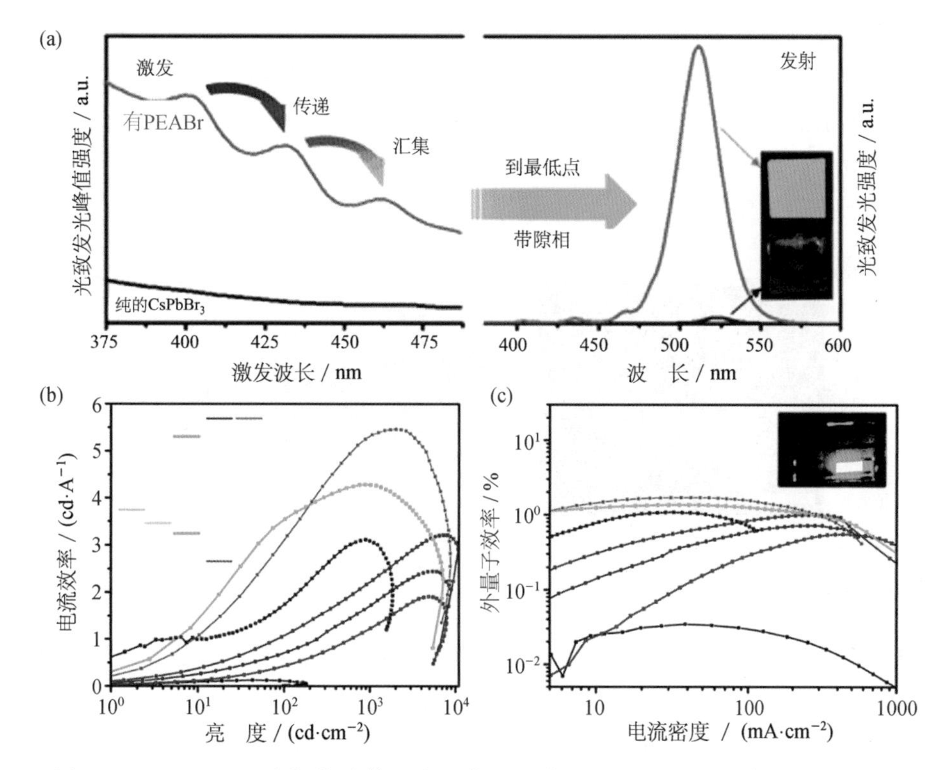

图 5.6　(a) PEABr 在钙钛矿体系中的作用示意及吸收和 PL 光谱；(b)(c) 不同 PEABr 和 $CsPbBr_3$ 摩尔比制备得到的 $CsPbBr_3$ 膜组装器件的电流效率-亮度(CE-L)曲线和外量子效率-电流密度(EQE-J)曲线

5.2.2　有机-无机杂化钙钛矿材料

有机-无机杂化钙钛矿材料包括两类——一类是由甲胺离子和甲脒离子取代铯离子，结构为典型的钙钛矿立方体构型；另一类是结构式 $L_2A_{n-1}Pb_nBr_{3n+1}$ 的准二维钙钛矿。有机-无机杂化钙钛矿材料性能优异，这得益于引入的绝缘有机烷基链可以使纳米粒子均匀分散的同时钝化表面缺陷，得到表面均匀覆盖的薄膜。

其中，$FAPbBr_3$ 比 $MAPbBr_3$ 表现更好，因为 FA^+ 离子半径大于 MA^+，使得其带隙减小，加快载流子传输[40]。第一篇关于 $MAPbBr_3$ 的钙钛矿发光二极管报道发表于 2014 年，器件外量子效率为 0.1%[10]。2017 年，Lee 课题组通过添加纳米晶核(A-NCP)减小 $MAPbBr_3$ 晶粒尺寸及膜表面缺陷密度以减少晶界非辐射复合的发生，将钙钛矿发光二极管的外量子效率提升至 8.79%[41]。阻碍 $MAPbBr_3$ 发展的最主要问题是 $MAPbBr_3$ 易分解，生成气态甲胺。$FAPbBr_3$ 首次用于发光二极管发光层是2016年，所制备器件发光绿色纯、量子效率达85%且光致发光最大发射峰为530 nm[42]。2018年，Mhaisalkar等将$FAPbBr_3$纳米晶和二维辛胺铅溴微片通过自组装构建多层次结构(图5.7)，形成能级串级，提高激子复合效率。该钙钛矿发光二极管的外量子效率达到13.4%，电流效率为57.6 cd·A^{-1}，流明效率超过58 lm·W^{-1}[25]。

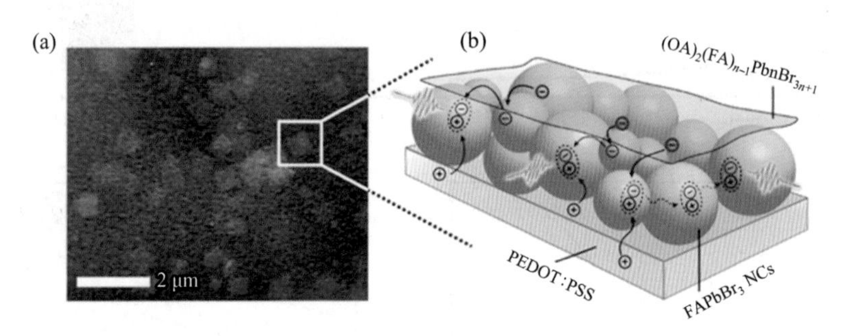

图5.7 (a) 薄膜FESEM；(b) $FAPbBr_3$纳米晶多层次结构和能量传递示意

虽然以$MAPbBr_3$和$FAPbBr_3$为发光层材料构建的钙钛矿发光二极管，其光电性能远优于传统的三维块状材料钙钛矿发光二极管，但是它们仍然对水分、周围环境等不耐受。因此，向已有的钙钛矿材料中引入长链有机阳离子形成结构为$L_2A_{n-1}Pb_nBr_{3n+1}$的准二维钙钛矿材料应运而生。它的结构如图5.3(b)所示，多为Ruddlesden-Popper相，$[PbBr_6]$八面体层上下端被大的有机阳离子包围形成"三明治"结构，由长有机烷基烃链沿三维钙钛矿的(100)晶向切割形成[43]。准二维钙钛矿材料具有更大的激子束缚能和更少的表面缺陷，这使得它具有高荧光量子效率、高稳定性、吸收光谱和光致发光光谱存在Stoke位移[44]。

5.2.3 绿光钙钛矿材料的合成

合成钙钛矿材料的方法有许多，可形成不同纳米结构，诸多文献有报道。配体辅助再沉积法和热注入法多用于合成钙钛矿纳米粒子；旋涂法、溶液法、真空热蒸镀法等多用于合成准二维钙钛矿材料[45]。如图5.8(a)所示，配体辅助再沉淀法是室温下，将溶于良溶剂(DMF、DMSO)的前驱体溶液注入含有配体的不良溶剂(如甲苯等)中，利用前驱体在不同溶剂中溶解度的差异形成过饱和溶液，进而合成钙钛矿纳米粒子。Han等将一定比例的FABr和$PbBr_2$溶于DMF配置前驱体溶液、配体3,3-溴代二苯丙胺(DDPA-Br)溶于甲苯配置反溶剂，采用配体辅助再沉淀法合成得到粒径为5～20 nm的$FAPbBr_3$纳米晶，薄膜量子效率达到78%，如图5.8(b)[10]。同时，他们也通过控制反溶剂的滴加时间和加入配体的量来区分纳米晶钉形成过程和原位LARP过程，以优化薄膜质量。热注入法是由Protesescu等提出的另一种合成均相$FAPbBr_3$胶体纳米晶的方法[42]。具体过程为：在加热条件下，将油胺溶液注入FA-Pb前驱体溶液，然后迅速降温到室温，晶核形成并生长。从图5.8(d)～(f)可以看出，这种方法合成的纳米晶尺寸为50 nm，薄膜荧光量子效率达到85%，发射波长为530 nm，半峰宽为22 nm。旋涂法是将溴化铵和溴化铅按照一定比例溶于非挥发性的非质子极性溶剂，制备前驱体溶液，然后涂覆于基底上，进行退火处理，如图5.8(c)。旋涂法制备得到的薄膜表面粗糙且表面覆盖率低，这不利于器件性能。Shen等通过调节配体的浓度和种类改进旋涂法，制得表面粗糙度低、稳定性好的$CsPbBr_3$薄膜[57]。得益于膜表面缺陷的钝化，$CsPbBr_3$薄膜组装的钙钛矿发光二极管的外量子效率由7.0%提升至11.1%。Perumal等使用溶液法制备$FAPbBr_3$胶体纳米晶。他们将FABr和$PbBr_2$溶于极性溶剂DMF制备前驱体溶液，然后滴入溶有油胺和油酸的非极性溶剂甲苯中，室温下即可合成[78]。溶液法合成钙钛矿材料的纳米结构通过改变有机胺配体种类可形成纳米管、纳米棒、纳米片以及量子点等结构。

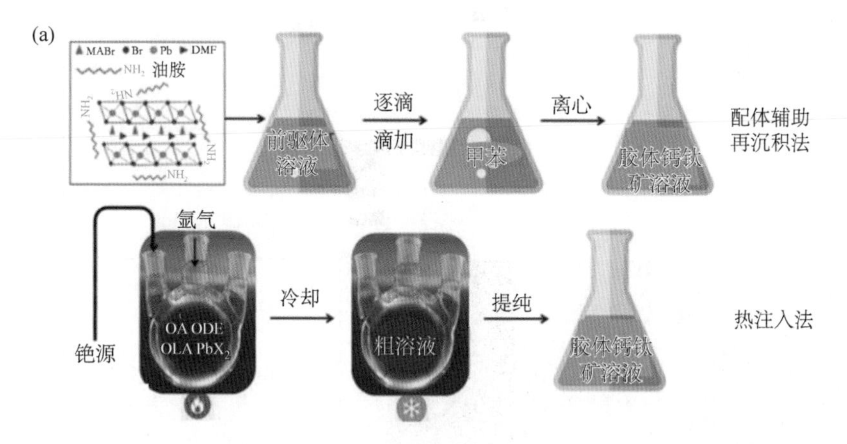

图5.8　(a) 配体辅助再沉积法和热注入法的合成流程；(b) 配体辅助再沉淀法合成$FAPbBr_3$流程及调整反溶剂滴加时间得到的$FAPbBr_3$薄膜的荧光量子效率；(c) 旋涂法和溶液法示意；(d)(e) 热注入法制备的$CsPbBr_3$ 12 nm纳米晶的TEM；(f) $CsPbBr_3$纳米晶的吸收和荧光谱

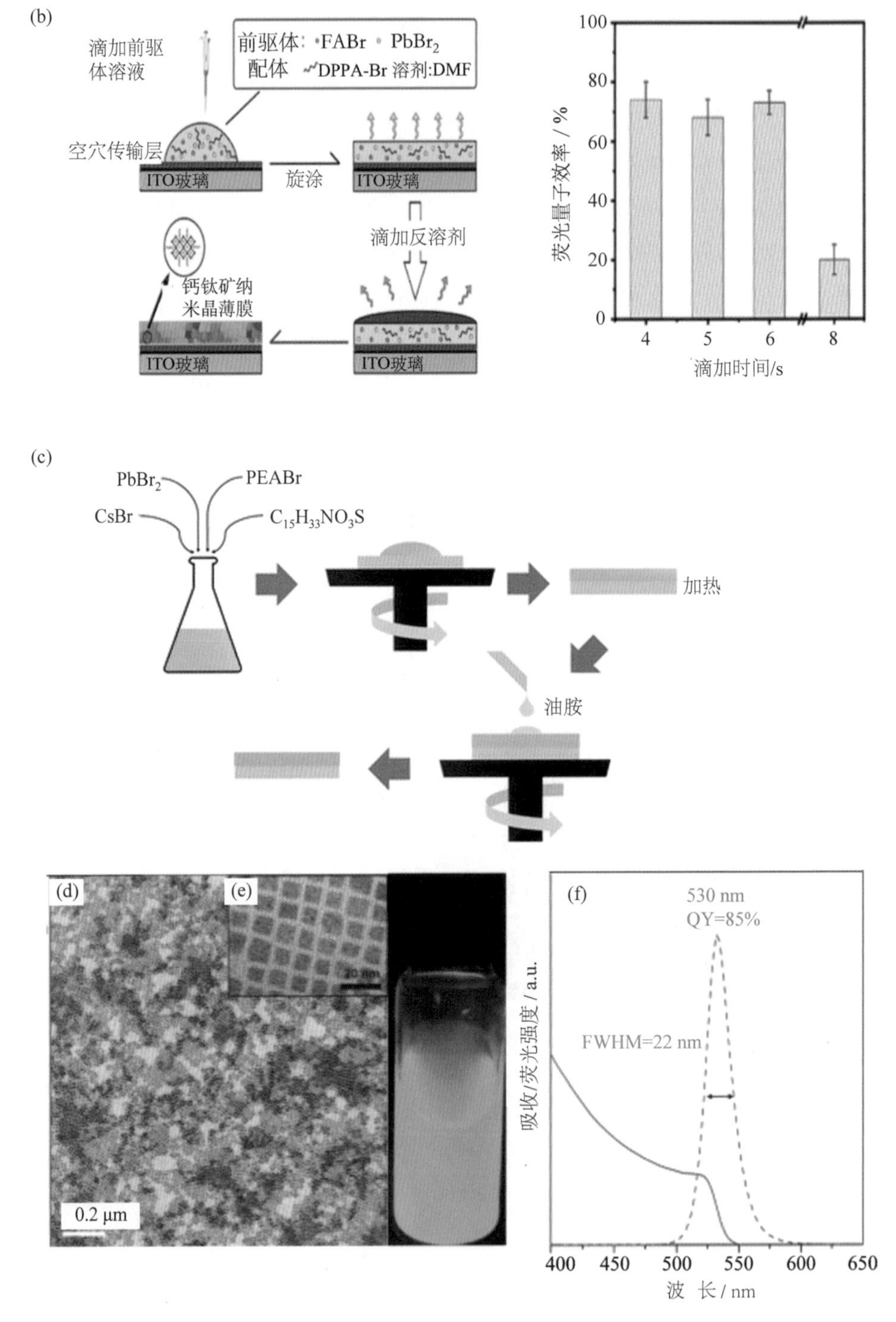
(b)
滴加前驱体溶液
前驱体: FABr PbBr2
配体 DPPA-Br 溶剂:DMF
空穴传输层
ITO玻璃
旋涂
滴加反溶剂
钙钛矿纳米晶薄膜
荧光量子效率 / %
滴加时间/s
(c)
PbBr2
PEABr
CsBr
C15H33NO3S
加热
油胺
(d)
(e)
0.2 μm
(f)
530 nm
QY=85%
FWHM=22 nm
吸收/荧光强度 / a.u.
波 长 / nm

图 5.8 续

5.3 绿光钙钛矿发光二极管

5.3.1 绿光钙钛矿发光二极管器件结构

钙钛矿发光二极管器件结构仍采用与传统有机发光二极管结构类似的“三明治”结构，包括阴极、阳极、空穴注入层、空穴传输层、发光层和电子注入层。阴极通常为金属 Al 或 Ag，阳极为 ITO。空穴注入层经常使用的材料有 PEDOT：PSS 和 NiO_x。poly-TPD、PVK 和 TFB 通常作为空穴传输层材料。发光层则为钙钛矿材料，包括纯无机钙钛矿和有机-无机杂化钙钛矿。TPBi 和 B3PYMPM 是经常使用的电子注入层材料。一些研究在电子注入层（或空穴注入层）和发光层之间加一薄层聚合物作为缓冲层，促进载流子的注入和平衡载流子传输，使激子发生有效复合。第一个绿光钙钛矿发光二极管的结构为 ITO/PEDOT：PSS/$MAPbBr_3$/F8/Ca/Al[33]。

钙钛矿发光二极管的器件性能如外量子效率、电流效率和发光亮度主要取决于发光层钙钛矿材料。绿光钙钛矿发光二极管中常见发光层钙钛矿材料的纳米结构主要包括量子点、纳米晶和 Ruddlesden-Popper 型准二维结构。量子点具有量子限域效应，纳米晶和准二维结构具有量子阱结构，这些都有利于激子获得有效的辐射复合[48]。

5.3.2 量子点绿光钙钛矿发光二极管

与有机发光二极管相比，量子点钙钛矿发光二极管具有高亮度、反应时间短、发光光谱窄的优势[11,17]。第一个 $CsPbBr_3$ 量子点发光二极光器件由曾海波课题组发表于 2015 年[11]。他们采用热注入法合成 $CsPbBr_3$ 量子点，组装的发光二极光器件外量子效率为 0.12%，发光亮度为 946 cd · m^{-2}。2017 年，Kido 课题组研究洗去多余配体的溶剂如丁醇（BuOH）、乙酸乙酯（AcOEt）和醋酸丁酯（AcOBu）对 $CsPbBr_3$ 量子点性能的影响，图 5.9(g) 为具体后处理流程[49]。所使用的器件能级结构如图 5.9(a)，图 5.9(b)～(f) 为器件性能，可以看出经 AcOBu 处理的 $CsPbBr_3$ 量子点钙钛矿发光二极管器件性能更好——具有较低的驱动电压（$V_{turn\text{-}on}$ = 2.9 eV）、发光光谱窄（FWHM = 17 nm）、外量子效率提升至 8.73%、流明效率为 31.7 lm · W^{-1}。

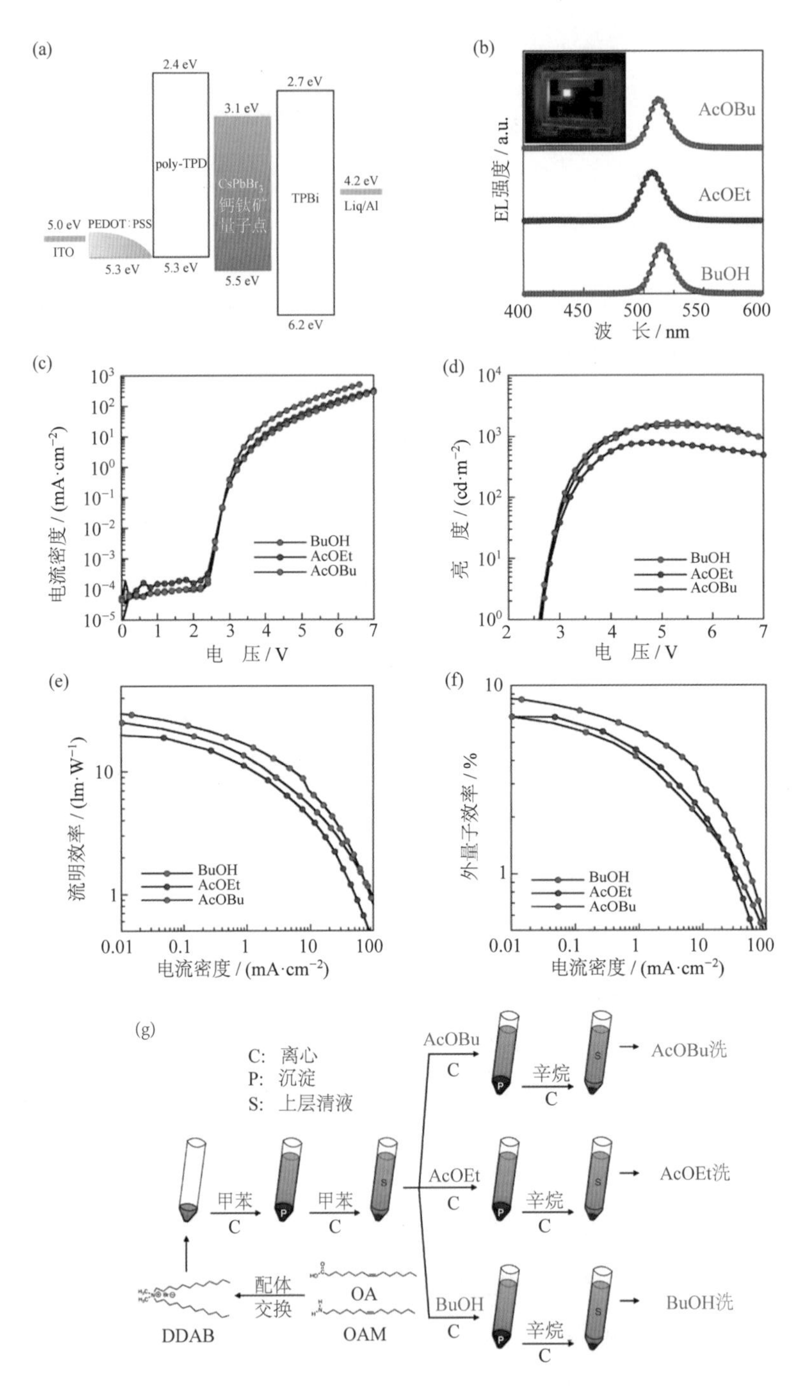

图 5.9 (a) $CsPbBr_3$ 量子点钙钛矿发光二极管器件结构及其能级分布；(b) 器件在 25 mA · cm^{-2} 处的 EL 谱；(c)～(f) 器件的电流密度-电压(J-V)、亮度-电压(L-V)、流明效率-电流密度(PE-J)、EQE-J 曲线；(g) BuOH、AcOEt 和 AcOBu 处理 $CsPbBr_3$ 量子点的流程

2018 年，曾海波课题组使用三种短链配体——四辛基溴化铵(TOAB)、二十二烷基二甲基溴化铵(DDAB)和辛酸(OTAc)，同时添加少量的 FA^+ 合成 $CsPbBr_3$ 量子点，具体合成过程如图 5.10(a)所示[50]。TOAB 优化了合成过程使胶体稳定，DDAB 避免量子点团聚进而增强 $CsPbBr_3$ 的 PL 性质，同时 OTAc 促进了载流子的注入和传输，如图 5.10(b)。添加的少量 FA^+ 可减少 $CsPbBr_3$ 量子点薄膜表面缺陷，原子力显微镜测得膜表面粗糙度只有 2.3 nm，如图 5.10(c)。掺杂与不掺杂的 $CsPbBr_3$ 量子点薄膜制备成器件后的性能对比如图 5.10(d)～(g)所示，掺杂少量 FA^+ 后器件的电致发光光谱峰位置几乎没有变化[图 5.10(d)]，但其器件性能更为优异[图 5.10(e)～(g)]——发射绿光饱和度高[色坐标为 CIE(0.05，0.71)]，发光亮度为 55 800 cd · m^{-2}，外量子效率为 11.6%，电流效率为 45.4 cd · A^{-1}，流明效率为 44.65 lm · W^{-1}。虽然量子点钙钛矿发光二极管因其量子限域效应具有高性能，但是量子点的固有特征——高比表面积造成的表面缺陷有损器件性能。

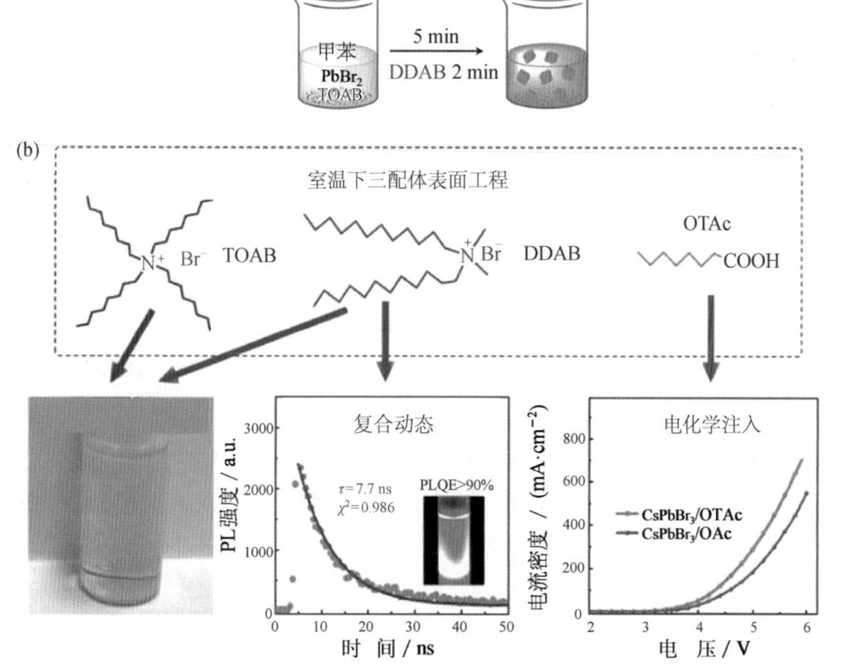

图 5.10　(a) $CsPbBr_3$ 量子点合成示意；(b) TOAB、DDAB、OTAc 的结构式及它们在 FA-掺杂 $CsPbBr_3$ 量子点中的作用；(c) FA-掺杂 $CsPbBr_3$ 量子点薄膜的 AFM；(d) 器件在 3 V 下的归一化 EL 谱；(e)～(g) 器件的外量子效率-亮度(EQE-L)、电流效率-电流密度(CE-J)、流明效率-亮度(PE-L)曲线

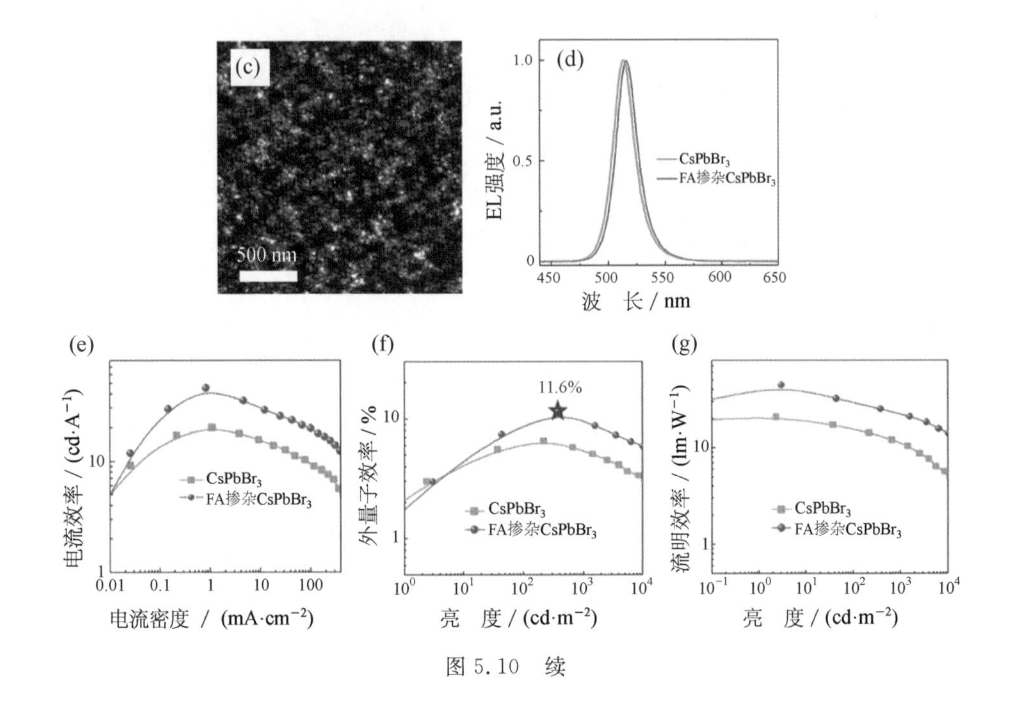

图 5.10 续

5.3.3 纳米晶绿光钙钛矿发光二极管

目前有关钙钛矿材料的研究主要集中在纳米晶钙钛矿结构上。2016 年,Gao 等利用溶液法合成高结晶度的 $MAPbBr_3$ 纳米片,该钙钛矿发光二极管发射峰波长 $\lambda=529$ nm,在 12 V 电压下器件发光亮度为 10 590 cd • m^{-2},外量子效率为 0.54%[51]。2017 年,Lee 等采用纳米晶钉扎工程(NCP)——向非极性溶剂中添加 TPBi,合成 $MAPbBr_3$ 纳米晶示意如图 5.11(a)[41]。通过扫描电子显微镜观察不同含量 TPBi 修饰的纳米晶薄膜形貌,结果如图 5.11(b)~(f)所示,随着 TPBi 添加量的增加,合成的 $MAPbBr_3$ 晶体尺寸逐渐减小。添加质量分数 0.1%的 TPBi 所得 $MAPbBr_3$ 晶粒尺寸最小,粒径范围为 50~200 nm。NCP 过程通过 TPBi 包覆 $MAPbBr_3$,削弱晶粒间键合力作用,减小晶粒尺寸,提高激子限域;同时,TPBi 钝化表面缺陷,提高激子辐射复合比例。此外,NCP 过程也可以提高器件 ETL 中电子注入能力,因为 TPBi 包覆晶粒界面,使其从电子注入障碍转变成电子注入通道,示意如图 5.11(g)。最终制备出的薄膜及器件性能如图 5.11(h)(i)所示,可以看出随着 TPBi 含量提高,薄膜的荧光强度随之提高,器件的外量子效率也会相应提高。其中由添加质量分数 0.1%TPBi 的 $MAPbBr_3$ 组装的钙钛矿发光二极管器件性能最好——PL 强度最高,外量子效率达到 8.79%,色坐标为 CIE(0.27,0.71)。2018 年,Demir 等在室温下合成高质量的

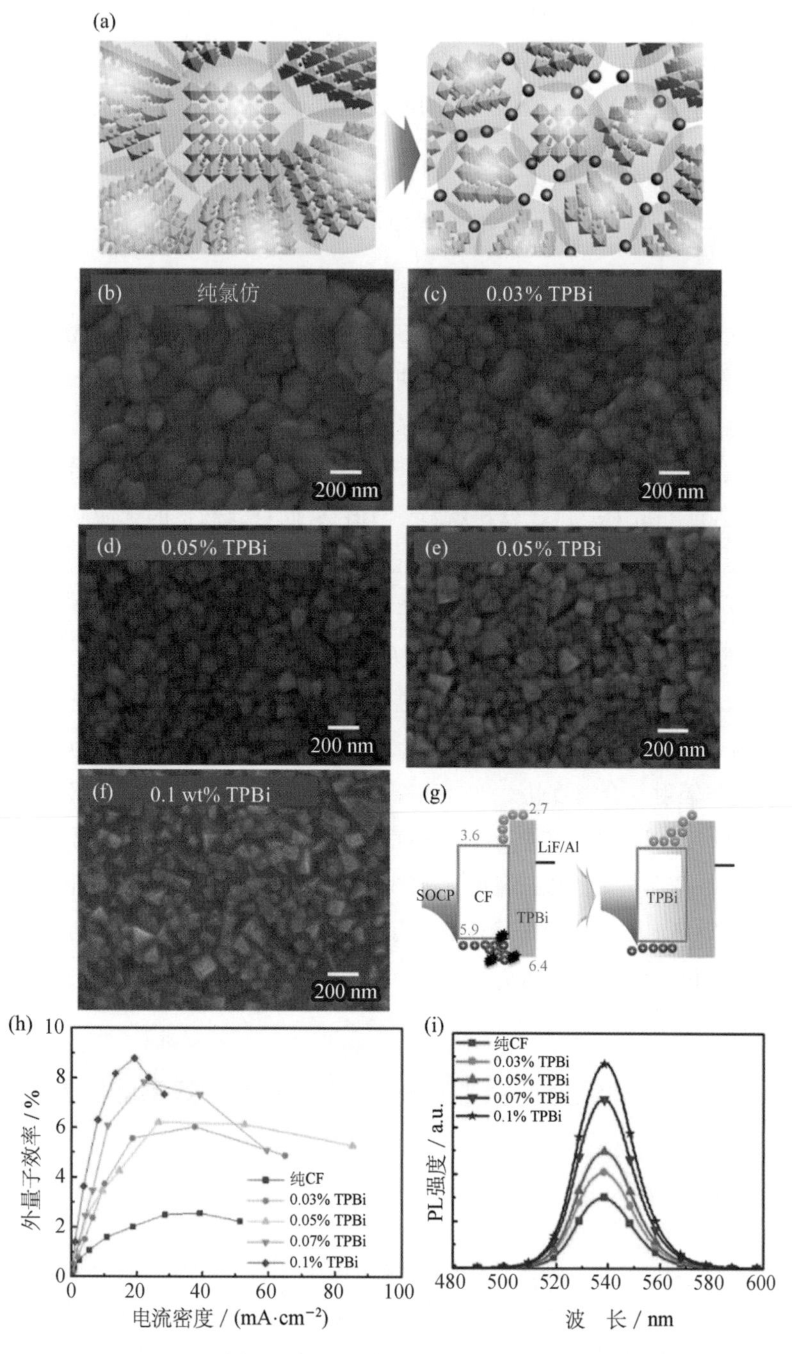

图 5.11 (a) A-NCP 过程引起的晶粒间排斥作用示意;(b)～(f) 添加不同量 TPBi 的 $MAPbBr_3$ 膜的 SEM;(g) 钙钛矿发光二极管中电子、空穴传输平衡示意;(h) 器件 EQE-J 曲线;(i) 添加质量分数 0～0.1% TPBi 的 $MAPbBr_3$ 的稳态 PL 谱

$MAPbBr_3$ 胶体纳米晶，所制备的钙钛矿发光二极管的外量子效率高达 12.9%，这是因为载流子在小尺寸的晶粒中传输性能更好[52]。他们还发现引起发光淬灭的俄歇过程在低电流密度下可得到有效抑制。相关研究还有很多，同样取得可观结果，这里不再详细叙述。

5.3.4 准二维 Ruddlesden-Popper 绿光钙钛矿发光二极管

由传统多晶钙钛矿薄膜组装的发光二极管器件因其激子束缚能低，激子易分解为自由电子-空穴对；表面缺陷态造成膜表面质量差，进而引起器件性能衰减。Ruddlesden-Popper 相准二维结构钙钛矿材料可解决上述问题，由于它独特的量子阱结构，膜表面致密、缺陷态较少，暴露于光和水分下也能保持稳定，同时具备较高的荧光量子效率。2016 年，Byun 等向 $MAPbBr_3$ 引入 PEA，调节 MA 和 PEA 的比例，首先合成出准二维结构的 $PEA_2(MA)_{n-1}Pb_nBr_{3n+1}$ 钙钛矿材料。[13]但是，此材料制备的钙钛矿发光二极管器件表现并不如人意，它的电流效率只有 4.90 cd · A^{-1}。2017 年，Sargent 等调节准二维结构中 n 值的主要分布，增强材料中能量传递。[16]图 5.12(a)～(c)探讨了传统三维结构、一般准二维结构和经能级调节工程处理的准二维结构的区别，器件的截面形貌如图 5.12(d)所示。$n=5$ 时的准二维结构组装的钙钛矿发光二极管表现良好的 PL 性能——亮度为 8400 cd · m^{-2}，外量子效率为 7.4%[图 5.12(e)(f)]，因为在此结构中能量传递速度比非辐射复合速度快。2018 年，谭占鳌课题组用 BA 替代 PEA，合成准二维 $BA_2(CsPbBr_3)_{n-1}PbBr_4$ 钙钛矿材料，同时在表面包覆聚合物 PEO，将钙钛矿发光二极管的外量子效率提升至 8.42%，亮度达到 33 533 cd · m^{-2}。[1]此外，有研究报道构建准二维 $CsPbBr_3$/MABr 核壳结构来减少载流子注入和传输障碍，提高器件性能。该研究中钙钛矿发光二极管的电流效率为 78 cd · A^{-1}，外量子效率为 20.3%[3]。

5.4 影响绿光钙钛矿发光二极管外量子效率的因素

5.4.1 材料方面

钙钛矿发光二极管主要缺点是在高电流密度下器件易发生效率滚降，导致这一现象的一个主要原因是钙钛矿材料会发生非辐射复合。钙钛矿材料中的非辐射复合包括缺陷辅助非辐射复合和俄歇过程的非辐射复合两种，后者倾向于发生在高电流密度下[53]。钙钛矿材料膜表面缺陷是其固有特征，一般在合成和后处理过程中产生。表面缺陷形成的原因包括不稳定配体的分解、晶体尺寸大以及减小晶粒尺寸过程产生的晶

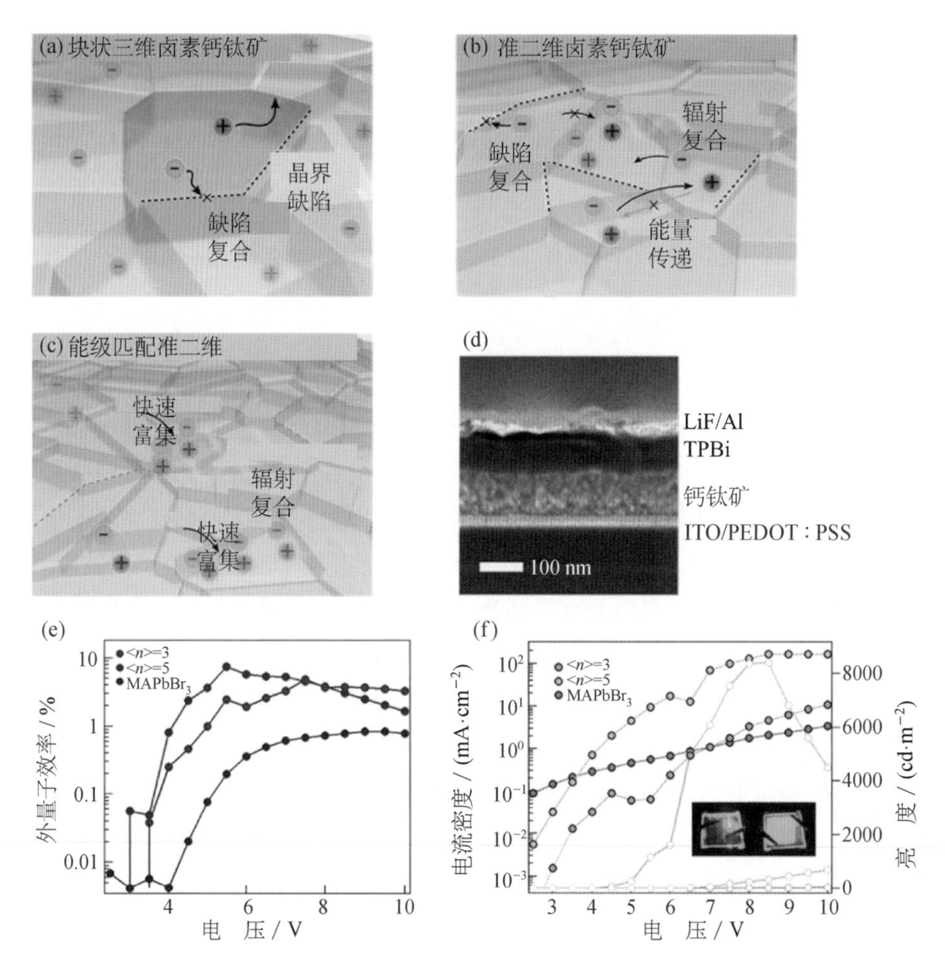

图 5.12　(a) 存在高扩散系数的载流子、不利于辐射复合的传统三维钙钛矿结构示意；(b) 自由载流子和激子共存的常见准二维钙钛矿结构示意；(c) 能量传输快于非辐射复合的能级工程优化的准二维钙钛矿结构示意；(d) 器件结构截面 SEM；(e)(f) n 值不同的材料组装的钙钛矿发光二极管的外量子效率-电压(EQE-V)曲线和电流密度-电压-亮度(J-V-L)曲线

粒界面。如果膜表面缺陷态过多，载流子就会沿着缺陷流走而不会形成激子。同时，膜表面形貌差，有许多孔洞容易引起漏电流。俄歇过程对钙钛矿发光二极管的开路电压及驱动电压有影响。Liao 课题组阐述了俄歇过程的详细机理，认为其与膜表面处少量的载流子有关[54]。此外，Mhaisalkar 等认为界面处电流损失也会对器件效率有不利影响[55]。

5.4.2　器件结构方面

引起钙钛矿发光二极管效率滚降的另一个主要原因是器件结构——各功能层材料能级不匹配导致载流子传输不平衡以及漏电流的发生。空穴迁移率远小于电子迁移率,使激子复合区不会恰好处于发光层正中位置,进而有一些载流子会在界面发生淬灭,造成低外耦合效率。[33]因此,调节某一功能层能级或向其中引入载流子阻挡层或缓冲层来促进和平衡载流子注入和传输是非常有必要的。

5.5 提高绿光钙钛矿发光二极管外量子效率的策略

5.5.1 配体工程

钙钛矿材料的表面形态对器件性能有重要影响,膜表面质量可通过添加有机配体改善。总的来说,向钙钛矿材料中添加配体对器件影响有利有弊。一方面,钙钛矿材料表面包覆一定量的配体可以钝化表面缺陷,得到形貌均匀的薄膜,提高荧光量子效率和稳定性;另一方面,添加的配体都是导电性差的有机配体,若加入的量过多,易在钙钛矿材料表面形成一层绝缘层,阻碍载流子的注入且损害发光二极管器件的光电性能。常用的有机配体可以分为两类:① 长链烷基胺,如油胺、丁胺等;② 芳胺,如 PEA、3,3-二苯丙胺(DDPA)等。有机配体的加入对钙钛矿材料分子和尺寸维度都有影响。同时,配体的烷基链长度和浓度对器件性能如亮度和外量子效率等影响重大。

一些研究采用溶剂洗涤的后处理方法去除多余配体,削弱配体对钙钛矿材料的负面作用。例如,Li 等用己烷/乙酸乙酯混合溶剂对合成的 $CsPbBr_3$ QD 循环处理,以控制表面配体浓度,该钙钛矿发光二极管的外量子效率为 6.27%,这比用丙酮进行后处理的 $CsPbBr_3$ QD 钙钛矿发光二极管的外量子效率提高了 50 倍。[17] 2016 年,Bakr 等用短链有机胺(DDAB)取代长链配体(油胺和油酸)合成 $CsPbBr_3$ QD[56]。DDAB 有利于载流子注入和降低膜表面粗糙度。该钙钛矿发光二极管的外量子效率为 3.0%,同时具有窄发光峰(FWHM=19 nm)。2019 年,Liao 课题组探究配体胺的种类和浓度对 $CsPbBr_3$ 和器件性能的影响[57]。由于配体的引入,减弱负离子缺陷和晶粒界面,增强了激子辐射复合以及材料结构稳定性,将器件外量子效率由 7.0%提升至 11.1%。Song 课题组选取不同溴化季铵盐如 DOAB、TrOAB 和 TeOAB 作为配体,探究配体大小对 $CsPbBr_3$ 纳米晶性能的影响;同时选取配体 DDeAB、DDAB、DTAB,探究配体烷基链长度对 $CsPbBr_3$ 纳米晶光电性质和稳定性的影响[58],合成过程见图 5.13(a),配体结构见图 5.13(b)。图 5.13(c)展示了不同尺寸大小的配体生长下的纳米晶的 TEM,可以发现,随着支链的增多,纳米晶的尺寸呈现出先减小后增大的趋势。相应的荧光量子效率及荧光稳定性也呈现出一致的趋势,如图 5.13(d)(e)。可以发现,使用 DOAB 配体的 $CsPbBr_3$ 纳米晶具有优异的性能,这主要因为该

$CsPbBr_3$ 纳米晶表面包覆配体浓度适宜，且配体充分包覆 $CsPbBr_3$ 纳米晶表面。而在探究配体链长对器件性能的影响实验中，器件结构及性能见图 5.13(f)～(j)。可以发现随着配体的链长增加，电流密度降低，但亮度呈现出先增后降的趋势，因此相应的器件外量子效率及电流效率也呈现出先增后降的趋势。其中使用 DDeAB 配体的 $CsPbBr_3$ 纳米晶凭借出色的表面钝化，器件光电性质最佳（EQE＝9.7%，CE＝31.7 cd·A^{-1}）。2020 年，Wu 课题组报道使用甜菜碱（SBE-18）作为配体合成的胶体 $FAPbBr_3$ 性能比采用传统配体油胺/油酸更好[59]。以 SBE-18 包覆的 $FAPbBr_3$ 纳米晶作为发光层，荧光量子效率高达 90.6%，发射峰波长为 534 nm，色坐标 CIE(0.25, 0.70)，是迄今为止绿光钙钛矿材料中“最绿”的背景光。

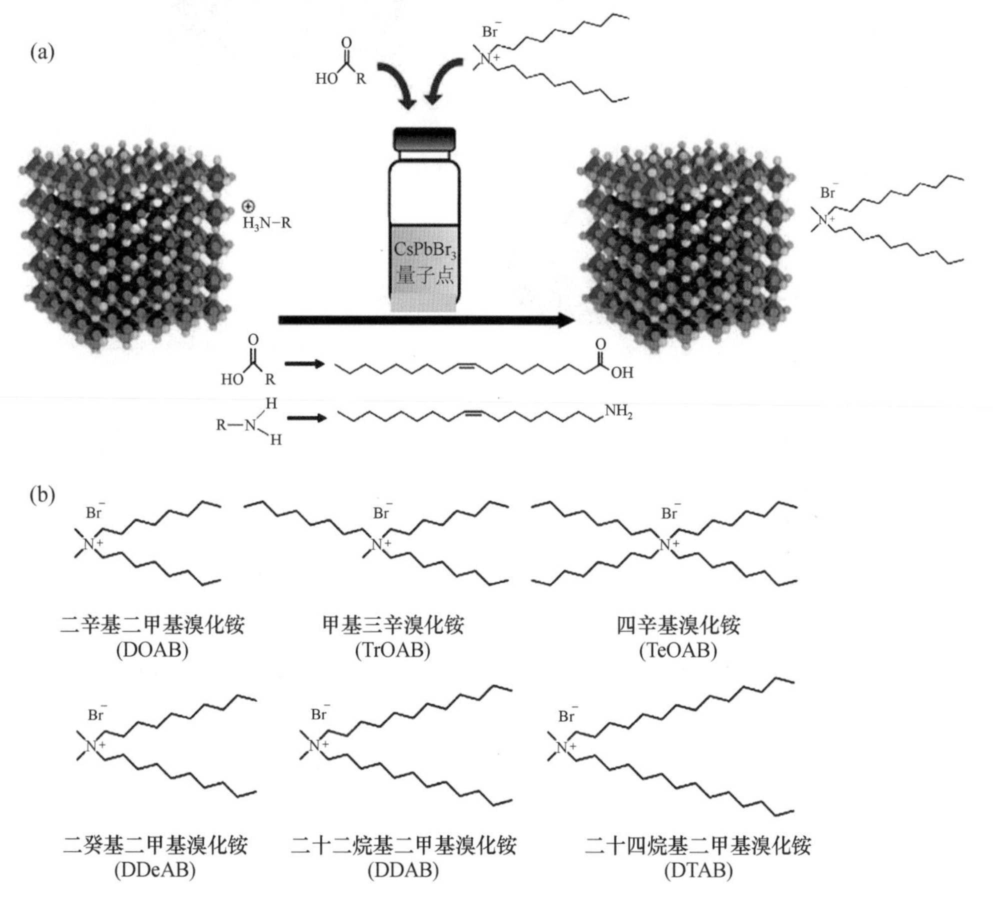

图 5.13 (a) $CsPbBr_3$ 纳米晶合成过程示意；(b) 不同大小和烷基链长度的溴化季铵盐配体的化学结构式；(c) 具有不同大小配体的 $CsPbBr_3$ 纳米晶的 TEM；(d)(e) $CsPbBr_3$ 纳米晶正常环境下的荧光量子效率和 PL 谱；(f) $CsPbBr_3$ 纳米晶钙钛矿发光二极管器件结构；(g)～(j) 器件的 J-V、L-V、CE-J、EQE-J 的曲线

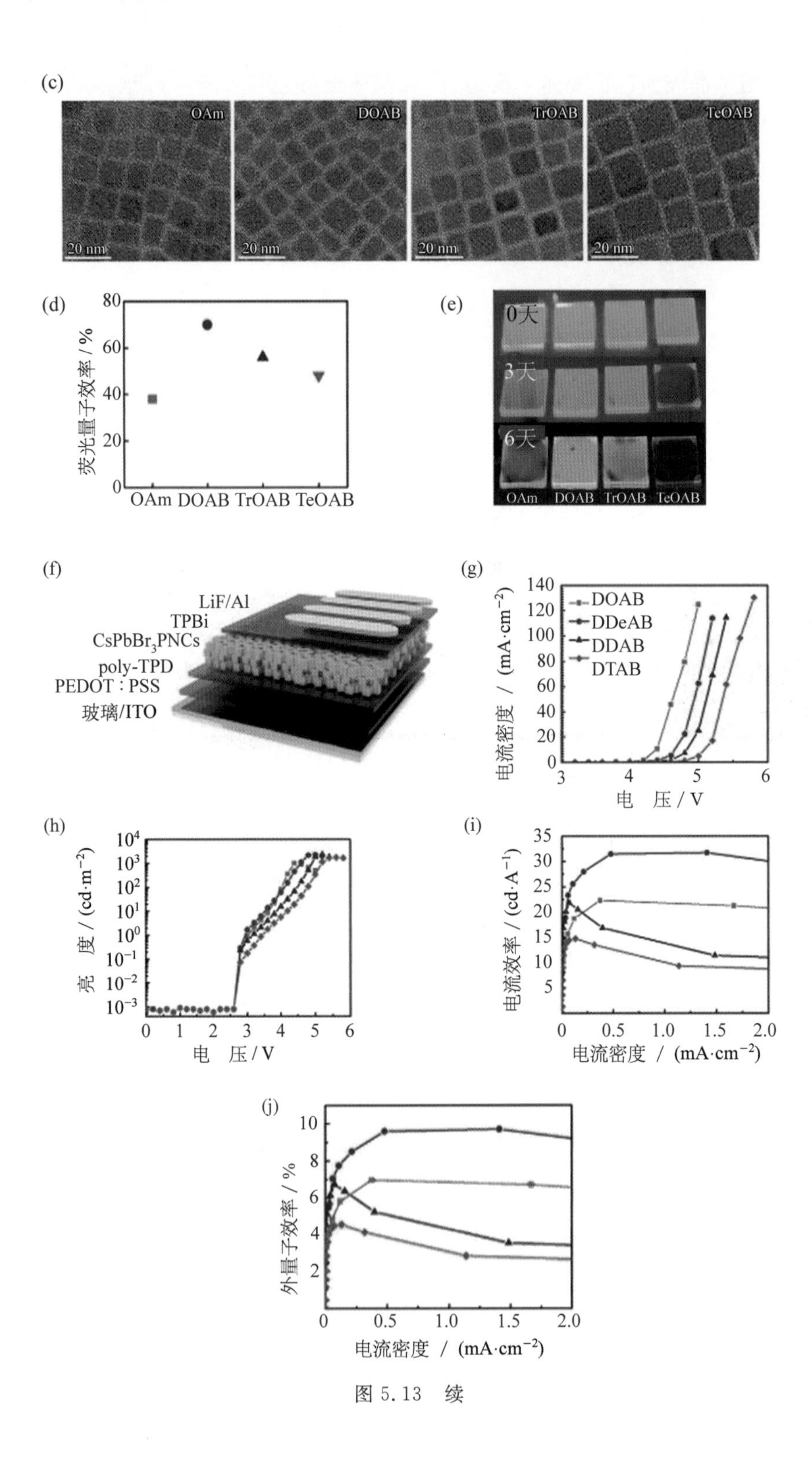
(c)
OAm
DOAB
TrOAB
TeOAB
20 nm
(d)
荧光量子效率 / %
OAm DOAB TrOAB TeOAB
(e)
0天
3天
6天
OAm DOAB TrOAB TeOAB
(f)
LiF/Al
TPBi
CsPbBr3PNCs
poly-TPD
PEDOT：PSS
玻璃/ITO
(g)
DOAB
DDeAB
DDAB
DTAB
电流密度 / (mA·cm⁻²)
电 压 / V
(h)
亮 度 / (cd·m⁻²)
电 压 / V
(i)
电流效率 / (cd·A⁻¹)
电流密度 / (mA·cm⁻²)
(j)
外量子效率 / %
电流密度 / (mA·cm⁻²)

图 5.13 续

5.5.2 晶体工程

钙钛矿纳米晶的尺寸和维度与激子发生辐射复合的概率有关。同时，钙钛矿纳米晶的晶粒尺寸影响成膜质量的好坏，这与漏电流和外量子效率损失有关系。降低钙钛矿纳米晶尺寸维度和减小晶粒大小有两种方式——添加剂过程和结构调整过程。添加剂过程是指向前驱体溶液中额外添加卤素添加剂（如 MABr、CsBr）或者功能性小分子（如 PIP、TPBi），以减少表面缺陷、减小晶粒尺寸。如图 5.14 所示，You 课题组在 ZnO 表面包覆一层 PVP，通过增加成核点减小晶粒尺寸，形成均匀薄膜。[24]同时，他们还向 $CsPbBr_3$ 晶格中加入 MABr 以减少钙钛矿材料中晶粒界面。制备的绿光发光二极管所用到的器件结构为 ITO/ZnO/PVP/$Cs_{0.87}MA_{0.13}PbBr_3$/

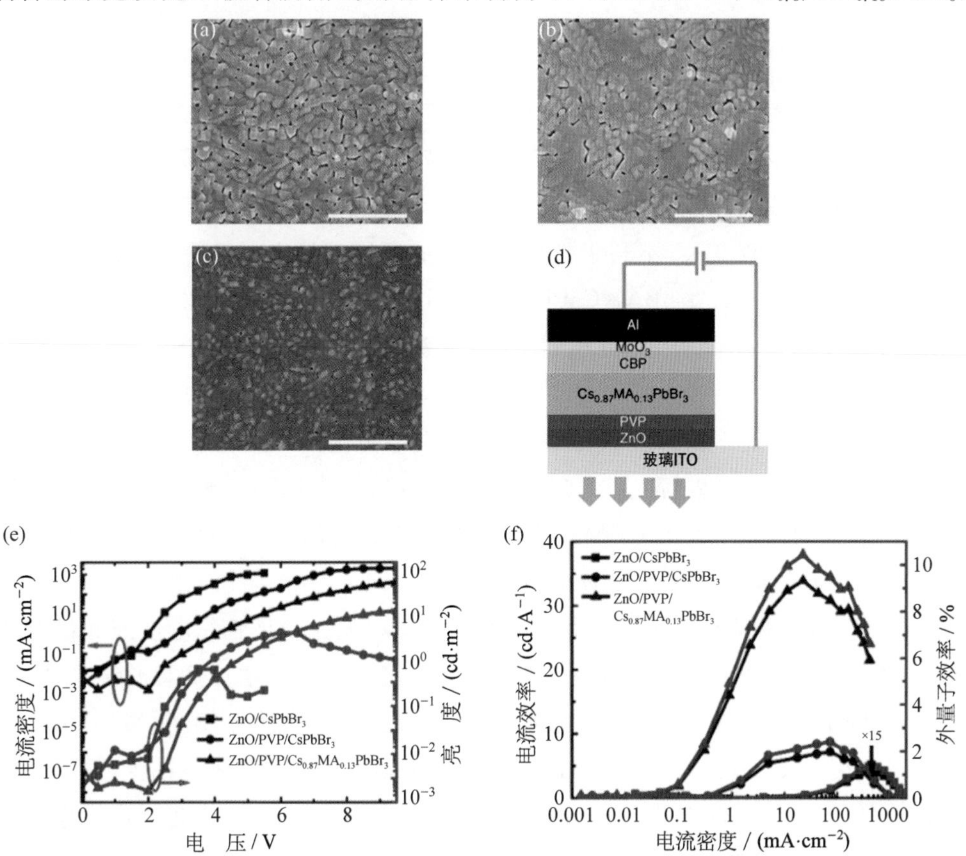

图 5.14　(a)～(c) 分别为沉积在 ZnO、ZnO/PVP 上的 $CsPbBr_3$、沉积在 ZnO/PVP 上的 $Cs_{0.87}MA_{0.13}PbBr_3$ 的平面 SEM，标尺均为 2 μm；(d) 器件结构；(e)(f) 器件的 J-V-L、电流效率-电流密度-外量子效率(CE-J-EQE)曲线

$CBP/MoO_3/Al$，该器件的最大外量子效率为 10.4%，电流效率为 33.9 $cd \cdot A^{-1}$。2015 年，Greenham 课题组利用 PIP 的极性功能团和亲水性，来阻止晶体生长和阻挡载流子的流出[60]。

结构调整过程包括 NCP 过程和引入准二维纳米结构。NCP 过程是指在将前驱体溶液旋涂过程中去除多余溶剂，阻止晶体快速生长，以获得形貌均一、电致发光性能好的钙钛矿材料。与传统二维材料相比，准二维钙钛矿材料因激子限域而具备更强的光电性质。准二维材料是三维和二维材料的混合，具有量子阱结构，能量可实现由宽带隙（小 n 值）快速传输至窄带隙（大 n 值），并且可避免激子淬灭。同时，准二维结构阻止大块的晶体生长，使晶界处缺陷态减少；有机胺的表面钝化，降低膜表面粗糙度。

5.5.3 表面工程

钙钛矿膜的表面质量对器件发光效率有重大影响，薄膜质量差会引起明显的漏电流现象。为此，相关研究提出添加聚合物薄膜、退火处理、反溶剂蒸气处理、两步法沉积等方法提高膜质量，以获得致密、大面积均匀覆盖的薄膜。[59-60] 膜表面形成的空洞与快速的结晶过程有关，不利于制备高效率的钙钛矿发光二极管。如图 5.15 所示，谭占鳌课题组向准二维 $BA_2(CsPbBr_3)_{n-1}PbBr_4$ 中加入离子导电聚合物 PEO，器件外量子效率为 8.42%。[1] PEO 起到阻碍晶体过大生长并维持准二维层状结构稳定的作用；同时，采用洗去多余绝缘烷基链的 IPA 后处理，使高荧光量子效率和载流子的快速注入之间达到平衡。由于表面非辐射缺陷态钝化和 IPA 处理降低荧光量子效率的损失，该器件发光亮度高达 33 533 $cd \cdot m^{-2}$[图 5.15(b)]。Lin 课题组在发光层和电子传输层间插入一薄层 PMMA 薄膜用来促进载流子的注入，将器件的外量子效率提升至 20.3%，电流效率达到 78 $cd \cdot A^{-1}$[3]。

器件工作时，膜表面产生的焦耳热是影响钙钛矿发光二极管光电性能和稳定性的另一重要因素。退火处理可有效降低其影响：退火处理可增加薄膜的结晶度，同时得到有利于发生辐射复合的均一薄膜。Guo 课题组通过旋涂法制得 $MAPbBr_3$ 薄膜后，将其在 90℃下热退火处理 10 min，处理后的薄膜表面孔洞明显减少，总体均匀性增加。[63] 2019 年，Wu 课题组报道对 $MAPbBr_3$ 薄膜进行简单、快速的化学烧结处理，其晶界处缺陷明显减少。[20] 虽然退火处理可提高薄膜表面质量、提升器件性能，但是过度的热退火处理容易引起钙钛矿中组成元素的缺失，反而会破坏钙钛矿结构，造成器件性能下降。

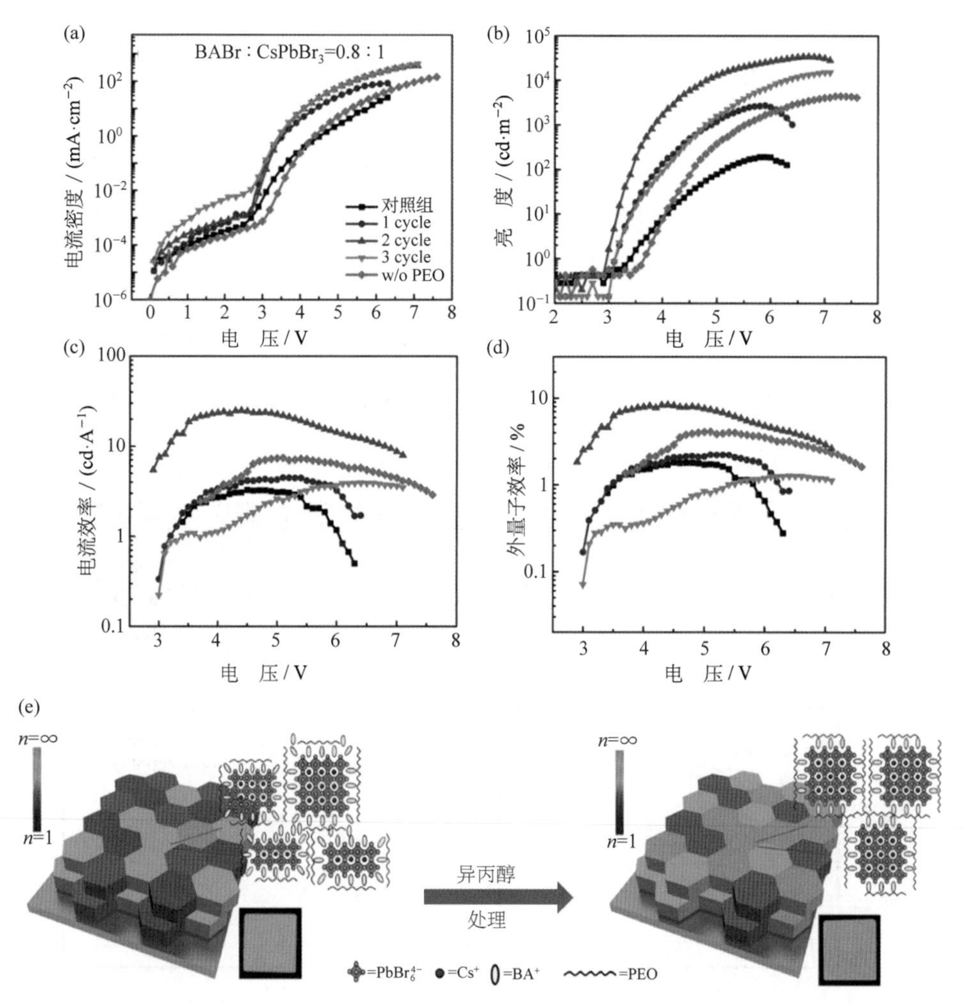

图 5.15 (a)～(d) $BA_2(CsPbBr_3)_{n-1}PbBr_4$-PEO 钙钛矿发光二极管的 J-V、L-V、电流效率-电压(CE-V)、EQE-V 曲线；(e) 准二维 $BA_2(CsPbBr_3)_{n-1}PbBr_4$-PEO 薄膜 IPA 处理前/后的结构示意

5.5.4 钝化工程

钙钛矿材料合成过程中形成了结构陷阱，易俘获载流子，造成激子非辐射复合以及器件发生效率滚降。许多研究采用有机添加剂、Lewis 酸添加剂和胺类添加剂填充晶界的缺陷，进行表面钝化。Lin 等向合成 $CsPbBr_3$ 的前驱体溶液中添加 MABr，形成核壳结构，减少非辐射缺陷位点。该器件外量子效率为 20.3%，电流效率由 0.36 cd · A^{-1} 提高至 22.81 cd · A^{-1}[3]。Wang 等用三氟醋酸铯(CsTFA)作为铯源，控制 $CsPbBr_3$ 晶体生长和钝化晶粒界面[19]。TFA^- 与 Pb^{2+} 发生键合作用，将晶粒尺寸由 300 nm 降低至 60 nm，该器件的外量子效率为 10.5%。尽管准二维结构的钙钛矿材料因其激子束

缚能大、载流子限域效应表现出优异的光电性质，但它在降低晶粒尺寸的过程中同样会在表面或晶界产生缺陷。You 课题组用 TOPO 包覆 $PEA_2(FAPbBr_3)_{n-1}PbBr_4$ 来钝化陷阱态。如图 5.16 所示，经 TOPO 处理的 $PEA_2(FAPbBr_3)_{n-1}PbBr_4$（$n=3$ 时）表现出最优的 PL 发光性质，这是因为 TOPO 可有效钝化表面缺陷。此外，他们还额外加入 MACl 到前驱体溶液中，减缓晶体生长速度，使 Cl 填充于晶界间。该钙钛矿发光二极管的外量子效率为 14.36%，电流效率为 62.4 cd·A^{-1}。

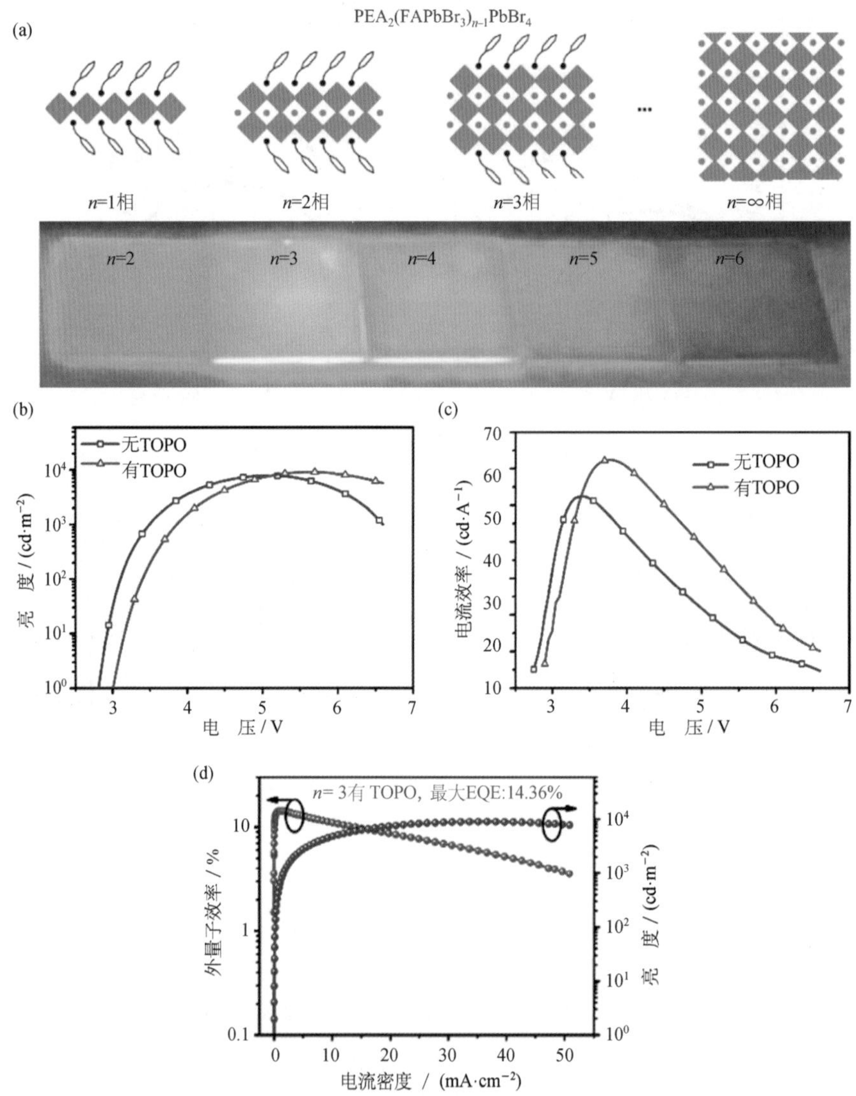

图 5.16 (a) $PEA_2(FAPbBr_3)_{n-1}PbBr_4$ 结构示意图以及紫外光照射下 $PEA_2(FAPbBr_3)_{n-1}PbBr_4$ 的 PL 谱；(b)(c) $PEA_2(FAPbBr_3)_{n-1}PbBr_4$（$n=3$）有/无 TOPO 包覆的器件的 L-V、CE-V 曲线；(d) TOPO 包覆 $PEA_2(FAPbBr_3)_{n-1}PbBr_4$ 的钙钛矿发光二极管的外量子效率-电流密度-亮度（EQE-J-L）曲线

2021年，魏课题组使用TFPPO来PEA基钙钛矿，实现了高效稳定的绿光器件[29]。如图5.17(a)是TFPPO控制维度分布示意，在反溶剂诱导结晶过程中，$[PbBr_6]^{4-}$ 原子核、MA^+ 和 Cs^+ 离子聚集形成钙钛矿薄片，允许 PEA^+ 扩散进入至钙钛矿晶格，从而形成多量子阱结构。在对照组中，PEA的快速扩散导致量子阱的多分散性；而在反溶剂中添加TFPPO，氟原子通过氢键与 PEA^+ 结合，限制其扩散，并促进单分散量子阱形成，同时其上的P═O部分还可以钝化钙钛矿晶界。图5.17(b)是相关的器件性能数据，可以看出TFPPO的引入可以降低器件的漏电流，并且提高器件工作亮度，从而使得外量子效率提高，最大外量子效率可达25.6%。由于体系中缺陷被很好地钝化，因此器件表现出良好的稳定性，在初始亮度为7200 cd·m^{-2}时，T_{50} 寿命可达2 h。

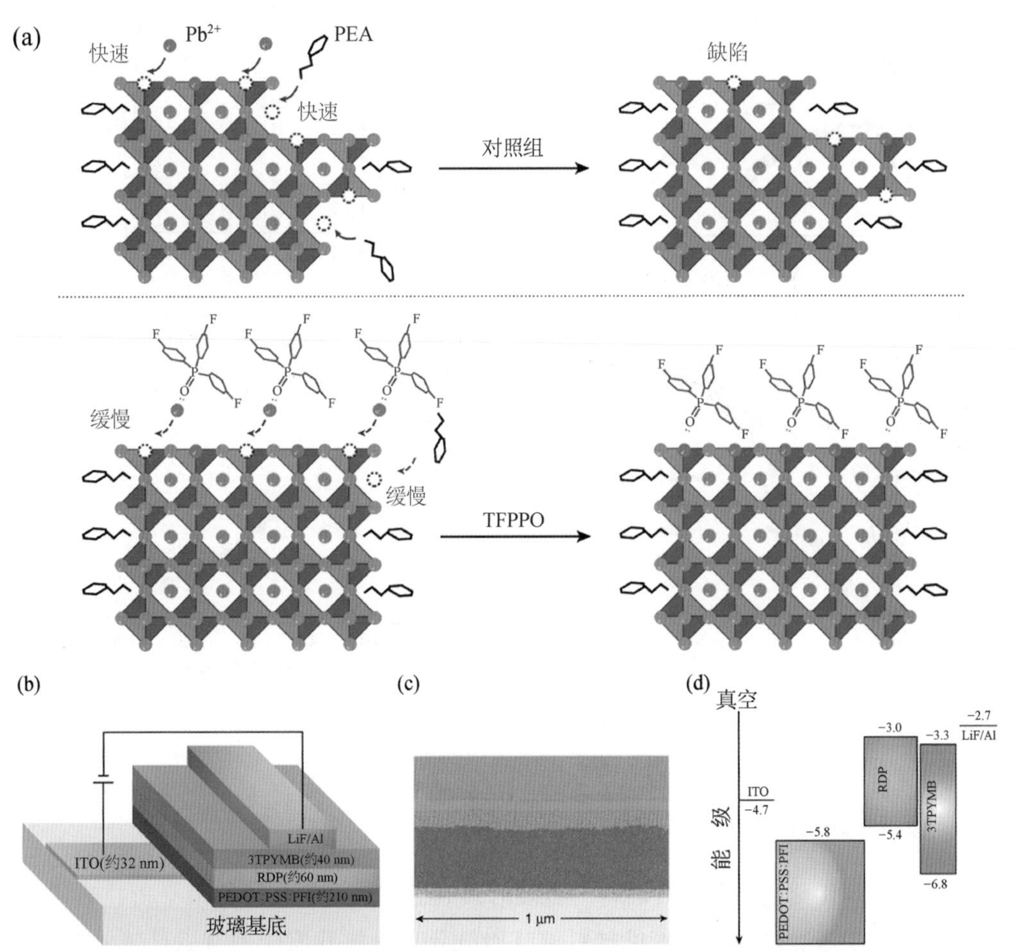

图5.17　(a) TFPPO控制维度分布示意；(b)～(j) TFPPO器件结构、能级结构及器件性能

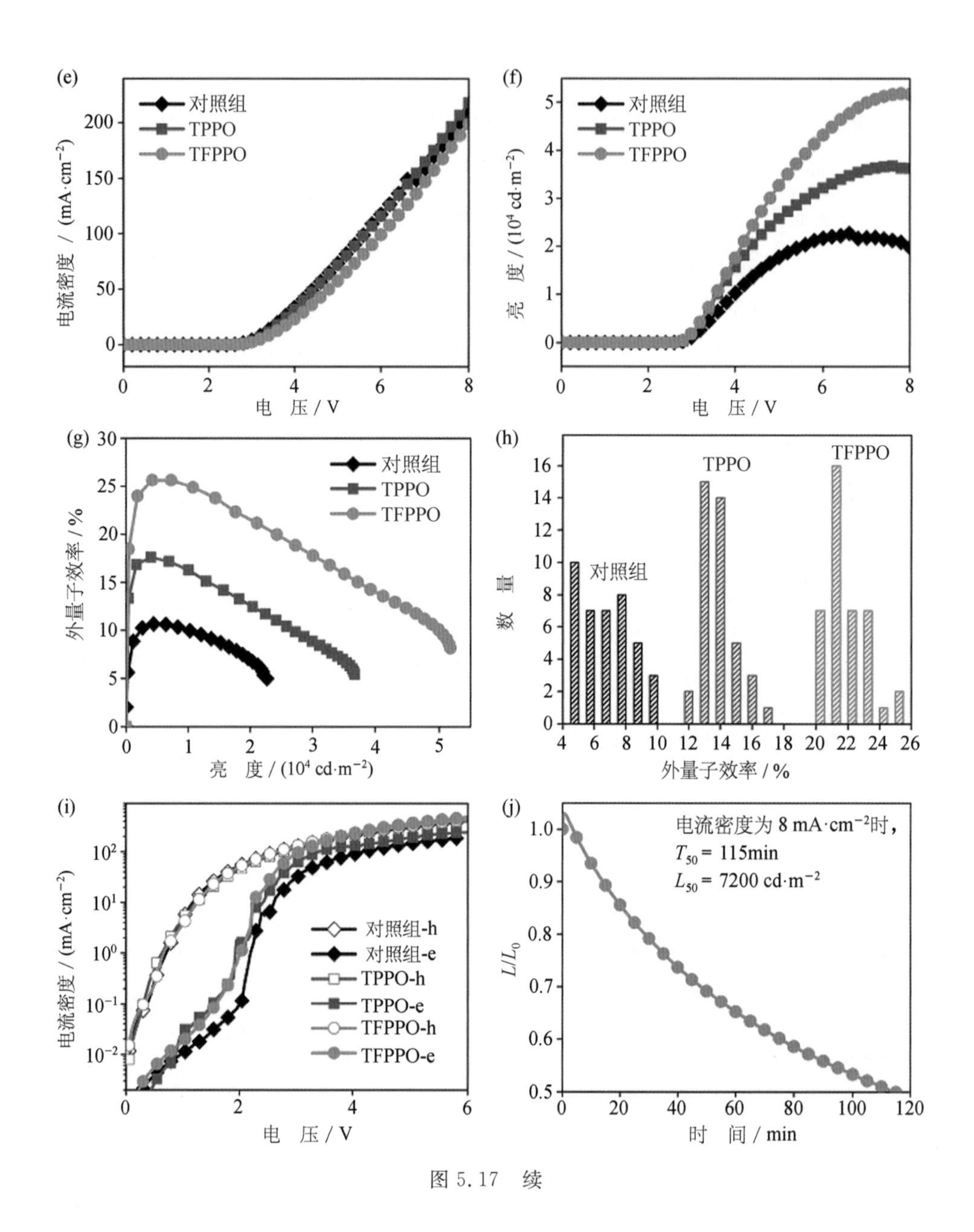

图 5.17 续

5.5.5 器件结构优化

器件结构优化包括两个方面——有效的载流子注入和载流子传输平衡。通常在电荷传输层中添加聚合物或无机材料调节能级分布以便载流子的有效注入。同时，平衡空穴和电子传输到发光层并保证激子在发光层进行有效复合、阻挡激子逃逸也是非常有必要的。

如图 5.18 所示，Zhang 等向空穴注入层中添加 PFI 来调整空穴注入层的功函数，使 poly-TPD 的价带最大值(VBM)提高，与相邻功能层能级相匹配，利于空穴注入，如图 5.18(b)(c)[64]。PFI 层不仅促进空穴的有效注入，它也起到维持 $CsPbBr_3$ 纳米晶结构稳定的作用。该器件的驱动电压只有 2.5 V，FWHM 只有 18 nm，外量子效率也由 0.026%增加至 0.6%。2017 年，Lee 课题组将 PEDOT：PSS 和 PFI 混合作为 $CsPbBr_3$ 钙钛矿发光二极管的缓冲 HIL，膜表面粗糙度只有 3.46 nm，各层能级匹配，这极大地避免了器件中电流分流和漏电流现象的发生[65]。

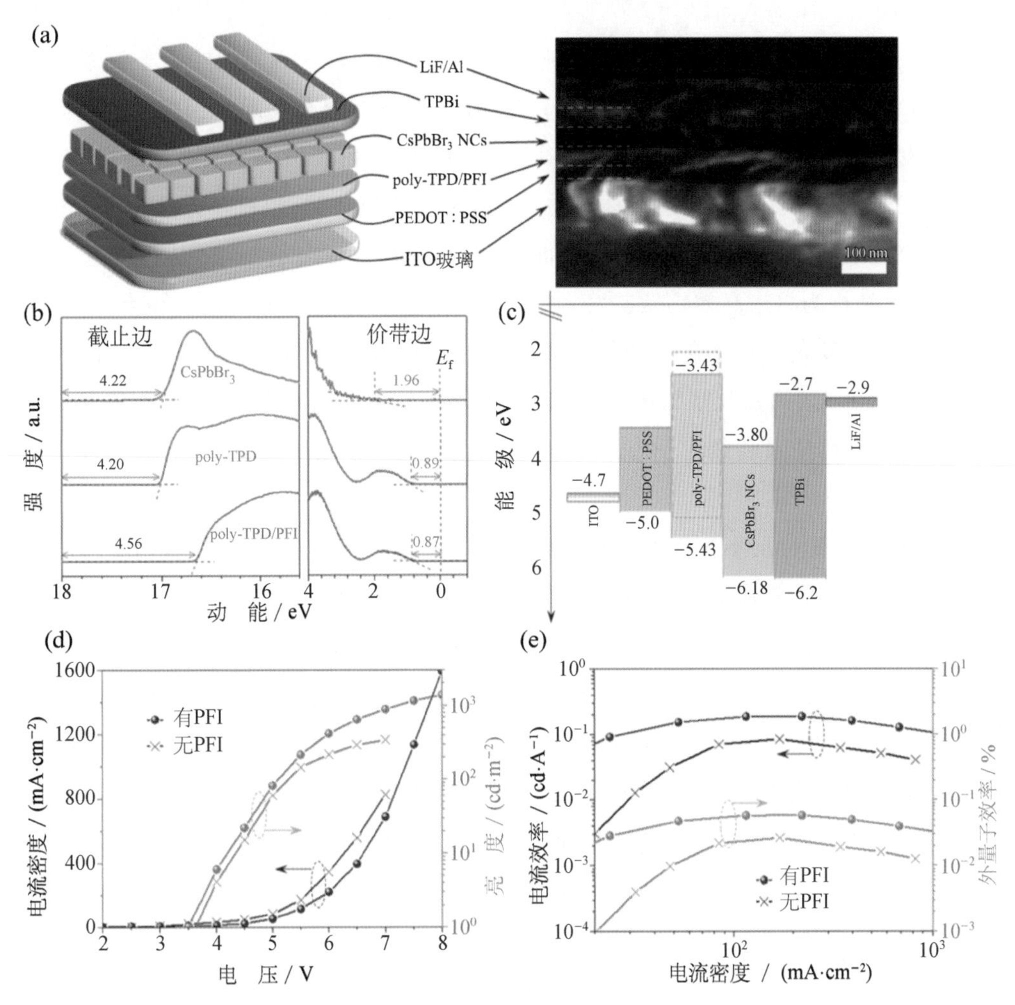

图 5.18　(a) 器件结构；(b) 沉积在 ITO 基底上的 $CsPbBr_3$ 纳米晶薄膜、poly-TPD 薄膜、poly-TPD/PFI 薄膜的 UPS 谱；(c) 钙钛矿发光二极管的总体能级分布；(d)(e) 有/无 PFI 添加层的器件的 J-V-L、CE-J-EQE 曲线

2018年，Wu课题组设计了一种新型的钙钛矿发光二极管器件结构——“绝缘层-钙钛矿-绝缘层”(IPI)结构[66]。如图5.19所示，他们在发光层两端界面处添加超薄绝缘薄膜LiF，器件结构为ITO/LiF/钙钛矿/LiF/Bphen(bathophenanthroline的简称)/LiF/Al(器件C)。用绿光钙钛矿的常见三种材料($MAPbBr_3$、$FAPbBr_3$、$CsPbBr_3$)作为发光层，同时将常见的器件结构PEDOT：PSS/钙钛矿/Bphen(器件A)和PEDOT：PSS/PVK/钙钛矿/Bphen(器件B)作为对比[图5.19(a)～(c)]。以$MAPbBr_3$为发光层的器件EL发光峰在波长535 nm处，相较于PL峰有些许蓝移[图5.19(d)]。在以$MAPbBr_3$为发光层的三种器件中，器件C的电致发光性能最好——亮度最大(36 854 $cd \cdot m^{-2}$)，电流效率最高(8.67 $cd \cdot A^{-1}$)，外量子效率最大(2.36%)，如图5.19(e)(f)。他们利用c-AFM描述电流分布情况以探究IPI结构如何提高发光二极管器件的EL性质，如图5.19(g)(h)。由于添加了LiF绝缘薄膜，大部分的载流子直接经由钙钛矿晶体传输，并不流经其中缺陷，也就不产生漏电流；同时，LiF绝缘薄膜也避免激子在两相界面处淬灭，提高激子复合概率，从而改善器件性能。IPI结构为将来高效钙钛矿发光二极管的研发提供了新思路。2020年，Friend课题组同样在发光层和空穴传输层之间沉积一层极薄的约为1 nm的LiF层，同时在发光层中掺杂5%的四苯基氯化磷(TPPCl)控制钙钛矿的结晶度和尺寸，也起到提高钙钛矿薄膜晶体质量和载流子寿命的作用，薄膜荧光量子效率提高至65%，器件外量子效率为19.1%[67]。

此外，空穴传输层不仅影响着器件载流子的传输性质以及界面缺陷，同时对准二维钙钛矿的能量分布及能量势阱分布也有重要影响。2021年，Chen团队以$PEA_2Cs_{n-1}Pb_nBr_{3n+1}$钙钛矿薄膜为发光层，研究四种空穴传输层——聚(9-乙烯基咔唑)：聚环氧乙烷(PVK：PEO)、PVK、PEDOT：PSS、NiO_x对其能量分布和势阱的影响。[68]实验结果表明，PVK：PEO作为空穴传输层对钙钛矿能量势阱的影响最明显，PEO对其产生钝化作用。PVK：PEO作为空穴传输层的器件亮度为23 110 $cd \cdot m^{-2}$，外量子效率最大可达11.5%，这也是使用无修饰的$PEA_2Cs_{n-1}Pb_nBr_{3n+1}$作为发光层的钙钛矿发光二极管器件性能目前达到的最大值。

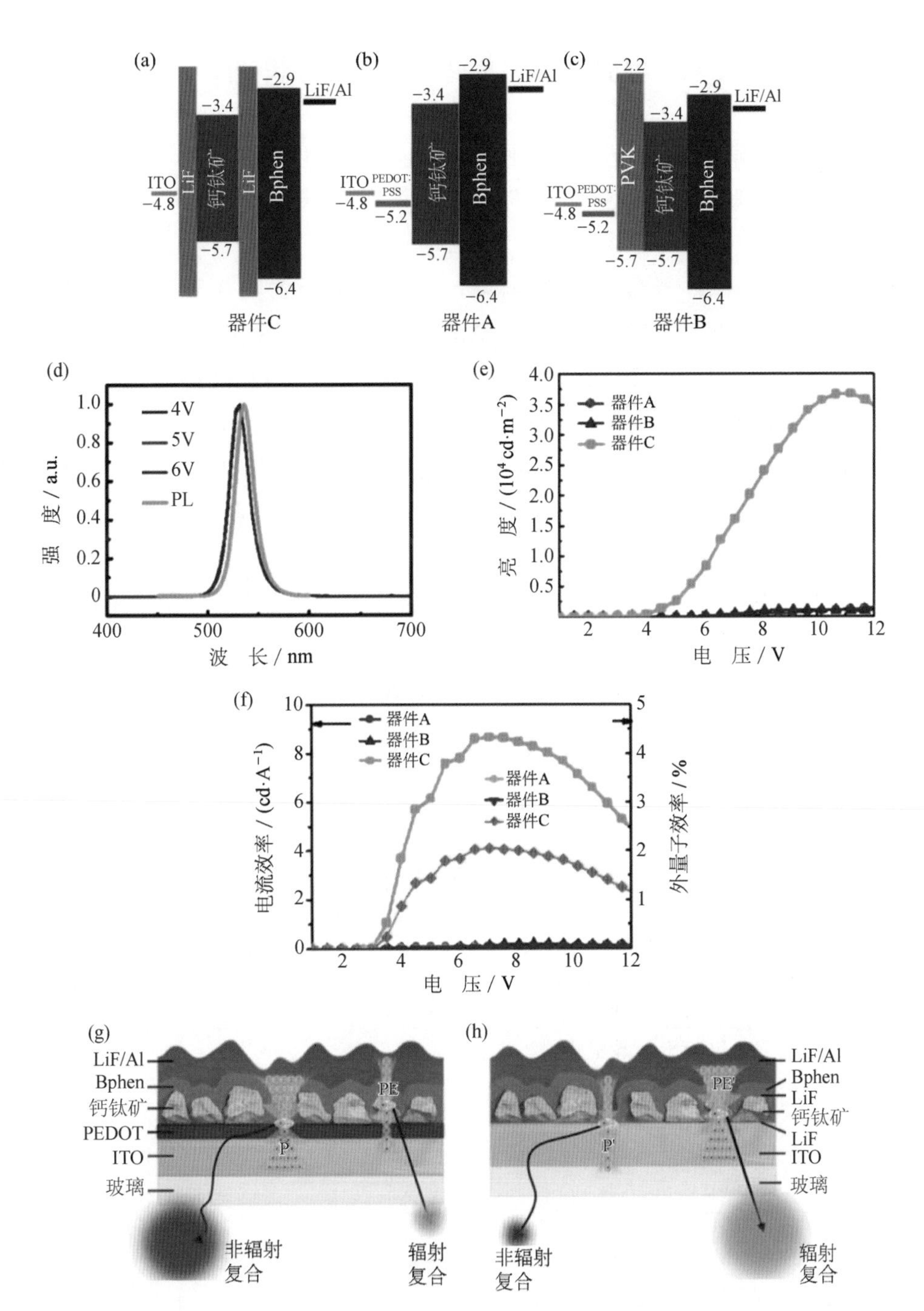

图 5.19　(a)～(c) 器件结构；(d)光谱；(e)(f) 不同结构的器件的 L-V、电流效率-电压-外量子效率(CE-V-EQE)曲线；(g)(h) 钙钛矿发光二极管器件结构截面示意

5.6 绿光钙钛矿发光二极管的其他性能

器件的寿命和稳定性是评估钙钛矿发光二极管优劣的重要因素。绿光钙钛矿发光二极管的 EL 会在短时间内衰减至初始值的 50%，这远远低于商业应用的要求，表 5.1 展示了近年一些绿光钙钛矿发光二极管的寿命[3,18-19,23,64,66,69-75]。例如，2015 年，基于 $MAPbBr_3$ 的器件寿命虽然达到 50 h，但其外量子效率极低，只有不到 1%。2018 年，魏展画用 MABr 修饰 $CsPbBr_3$ 纳米晶，将外量子效率提升至 20.3%，寿命也大幅提升，达到 105 h。迄今为止，所有纯无机钙钛矿发光二极管的寿命（T_{82}）最大达到 436 h。[3]钙钛矿器件的寿命取决于器件的稳定性，器件的稳定性与器件工作情况和钙钛矿材料有关。对于器件工作情况，首先，钙钛矿材料暴露于高温和周围环境时，晶体结构易发生改变、纳米粒子在溶液态和薄膜态的稳定性也需考虑。其次，偏压下钙钛矿材料中易发生离子迁移、电极金属易扩散，器件运行时也会形成 p-i-n 结[61]。最后，器件在工作过程中，易在高电流密度下产生焦耳热，使材料发生热降解，降低器件性能。对于钙钛矿材料，离子迁移尤其卤素离子，是导致钙钛矿发光二极管不稳定的主要因素。引起离子迁移的原因有两方面：① 钙钛矿材料是离子晶体，晶格束缚能小，形成钙钛矿晶体的离子易从中逃逸，沿着缺陷位点迁移；② 器件运行时形成电场，对离子迁移有加速作用[76]。目前，有效抑制离子迁移的策略是使用“全无机”，包括全无机钙钛矿材料和全无机器件结构。

表 5.1 绿光钙钛矿发光二极管的寿命

发表年份	发光材料	EQE /%	PL 峰 /nm	寿　命
2015	$MAPbBr_3$ NCs	0.05	530	$T_{50}=50$ h
2015	$MAPbBr_3$ 薄膜	0.165	532	$T_{50}=4$ min
2015	$MAPbBr_3$ 薄膜	—	550	$T_{50}=0.8$ h
2016	$MAPbBr_3$ QD	1.06	518	$T_{50}=230$ h
2016	$CsPbBr_3$ 薄膜	0.15	524	$T_{50}>15$ h
2016	$CsPbBr_3$ QD	2.39	522	$T_{50}>10$ h
2017	$CsPbBr_3$ 薄膜	4.76	525	$T_{50}>80$ h
2018	$PEA_2(FAPbBr_3)_{n-1}PbBr_4$	14.36	532	$T_{50}=65$ min
2018	$CsPbBr_3$ NCs	2.99	—	$T_{50}>96$ h
2018	$PEA_2(CsPbBr_3)_{n-1}PbBr_4$-冠醚	15.5	520	$T_{50}=1.5$ h
2018	$CsPbBr_3$/MABr NCs	20.3	525	$T_{50}=105$ h
2019	二维 $FAPbBr_3$ NPs	3.53	532	$T_{50}=32$ min
2019	$FA_{0.11}MA_{0.10}Cs_{0.79}PbBr_3$	10.5	518	$T_{50}=250$ h
2019	PDB-$CsPbBr_3$ QD	—	520	$T_{82}=436$ h
2020	SCN-$CsPbBr_3$ QD	1.2	519	$T_{50}=27$ min

目前许多研究致力于解决上述问题。Lee课题组提出三种有效方法来提高钙钛矿发光二极管的稳定性——A位阳离子工程、采用Ruddlesden-Popper晶相以及添加助剂或界面层抑制离子迁移[61]。绿光钙钛矿发光二极管中,用更稳定的A位阳离子取代甲脒离子是提高器件稳定性的有效方法。从表5.2可以看出,纯无机钙钛矿材料$CsPbBr_3$是多晶绿光钙钛矿材料中最稳定的材料。钙钛矿发光二极管稳定性的研究发展与材料维度有关且发展速度参差不齐,三维(单晶或多晶)发展最快,零维(量子点或纳米晶)次之,准二维结构发展最慢。2017年,Sun等向$CsPbBr_3$中加入PEO,在旋涂成膜后用反溶剂氯仿蒸气处理,制备的钙钛矿多晶晶粒尺寸为5 μm,缺陷少,束缚能高(128.4 meV)[72]。器件初始亮度值为1000 cd·m^{-2},工作80 h后仅衰减18%。2016年,Zhang等采用配体辅助再沉积法合成$MAPbBr_3$量子点,将其组装成器件并封装后,寿命(T_{50})可达230 h[70]。2018年,Li课题组设计全无机钙钛矿器件结构——ITO/NiO/$CsPbBr_3$ QD/$Zn_{0.8}Mg_{0.2}O$ NPs/Al,增强器件稳定性[36]。溶液态$CsPbBr_3$量子点的荧光量子效率可达83.6%,放置30天后仅减少6.2%。组装的器件外量子效率为3.79%,在温度20℃、湿度30%~40%、恒压8 V下,寿命(T_{80})超过12 h。他们还将旋涂所制$CsPbBr_3$薄膜从330 K升温至393 K,再降温至300 K,反复3次,器件的EL强度仅减少15.1%。这些测试都表明该材料耐热耐湿。2018年,Mohite等发现准二维体系中组成成分越多,器件越稳定[77]。因此,他们推测准二维体系中的三维成分有损器件稳定,器件EL的减少与界面受到侵蚀和降解有关,而与钙钛矿材料无关。Deschler等向$CsPbBr_3$和PEABr的前驱体溶液中添加冠醚,并组装器件ITO/poly-TPD/PEs/TPBi/LiF/Al,器件外量子效率达到15.5%[8]。他们认为添加的冠醚有利于载流子限域、减少非辐射复合、抑制离子迁移;并且,钙钛矿材料本身热稳定性性质——不耐受器件运行产生的焦耳热导致了器件的稳定性差。但是,绝大多数研究都没有深入探讨他们所采取的措施提高器件稳定性的机理。

表5.2 绿光钙钛矿材料的一些热稳定性参数

钙钛矿材料	热分解温度/℃	载流子迁移率/(cm^2·V^{-1}·S^{-1})	陷阱密度/cm^3
$CsPbBr_3$	500	4500	1.1×10^{10}
$FAPbBr_3$	200	62	9.6×10^{9}
$MAPbBr_3$	200	24	3×10^{10}

综上所述,改善钙钛矿发光二极管稳定性的方法整体上可分为三种:① 向钙钛矿材料中引入合适的配体或聚合物,使其微观结构均一;② 开发高热稳定性的新型钙钛矿材料;③ 优化器件结构,促进载流子的注入和传输,减小器件的驱动电压。未

来有关器件稳定性的研究可更多关注准二维绿光钙钛矿材料开发和室温下离子迁移问题。

5.7 结论与展望

绿光钙钛矿发光二极管在近几年发展迅速。与传统发光二极管相比，钙钛矿发光二极管具有直接带隙、发光光谱窄、高亮度、发光颜色可调以及低成本等诸多优势。本章从钙钛矿结构、合成方法、器件组装及其性能方面总结了绿光钙钛矿发光二极管的发展。另外，本章着重探讨了绿光钙钛矿发光二极管器件效率的发展以及影响器件外量子效率的因素。对此，本章也从材料改进和器件优化方面给出切实有效的措施来解决钙钛矿发光二极管的效率滚降问题。

影响钙钛矿发光器件外量子效率损失的因素包括钙钛矿材料和器件结构两方面：① 钙钛矿材料发生由陷阱辅助过程和俄歇过程导致的非辐射复合；② 器件中存在漏电流和载流子传输不平衡。解决上述问题可从以下几个方面展开。首先，晶体工程和表面钝化通过减小晶粒尺寸和配体填充表面缺陷，可有效减少钙钛矿薄膜表面缺陷态。其次，降低钙钛矿结构维度和改善薄膜质量可得到光滑表面，这有助于抑制漏电流的发生。最后，配体工程、表面工程和器件优化工程可实现器件中载流子的传输平衡，使激子限域，提高荧光量子效率。这些方法都有相关研究支持，目前绿光钙钛矿发光二极管的外量子效率最高可达 28.1%。

但是，发光器件的稳定性和寿命是制约其进一步发展的主要因素。钙钛矿发光二极管置于光和水汽中极不稳定，同时在偏压下材料中离子易发生迁移。绿光钙钛矿发光二极管的寿命只有几十至几百小时，甚至有的只有几分钟，远远达不到商业应用的要求。有关研究采取以下三方面措施来提高发光二极管的寿命和稳定性。第一，用合适的配体或聚合物包覆钙钛矿材料，防止材料团聚、离子迁移、受潮氧化。第二，积极开发高热稳定性的新型钙钛矿材料。第三，在器件中增加缓冲层或激子阻挡层优化器件结构，使载流子注入和传输平衡，提高激子复合效率。

参考文献

[1] Wang Z, Wang F, Sun W, et al. Manipulating the trade-off between quantum yield and electrical

conductivity for high-brightness quasi-2D perovskite light-emitting diodes[J]. Advanced Functional Materials, 2018, 28(47): 1804187.

[2] Krieg F, Ong Q K, Burian M, et al. Stable ultraconcentrated and ultradilute colloids of $CsPbX_3$ (X = Cl, Br) nanocrystals using natural lecithin as a capping ligand[J]. Journal of the American Chemical Society, 2019, 141(50): 19839-19849.

[3] Lin K, Xing J, Quan L N, et al. Perovskite light-emitting diodes with external quantum efficiency exceeding 20 per cent[J]. Nature, 2018, 562(7726): 245-248.

[4] Yang X, Zhang X, Deng J, et al. Efficient green light-emitting diodes based on quasi-two-dimensional composition and phase engineered perovskite with surface passivation[J]. Nature Communications, 2018, 9(1): 570.

[5] Fang Z, Chen W, Shi Y, et al. Dual passivation of perovskite defects for light-emitting diodes with external quantum efficiency exceeding 20%[J]. Advanced Functional Materials, 2020, 30(12): 1909754.

[6] Li C, Zang Z, Chen W, et al. Highly pure green light emission of perovskite $CsPbBr_3$ quantum dots and their application for green light-emitting diodes[J]. Optics Express, 2016, 24(13): 15071-15078.

[7] Sadhanala A, Ahmad S, Zhao B, et al. Blue-green color tunable solution processable organolead chloride-bromide mixed halide perovskites for optoelectronic applications[J]. Nano Letters, 2015, 15(9): 6095-6101.

[8] Ban M, Zou Y, Rivett J P H, et al. Solution-processed perovskite light emitting diodes with efficiency exceeding 15% through additive-controlled nanostructure tailoring[J]. Nature Communications, 2018, 9(1): 3892.

[9] Levchuk I, Osvet A, Tang X, et al. Brightly luminescent and color-tunable formamidinium lead halide perovskite $FAPbX_3$(X = Cl, Br, I) colloidal nanocrystals[J]. Nano Letters, 2017, 17(5): 2765-2770.

[10] Tan Z, Moghaddam R, Lai M, et al. Bright light-emitting diodes based on organometal halide perovskite[J], Nature Nanotechnology, 2014, 9: 687-692.

[11] Song J, Li J, Li X, et al. Quantum dot light-emitting diodes based on inorganic perovskite cesium lead halides ($CsPbX_3$)[J]. Advanced Materials, 2015, 27(44): 7162-7167.

[12] Zhu Y, Zhao X, Zhang B, et al. Very efficient green light-emitting diodes based on polycrystalline $CH(NH_3)_2PbBr_3$ film achieved by regulating precursor concentration and employing novel anti-solvent[J]. Organic Electronics, 2018, 55: 35-41.

[13] Byun J, Cho H, Wolf C, et al. Efficient visible quasi-2D perovskite light-emitting diodes[J]. Advanced Materials, 2016, 28(34): 7515-7520.

[14] Shan Q, Song J, Zou Y, et al. High performance metal halide perovskite light-emitting diode:

From material design to device optimization[J]. Small, 2017, 13(45): 1701770.

[15] Ng Y F, Kulkarni S A, Parida S, et al. Highly efficient Cs-based perovskite light-emitting diodes enabled by energy funnelling[J]. Chemical Communications, 2017, 53(88): 12004-12007.

[16] Quan L N, Zhao Y, Garcia de Arquer F P, et al. Tailoring the energy landscape in quasi-2D halide perovskites enables efficient green-light emission[J]. Nano Letters, 2017, 17(6): 3701-3709.

[17] Li J, Xu L, Wang T, et al. 50-fold EQE improvement up to 6.27% of solution-processed all-inorganic perovskite $CsPbBr_3$ QLEDs via surface ligand density control[J]. Advanced Materials, 2017, 29(5): 1603885.

[18] Shi Z, Li Y, Zhang Y, et al. High-efficiency and air-stable perovskite quantum dots light-emitting diodes with an all-inorganic heterostructure[J]. Nano Letters, 2017, 17(1): 313-321.

[19] Wang H, Zhang X, Wu Q, et al. Trifluoroacetate induced small-grained $CsPbBr_3$ perovskite films result in efficient and stable light-emitting devices[J]. Nature Communications, 2019, 10(1): 665.

[20] Xi J, Xi K, Sadhanala A, et al. Chemical sintering reduced grain boundary defects for stable planar perovskite solar cells[J]. Nano Energy, 2019, 56: 741-750.

[21] Xie Q, Wu D, Wang X, et al. Branched capping ligands improve the stability of cesium lead halide ($CsPbBr_3$) perovskite quantum dots[J]. Journal of Materials Chemistry C, 2019, 7(36): 11251-11257.

[22] Krieg F, Ong Q K, Burian M, et al. Stable ultraconcentrated and ultradilute colloids of $CsPbX_3$ ($X = Cl, Br$) nanocrystals using natural lecithin as a capping ligand[J]. Journal of the American Chemical Society, 2019, 141: 19839-19849.

[23] Fang H, Deng W, Zhang X, et al. Few-layer formamidinium lead bromide nanoplatelets for ultrapure-green and high-efficiency light-emitting diodes[J]. Nano Research, 2018, 12(1): 171-176.

[24] Zhang L, Yang X, Jiang Q, et al. Ultra-bright and highly efficient inorganic based perovskite light-emitting diodes[J]. Nature Communications, 2017, 8: 15640.

[25] Chin X Y, Perumal A, Bruno A, et al. Self-assembled hierarchical nanostructured perovskites enable highly efficient LEDs via an energy cascade[J]. Energy & Environmental Science, 2018, 11(7): 1770-1778.

[26] Song J, Fang T, Li J, et al. Organic-inorganic hybrid passivation enables perovskite QLEDs with an EQE of 16.48%[J]. Advanced Materials, 2018, 30(50): 1805409.

[27] Dong Y, Wang Y K, Yuan F, et al. Bipolar-shell resurfacing for blue LEDs based on strongly confined perovskite quantum dots[J]. Nature Nanotechnology, 2020, 15(8): 668-674.

[28] Kim Y H, Kim S, Kakekhani A, et al. Comprehensive defect suppression in perovskite nanocrystals for high-efficiency light-emitting diodes[J]. Nature Photonics, 2021, 15(2): 148-155.

[29] Ma D, Lin K, Dong Y, et al. Distribution control enables efficient reduced-dimensional perovskite LEDs[J]. Nature, 2021, 599(7886): 594-598.

[30] Liu Z, Qiu W, Peng X, et al. Perovskite light-emitting diodes with EQE exceeding 28% through a synergetic dual-additive strategy for defect passivation and nanostructure regulation [J]. Advanced Materials, 2021, 33(43): 2103268.

[31] Liu X K, Gao F. Organic-inorganic hybrid ruddlesden-popper perovskites: an emerging paradigm for high-performance light-emitting diodes[J]. The journal of physical chemistry letters, 2018, 9(9): 2251-2258.

[32] Akkerman Q A, Raino G, Kovalenko M V, et al. Genesis, challenges and opportunities for colloidal lead halide perovskite nanocrystals[J]. Nature Materials, 2018, 17(5): 394-405.

[33] Lee H D, Kim H, Cho H, et al. Efficient Ruddlesden-Popper perovskite light-emitting diodes with randomly oriented nanocrystals [J]. Advanced Functional Materials, 2019, 29 (27): 1901225.

[34] Yang S, Wang Y, Liu P, et al. Functionalization of perovskite thin films with moisture-tolerant molecules[J]. Nature Energy, 2016, 1(2): 15016.

[35] Kim Y H, Kim J S, Lee T W. Strategies to improve luminescence efficiency of metal-halide perovskites and light-emitting diodes[J]. Advanced Materials, 2019, 31(47): 1804595.

[36] Shi Z, Li S, Li Y, et al. Strategy of solution-processed all-inorganic heterostructure for humidity/temperature-stable perovskite quantum dot light-emitting diodes[J]. ACS Nano, 2018, 12 (2): 1462-1472.

[37] Green M A, Ho-Baillie A, Snaith H J. The emergence of perovskite solar cells[J]. Nature Photonics, 2014, 8(7): 506-514.

[38] Manser J S, Christians J A, Kamat P V. Intriguing optoelectronic properties of metal halide perovskites[J]. Chemical Reviews, 2016, 116(21): 12956-13008.

[39] Jin F, Zhao B, Chu B, et al. Morphology control towards bright and stable inorganic halide perovskite light-emitting diodes[J]. Journal of Materials Chemistry C, 2018, 6(6): 1573-1578.

[40] Amat A, Mosconi E, Ronca E, et al. Cation-induced band-gap tuning in organohalide perovskites: Interplay of spin-orbit coupling and octahedra tilting[J]. Nano letters, 2014, 14(6): 3608-3616.

[41] Park M H, Jeong S H, Seo H K, et al. Unravelling additive-based nanocrystal pinning for high efficiency organic-inorganic halide perovskite light-emitting diodes[J]. Nano Energy, 2017, 42: 157-165.

[42] Protesescu L, Yakunin S, Bodnarchuk M I, et al. Monodisperse formamidinium lead bromide

nanocrystals with bright and stable green photoluminescence[J]. Journal of the American Chemical Society, 2016, 138(43): 14202-14205.

[43] Ortiz-Cervantes C, Carmona-Monroy P, Solis-Ibarra D. Two-dimensional halide perovskites in solar cells: 2D or not 2D? [J]. ChemSusChem, 2019, 12(8): 1560-1575.

[44] Kim H, Huynh K A, Kim S Y, et al. 2D and quasi-2D halide perovskites: Applications and progress[J]. Physica Status Solidi, 2019, 14(2): 1900435.

[45] Cho H, Jeong S, Park M, et al. Overcoming the electroluminescence efficiency limitations of perovskite light-emitting diodes[J]. Science, 2015, 350(6265): 1222-1225.

[46] Shang Y, Li G, Liu W, et al. Quasi-2D inorganic $CsPbBr_3$ perovskite for efficient and stable light-emitting diodes[J]. Advanced Functional Materials, 2018, 28(22): 1801193.

[47] Ling Y, Yuan Z, Tian Y, et al. Bright light-emitting diodes based on organometal halide perovskite nanoplatelets[J]. Advanced Materials, 2016, 28(2): 305-311.

[48] Xing J, Yan F, Zhao Y, et al. High-efficiency light-emitting diodes of organometal halide perovskite amorphous nanoparticles[J]. ACS Nano, 2016, 10(7): 6623-6630.

[49] Chiba T, Hoshi K, Pu Y J, et al. High-efficiency perovskite quantum-dot light-emitting devices by effective washing process and interfacial energy level alignment[J]. ACS Applied Materials & Interfaces, 2017, 9(21): 18054-18060.

[50] Song J, Li J, Xu L, et al. Room-temperature triple-ligand surface engineering synergistically boosts ink stability, recombination dynamics, and charge injection toward EQE-11.6% perovskite QLEDs[J]. Advanced Materials, 2018, 30(30): 1800764.

[51] Ling Y, Yuan Z, Tian Y, et al. Bright light-emitting diodes based on organometal halide perovskite nanoplatelets[J]. Advanced Materials, 2016, 28(2): 305-311.

[52] Yan F, Xing J, Xing G, et al. Highly efficient visible colloidal lead-halide perovskite nanocrystal light-emitting diodes[J]. Nano Letters, 2018, 18(5): 3157-3164.

[53] Yan F, Tan S T, Li X, et al. Light generation in lead halide perovskite nanocrystals: LEDs, color converters, lasers, and other applications[J]. Small, 2019, 15(47): 1902079.

[54] Yuan S, Liu Q, Tian Q, et al. Auger effect assisted perovskite electroluminescence modulated by interfacial minority carriers[J]. Advanced Functional Materials, 2020, 30(12): 1909222.

[55] Veldhuis S A, Boix P P, Yantara N, et al. Perovskite materials for light-emitting diodes and lasers[J]. Advanced Materials, 2016, 28(32): 6804-6834.

[56] Pan J, Quan L N, Zhao Y, et al. Highly efficient perovskite-quantum-dot light-emitting diodes by surface engineering[J]. Advanced Materials, 2016, 28(39): 8718-8725.

[57] Shen W S, Yuan S, Tian Q S, et al. Surfacial ligand management of a perovskite film for efficient and stable light-emitting diodes[J]. Journal of Materials Chemistry C, 2019, 7(46): 14725-14730.

[58] Park J H, Lee A Y, Yu J C, et al. Surface ligand engineering for efficient perovskite nanocrystal-based light-emitting diodes [J]. ACS Applied Materials & Interfaces, 2019, 11 (8): 8428-8435.

[59] Zu Y, Xi J, Li L, et al. High-brightness and color-tunable $FAPbBr_3$ perovskite nanocrystals 2.0 enable ultrapure green luminescence for achieving recommendation 2020 displays[J]. ACS Applied Materials & Interfaces, 2020, 12(2): 2835-2841.

[60] Li G, Tan Z K, Di D, et al. Efficient light-emitting diodes based on nanocrystalline perovskite in a dielectric polymer matrix[J]. Nano Letters, 2015, 15(4): 2640-2644.

[61] Cho H, Kim Y H, Wolf C, et al. Improving the stability of metal halide perovskitematerials and light-emitting diodes[J]. Advanced Materials, 2018, 30(42): 1704587.

[62] Almeida G, Goldoni L, Akkerman Q, et al. Role of acid-base equilibria in the size, shape, and phase control of cesium lead bromide nanocrystals[J]. ACS Nano, 2018, 12(2): 1704-1711.

[63] Chih Y K, Wang J C, Yang R T, et al. NiO_x electrode interlayer and $CH_3NH_2/CH_3NH_3PbBr_3$ interface treatment to markedly advance hybrid perovskite-based light-emitting diodes [J]. Advanced Materials, 2016, 28(39): 8687-8694.

[64] Zhang X, Lin H, Huang H, et al. Enhancing the brightness of cesium lead halide perovskite nanocrystal based green light-emitting devices through the interface engineering with perfluorinated ionomer[J]. Nano Letters, 2016, 16(2): 1415-1420.

[65] Kim Y H, Wolf C, Kim Y T, et al. Highly efficient light-emitting diodes of colloidal metal-halide perovskite nanocrystals beyond quantum size[J]. ACS Nano, 2017, 11(7): 6586-6593.

[66] Shi Y, Wu W, Dong H, et al. A strategy for architecture design of crystalline perovskite light-emitting diodes with high performance[J]. Advanced Materials, 2018, 30(25): 1800251.

[67] Zhao B, Lian Y, Cui L, et al. Efficient light-emitting diodes from mixed-dimensional perovskites on a fluoride interface[J]. Nature Electronics, 2020, 3(11): 704-710.

[68] Li T, Xiang T, Wang M, et al. Unraveling the energy landscape and energy funneling modulated by hole transport layer for highly efficient perovskite LEDs[J]. Laser & Photonics Reviews, 2021, 15(4): 2000495.

[69] Li J, Bade S G, Shan X, et al. Single-layer light-emitting diodes using organometal halide perovskite/poly (ethylene oxide) composite thin films[J]. Advanced Materials, 2015, 27(35): 5196-5202.

[70] Deng W, Xu X, Zhang X, et al. Organometal halide perovskite quantum dot light-emitting diodes[J]. Advanced Functional Materials, 2016, 26(26): 4797-4802.

[71] Wei Z, Perumal A, Su R, et al. Solution-processed highly bright and durable cesium lead halide perovskite light-emitting diodes[J]. Nanoscale, 2016, 8(42): 18021-18026.

[72] Wu C, Zou Y, Wu T, et al. Improved performance and stability of all-inorganic perovskite light-

emitting diodes by antisolvent vapor treatment[J]. Advanced Functional Materials, 2017, 27 (28): 1700338.

[73] Chen F, Boopathi K M, Imran M, et al. Thiocyanate-treated perovskite-nanocrystal-based Light-emitting diodes with insight in efficiency roll-off[J]. Materials, 2020, 13(2): 367.

[74] Aygüler M F, Weber M D, Puscher B M D, et al. Light-emitting electrochemical cells based on hybrid lead halide perovskite nanoparticles[J]. The Journal of Physical Chemistry C, 2015, 119 (21): 12047-12054.

[75] Yu J C, Kim D B, Baek G, et al. High-performance planar perovskite optoelectronic devices: A morphological and interfacial control by polar solvent treatment[J]. Advanced Materials, 2015, 27(23): 3492-3500.

[76] Chen S, Wen X, Sheng R, et al. Mobile ion induced slow carrier dynamics in organic-inorganic perovskite $CH_3NH_3PbBr_3$[J]. ACS Applied Materials & Interfaces, 2016, 8(8): 5351-5357.

[77] Tsai H, Nie W, Blancon J C, et al. Stable light-emitting diodes using phase-pure Ruddlesden-Popper layered perovskites[J]. Advanced Materials, 2018, 30(6): 1704217.

[78] Perumal A, Shendre S, Li M, et al. High brightness formamidinium lead bromide perovskite nanocrystal light emitting devices[J]. Science Reports, 2016, 6: 36733.

第六章　蓝光钙钛矿发光材料与器件

6.1　蓝光钙钛矿发光二极管的发展历程

虽然绝大多数的半导体材料都具有电致发光特性，但找到或者制备出高效且稳定的蓝色发光二极管发光层材料是具有很大难度的，对于钙钛矿半导体材料而言也是如此。钙钛矿蓝光二极管发展的阻碍可以初步概括为以下几点：① 难以制备高效且稳定的钙钛矿蓝光发光层材料；② 针对蓝色发光层较宽的带隙，需要对器件的结构进行优化，这其中主要包括界面处理与新的传输层材料的使用；③ 在实验室中制备高效的钙钛矿发光二极管需要引入十分复杂的制备工艺与严密的条件控制，这一点在制备蓝光钙钛矿材料上格外明显，严重地限制了材料与器件的工业化生产。

自 2018 年起，钙钛矿蓝光材料及器件的各项性能参数迎来了快速的飞跃，使用多种多样的方法制备出的高效率器件在近年来不断地被报道[1]。科学界关注的焦点也从单纯的提升器件效率逐渐转移到提升器件寿命、提升亮度、减小效率滚降以及进一步扩大带隙实现发射光的蓝移上来。一般来说，人眼可见光所对应的波长范围是 400～760 nm，其中严格定义蓝光的波长范围是 450～480 nm，480～490 nm 的狭窄区域属于天蓝光的波长范围，490～510 nm 属于介于蓝光与绿光之间的青光范围。对于天蓝光或青光，虽然它们的波长达不到显示应用的要求，但是它们可以较为容易地与其他光色融合组成白光从而运用到固体照明的领域，因此也是我们需要关注的内容。

6.2　蓝 移 策 略

钙钛矿绿光器件在经过了多年的发展之后，无论是在效率还是在稳定性方面都已经相对成熟。正是由于这个原因，截至目前，几乎所有高效蓝光钙钛矿器件的制备策略都是在制备高效绿光器件的已有策略的基础上施以一定的蓝移策略而实现的。

根据能带理论，半导体材料的晶格的周期性参数（比如晶格常数、对称性等）对带隙起决定性作用。对于钙钛矿材料，它的晶格由作为“骨架”的铅卤八面体和填补八面体之间间隙的有机或无机阳离子组成，这一结构决定了钙钛矿材料的带隙主要由它的铅卤八面体骨架所决定，A 位的阳离子也会起到间接影响作用。

在高效绿光钙钛矿材料的基础上实现蓝移主要有三种思路：

（1）调整铅卤八面体的内部组成，实现改变晶格参数与晶格结构的目的。调整内部组成就是将骨架的基本组成离子 Pb^{2+} 与 X^{-} 进行替代或掺杂，将纯由 Br^{-} 组成的晶格替换为 Br^{-} 与 Cl^{-} 掺杂是最常见的蓝移方式。以 2015 年 Richard H. Friend 课题组的研究成果为例[2]，他们分别混合了甲胺溴、醋酸铅和甲胺氯、醋酸铅，制备了两种阴离子组成的前驱体。通过调整两种前驱体的混合比例制备了不同 Br/Cl 值的三维钙钛矿薄膜，进而做出了钙钛矿发光二极管。器件的能级结构如图 6.1(a)所示，从不同溴氯化器件的电致发光光谱[图 6.1(b)]可以看出，随着氯离子掺杂量的升高，EL 峰出现了明显的蓝移。这是由铅卤八面体内部结构的改变所导致的。

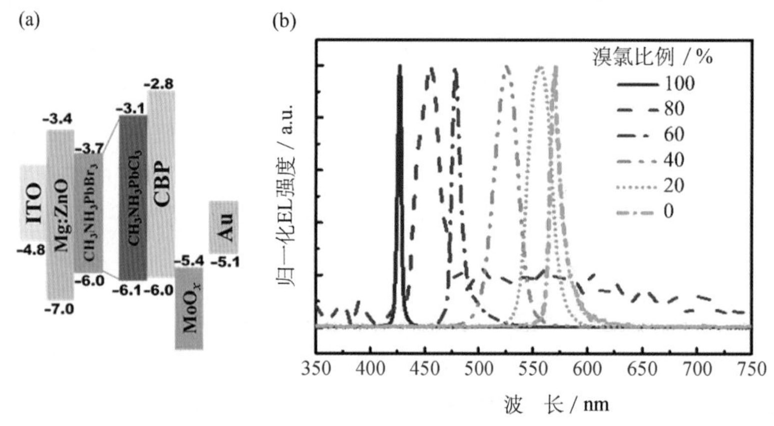

图 6.1 （a）钙钛矿发光二极管的器件结构；（b）不同溴氯比例下钙钛矿薄膜所制备器件的归一化电致发光光谱（77 K 下测量）

（2）不改变八面体骨架的内部组成，而是利用半导体材料的量子限域效应，降低八面体的堆叠与聚集程度，实现带隙的变宽。在这种策略下，我们可以使用长链配体，将三维钙钛矿晶体的尺寸缩小到量子点尺度，实现有限的蓝移。

另外，在具体的实验制备过程中，我们也可以引入大体积 A 位阳离子，在制备中通过铅卤八面体、小阳离子、大阳离子三种组分之间的自组装过程得到宽带隙且具有多重量子阱结构的准二维钙钛矿晶体。这是因为，根据理论计算，当之前所述的钙钛矿晶体尺寸的缩小过程只体现在一个维度上时，能够产生更为明显的蓝移。缩小至完全二维结构时，说明晶体结构的一个维度将只包含一层铅卤八面体，此时发射光的蓝移也达到了极限。以 2016 年曹镛课题组的研究成果为例[3]，研究者们将一种长链铵盐——2-苯氧基乙胺(POEA)作为添加剂加入钙钛矿前驱体中，POEA 中的胺基阳离子能够取代原本生成在钙钛矿表面的 MA^+。由于这一取代作用，POEA 中的苯基形成了 π-π 堆叠，这导致了钙钛矿结晶过程中的取向化，如图 6.2(a)，从扫描电子显微镜结果我们可以看出，随着 POEA 添加量的不断增加，薄膜的形貌由块状变为棒状再变成片状。他们还使用了 X 射线衍射对薄膜进行了测试，结果直接证明了低维相的形成。正如之前所介绍的那样，随着低维钙钛矿相形成量的增多，发射峰出现了明显的蓝移，但由于薄膜上的低维相纯度较低，使得无论是薄膜的荧光光谱还是电致发光光谱都出现了多峰的情况，如图 6.2(b)。另外，文中也论述了薄膜表面缺陷钝化情况对发光峰位置的影响。

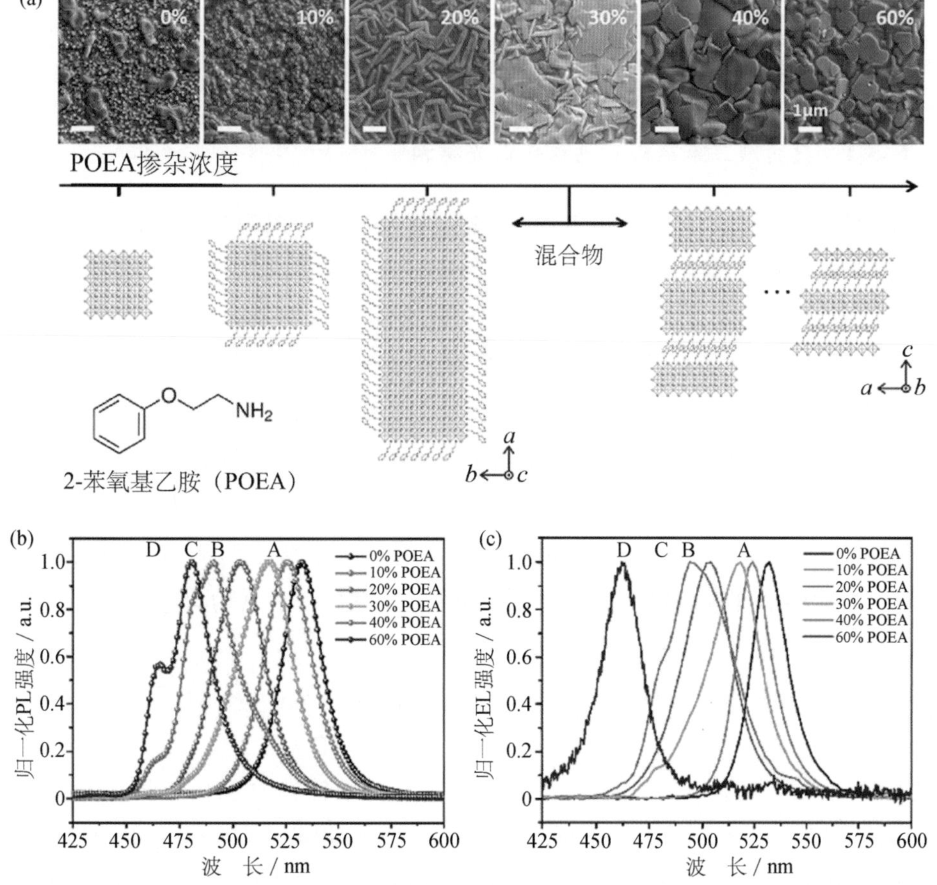

图 6.2 (a) 由 $CH_3NH_3PbBr_3$ 前驱体溶液制成的钙钛矿薄膜的 SEM 图像，随着 POEA 掺杂浓度的增加，钙钛矿结构从块状膜转变为层状结构的示意；(b) 不同掺杂比例的钙钛矿薄膜的 PL 光谱；(c) 不同掺杂比例发光器件的 EL 光谱

(3) 除去这两种策略之外，也不能忽视 A 位小型阳离子对钙钛矿晶格的影响，有报道表明，将晶格中的 Cs^+ 部分替代为同主族但半径更小的 Rb^+ 或者 K^+ 也会使发射峰蓝移。相信日后，这种通过调整小阳离子来实现蓝移的策略所对应的实验方法将愈发成熟。

最后，值得我们注意的是，以上的这些蓝移策略单独地或组合地应用在具体的实验过程中时，经常会导致钙钛矿发光层性能的劣化，所以高性能蓝光二极管制备方法的设计并不仅仅是将已经较为成熟的绿光二极管的工艺加以修改使之蓝移。近年来，一些效果显著的针对蓝光钙钛矿发光二极管的材料与器件的优化方法也已被报道出来，将在后文加以详细介绍。

6.3 蓝光钙钛矿材料

6.3.1 具有准二维结构的钙钛矿蓝光材料

在最初的三维钙钛矿晶体的制备中，溶剂挥发后所形成的晶体薄膜常伴有大量缺陷，这些缺陷根据尺度可以分为不同的种类。为了提升成膜性需要对缺陷进行钝化，加入各种长链铵盐是一种典型的钝化方式，能够减少膜上的针孔提升膜覆盖性。但当加入更多的长链铵盐后可以明显发现，钙钛矿的结晶情况发生了改变，组成薄膜的钙钛矿晶体在扫描电镜图中呈现扁片形。对此现象进行的研究发现，在钙钛矿前驱体溶液(属于一种胶体)中，长链铵阳离子与铅卤八面体聚集体的亲和性很强，会聚集在其周围，当长链铵阳离子中含有大体积的支链基团时，高空间位阻基团间很强的排斥力导致溶剂中的一个个中间相聚集体更倾向于形成两侧为大位阻铵阳离子、中间为数层堆叠着的铅卤八面体的“三明治”结构，而不是均匀包覆的球形核壳结构。

这种具有三明治结构的准二维钙钛矿晶体被称作 Ruddlesden-Popper 相(简称 RP 相)，也称多量子阱结构，属于赝立方晶胞的一种。微观上，在“三明治”之间会形成较为复杂的空隙层结构。准二维晶体具有与三维钙钛矿晶体不同的化学结构式——其中的 n 值表示了夹心处的铅卤八面体堆叠的层数。在夹心之中的铅卤八面体的间隙中存在着另一种阳离子，在后面的叙述中，为了区分，我们称其为“小阳离子”。这种准二维结构的钙钛矿晶体用作发光层材料具有独特的优势，主要可以归纳为以下几点：

(1) 制备工艺简单可控，可重复性强。

(2) 准二维晶体缺陷密度较低，所形成的表面光滑平整，适合做器件发光层。

(3) 准二维钙钛矿两侧的配体部分与中间处的铅卤八面体晶格相比介电常数更高(对应更宽的带隙)，产生了介电效应，这使得生成的激子被牢牢地束缚在晶体中，具有较大的激子束缚能。该效应能够促进注入的电子和空穴复合成激子，并抑制激子的解离，提升效率。

(4) 准二维钙钛矿的 n 值在制备的薄膜中常常不是一个固定的数值，这表明了准二维相薄膜中钙钛矿晶体的带隙和能级结构是在一定范围内离散分布的。在电荷源源不断地注入之下，不同能级结构的相之间会产生电荷的转移和能量的传递。这些传递过程能够提升激子利用率，即抑制激子的非辐射跃迁。

正如之前所介绍的那样，降低准二维钙钛矿晶体化学式中的 n 的值，钙钛矿薄膜的发射光的波长(光致发光和电致发光)会发生显著的蓝移。2019 年，准二维结构的蓝光钙钛矿发光材料相继在天蓝光区(对应波长为 480～490 nm)和蓝光区(对应波长为 450～480 nm)取得重大突破，器件的外量子效率分别达到了 9.5%和 2.6%，体现了这种低维材料对于制备蓝光二极管具有极大潜力[1,4]。

2016 年，Jin 课题组运用溶剂气氛处理法成功制备出了结构式为$(PEA)_2PbBr_4$的二维钙钛矿盘状晶，通过改变 PEABr(溴化苯乙胺)和 $PbBr_2$ 两组分的比例，盘状晶的厚度产生变化，经过优化后器件的最高外量子效率为 0.038%，发射峰在 410 nm 左右[5]。使用这种方法制备的准二维钙钛矿晶体的发射峰的位置可以认为达到了理论极限，即形成了在某一维度为单层铅卤八面体的二维相晶体，这是因为 PEA^+ 离子的半径过大，无法存在于铅卤八面体的间隙中。虽然这种薄膜的电致发光发射峰处于深蓝区域，但是器件性能并不理想。其原因主要为：第一，单层铅卤八面体组成的二维相结晶的导电性很弱，在给定的电压下无法实现有效电荷注入；第二，$n=1$ 的低维相属于一种热力学不稳定状态，难以使用常规方式制备成钙钛矿薄膜并进行器件制备。

在目前有关高效蓝光钙钛矿发光器件的研究中，$n=2～4$ 之间的准二维相是绝对的热点，因为这一系列的钙钛矿晶体既能实现蓝光发射，也能通过优化实现理想的发光性能。在实际的实验中，我们常常很难得到 n 值确定的纯净相，所制备出的钙钛矿薄膜常常为不同 n 值的准二维晶体所组成的混合物，因此在对所制备的薄膜进行紫外吸收和荧光光谱测量的时候，图谱常常会显示出多重吸收或发射峰。为了尽可能得到单分散的准二维相，避免生成大量 n 值较大的相导致发射峰红移；也为了在确定了某个相 n 值的情况下，尽可能优化这种钙钛矿晶体的发光性能，截至目前，研究者们提供了以下几种策略。

1. 开发新的大体积阳离子

图 6.3 是近两年涉及新的“大阳离子”制备蓝光钙钛矿发光二极管的代表性文献。2018 年胡斌课题组使用溴化丙胺(PABr)作为大阳离子制备不同维度的钙钛矿维相[图 6.3(a)],这种缺少大体积基团的大阳离子往往可以制备出发光性能极佳的膜,制备出的器件外量子效率高达 3.6%。但由于其链长较短,限域效应有限,难以使准二维相的 n 降低到较低的值,这就使得发光光谱不够“蓝”,只有 505 nm[准青光区,图 6.3(b)]。当这种配体的链长增长时,便不适用于制备发光薄膜,而是作为表面配体制备量子点前驱体[6]。不过 2016 年 Chih-Jen Shih 课题组利用制备量子点的方法制备出了多种量子阱的低维薄膜,这也许说明了低维钙钛矿薄膜和量子点微晶薄膜这两种材料可能不存在明显的分类界限[7]。

2018 年曹镛课题组将两种蓝移策略协同使用[8],制备出了外量子效率高达 5% 的钙钛矿发光二极管蓝光器件。研究者们首先通过变化两种阴离子(Br^- 和 Cl^-)的物质的量之比得到具有良好成膜性的蓝光薄膜。在已有组分的基础上加入 PEABr 进行表面钝化并辅助形成低维相。低维准二维相的形成提升了薄膜的发光效率与器件的颜色稳定性,随着添加量的上升,发射光的位置出现了明显的蓝移。最后,课题组通过改变空穴注入层 PeDot∶PSS 的制备工艺来间接控制钙钛矿发光层晶粒的纵向分布,这使得器件的效率再次大幅度提高。由于 PEA^+ 具有适当的碳链长度和大体积支链基团,这种大阳离子经常被用来制备准二维蓝光钙钛矿薄膜,类似的报道还有很多,在此不一一列举。

在载流子注入的情况下,发光层材料的电子-声子耦合效应(EPI)会严重影响发光器件的性能。2018 年 Edward H. Sargent 课题组分别使用了三种不同的大型阳离子配体,分别为丁胺阳离子(C4)、苯乙胺离子(PhC2)和苯胺阳离子(Ph),运用三元溶剂结晶控制法制备了相应的准二维钙钛矿盘状晶[9]。图 6.4(a)~(c)是研究者们测试与计算相结合的方法解得的晶体结构。课题组使用了多种方法比较各种晶体电-声耦合效应强度的强弱,包括测试不同温度下的瞬态荧光光谱进而得到薄膜辐射复合速率常数 k_{rad} 和非辐射复合速率常数 k_{non} 随温度变化的规律,较高的 k_{rad} 值来源于体系中较小的玻尔半径;变温荧光光谱测试结果可以看出发射峰半峰宽随温度变化的规律,进而算出晶格的形变势 D 的值;共振拉曼谱通过峰的强弱直接得到电子能量转移时声子耦合作用的强弱;实验与计算相结合得到能带结构和晶格弛豫的相关数据[如图 6.4(d)(e)所示]。

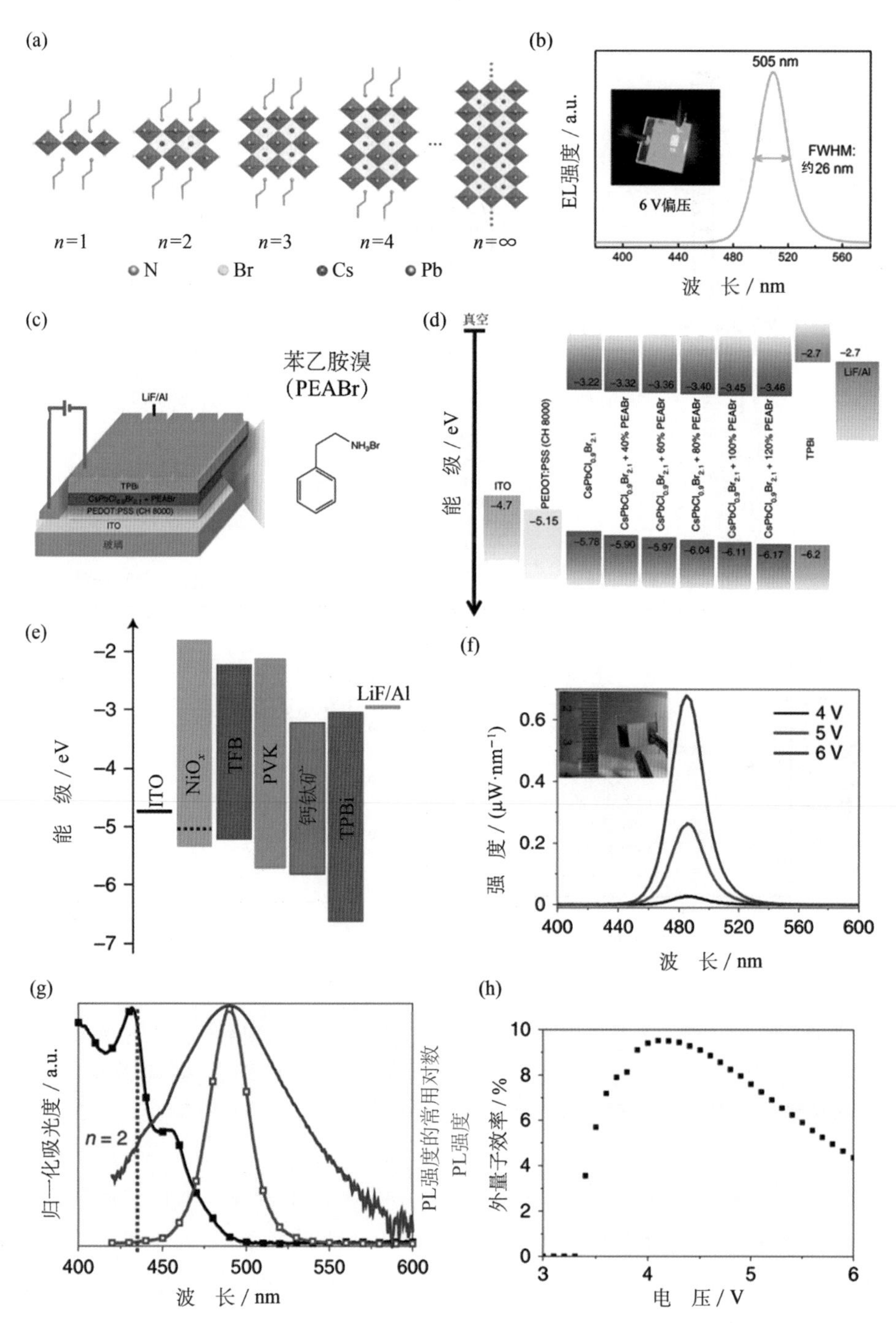

图 6.3　(a) $n=0$ 至 $n=\infty$ 的 $CsPbBr_3$ 钙钛矿晶体的结构；(b) 薄膜器件的 EL 光谱(小图为偏压为 6 V 时的器件照片)；(c)(d) PEA 钙钛矿器件的结构及能级结构；(e) 器件结构示意；(f) 器件的 EL 谱图；(g) 薄膜的吸收与发射光谱；(h) 器件的 EQE 效率图谱

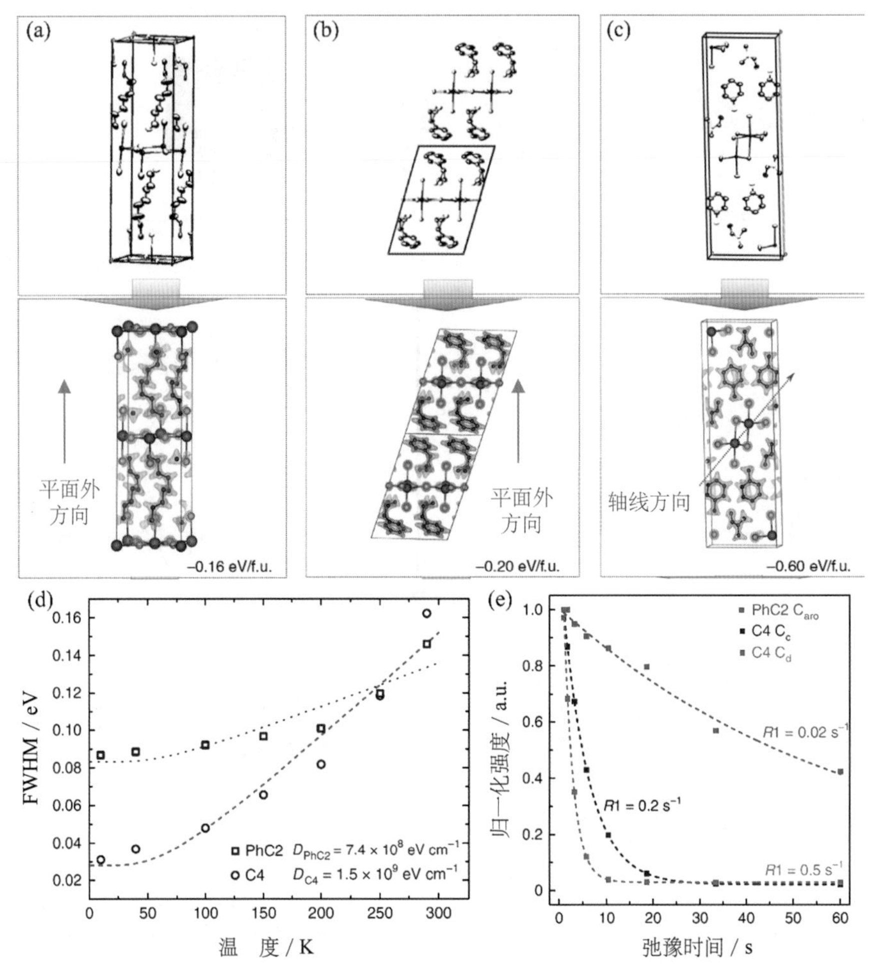

图 6.4 (a)～(c) 由单晶 XRD 分析得到的 C4、PhC2 和 Ph 晶体的原子结构，以及使用实验晶体结构模拟每个晶体的总电子电荷密度；(d) 不同温度下 PhC2 和 C4 钝化的晶体的荧光光谱的 FWHM 及其拟合曲线(虚线)；(e) PhC2 晶体的末端芳环碳和 C4 晶体的甲基末端的最后两个碳原子的自旋-晶格弛豫速率($R1$)拟合

2019 年，王建浦课题组使用苯丁胺阳离子(PBA^{+})作为准二维钙钛矿结构中的大型阳离子制备出了组分为 $PBABr_{1.1}Cs_{0.7}FA_{0.3}PbBr_3$ 的薄膜[1]，利用此薄膜制备的器件得到了迄今为止最高的外量子效率(9.5%，483 nm)。这一结果既说明了降低维度的蓝移策略在制备天蓝色钙钛矿发光二极管方面具有极大的优势，也提出了一种能够有效制备单分散准二维钙钛矿相的新大体积阳离子配体。相比于苯乙胺来说，苯丁胺具有更长的碳链，促进单分散低 n 值的准二维相的形成效果更佳，钙钛矿薄膜

晶体更易形成取向，并可在层间形成更为复杂的层间结构。在此例中，研究者运用此配体配合相应的反溶剂工艺制备的薄膜只存在 $n=2$ 和 $n=3$ 的单分散相分布。

2019 年廖良生课题组首先提出了一种具有两端正电荷的双阳离子配体，他们使用对苯二甲胺（p-PDA）和苯乙胺（PEA）先分别制备出了二维结构的 p-PDA_2PbBr_4 和 PEA_2PbBr_4，对两者进行比较发现，前者的结构有序性更强并且低维晶体域之间的距离更近，这使得 p-PDA 作为配体的低维薄膜具有更强的稳定性[4]。准二维薄膜的域分散性和形成动力学受阳离子的影响很大，课题组将 p-PDABr 与 PEABr 相混合以调控薄膜的组分。成分优化结果表明，添加了一定量的 PEA^+ 后，薄膜上 $n=1$ 的相含量降低，$n=2,3$ 的相含量升高，这避免了长距离能量转移所导致的器件效率降低，提升了器件性能，实现了深蓝光的发射。

2020 年杨培东课题组对以 PBA^+ 为配体阳离子的低维钙钛矿晶体进行了深入研究[10]。相比于薄膜，制备单晶并直接表征更有利于揭示材料本身的性质。课题组使用溶液法分别制备了 $n=1,2,3$ 的准二维钙钛矿单晶，不同 n 值影响了晶体带隙、温度对晶格的变化情况和器件性能。最后 $n=3$ 的单晶器件实现了最大值超过 1 的外量子效率，这是首个成功做出的蓝光单晶钙钛矿发光二极管。器件性能的不稳定主要来源于非均匀的表面在运行过程中会产生一定的焦耳热，这些焦耳热会导致晶格的热力学无序性。这一研究为以后的研究者们如何应用 PBA 这一配体做出高效率的器件提供了新的思路。

2. 混合大体积阳离子

选择合适的大体积配体有助于得到合适的相组分分布，但是直接能起到作用的配体的数目是有限的，因此我们常常采用混合配体策略来得到所需的薄膜组分。图 6.5(a)为 $n=3$ 时的 PEA 钙钛矿结构示意图，陈军课题组发现 PEA 和异丙胺（IPA）两种配体的混合比例会使薄膜的发射光波长[图 6.5(b)]、荧光量子效率、激子寿命都发生明显改变[11]。这主要是由于较短链异丙胺的混合会破坏苯乙胺配体所组成组分间的 π-π 堆叠作用，使 n 值较小的相分解为具有稍大 n 值的相。有趣的是，研究者们考察了薄膜厚度对器件性能的影响，实现了亮度与效率的兼顾。

2019 年廖良生课题组将苯乙胺阳离子和双阳离子——N-(2-溴乙基)-1,3-丙二胺二氢溴化物（NPA^{2+}）两种配体[图 6.5(c)]进行混合制备了准二维钙钛矿薄膜[12]。如图 6.5(d)(e)所示，在 NPA 薄膜的基础上添加 PEA 后既保持了蓝光发射也提升了荧光量子效率的值，通过 TA 表征的结果判断，膜主要由 $n=2$ 和 $n=3$ 的低维相组成，这种分布形成了较高的器件性能（外量子效率最大值超过 2%）。

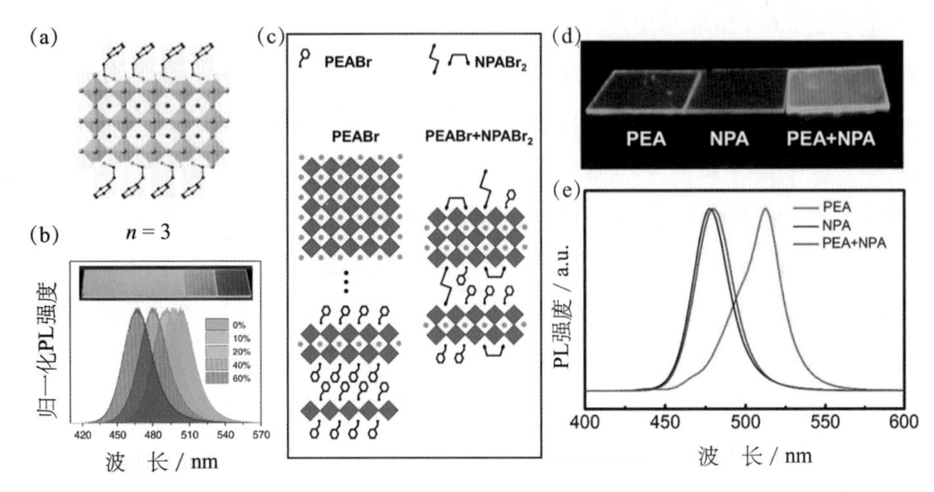

图 6.5 (a) $n=3$ 的 PEA/IPA 混合准二维钙钛矿的原子模型；(b) 不同 IPABr 添加量的钙钛矿薄膜的 PL 光谱，插图为相应膜在 365 nm 照射下的实物；(c) 多配体调控低维钙钛矿相的维度分布的示意；(d)(e) 不同配体添加下在紫外光照射时的实物及 PL 光谱

3. 阳离子掺杂

Edward H. Sargent 课题组运用了降低维度(使用 PEA 形成准二维钙钛矿)和阳离子交换两种蓝移策略相结合的方法制备出了发射光波长分别位于 465 nm、475 nm 的钙钛矿发光二极管[13]。图 6.6(a)为该方法下制备的薄膜结构示意，虽然 Rb^+ 与 Cs^+ 同族，但离子半径更小，Rb^+ 取代 Cs^+ 后会使晶格收缩从而使发光峰蓝移。另外，已有广泛的报道表明 Rb^+ 对钙钛矿薄膜具有钝化作用。课题组首先使用 Rb^+ 取代 Cs^+ 实现蓝移，得到蓝光发射的生膜后又引入大量 Rb^+ 钝化薄膜。钝化后薄膜发射光从 465 nm 红移到了 475 nm，实现了 1.35%的外量子效率，器件性能如图 6.6(b)。

6.3.2 蓝光钙钛矿纳米微晶或量子点材料

量子点是一种在三个不同方向上束缚住激子的半导体纳米结构，其尺寸可以小到只有 2～10 nm(10～50 个原子的尺寸)，自组装量子点的典型尺寸在 10～50 nm 之间甚至更大，尺寸较大的量子点也常被称作纳米微晶。通过调整化学组成和优化合成方法，我们可以制备得到不同尺寸及形状的量子点，相应的，量子点的发光性能也会随之变化。

制备蓝光量子点材料的一般策略为通过改变铅卤八面体的结构实现蓝移。目前最为常见的方法就是将 Br^- 和 Cl^- 两种阴离子共同掺杂到晶格之中，Cl^- 的含量越高，纳米微晶的光发射峰就越蓝。钙钛矿晶体的稳定性会受到晶胞组成离子半径的强烈影响，

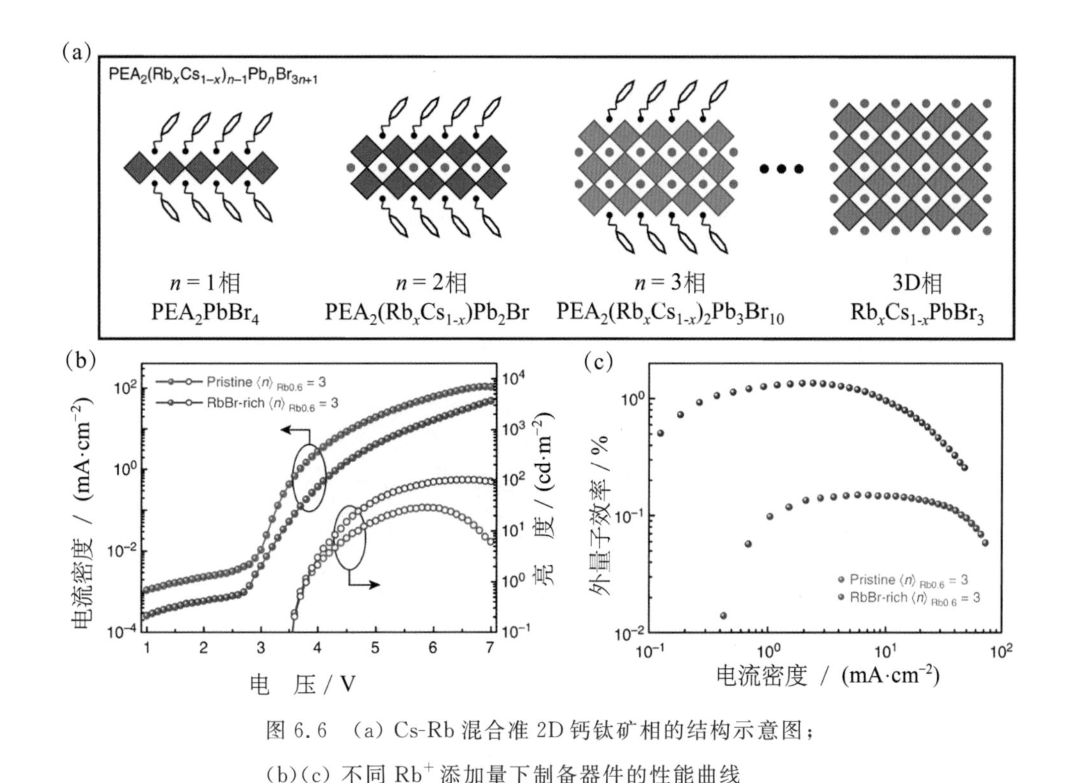

图 6.6　(a) Cs-Rb 混合准 2D 钙钛矿相的结构示意图；(b)(c) 不同 Rb^+ 添加量下制备器件的性能曲线

氯离子由于尺寸较小，掺杂入晶格后会升高钙钛矿晶格的不稳定因素，甚至在外加电场的作用下会产生离子的相对迁移。这种离子迁移效果除了限制器件的寿命与高电压下的效率，还会使器件发射光的波长随着时间或电压增高而发生明显移动（在蓝光器件中往往表现出红移）。制备蓝光三维或准二维钙钛矿晶体时，为了实现深蓝光发射，需要很高的氯离子掺杂量，而过高的氯离子掺杂会导致所制备器件的光色十分不稳定，失去了应用意义。但对于钙钛矿量子点或纳米微晶材料，其表面包裹着的长链配体分子可以在一定程度上阻碍离子的迁移，此类器件的光色稳定性对氯离子掺杂量的容忍度较高。综上所述，钙钛矿量子点（纳米微晶）材料在深蓝光发光二极管领域有着较大的应用潜力。

优化蓝光钙钛矿量子点（纳米微晶）材料通常有以下几种策略。

1. 新的长链配体的合成与使用

对于钙钛矿纳米晶薄膜而言，包裹在钙钛矿晶体周围的配体与发光层性能关系密切。选择合适的配体并配合相应的制备流程，可以使内部包裹的钙钛矿纳米晶的稳定性得到极大提高，进而提升溶液的荧光量子效率。但溶液的高荧光量子效率往往难以在制备薄膜后体现出来，原因是晶体周围的绝缘有机配体会降低膜的导电性并增加表面缺陷，导致相应能态的形成。2019 年，Maksym V. Kovalenko 课题组首先提出了一种自身电中性的短链配体——磺基甜菜碱，结构如图 6.7(a)，这种配体既能升高 Br/Cl 掺杂后的钙钛矿晶体的稳定性，又能形成晶粒尺寸大小均匀的量子点薄膜，其表面形貌如图 6.7(b)，通过 X 射线衍射可以发现该 $CsPb(Br,Cl)_3$ 量子点结构与 $CsPbBr_3$ 晶体结构一致[图 6.7(c)]。多余的配体经过多次洗涤掉后容易去除，保证了薄膜的电性能[14]。通过对器件结构及发光层晶体堆叠厚度的优化，并且添加聚苯乙烯(PS)作为降低漏电流的添加剂，优化前驱体溶液中聚苯乙烯的浓度最终得到了高效的蓝光钙钛矿发光二极管，其发光峰位于 463 nm，最大外量子效率为 1.4%。

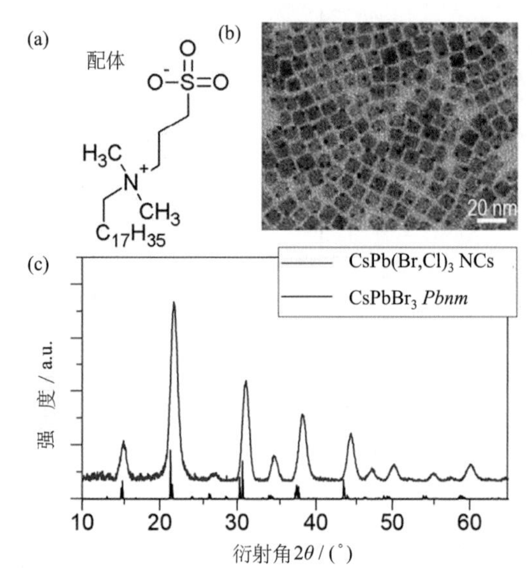

图 6.7 (a) 用作纳米晶封端配体的长链两性离子磺基甜菜碱分子的结构；(b) 纳米晶的 TEM 图像；(c) 纳米晶的 XRD 图谱和正交方铅矿 *Pbmn* 空间群中 $CsPbBr_3$ 的参考图谱

2. 纳米结构的表面修饰

正如上文所述，钙钛矿量子点前驱体的高荧光量子效率难以在薄膜上表现出来，因此表面改性是提升钙钛矿纳米微晶性能的关键。纳米微晶的表面由大量的长链有机配体所包裹，因此有关纳米微晶的表面改性方法常常施加于配体。

高峰课题组提出了使用 K^+ 进行纳米晶表面改性的新方法[15]。如图 6.8 所示，课题组使用辛酸(OTAc)与双十二烷基二甲基溴化铵(DDAB)作为混合配体制备蓝光前驱体，制备出的纳米微晶的表面由这两种配体包裹。在引入 K^+ 作为添加剂后，影响了前驱体溶液中的结晶动力学，改性后的晶面间距变小，晶粒尺寸变大，尺寸的分布变广，并且改变了 Br^-、Cl^-、Pb^{2+} 在形成离子晶体时的化学环境。更明显的改变来自纳米微晶的表面结构，新添加的 K^+ 倾向于和晶格中的卤素阴离子结合，减少了表面长链配体的含量，这种配体的减少在辛酸的含量上表现得更加明显，这种改变减少了纳米晶表面的缺陷密度，提升了前驱体的荧光量子效率值与薄膜表面的激子寿命。通过对 K^+ 添加量和器件传输层材料的优化，最终制得了性能优异的深蓝光钙钛矿发光二极管。器件发射光的波长为 477 nm，最高亮度为 89.65 cd・m^{-2}，外量子效率的峰值为 1.96%。

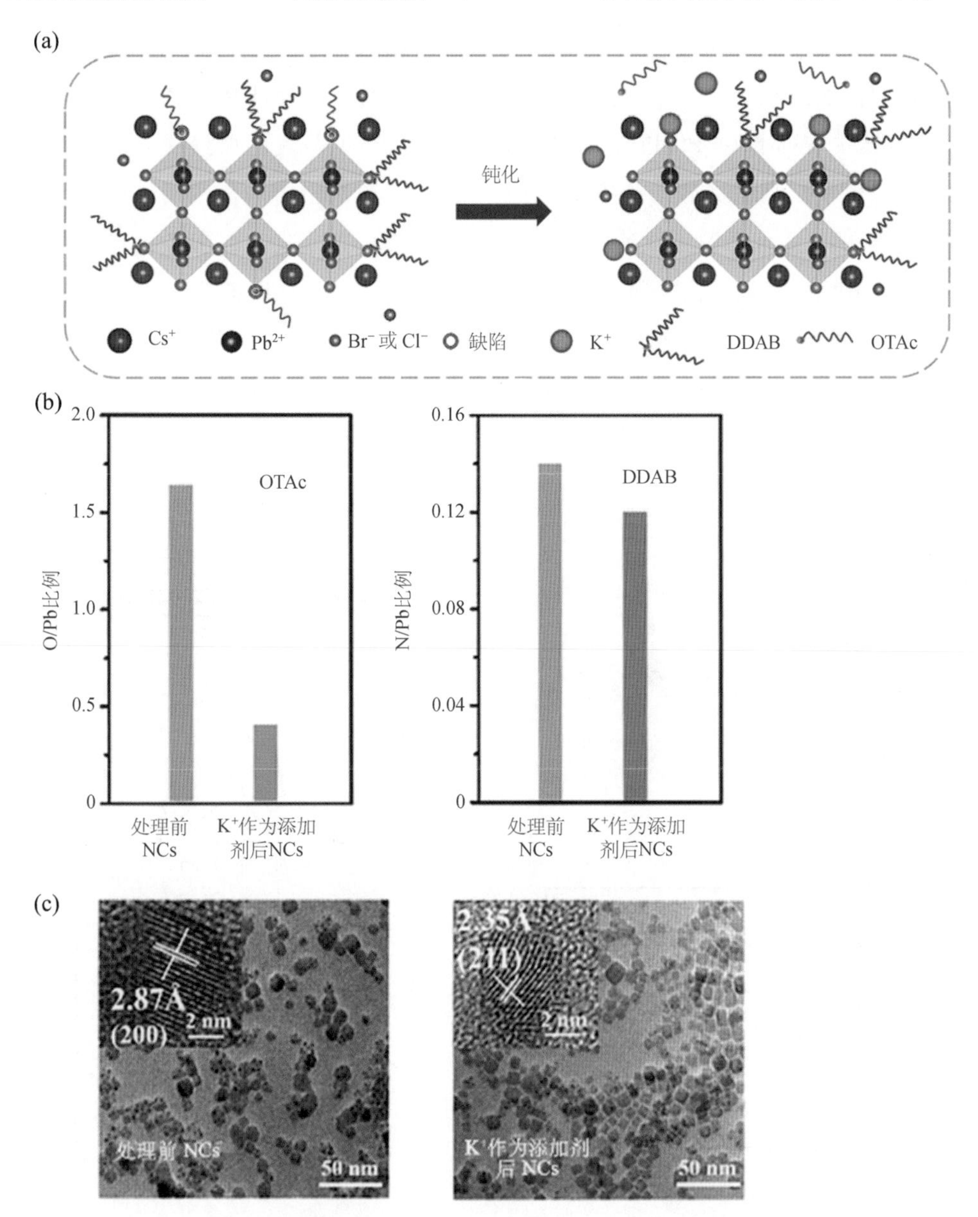

图 6.8　(a) 钾离子表面钝化作用的机理；(b) 处理前后 O/Pb 和 N/Pb 的值；(c) 处理前后的 TEM，插图为相应的高分辨率的 TEM 图像

除了将表面改性剂直接添加到结晶过程前前驱体溶液中，想要实现纳米晶的表面优化，也可以将表面修饰剂添加到已经充满纳米晶结构的前驱体溶液中(后处理)。Jin Young Kim 课题组提出了一种使用含有不同种卤阴离子的配体盐进行后处理的方法(LMPT 法)，研究者使用二十二烷基二甲基溴化铵(DDAB)与二十二烷基二甲基氯化铵(DDAC)作为离子对配体加入已经制备出的 $CsPbBr_xCl_{3-x}$ 纳米晶前驱体中进行处理(如图 6.8)[16]。这两种长链盐的比例的调控是性能优化的关键措施，处理后的纳米晶表面的 O/Pb 和 N/Pb 比例均有所降低，说明表面裸露的 Pb 原子含量降低，这是由于二十二烷基二甲基铵离子(DDA^+)会被晶格中的卤阴离子所吸引，而盐中的 Br^- 和 Cl^- 也会被吸取到晶格中去，这种效应可以实现发光颜色的蓝移，伴随着氯离子的吸入，可以从高分辨透射电子显微镜[HRTEM，如图 6.8(c)]中看出纳米晶的尺寸在减小，和 X 射线衍射谱的结果能够相互印证。这种钝化可以改变纳米晶的表面结构，提升荧光量子效率。在对两种修饰盐的比例进行细致调控后，课题组最终得到了两种性能优异的深蓝光钙钛矿发光二极管，器件结构及性能如图 6.9(a)～(d)所示，它们发射光所对应的波长分别为 470 nm 和 480 nm，最大外量子效率分别为 0.44%和 0.86%。

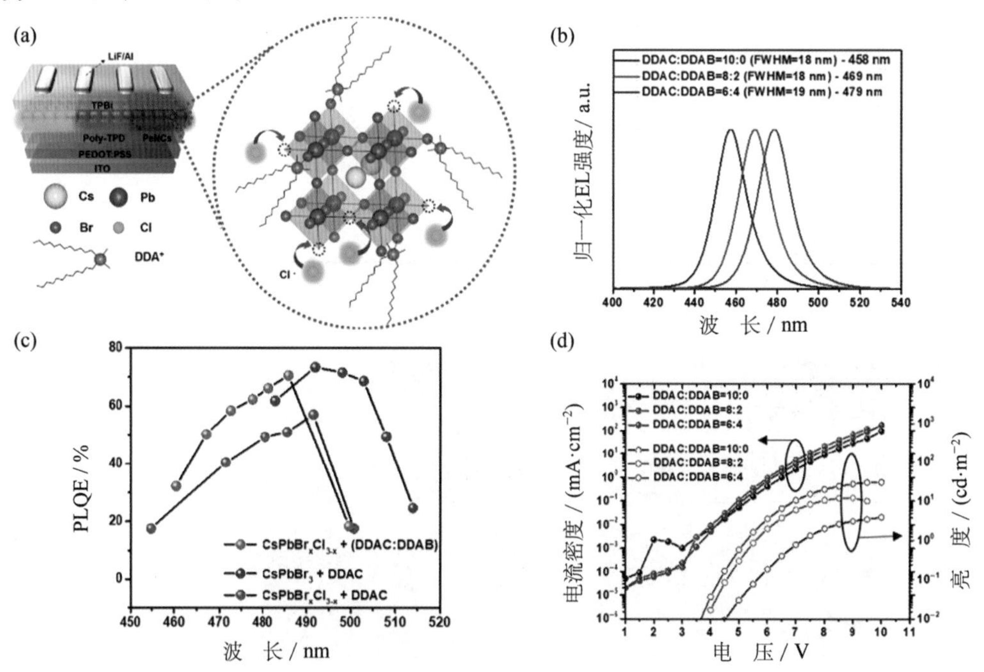

图 6.9 (a) 纳米微晶表面配体作用示意及发光器件结构；(b) 器件的 EL 光谱；(c) 不同处理方式下纳米微晶的 PLQE 的值；(d) 器件的电性能 J-V-L 曲线

3. 内部结构的优化

除了合成新的配体和表面改性外，最为根本的优化方式就是尝试新的纳米晶内部结构，传统的纳米晶内部结构包括纯无机型（$CsPbX_3$）和有机无机杂化型（$B_xC_{1-x}PbX_3$，B和C可为任何有机或无机的钙钛矿A位阳离子）。在此处，内部结构的改性包括以下四点：第一，这两种类型基础上的其他离子的掺杂；第二，使用新的制备方法得到原有元素组成基础上的新的结构；第三，利用表面修饰等方式控制纳米晶的形状或尺寸；第四，设计具有其他元素组成的其他类型的钙钛矿结构晶体。

已经有众多报道表明，Mn^{2+}的掺杂能够明显提升钙钛矿纳米微晶的荧光量子效率，Mn^{2+}作为一种磁性掺杂离子，掺杂进入晶格可以起到部分替代中心Pb^{2+}的作用，可以明显地减少微晶的缺陷态密度，并在晶格之中形成长寿命、稳定发射的能态。由于全溴体系不利于锰离子的掺杂，Daniel N. Congreve课题组发明了一种新的两步掺杂的方法，制备出了高效的深蓝光纳米微晶[17]。他们首先合成了较高锰含量的含氯纳米微晶[图6.10(a)]，然后引入溴离子进行离子交换，最终锰离子的掺杂量最高可达1.5%，不同掺杂量器件的电致发光光谱如图6.10(b)所示，掺杂后光谱变窄，随含量的提升，光谱先蓝移后红移。该课题组通过瞬态荧光光谱、紫外-可见吸收光谱、X射线衍射光谱等表征方式表征了Mn^{2+}的掺杂含量对纳米晶内部结构的影响，并得出了掺杂体系的能量传递示意图[图6.10(c)]，其中(1)过程为带边发射、(2)过程为非辐射复合、(3)过程为能量转移到锰离子，三者相互竞争；(4)过程为锰离子带隙发射。钙钛矿的发射发生在纳秒级的时间尺度上，而长寿命的Mn发射发生在微秒至毫秒级的时间尺度上；实验证明0.19%的锰离子掺杂量得到了最优的器件性能，器件的发射峰位于466 nm，最大外量子效率为2.12%[图6.10(d)]。这是迄今为止深蓝光纳米微晶钙钛矿发光二极管的最高效率。

毕文刚课题组提出了一种新的蓝光纳米微晶的合成策略，他们将$CsPbCl_3$溶液与Cs_4PbBr_6溶液进行混合，当二者以不同比例混合时它们的X射线衍射峰与发射光谱均发生改变[如图6.10(e)(f)所示]。研究者们原位表征了不同时刻混合前驱体内的反应情况，反应的机理如图6.10(g)所示[18]。方形的$CsPbCl_3$晶体与六边形结构的Cs_4PbBr_6晶体在混合的过程中不断地进行阴离子的交换过程，菱形的晶体在交换的过程中变为圆形。瞬态荧光光谱的结果表明离子交换的过程能够有效地钝化晶体的表面缺陷，进而可以得到发光性能优异、光色纯净的蓝色钙钛矿材料。课题组利用该材料还未做出高效的钙钛矿发光二极管，但这一系列的制备方法和反应机理可以为制备蓝光钙钛矿发光层提供新的思路。

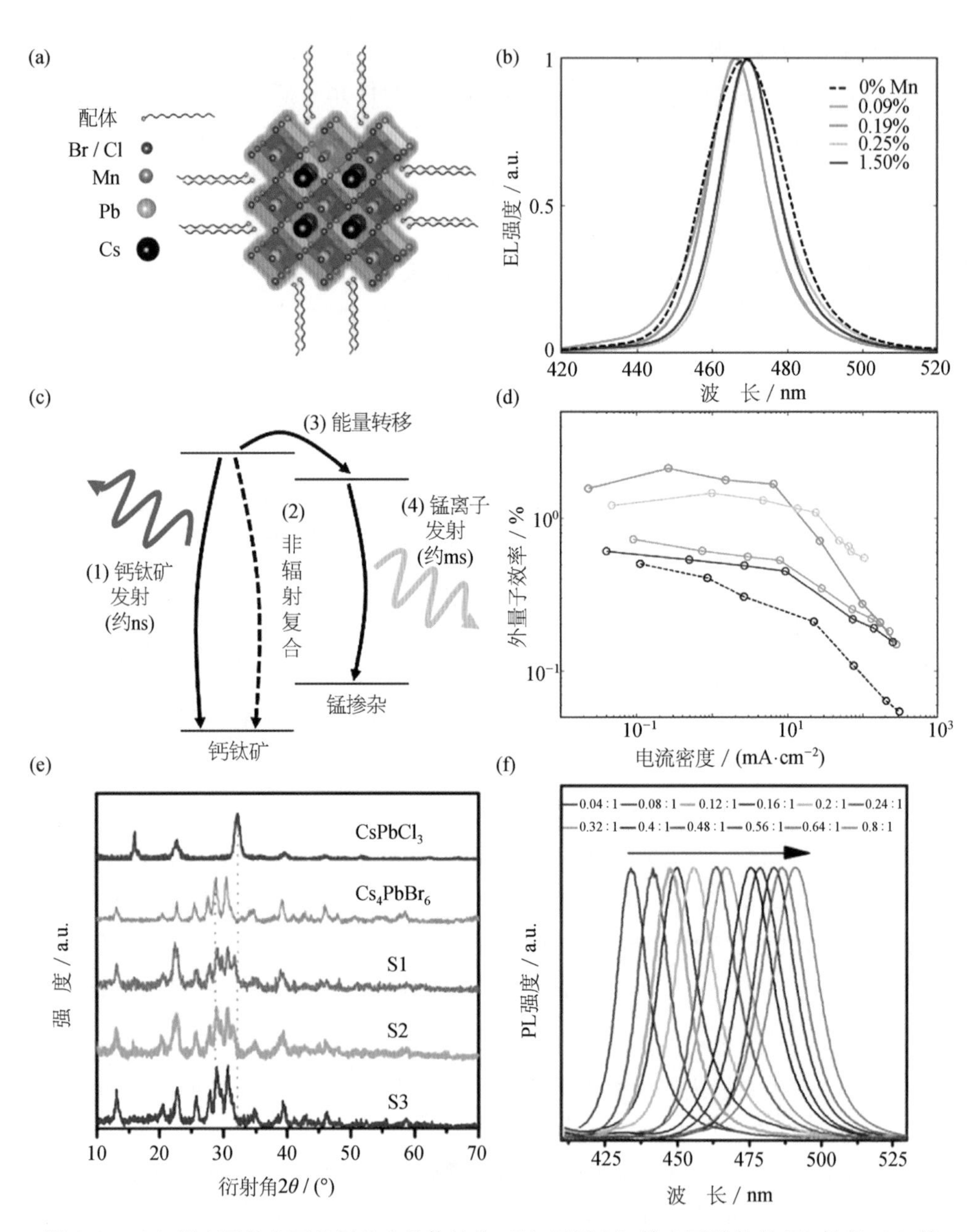

图 6.10　(a) 锰离子掺杂下的钙钛矿晶体结构；(b) 不同 Mn 掺杂下器件的 EL 性能；(c) 掺杂纳米晶体系的能量；(d) 不同锰掺杂量的器件性能；(e) $CsPbCl_3$ 纳米晶、Cs_4PbBr_6 纳米晶的 XRD 图谱；(f) 不同比例的 $Cs_4PbBr_6/CsPbCl_3$ 的荧光光谱；(g) 阴离子交换和表面重构示意；(h) 超小型钙钛矿量子点中载流子动力学模型

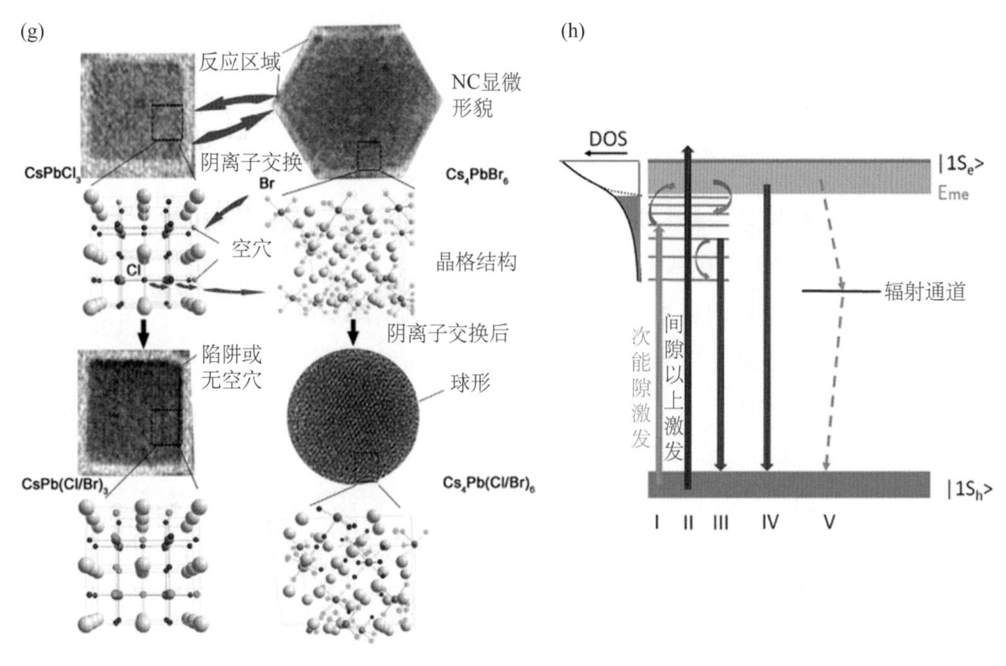

图 6.10 续

众所周知，钙钛矿纳米晶的尺寸对其性能影响很大，但除了量子限域效应外尚缺少其他性能与尺寸的相关性模型。叶志真课题组制备出了尺寸仅为 3 nm 的 $CsPbBr_3$ 量子点晶体，通过表征发现，小尺寸的量子点晶体的能带结构中的带尾态结构比较特殊[19]。如图 6.10(h)所示，以迁移率为界(Eme)可以分为扩展状态(绿色区域)和局域尾态，详细结构受表面配体的影响很大。为简单起见，假定尾态靠近 1Se 状态。局域态呈指数态密度，如橙色阴影所示。由大于带隙激发(过程Ⅱ)产生的光载流子可以直接辐射复合(过程Ⅳ)或弛豫到尾态再辐射组合(过程Ⅲ)。亚带隙激发(过程Ⅰ)产生被困在尾态的光载流子，可以跳到扩展态。如箭头所示，处于尾态的载流子可以在低能级和高能级之间传输。尾态的俘获和随后的辐射复合抑制了非辐射复合(过程Ⅴ)，这一效应说明了较小尺寸的量子点微晶配合相应的表面配体包覆，可以有效地阻止具有一定能量的激子或载流子被缺陷态所俘获，从而提高 PLQY。

通过改变纳米微晶内部的离子组成使之变蓝的方法除了改变 X 位阴离子外，也可以对 B 位的 Pb^{2+} 进行取代。事实表明，将 Pb^{2+} 换为 Bi^{3+}、Sn^{2+}、Cd^{2+} 或 Zn^{2+} 均可使晶体变蓝。Pb^{2+} 的取代会很大程度改变钙钛矿晶体结构，造成钙钛矿晶体的稳定性与光电性能的下降。近期，在蓝光钙钛矿纳米微晶领域，有关 Bi 取代 Pb 的尝试报道较多。

6.4 蓝光发光层的制备工艺

6.4.1 三维及准二维钙钛矿薄膜的制备

旋涂法是有机发光二极管常用的制备方法,匀浆机是主要的设备,整个工艺主要分为前驱体配置、前驱体在基板涂抹、旋转挥发成膜三个步骤。旋涂法成膜工艺的优化需要进行大量实验并调整参数,这些参数包括前驱体的组分与浓度、衬底选择、旋转速度与时间三个方面。在旋涂过程中或者在旋涂结束后,经常需要进行一些后处理过程来控制溶剂的脱出过程和与之伴随的结晶过程。对于溶剂未挥发完全的生膜,常用的处理方法可大致分为三类。

(1) 反溶剂法:使用不同极性与饱和蒸气压的非钙钛矿溶解溶剂,在旋转过程中的某一时刻滴加到膜上。在滴加过程中,反溶剂会作用于薄膜的每一个角落,使膜上均匀平坦的溶剂中间相中的溶剂迅速脱出,能够有效地提高膜的质量。对于蓝光薄膜的制备,有报道称可以通过精确控制反溶剂的滴加时间来调控生成相中 n 值的分布,并起到洗去薄膜上多余的有机配体的作用,从而提升薄膜性能。

(2) 退火法:将结合了一些溶剂的钙钛矿生膜放置于热台上能够在一定程度上加速溶剂的挥发,从而获得良好的形貌,已有一些课题组对制备蓝光薄膜的退火工艺进行了摸索。而且近期有报道称,退火处理能够促进小 n 值的准二维钙钛矿相分解为较大 n 值的相[20]。

(3) 溶剂气氛处理法:该方法顾名思义就是使用溶剂气氛处理刚刚旋涂后的生膜。在处理过程中,薄膜表面进行了小规模的溶解-重结晶过程,从而有效地减小了薄膜缺陷。孙宝全课题组利用该方法促使生膜在处理过程中形成了低维钙钛矿片状晶体[21],如图 6.11(a)所示,他们将不同 $CsBr:PbBr_2$ 物质的量之比的薄膜置于湿度超过 80% 的氛围下,随比例的增大,薄膜实现了深蓝光的发射,部分光谱见图 6.11(b)[21]。金松课题组以溴化铯、溴化铅、苯溴乙胺为主要原料制备蓝光钙钛矿薄膜,具体制备过程如图 6.1(c)中的 A~E 所示,A 过程为将前驱体溶液滴在 ITO/PEDOT:PSS 衬底上;B 过程为 3000 $r \cdot min^{-1}$ 旋转 30 s;C 过程为 100℃ 退火 10 min;D 过程为将 B 中薄膜朝下放置并用 DMF 蒸汽熏制;E 过程为将 D 中薄膜取出再 100℃退火 10 min。经过对薄膜进行不同的退火工艺处理后,可以发现两种方式得到的薄膜成分均为 $(PEA)_2PbBr_4$,但经溶剂退火后的薄膜晶粒尺寸更大,可达微米级,如图 6.11(d),制备的器件能够获得较为高效的蓝光发射。

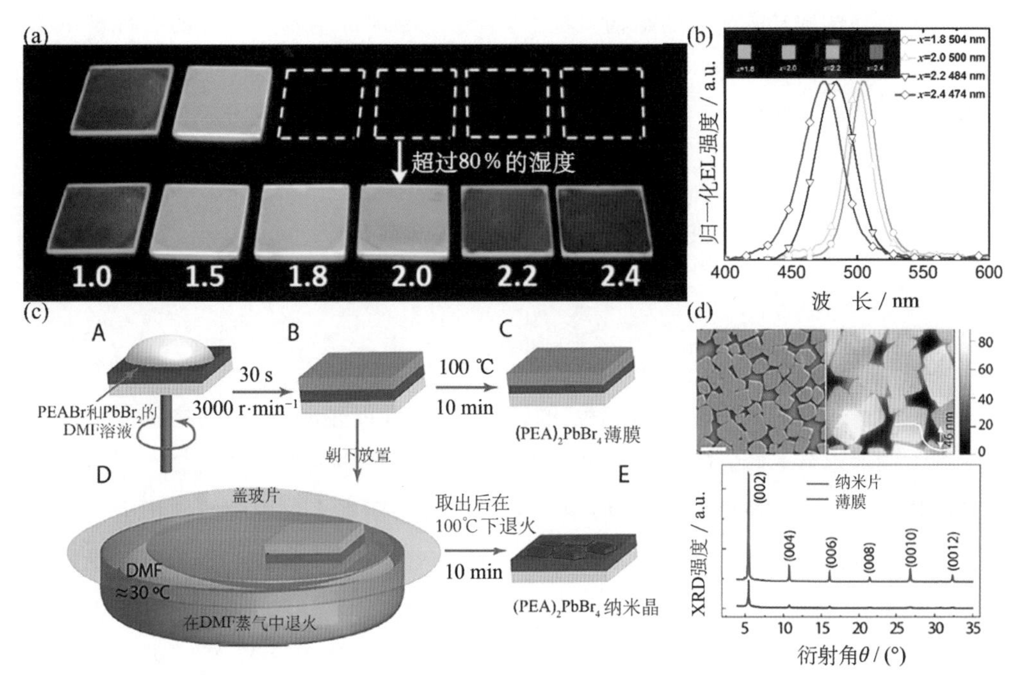

图 6.11　(a) 在 365 nm 激发的具有不同比例钙钛矿薄膜的照片(暴露条件为湿度超过 80%，10 s)；(b) 器件的 EL 谱；(c) $(PEA)_2PbBr_4$ 纳米片晶的制备过程；(d) $(PEA)_2PbBr_4$ 纳米片的 SEM 和 AFM 图像，比例尺分别为 2 μm 和 1 μm。插入的白色轮廓曲线显示出 46 nm 的纳米片厚度，下面为多晶薄膜(蓝色)和纳米片(红色)的 XRD 图案

6.4.2　纳米微晶前驱体的制备

配体辅助沉淀法：这是制备钙钛矿量子点的最早也最简单的方法。先使用极性溶剂配置相应组分的钙钛矿前驱体，然后将已有的前驱体溶液注入具有不同结构的非极性溶剂中并搅拌。不同结构的溶剂会作为配体包覆到前驱体中间相结构外面，形成不同结构(块状、片状、球状、层状等)及不同形状(球、线、片)的纳米微晶。

热注入法：以含铯量子点纳米微晶为例，第一步为将 PbX_2 盐在 140～200℃下溶于油酸、油胺、十八烯的混合物中。然后，将油酸铯及有机盐 Ph-COX 分别注入其中反应数秒后迅速进行冰浴冷却。通过调控烷基胺和烷基羧酸的链长及链结构，可以得到不同形状的量子点。

辅助方法：有研究表明在反应过程中对前驱体进行超声处理或微波处理也会对生成的纳米微晶产生影响。

纳米微晶结构具有较大的结构多样性,不稳定的内部结构所产生的劣势可以由长链的配体包裹而得以弥补。因此,该种发光层材料在制备深蓝光钙钛矿发光二极管中有着独特的优势。

6.5 器件性能优化与界面工程

6.5.1 薄膜缺陷的钝化

钙钛矿材料具有离子晶格,离子键的键长较大,键能较弱,这一晶格特征会带来以下三方面的不良影响:第一,材料的耐候性较差,空气中的氧气和水分会侵蚀晶格破坏结构;第二,在较高温度下,晶格中的离子偏离它们本来位置的倾向增大;第三,晶格结构形成过程常常会伴随大量微观缺陷的形成。以上三点会严重影响甚至使晶格失去光电性能。

钙钛矿膜层的表面缺陷大体上可以按照尺寸的大小分为三类,第一类为微米级的宏观缺陷,包括薄膜针孔、薄膜表面粗糙、薄膜覆盖性较差等;第二类为介观缺陷,比如晶界、相界等,尺寸在几纳米至几十纳米不等;第三类为晶格内部缺陷,尺寸最小,无法用扫描电子显微镜观测到,主要包括晶格空位、晶格内间隙、晶格错配三种。

6.5.2 空穴与电子注入层的选择与优化

关于传输层材料选择,最重要一项就是材料的能级结构,为了保证器件运行过程中的载流子注入,材料的 HOMO 和 LUMO 数值是需要首先考虑的内容。图 6.12 为各类常用的传输层的能级结构图[22]。

传输层的载流子迁移率也是需要考虑的一点,这对器件在高电压或大电流之下的运行非常重要,而且电子与空穴注入的平衡性也是器件效率的影响因素之一。曹镛课题组发现使用 TPD\PVK 和 PO-T2T 分别作为空穴和电子注入层后,器件性能较 TPD\钙钛矿\TPBi 结构有了较大提升,外量子效率由 1.1%上升到了 1.96%。这主要是因为,TPD 的空穴迁移率为 1×10^{-4},TPBi 的电子迁移率为 1×10^{-6},相差两个数量级,而 PO-T2T 的电子迁移率为 1.1×10^{-4},与 TPD 处于一个数量级,电子与空穴的平衡注入使得器件效率提高[15]。对于空穴注入层来说,它常常作为钙钛矿发光层的衬底材料,因此传输层的选取会很大程度上影响钙钛矿薄膜的结晶过程及薄膜质量。当然,对于倒置结构的发光器件来说,电子传输材料也会作为钙钛矿发光层的衬底材料，需要仔细选取并优化表面结构。

由于目前有关钙钛矿蓝光器件的报道不是特别多，传输层的选择较为局限，空穴注入层主要分为金属氧化物和有机聚合物两类，电子注入层则绝大多数采用小分子有机半导体。

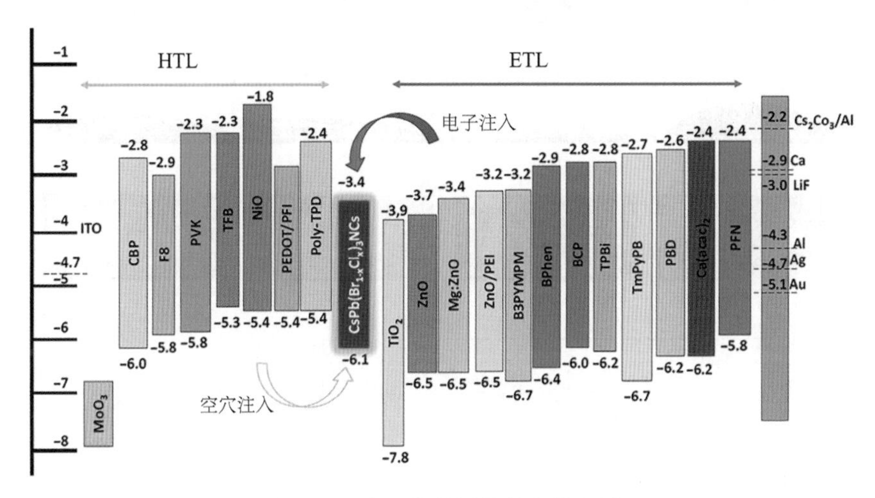

图 6.12　常见传输层材料的能级图

6.5.3　界面工程

1. 改善器件的层间结构，防止激子的淬灭

姚宏滨课题组使用 NiO_x 作为空穴注入层来制备蓝光钙钛矿器件[23]，图 6.13(a)展示了不同衬底上钙钛矿溶液的浸润性，可以看到，在 PVK 衬底上，液滴与衬底的接触角较大，说明浸润性较差，PEDOT 衬底上浸润性很好，NiO_x 衬底介于两者之间。但基于纯 NiO_x 衬底的器件性能不佳，这主要是因为 NiO_x 表面形貌不佳，具有大量的缺陷，这些缺陷会形成大量的陷阱能级态捕获载流子，使激子形成非辐射跃迁造成淬灭。研究者们发现在 NiO_x 蒸镀 1 nm 的 LiF 能够有效地减少这些淬灭效应，从而大幅度提高器件的亮度以及外量子效率[图 6.13(b)(c)]。

2. 调整传输层的能级

由于蓝光发光层材料较深的带隙，其 HOMO 能级常常较深，这就加大了器件运行时空穴注入的势垒[24]。Wallace C. H. Choy 课题组发现使用 PSSNa 修饰 NiO_x 传输层能够在其表面形成分子偶极矩，如图 6.14，优化了传输层的能级结构，使得电荷传输更加有效。图 6.14(b)是 NiO_x 衬底及修饰后的衬底上器件的外量子效率图，可以看出，经 PSSNa 修饰后，发光器件性能有所提升；同时使用 KBr 修饰，性能得到了进一步地提升。基于 NiO_x-PSSNa-KBr 衬底的器件的发射峰 CIE 坐标为(0.065，0.384)，为天蓝光，如图 6.14(c)。

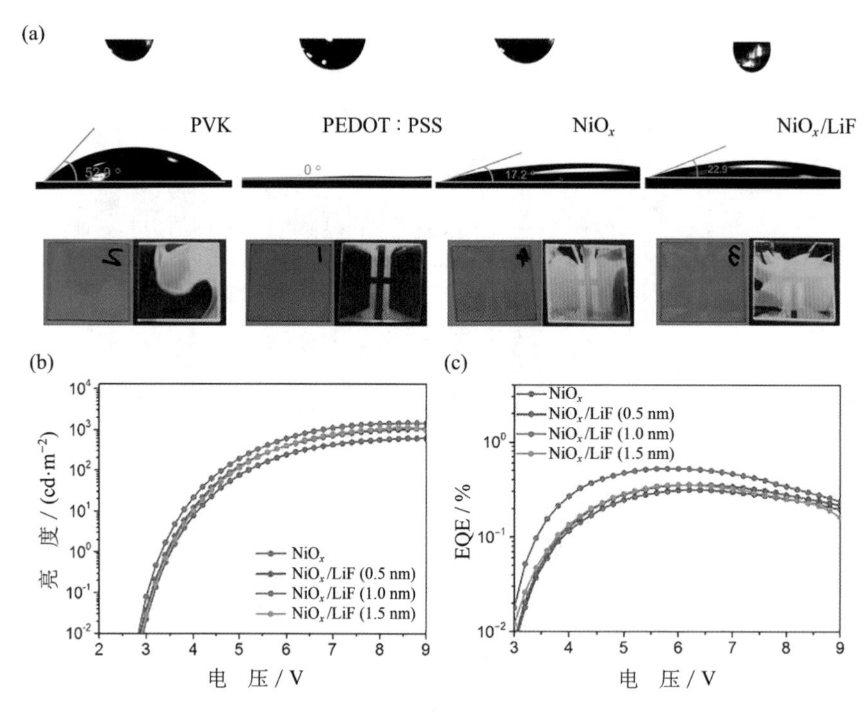

图 6.13　(a) 不同衬底对钙钛矿前驱体溶液的润湿性情况；(b)(c) 器件性能

6.6　器件稳定性优化

尽管钙钛矿发光二极管的效率正在突飞猛进地发展，但稳定性问题仍然是限制其走向实际应用的主要因素之一。这主要是包含材料与器件的两类因素导致的。材料方面包括钙钛矿的晶体结构、环境因素以及钙钛矿纳米颗粒在溶液态和薄膜态下的稳定性问题等；器件方面包括离子迁移、p-i-n 结的形成、金属电极原子的扩散等。对于蓝光钙钛矿二极管，由于在材料与器件方面制备及构筑难度加大，更是需要解决的问题。目前，蓝光钙钛矿发光二极管所需要解决的稳定性问题大致可以归为三类：如何提升寿命、如何减小效率滚降、如何使发射光的颜色长时间保持稳定。

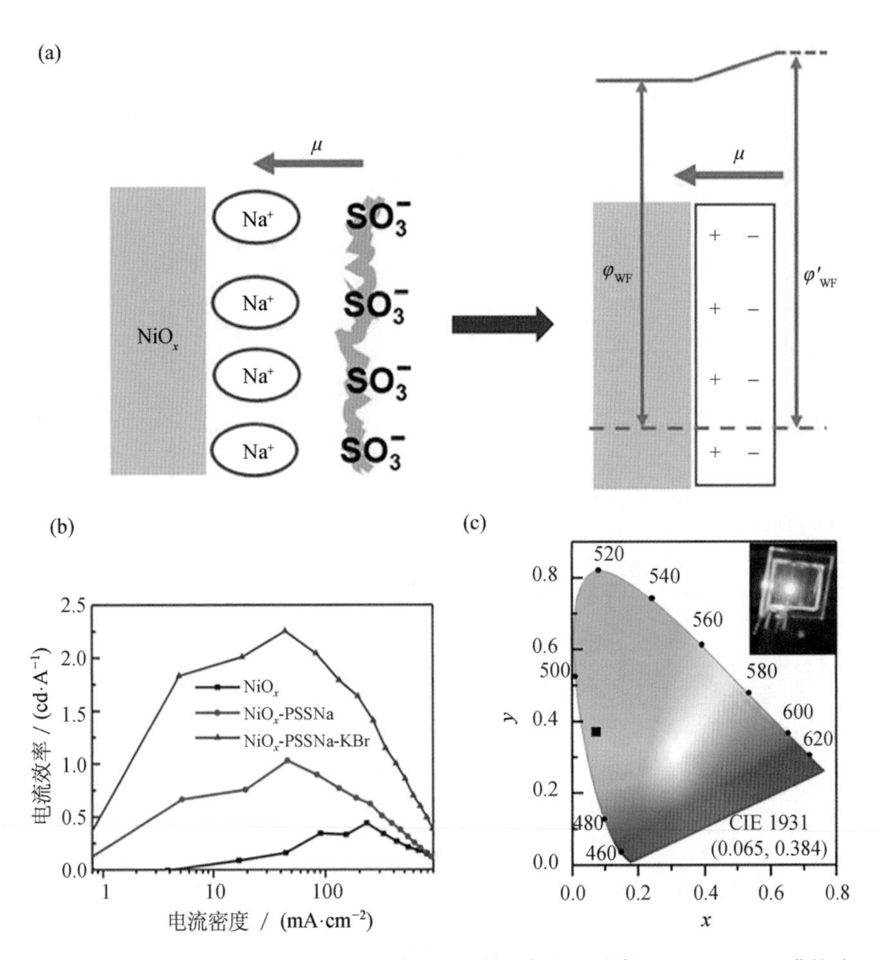

图 6.14　(a) PSS-Na 在 NiO_x 上形成偶极矩，并且偶极矩增加 NiO_x-PSSNa 膜的功函；(b) 器件效率；(c) 器件发射光的 CIE

1. 钙钛矿蓝光二极管的寿命

目前，无论什么光色钙钛矿发光二极管的工作寿命都远远不如有机发光二极管，这是制约该技术产业化应用的一个重要方面。对于蓝光钙钛矿发光二极管，相关材料结构的不稳定性导致了目前蓝光器件的寿命还不太理想。表 6.1 是迄今为止报道过的蓝光钙钛矿发光二极管的寿命情况整理。

表 6.1 部分蓝光钙钛矿发光二极管的寿命统计

时间	发光层	器件结构	EL /nm	EQE /%	L_0 或驱动电压	T_{50}	参考文献
2019	$PEA_2(CsPbBr_3)_nPbBr_4$	ITO/PVK/钙钛矿/TPBi/LiF/Al	484	0.13	4 V	3.5 min	[21]
2019	$CsPbBr_xCl_{3-x}$ 纳米晶	ITO/PEDOT：PSS/TPD/钙钛矿/MoO_3/Al	476	1.19		4.5 min	[15]
2019	$P\text{-}PDA_2(CsPbBr_3)PbBr_4$	ITO/PVK/PFI/钙钛矿/3TPYMB/Liq/Al	465	2.6	0.35 $mA\cdot cm^{-2}$	13.5 min	[4]
2019	$CsPbBr_xCl_{3-x}$ 纳米晶	ITO/PEDOT：PSS/TPD/钙钛矿/TPBi/LiF/Al	479	0.864	4 V	50 s	[16]
2019	$PEA_2Cs_{n-1}Pb_n(Cl_xBr_{1-x})_{3n+1}$	ITO/PEDOT：PSS/钙钛矿/TPBi/LiF/Al	480	5.7	4.4 V	10 min	[8]
2018	$PEA_2IPA_{1.5}Pb_{2.5}Br_{8.5}$	ITO/PEODT：PSS/NiO_x/PVK/钙钛矿/TPBi/LiF/Al	490	1.5	10 $cd\cdot m^{-2}$ 20 $cd\cdot m^{-2}$ 210 $cd\cdot m^{-2}$	10 min 4 min 0.5 min	[13]
2019	$PBABr_{1.1}(Cs_{0.7}FA_{0.3}PbBr_3)$	ITO/NiO/TFB/PVK/钙钛矿/MoO_x/Au	483	9.5	100 $cd\cdot m^{-2}$	100 s	[1]
2017	$MAPbBr_3$：$EAPbBr_3$	ITO/PEDOT：PSS/钙钛矿/TmPyPB/CsF/Al	473,485	2.6	100 $cd\cdot m^{-2}$	10 min	[25]
2017	$Cs_{10}(MA_{0.17}FA_{0.83})_{100-x}Pb(Br_xI_{1-x})_3$	ITO/ZnO/钙钛矿/NPD/MoO_3/Al	475	1.7	374.5 $cd\cdot m^{-2}$	4 min	[26]
2019	$PA_2(CsPbBr_3)_{n-1}PbBr_4$	ITO/NiO_x PSSNa/钙钛矿/TPBi/LiF/Al	492	1.45	150 $cd\cdot m^{-2}$ 415 $cd\cdot m^{-2}$	220 min 120 min	[24]
2019	$PEA_2(Rb_{0.6}Cs_{0.4})_{n-1}Pb_nBr_{3n+1}$	ITO/PEDOT：PSS/钙钛矿/TmPyPB/LiF/Al	475	1.35	4.5 V	14.5 min	[21]

从表 6.1 中我们可以看出，截至 2019 年，天蓝光器件的最长寿命为 220 min（亮度为 150 cd·m^{-2}）；在蓝光区间，最长的器件寿命为 10 min（4.4 V 驱动下）；在深蓝光区间，寿命最长可达到 13.5 min（驱动电流为 0.35 mA·cm^{-2}）。从蓝光区到深蓝光区的器件寿命都远远不如绿光器件。并且随着发射光波长的蓝移，器件寿命出现了明显下降。值得注意的一点是，不同于绿光钙钛矿发光二极管，长寿命的蓝光器件的发光层材料多为准二维钙钛矿结构。

2. 效率稳定性优化

器件在运行过程中的效率的液降会严重影响到器件的工作稳定性。器件效率液降的来源非常复杂。首先，影响发光材料稳定性的因素都会影响高电流下器件效率的变化，这两项优化经常同时进行；其次，高电压下器件电荷注入的变化情况也有较大影响，有时由于电荷的不平衡注入会导致高电压下复合区域的移动，进而影响器件的性能；最后，在高载流子注入的情况下器件发光层处的载流子密度也会产生剧烈升高，这会导致三载流子复合的产生（俄歇复合），这种复合会使得器件的效率大大降低。

3. 光色稳定性优化

由于钙钛矿材料在电场下的高温退化、离子迁移、晶格弛豫等效应，蓝光钙钛矿器件在运行过程中常常出现红移。发光颜色随着时间或驱动电压变化的发光器件是没有意义的。为了避免红移现象，需要在钙钛矿材料结构方面进行设计。最常见的设计策略为制备准二维结构的 Br 基钙钛矿薄膜，避免阴离子掺杂，进而防止器件运行过程中的离子迁移与相偏聚。但有时，为了得到高效的深蓝光器件，常常也会采用掺杂氯离子的蓝移策略，这就需要对掺杂量的严密控制，以及对材料结构的巧妙设计。结构方面，以长链包裹的量子点结构最为常见。近来，一些取代小阳离子或 Pb 位置离子的新的蓝移策略不断出现，显示出了制备稳定深蓝光器件的潜力。

2019 年唐江课题组提出了一种在器件层面上解决发光红移的方法[27]。研究者们使用 POEA 作为配体制备准二维结构的钙钛矿薄膜，以大量氯离子的掺杂作为蓝移策略。由于掺杂量较大，虽然实现了蓝光发射，但随着器件的运行，红移现象十分严重。当采用方波驱动器件后，经过一段时间反方向电压的施加，器件会恢复原来的蓝光发射。正向和反向偏压下卤化物离子迁移的整个过程如图 6.15(a)所示。由于反向偏压可以促进卤化物离子的重排，因此通过方波交流电压驱动混合卤化物器件来稳定发射光谱。值得注意的是，卤化物离子的迁移由不同参数的方波交替引导。为了稳定 EL 光谱，需要对参数进行相关优化。研究者选择了 6 V 的工作偏压和 −4 V 的恢复偏压用于研究，分别探索了 25%、30%和 50%不同占空比的方波参数对于器件稳定性的影响，如图 6.15(c)。发现占空比为 25%时器件光谱最为稳定，连续工作 720 min 后峰位置基本没有变化，如图 6.15(b)。

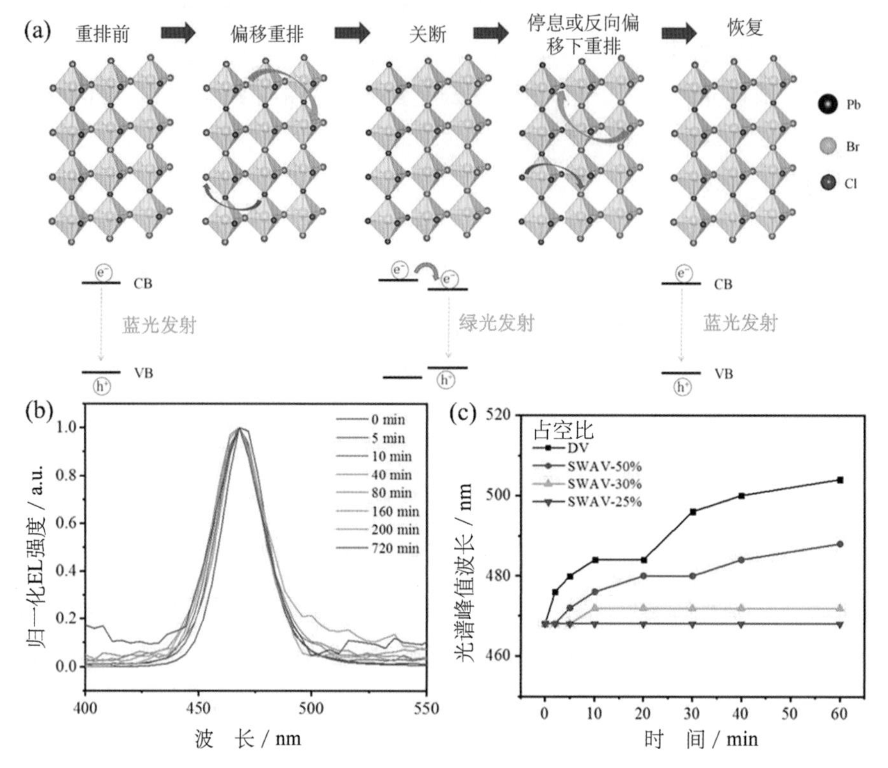

图 6.15 (a) 方波驱动下钙钛矿晶格内部的变化情况；(b) 方波驱动下光谱稳定性的情况；(c) 不同方波驱动参数对 EL 光谱的影响

6.7 结论与展望

钙钛矿蓝光发光二极管器件性能相比于近红外、红光和绿光发光二极管来说，进展较为缓慢，效率和稳定性仍有待提升。目前主流的制备蓝光钙钛矿发光器件的策略是通过限域效应来降低铅溴钙钛矿的维度，形成准二维结构，但这种需要许多“大”有机铵阳离子来调节发光，过多有机物的存在必然会以电荷传输性能为代价。因此这种方法制备的蓝光钙钛矿器件虽然效率尚可，但亮度较低。未来要实现高效、高亮度蓝光钙钛矿发光器件，应该要侧重于三维 Br/Cl 混合体系，辅以相应的添加剂修饰来稳定发光光谱以及减少缺陷。

参考文献

[1] Liu Y, Cui J, Du K, et al. Efficient blue light-emitting diodes based on quantum-confined bromide perovskite nanostructures[J]. Nature Photonics, 2019, 13(11): 760-764.

[2] Sadhanala A, Ahmad S, Zhao B, et al. Blue-green color tunable solution processable organolead chloride-bromide mixed halide perovskites for optoelectronic applications[J]. Nano letters, 2015, 15(9): 6095-6101.

[3] Chen Z, Zhang C, Jiang X F, et al. High-performance color-tunable perovskite light emitting devices through structural modulation from bulk to layered film[J]. Advanced Materials, 2017, 29(8): 1603157.

[4] Yuan S, Wang Z K, Xiao L X, et al. Optimization of low-dimensional components of quasi-2D perovskite films for deep-blue light-emitting diodes[J]. Advanced Materials, 2019, 31(44): 1904319.

[5] Liang D, Peng Y, Fu Y, et al. Color-pure violet-light-emitting diodes based on layered lead halide perovskite nanoplates[J]. ACS Nano, 2016, 10(7): 6897-6904.

[6] Chen P, Meng Y, Ahmadi M, et al. Charge-transfer versus energy-transfer in quasi-2D perovskite light-emitting diodes[J]. Nano Energy, 2018, 50: 615-622.

[7] Kumar S, Jagielski J, Yakunin S, et al. Efficient blue electroluminescence using quantum-confined two-dimensional perovskites[J]. ACS Nano, 2016, 10(10): 9720-9729.

[8] Li Z, Chen Z, Yang Y, et al. Modulation of recombination zone position for quasi-two-dimensional blue perovskite light-emitting diodes with efficiency exceeding 5%[J]. Nature Communications, 2019, 10(1): 1027.

[9] Gong X, Voznyy O, Jain A, et al. Electron-phonon interaction in efficient perovskite blueemitters[J]. Nature Materials, 2018, 17(6): 550-556.

[10] Chen H, Lin J, Kang J, et al. Structural and spectral dynamics of single-crystalline Ruddlesden-Popper phase halide perovskite blue light-emitting diodes[J]. Science Advances, 2020, 6(4): 4045.

[11] Jiang Y, Qin C, Cui M, et al. Spectra stable blue perovskite light-emitting diodes[J]. Nature Communications, 2019, 10(1): 1868.

[12] Jin Y, Wang Z, Yuan S, et al. Synergistic effect of dual ligands on stable blue quasi-2D perovskite light-emitting diodes[J]. Advanced Functional Materials, 2019, 30(6): 1908339.

[13] Xing J, Zhao Y, Askerka M, et al. Color-stable highly luminescent sky-blue perovskite light-emitting diodes[J]. Nature Communications, 2018, 9(1): 3541.

[14] Ochsenbein S T, Krieg F, Shynkarenko Y, et al. Engineering color-stable blue light-emitting diodes with lead halide perovskite nanocrystals[J]. ACS Applied Materials & Interfaces, 2019, 11(24): 21655-21660.

[15] Yang F, Chen H, Zhang R, et al. Efficient and spectrally stable blue perovskite light-emitting diodes based on potassium passivated nanocrystals[J]. Advanced Functional Materials, 2020, 30(10): 1908760.

[16] Shin Y S, Yoon Y J, Lee K T, et al. Vivid and fully saturated blue light-emitting diodes based on ligand-modified halide perovskite nanocrystals[J]. ACS Applied Materials & Interfaces, 2019, 11(26): 23401-23409.

[17] Hou S, Gangishetty M K, Quan Q, et al. Efficient blue and white perovskite light-emitting diodes via manganese doping[J]. Joule, 2018, 2(11): 2421-2433.

[18] Sun C, Gao Z, Liu H, et al. One stone two birds: High-efficiency blue-emitting perovskite nanocrystals for LED and security ink applications[J]. Chemistry of Materials, 2019, 31(14): 5116-5123.

[19] Li J, Gan L, Fang Z, et al. Bright tail states in blue-emitting ultrasmall perovskite quantum dots[J]. The Journal of Physical Chemistry Letters, 2017, 8(24): 6002-6008.

[20] Cheng L, Jiang T, Cao Y, et al. Multiple quantum well perovskites for high performancelight emitting diodes[J]. Advanced Materials, 2019, 32(15): 1904163.

[21] Zou Y, Xu H, Li S, et al. Spectral-stable blue emission from moisture-treated low-dimensional lead bromide-based perovskite films[J]. ACS Photonics, 2019, 6(7): 1728-1735.

[22] Kumawat N K, Liu X K, Kabra D, et al. Blue perovskite light-emitting diodes: Progress, challenges and future directions[J]. Nanoscale, 2019, 11(5): 2109-2120.

[23] Wang K H, Peng Y, Ge J, et al. Efficient and color-tunable quasi-2D $CsPbBr_xCl_{3-x}$ perovskite blue light-emitting diodes[J]. ACS Photonics, 2018, 6(3): 667-676.

[24] Ren Z, Xiao X, Ma R, et al. Hole transport bilayer structure for quasi-2D perovskite based blue light-emitting diodes with high brightness and good spectral stability[J]. Advanced Functional Materials, 2019, 29(43): 1905339.

[25] Wang Q, Ren J, Peng X F, et al. Efficient sky-blue perovskite light-emitting devices based on ethylammonium bromide induced layered perovskites[J]. ACS Applied Materials & Interfaces, 2017, 9(35): 29901-29906.

[26] Kim H P, Kim J, Kim B S, et al. High-efficiency, blue, green, and near-infrared light-emitting diodes based on triple cation perovskite[J]. Advanced Optical Materials, 2017, 5(7): 1600920.

[27] Tan Z, Luo J, Yang L, et al. Spectrally stable ultra-pure blue perovskite light-emitting diodes boosted by square-wave alternating voltage[J]. Advanced Optical Materials, 2019, 8(2): 1901094.

第七章　金属离子掺杂对钙钛矿发光器件的影响

目前，钙钛矿发光二极管的发展还存在以下挑战：首先，器件效率，特别是蓝光钙钛矿发光二极管的发光效率需要进一步提高[1]。其次，迫切需要解决器件工作状态下产生的晶体相变以及对潮湿、高温和光照稳定性差的问题[2-3]。通过将杂质掺入其他基体中改变基体的多种性质，最早可追溯到20世纪40年代，被广泛应用于微电子和光电子领域中[4-5]。由于特殊的离子晶体结构，在卤化钙钛矿材料中掺杂金属离子比在常规半导体材料中，有更多可选择的元素[6]。对于卤化钙钛矿材料来说，科学家们已经研究了包括 K^+、Rb^+、Ag^+、Sr^{2+}、Mn^{2+}、Bi^{3+} 以及稀土金属离子等替代原始的A位或B位元素[7-13]。研究结果表明，掺杂不仅可以提高钙钛矿材料的稳定性，还能提升器件的效率和寿命。图7.1显示了近年来金属离子掺杂以及表面钝化等修饰手段在钙钛矿发光二极管领域所取得的研究进展。对于近红外光钙钛矿发光器件，研究人员最早报道了Bi掺杂的 $MAPbI_3$ 钙钛矿材料，但是性能不是十分理想，后来用稀土金属元素Yb和Er等进行掺杂的材料显示出了更高的效率，因此近年来近红外光钙钛矿材料的金属离子掺杂主要采用稀土元素。在红光钙钛矿发光二极管领域可选用的掺杂元素较多，早期主要是以Mn掺杂的红光钙钛矿为主，Sr、Cu、K等元素的掺杂钙钛矿也显示出十分优异的性能。在绿光钙钛矿发光器件领域，A位和B位的掺杂均有相关报道，其中A位可以掺入Li、La、K等离子；B位掺杂主要研究了Zn、Cd、Sn、Ce等离子，金属离子掺杂后的绿光钙钛矿效率有明显的提升。蓝光掺杂钙钛矿的研究相对滞后，虽然同样对A位和B位进行了诸如Cs、Mn、K等金属离子掺杂的研究，但效率仍然很低。

在本章中，我们总结了金属离子掺杂效应，重点阐述了掺杂对晶体结构、激子动力学、波长调谐、器件性能等方面的影响。之后我们将对金属离子掺杂的绿光、蓝光、红光、红外钙钛矿发光二极管进行介绍。此外，我们将列举常见的金属离子掺杂方法以及金属离子掺杂钙钛矿发光二极管的现有问题。

	发光层	发光峰 / nm	PLQE / %	EQE / %
红外	$MAPbI_3$: Bi	1100		
	$CsPbCl_3$: Yb	984		5.9
	$Cs_2AgInCl_6$: Er	1537	0.02	
红光	$CsPbCl_3$: Mn	586	27	
	$CsPbI_3$: Mn	680	82	
	$CsPbI_3$: Sr	691		13.5
	$CsPbBrI_2$: Cu	621~630	94.8	5.1
	$CsPbBr_xI_{3-x}$: K	637		3.55
绿光	$CsPbBr_3$: Li	545		
	$CsPbBr_3$: Zn/Cd/Sn	452~506	> 60	
	$CsPbBr_3$: Ce	510~516		4.4
	$CsPbBr_3$: Rb	475~523		
蓝光	$MAPbBr_3$: Cs	475		1.7
	$CsPb(Br/Cl)_3$: Mn	466~470		2.12
	$CsPbBr_3$: Sb	485	73.8	
	$CsPb(Br/Cl)_3$: K	484	38.4	1.96

图 7.1　近年来钙钛矿发光材料中金属离子掺杂的研究进展

7.1　金属离子掺杂效应

掺杂金属离子提供了一种有效的方法来调节钙钛矿材料的基本性能[14]。掺杂适当的金属离子有助于稳定晶体结构、调节发光或改善器件性能[15-16]。在本节中，我们将首先介绍卤化钙钛矿的不同晶体相和对应的能带结构的差异。对于钙钛矿材料，为了保持晶体结构的高度对称性，A、B、X 和 Goldschmidt 公差系数 t 的离子半径应满足以下公式

$$\sqrt{2}(R_B + R_X)t = R_A + R_X \tag{7-1}$$

其中 R_A、R_B 和 R_X 分别代表 A、B 和 X 的离子半径。在一定温度范围内，t 在 0.8～1.1 之间可以保持晶体结构[17]。此外，$0.9<t<1$ 非常适合于立方结构的形成（α 相）［图 7.2(a)］[18]。通常，t 值较小将导致低对称性的四方晶系（β 相）或正交晶系（γ 相）的形成［图 7.2(b)(c)］；但是，t 值较大（$t>1$）将导致钙钛矿由三维结构转换为二维结构[19]。与 α 相相比，β 相和 γ 相出现略微变形，并且带隙等特性变化不明显。钙钛矿的晶相（α 相、β 相和 γ 相）可以通过键角的变形在一定温度下转变，但是由于 B—X 键断裂[20]，δ 相一般不能通过扭曲 B—X—B 键形成 α 相，不利于提高光电性能的晶相［图 7.2(d)］[21]。

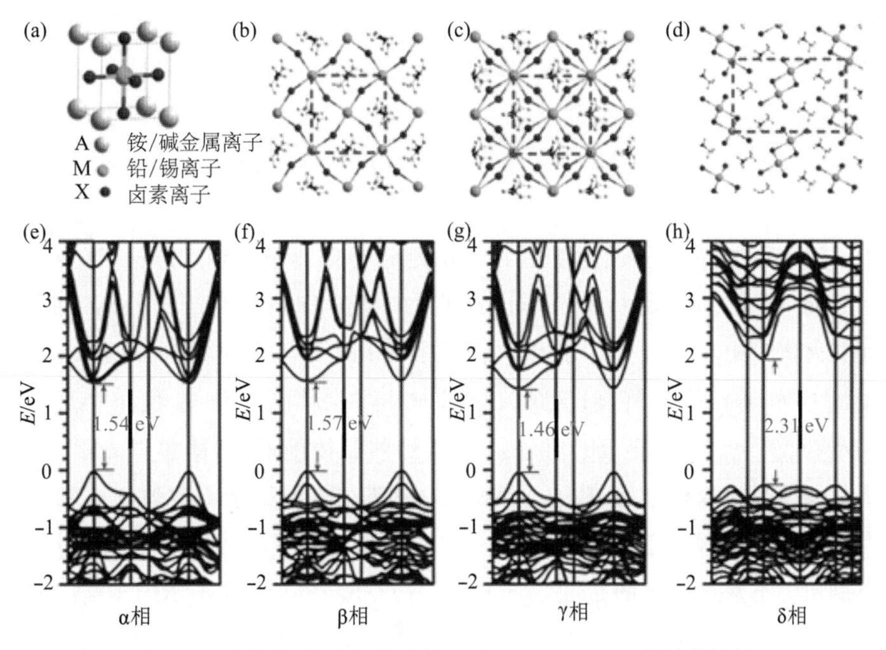

图 7.2　不同的钙钛矿晶体结构以及 $CH_3NH_3PbI_3$ 的能带结构：(a)(e) α 相；(b)(f) β 相；(c)(g) γ 相；(d)(h) δ 相[21]

对于 $CH_3NH_3PbI_3$，从 α 相到 β 相到 γ 相的转变温度分别为 330 K 和 160 K[22]。钙钛矿是一种直接带隙半导体材料。以 $CH_3NH_3PbI_3$ 为例，不同钙钛矿晶体相的理论计算能带结构如图 7.2(e)～(h)所示。α 相、β 相、γ 相的带隙分别为 1.54 eV、1.57 eV、1.46 eV。与 α 相相比，β 相和 γ 相的电子构型相对保持，只是在 Pb—I—Pb 键角处有很小的畸变。Pb—I 键的断裂和三维［Pb—I］骨架结构的破坏使 δ 相钙钛矿的带隙增加了约 0.5 eV，同时增加了空穴的有效质量[23]。我们将详细阐述卤化钙钛矿材料中A位和B位掺杂金属离子的影响，主要包括晶体结构、能级和光电性能调节。

7.1.1 A位金属离子掺杂对钙钛矿材料的影响

从公式(7-1)可以看出若要满足 t 在适当的范围内，A必须有较大的半径，否则晶体结构会变形或对称性降低[24]。通常A位阳离子是 MA^+(1.80 Å)、FA^+(1.90～2.20 Å)、Cs^+(1.67 Å)[图7.3(a)]。由于 MA^+ 和 FA^+ 的尺寸较为合适，因此 $MAPbX_3$ 和 $FAPbX_3$ 是获得立方钙钛矿结构的理想材料[图7.3(b)][25]。然而由于FA和MA是有机组分，复合钙钛矿材料面临热不稳定性的问题[26]。尽管 Cs^+ 半径小于 FA^+ 和 MA^+，基于Cs的全无机钙钛矿材料仍是研究重点。因此对于A位掺杂，最好引入较大尺寸和单价态的金属离子，这有助于稳定钙钛矿晶体结构[27]。A位的主要掺杂离子是碱金属离子和银离子等[9,28-29]。我们将以一些代表性的掺杂离子为例来详细说明A位金属离子掺杂对晶体结构、带隙、载流子动力学和发光性质的影响。

Rb^+ 的尺寸小于 Cs^+，因此使用 Rb^+ 作为A位阳离子的钙钛矿材料的晶体结构理论上更加不稳定。实际上，基于Rb的钙钛矿材料不能像基于Cs的钙钛矿材料一样通过退火将δ相转变为α立方相[30]。但是Saliba等人通过实验证明 Rb^+ 可以作为有效的掺杂剂。他们将 Rb^+ 嵌入钙钛矿相中，形成多种A位阳离子组合物(RbCsMAFA)[31]。通过将 Rb^+ 和 Cs^+ 添加到前驱体溶液中，薄膜以光活性钙钛矿相结晶。与掺杂的薄膜相反，基于MAFA的薄膜结晶开始于不均匀的非钙钛矿相，这表明 Rb^+ 可以增强薄膜的相稳定性。同时，碱金属离子的引入不改变价带位置，并且两个膜相对于费米能级的带能取向相同[32]。Zhang等研究了 Rb^+ 掺杂对发光性能的调节，合成了 $CsPbBr_3:xRb(x=0,0.4,0.6,0.8)$ 量子点，得到了可调谐的发射光谱(475～523 nm)[29]。随着Rb/Cs比例的增加，晶格收缩，带隙的宽度变大，基于 $CsPbBr_3:xRb(x=0,0.4,0.6,0.8)$ 量子点的荧光发光峰明显蓝移(从513 nm蓝移为475 nm)[图7.3(c)]。值得注意的是，A位的金属离子掺杂可以调节晶体结构并调节发光波长，但是相对较低的掺杂浓度通常不会改变初始钙钛矿材料的相结构[33]。

空位(主要是A和X位置的空位)通常是低形成能的浅缺陷；间隙和反位会产生深能级缺陷态，但由于其较高的形成能一般难以形成[34]。缺陷诱导的非辐射跃迁是导致量子产率低的主要原因[35]，适当的掺杂或表面钝化可有效减少非辐射跃迁，增

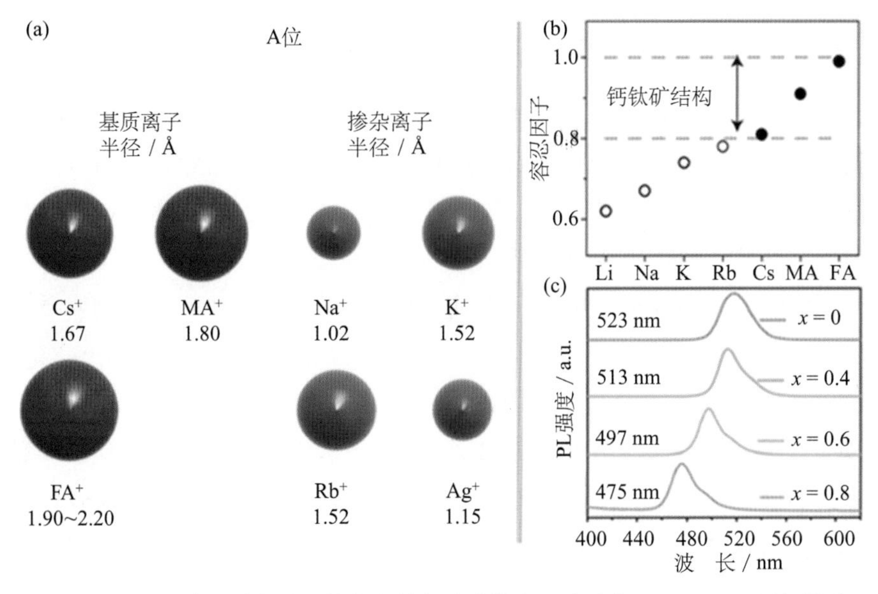

图 7.3　(a) A 位基质离子和掺杂金属离子种类和尺寸示意；(b) $APbI_3$ 型钙钛矿的容忍因子，A＝Li、Na、K、Rb、Cs、MA 和 FA[31]；(c) 基质中不同 Rb 掺杂含量 $CsPbBr_3$：xRb(x＝0，0.4，0.6，0.8)的 PL 发射光谱[29]

强激子辐射跃迁并调节光动力学，从而提高荧光量子效率并增强器件性能[9]。由于表面缺陷在卤化钙钛矿纳米晶材料中占主导地位，A 位掺杂是表面钝化、降低非辐射态的极佳策略[36]。K^+ 是另一个半径相对较大的碱金属离子，Yang 等报道了 K^+ 钝化的 $CsPb(Br/Cl)_3$ 纳米晶[7]。通过增加 K^+ 摩尔比，$CsPb(Br/Cl)_3$ 溶液的荧光量子效率从 9.50%提高到 38.4%。时间分辨的荧光光谱测量结果证实，掺入 K^+ 可以极大减少非辐射复合。这表明 A 位金属离子的掺杂可以有效地改善材料的光致发光性能并调节载流子动力学。

通常，A 位离子的半径对钙钛矿结构的形成和维持有重要影响。当掺杂离子的半径太小时，晶格收缩，反之则晶格扩展。因此值得注意的是，A 位掺杂离子的尺寸必须合适才能保证材料的稳定性。带隙和光亮度也与所引入阳离子的大小直接相关。掺入较大的杂质离子将减小带隙，而较小的(例如 Rb^+ 或 K^+)离子将增大带隙。更宽的带隙将使荧光光谱显示出红移，相反则显示蓝移。此外，诸如 K^+ 的 A 位掺杂还可以用于钝化表面缺陷，减少缺陷捕获，从而提高钙钛矿材料的荧光量子效率和激子寿命。

7.1.2 B位金属离子掺杂对钙钛矿材料的影响

与A位掺杂不同，B位掺杂更加复杂，因为B位处在$[BX_6]^{4-}$八面体的中心位置，对钙钛矿材料的相稳定性和带隙影响更大[37]。钙钛矿B位可以掺杂许多离子，包括主族金属离子(Sr^{2+}，Bi^{3+}，Ba^{2+}，Sb^{3+}等)[10,12,38-39]，过渡金属离子(Zn^{2+}，Mn^{2+}，Ni^{2+}，Cd^{2+})[11,40-42]和稀土金属离子(Yb^{3+}，Ce^{3+}，Eu^{3+}，Er^{3+})[图7.4(a)][13,43-45]。对于B位掺杂，八面体因子μ是除公差因子t之外的另一个半经验几何参数。μ的计算公式如下

$$\mu = R_B / R_X \tag{7-2}$$

对于稳定的$[BX_6]^{4-}$八面体，μ的值应处于0.442～0.895[46]。Pb^{2+}是B位理想的选择，因为其不仅满足公差系数t，而且满足八面体系数μ的要求[图7.4(b)][37]。但是由于Pb的毒性和可能的泄漏，无铅钙钛矿同样得到了很大的关注和发展。因为效率低和成膜能力差，无铅钙钛矿材料相关研究仍远远落后于卤化铅钙钛矿材料[47]。一般在卤化铅钙钛矿B位中掺入少量金属离子不会改变主体钙钛矿的基本性质，但可以显著改善其形态和光电性能[48]。

Sr^{2+}是一种碱土金属离子，与Pb^{2+}具有相似的尺寸和相同的化合价态，因此Sr^{2+}是卤化铅钙钛矿的理想掺杂剂。Sr^{2+}具有比Pb^{2+}稍小的半径，因此Pb—X键缩短，晶格收缩。类似于由A位掺杂引起的晶格收缩，在B位掺杂较小离子也将导致更宽的带隙和PL光谱的蓝移。Lu等发现当$SrCl_2$∶PbI_2的比例增加时，吸收峰和PL峰都会出现轻微的蓝移(约3 nm)[10]。此外，由于增加了钙钛矿的形成能，其环境耐受性略有提高，从而提高了稳定性。

Mn^{2+}掺杂已被广泛用于传统半导体中，赋予主体材料新颖的光学和电学性质。与传统半导体相比，卤化铅钙钛矿中对缺陷态的高容忍度更能促进激发能向Mn d态的转移，从而实现Mn的d-d发射[49]。Adhikari等合成了Mn掺杂的$CsPbCl_3$纳米晶，由于Mn d-d跃迁而发出亮黄色，而未掺杂的$CsPbCl_3$纳米晶在402 nm处出现窄带边发射[50]。Mn掺杂量子点发射峰(586 nm)的荧光激发光谱与吸收光谱几乎重合，这表明Mn d-d跃迁发射被$CsPbCl_3$基质敏化[图7.4(c)]。

与其他离子掺杂相同，半径较小的稀土金属离子(RE^{n+})也会带来晶格收缩，从而增强阴离子与阳离子之间的结合能，增加带隙宽度，使主体$CsPbCl_3$的荧光光谱发生蓝移。由于RE^{n+}具有更多的中间能级，因此RE掺杂可以得到600～1200 nm的PL发射光谱。对于掺杂Eu^{3+}的$CsPbCl_3$，激子能量转移到Eu^{3+}的高能级，然后通过

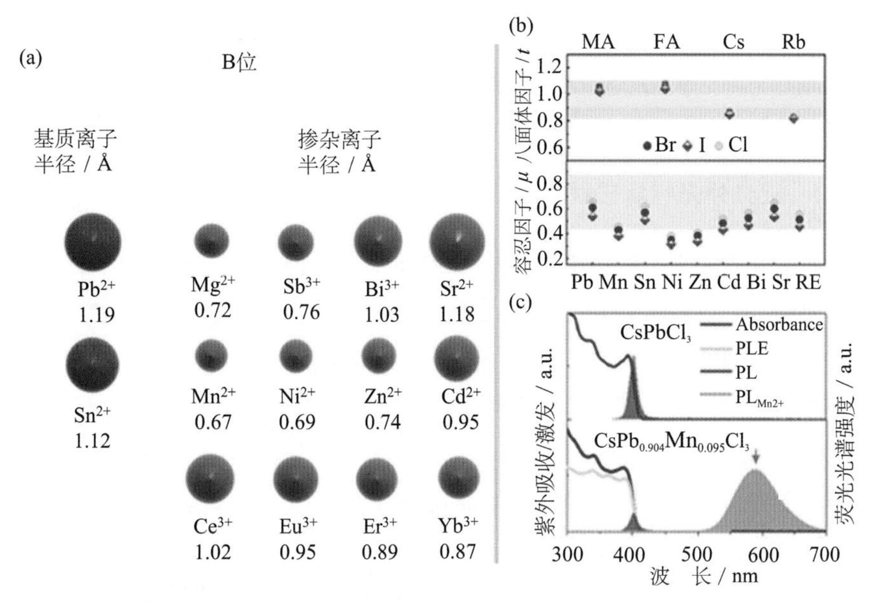

图 7.4 (a) B位中基质离子和掺杂金属离子种类和尺寸示意;(b) 三维卤化铅钙钛矿对A位阳离子、X位阴离子的耐受因子和B位阳离子的$[BX_6]^{4-}$八面体因子[48];(c) 未掺杂和掺杂Mn^{2+}的$CsPbCl_3$纳米晶的光学性质[50]

非辐射弛豫传递到发射能级$^5D_0$。Zhang等报道了胶体$CsPbCl_3$:Yb^{3+}纳米晶,其发射峰在984 nm处且具有窄的发光光谱(FWHM=54 nm)[13]。此外值得注意的是,Yb^{3+}掺杂的近红外发射具有127.8%的超高荧光量子效率,这可能是由于$CsPbCl_3$主体激子跃迁的量子切割效应。

总体而言,B位离子掺杂对晶格的影响与A位掺杂相似。如果掺杂离子半径小于Pb^{2+},将引起晶格收缩。$[BX_6]^{4-}$八面体因子对于卤化钙钛矿有着较大的影响,B—X—B夹角在价带和导带调节中起着至关重要的作用。因此,B位掺杂剂可以显著调节带隙。与未掺杂金属离子相比,掺杂二价金属离子(例如Mn^{2+}、Sr^{2+})的材料具有更宽的光学带隙(吸收带蓝移)。Ni^{2+}是一个例外,Ni掺杂可能改变晶格参数,因此导致光谱红移。对于三价稀土金属离子,在纳米晶中掺杂带来中间能级,为激子提供新的辐射衰减通道。具有相等价态和较小半径的离子(例如Zn^{2+}、Sr^{2+})不会为钙钛矿基质的发光产生新的辐射中心或缺陷态,有助于改善发光性能。然而将Bi^{3+}掺入主体晶格有时会导致荧光强度显著降低,这可能是在主体带隙内形成了带状缺陷态。总之,B位掺杂由于同时干扰尺寸因子和电子结构而具有复杂的影响。

7.2 金属离子掺杂材料与器件

7.2.1 近红外光钙钛矿材料

基于有机化合物(包括金属配合物)和胶体量子点的红外或近红外发光二极管面临两个主要问题:载流子迁移率低以及材料中的载流子-缺陷复合导致的本征发光效率低。掺杂金属离子可调节钙钛矿材料发光,因此有望获得具有高发光效率的近红外或红外发射。Zhang 等[13]报道了稀土离子掺杂的胶体纳米晶 $CsPbCl_3:Yb^{3+}$、$CsPbCl_3:Er^{3+}$ 和 $CsPbCl_3:Yb^{3+}/Er^{3+}$。$CsPbCl_3:Yb^{3+}$ 纳米晶在 986 nm 处具有高荧光强度的近红外光发射。此外,他们还在 Yb^{3+}/Er^{3+} 共掺杂的 $CsPbCl_3$ 纳米晶中得到了 1533 nm 的发射光[图 7.5(a)]。值得注意的是,掺杂 Yb^{3+} 的 $CsPbCl_3$ 纳米晶的荧光量子效率为 127.8%,这是具有近红外或红外光发射的钙钛矿材料的最高荧光量子效率。根据重掺杂 n 型半导体中的 Burstein-Moss 效应,Yb^{3+} 掺杂 $CsPbCl_3$ 纳米晶光谱中的吸收带和荧光的轻微蓝移可以归因于 Yb^{3+} 的给电子的填充状态在导带底附近,导致某些带隙变宽[51]。可见光和近红外发射之间巨大的荧光量子效率差异可能归因于量子切割效应,Yb^{3+} 的掺入可能在 $CsPbCl_3$ 纳米晶的带隙中间产生缺陷态。当 $CsPbCl_3:Yb^{3+}$ 纳米晶被紫外光激发时,$CsPbCl_3$ 主体产生激子,激子通过带隙复合并发出 408 nm 的光。而由 Yb^{3+} 引起的缺陷状态将激子能量分为两部分:一部分能量转移到第一个 Yb^{3+} 离子上,然后激子通过俄歇非辐射弛豫过程被缺陷态捕获;另一部分能量通过激子在缺陷态电子和价带空穴之间复合而释放,该能量通过俄歇非辐射能量转移进一步激发第二个 Yb^{3+} 离子。对于激发的 Yb^{3+} 离子,$^2F_{5/2}$ 能级的电子跃升到 $^2F_{7/2}$ 能级,并产生 986 nm 光发射。此外由于掺杂了 Yb^{3+},纳米晶稳定性得到了很大的改善。在约 27 h 内,未掺杂的 $CsPbCl_3$ 纳米晶溶液的 PL 强度降低了 80%,而 $CsPbCl_3:Yb^{3+}$ 纳米溶液的荧光强度则经过 85 h 才降低到相同程度[图 7.5(b)]。

此后 Ishii 等也将 Yb^{3+} 掺杂在 $CsPbCl_3$ 中以确保高电荷载流子迁移率并平衡固态敏化剂薄膜中的电荷注入[52]。在 $CsPbCl_3:Yb^{3+}$ 中,近红外发射强度随 Yb^{3+} 浓度增加而明显提高[图 7.5(c)]。基于掺杂 $CsPbCl_3$ 的发光二极管在 984 nm 处表现出明亮的电致发光,其外量子效率高达 5.9%。Lee 等报道了一种 $Cs_2AgInCl_6$ 双钙钛矿纳米晶,其晶体结构用一对银和铟离子对代替卤化铅钙钛矿中的两个铅离子[45]。然后他们将 Yb^{3+} 和 Er^{3+} 掺杂到钙钛矿纳米晶中，并在 996 nm 和 1537 nm 的红外区观察到特征 f-f 跃迁发射。然而掺杂有稀土离子的无铅钙钛矿材料的荧光量子效率仅为 4%，效率仍然非常低。

由于稀土含量低且价格较高，非稀土离子的掺杂引起了广泛的研究兴趣。Zhou 等通过将 Bi 掺入卤化钙钛矿中，实现了 1140 nm 处和 FWHM 为 380 nm 的超宽红外发光[53]。结构和光物理特征表明，荧光来源于 Bi 掺杂引起的旋光中心，这归因于 $[PbI_6]$ 单元畸变并形成空间局部双极子耦合。基于 $MAPbI_3$：Bi 的发光二极管开启电压较低，仅为 4 V[图 7.5(d)]，但量子效率仅为 0.3%，这与掺有稀土离子的卤化铅钙钛矿相比效率仍有待提高。

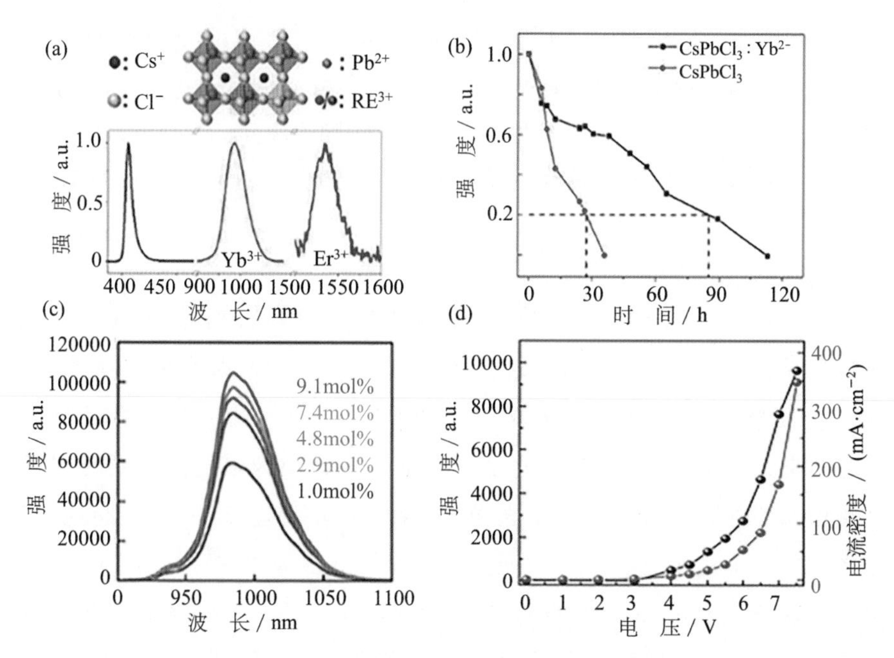

图 7.5 (a) 将 Yb^{3+} 或 Er^{3+} 离子掺杂到 $CsPbCl_3$ 纳米晶中可将发射范围扩大到红外区域[13]；(b) 在 365 nm 紫外线照射不同时间后，$CsPbCl_3$ 和 $CsPbCl_3$：Yb^{3+} 纳米晶的 PL 光谱变化[13]；(c) Yb^{3+} 对 PL 光谱的浓度依赖性(Yb^{3+} 浓度定义为 $Yb^{3+}/[Yb^{3+}+Pb^{2+}]$)[52]；(d) 基于 $MAPbI_3$：Bi 的发光器件的电流密度和电致发光强度与驱动电压的关系[53]

7.2.2 红光钙钛矿材料

红光钙钛矿材料的金属离子掺杂研究相对简单有效，由于目前材料和器件的效率足够高，因此红光钙钛矿材料的研究重点是如何获得更高的色纯度和提高发光稳定性。具有红光发射的 $CsPbI_3$ 纳米晶显示出向非发光、宽带隙一维多晶型物的延迟相变，而 $MAPbI_3$ 的化学耐久性则非常有限。Protesescu 等人希望结合两种材料的优点，通过简便的胶体合成方法获得了 $Cs_{1-x}FA_xPbI_3$ 纳米晶[54]。与尺寸和形貌相似的 MA 或 Cs 的两种主体相比，掺杂纳米晶表现出更高的稳定性。$FA_{0.1}Cs_{0.9}PbI_3$ 纳米晶在胶体态和薄膜中具有亮红色(波长为 690 nm)和高量子产率(PLQE>70%)的发光，并能够维持数月或更长时间。当使用 $FA_{0.1}Cs_{0.9}PbI_3$ 纳米晶作为发光层时，器件电致发光峰在 692 nm 处，同时最高外量子效率为 0.12%，最大亮度为 4.3 cd·m^{-2}。

因为 Cu^{2+} 的离子半径(0.72 Å)略小于 Pb^{2+}(1.19 Å)，所以 Cu^{2+} 可以部分替代 $CsPbBrI_2$ 纳米晶的晶格结构中的 Pb^{2+} 而不破坏晶体结构。Zhang 等证明了 Cu^{2+} 离子的掺入可以提高形成能，引起晶格收缩，从而稳定纳米晶的立方相[55]。随着 Cu^{2+} 掺入量的增加，纳米晶的发射峰发生了从 630 nm 到 621 nm 的蓝移[图 7.6(a)]。Cu^{2+} 取代的 $CsPbBrI_2$ 纳米晶具有较高的荧光量子效率(94.8%)和更好的稳定性。利用 $CsPbBrI_2$：Cu 纳米晶作为发光层的钙钛矿发光二极管得到的最大外量子效率可达 5.1%。

Sr^{2+} 的离子半径(1.18 Å)与 Pb^{2+} 的离子半径(1.19 Å)相近，因此 Sr^{2+} 也可以替代钙钛矿晶格结构中的 Pb^{2+}，引起轻微的晶格收缩。Lu 课题组选择 $SrCl_2$ 作为掺杂剂以合成掺杂的 $CsPbI_3$ 纳米晶[10]，同时来自 $SrCl_2$ 的 Cl^- 能够有效地钝化 $CsPbI_3$ 纳米晶的表面缺陷态，从而将非辐射缺陷态转换为辐射态。同时进行 Sr^{2+} 掺杂和表面 Cl^- 钝化可提高光致发光量子产率(84%)、延长发射寿命并提高稳定性。以掺杂的 $CsPbI_3$ 纳米晶作为发光层的发光器件最大外量子效率为 13.5%，几乎是基于未掺杂 $CsPbI_3$ 的器件的两倍[图 7.6(b)]。Yao 等也报道了 Sr^{2+} 掺入可显著增加 α-$CsPbI_3$ 的形成能，从而减少结构畸变，在几纳米的尺寸上稳定立方相[56]。以具有 3.1%Sr^{2+} 掺杂的 α-$CsPbI_3$ 为发光层制备的发光器件在各种驱动电压下均得到 678 nm 左右的光发射，对应 CIE 色坐标为(0.67，0.26)，是非常理想的用于红光显示的材料。

Zou 课题组制备了具有更好的热稳定性以及光学性能的 $CsPbX_3$：Mn 钙钛矿材料[57]。即使在高达 200℃ 的环境下，Mn^{2+} 掺杂的 $CsPbX_3$ 依然可以保持稳定。纯 $CsPbCl_3$ 样品表现出 404 nm 左右的特征发光，而 $CsPbCl_3$：Mn(Mn 物质的量占 5.8%)量子点的荧光光谱具有一个在 600 nm 处的宽发射带。这一伴随钙钛矿基质的二次激子发光，可以归因于掺杂在 $CsPbCl_3$ 中 Mn^{2+} 的 $^4T_1 \rightarrow {}^6A_1$ 跃迁辐射[图 7.8

(c)]。纳米级的 α-$CsPbI_3$ 可以维持立方相稳定性和高荧光量子效率(PLQE>80%)达两个月之久,而由 α-$CsPbI_3$ 制成的光滑固体薄膜在空气环境下放置数周仍保留了立方相和高荧光量子效率(PLQE>40%)。

Akkerman 等合成了 Mn∶Pb 的比值更高(几乎 1∶1),具有较高稳定性的立方相钙钛矿材料,发射峰在 680 nm 处[11]。但是由于 $CsPbI_3$ 的快速成核作用,Mn^{2+} 的合金化似乎受到限制,后续可以考虑阳离子交换、室温合成或 MnI_2 插入 Cs_4PbI_6 纳米晶等方法[58]。与原始样品相比,合金样品中的荧光量子效率和荧光寿命都相应增加[图 7.6(d)]。

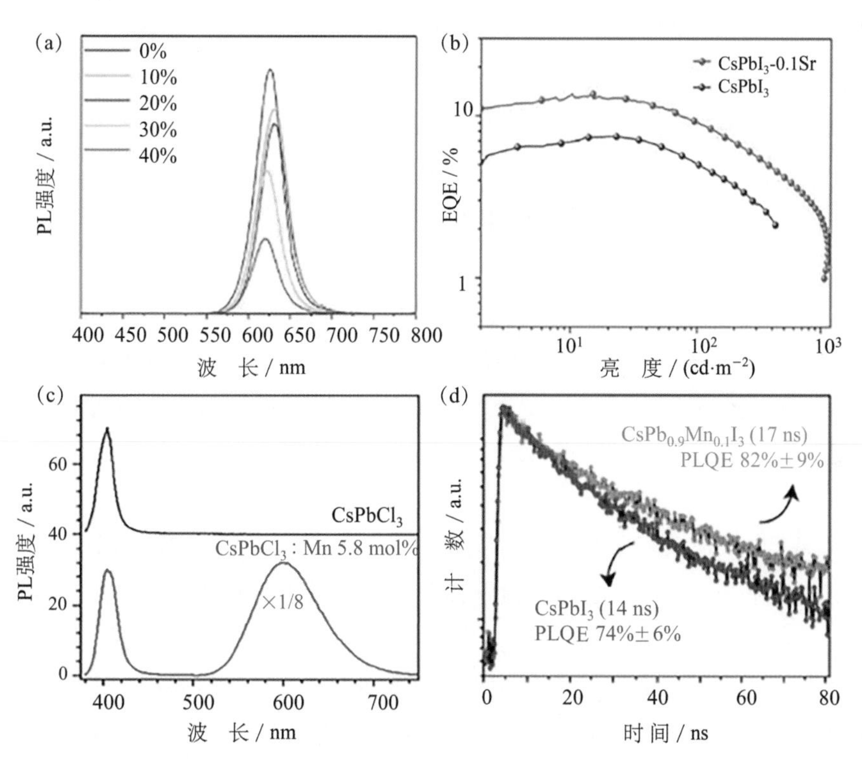

图 7.6　(a) 具有不同 Cu/Pb 比的原始和掺杂 $CsPbBrI_2$ 纳米晶的 PL 光谱(激发波长 365 nm)[13];(b) 基于 $CsPbI_3$ 和 $CsPbI_3$-0.1Sr 纳米晶的发光器件的外量子效率与亮度的关系[13];(c) 在 362 nm 的 UV 激发下纯 $CsPbCl_3$ 和 $CsPbCl_3$∶Mn(5.8 mol%)量子点的 PL 发射光谱[13];(d) $CsPbI_3$ 和 $CsPb_xMn_{1-x}I_3$ 纳米晶的荧光寿命和 PLQE 对比[13]

7.2.3　绿光钙钛矿材料

$CsPbBr_3$ 纳米晶作为一种被广泛研究的绿色发光材料,仍存在效率低和不稳定的问题。尺寸控制、表面工程和掺杂是解决这些问题的有效方法，其中掺杂简单可行，并且有多种金属离子可用于掺杂。Yang 课题组研究了 Cs^+ 和 K^+ 掺杂对准二维钙钛矿发光二极管性能的影响[28]，Cs^+ 的掺杂降低了高电流密度下准二维钙钛矿发光二极管的效率滚降，从而提高电流效率。此外，与掺杂 Cs^+ 的准二维钙钛矿薄膜相比，掺入少量 K^+（Cs^+/K^+ 共掺杂）显示出更高的荧光强度[图 7.7(a)]。基于多阳离子钙钛矿的绿光发光二极管最大亮度达到 45600 $cd \cdot m^{-2}$，电流效率为 22.5 $cd \cdot A^{-1}$。

Ce^{3+} 与 Pb^{2+} 具有相似的离子半径并且可与溴形成较高导带能级，可以在保持钙钛矿结构的完整性同时不引入其他缺陷态，是 $CsPbBr_3$ 的合适掺杂剂。Yao 课题组通过热注入方法掺杂 Ce^{3+}，提高了 $CsPbBr_3$ 纳米晶的光/电致发光效率[51]。掺杂 Ce^{3+} 的 $CsPbBr_3$ 纳米晶的荧光量子效率达到了 89%，其作为发光层制成的发光器件的外量子效率从 1.6% 提高到 4.4%[图 7.7(b)]。同时，最大电流效率增加到 14.2 $cd \cdot A^{-1}$，这表明发光器件中的非辐射复合受到了抑制。

Stam 等尝试使用不同的金属离子（Sn^{2+}，Cd^{2+} 和 Zn^{2+}）代替 Pb^{2+}，他们发现主体纳米晶的尺寸基本保持不变，晶格在金属离子掺入时略微收缩[59]。金属离子在 B 位的掺杂将导致光谱蓝移，同时保持高荧光量子效率（$>$50%）、宽吸收带以及主体 $CsPbBr_3$ 纳米晶的窄发光光谱。值得注意的是，光谱的蓝移与晶格收缩成线性比例变化[图 7.7(c)]。二价金属离子掺入后，所有样品均观察到超过 60%的高荧光量子效率。

Rb^+ 是另一种调控绿光发射的掺杂离子，因为 Rb^+ 具有与 Cs^+ 相似的离子半径和相同的化合价态。但是，较差的稳定性仍然是亟待解决的严重问题。Zhang 课题组将 Rb^+ 掺入 $CsPbBr_3$ 中得到具有良好热稳定性的量子点[29]，$CsPbBr_3 : xRb$（$x=$0，0.4，0.6 和 0.8）玻璃基质具有可调谐的发射光谱（475～523 nm）。所制备的玻璃基质在湿热条件下均表现出良好的稳定性，其荧光强度即使在 500 ℃也没有明显变化[图 7.7(d)]。此外通过组合蓝光 InGaN 芯片、绿光 $CsPbBr_3 : 0.4Rb$ 玻璃基质和红光 $CaAlSiN_3 : Eu^{2+}$ 荧光粉实现了白光发光器件的制备。其中器件的 CIE 色坐标为（0.3275，0.3303），显色指数（color render index，CRI）为 73.4，色温（correlated color temperature，CCT）为 5732 K。因此掺有 Rb^+ 的钙钛矿材料可以应用于白光发光二极管。

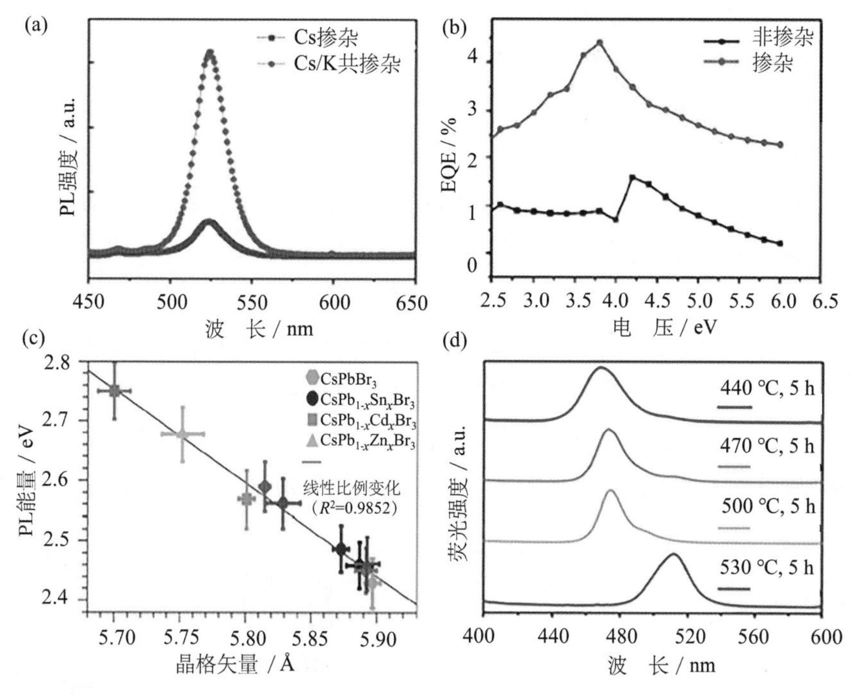

图 7.7　(a) Cs 掺杂的准二维钙钛矿和 Cs^+/K^+ 掺杂的准二维钙钛矿的光致发光强度，其中钙钛矿结构为 $PEA_2FA_2Pb_3Br_{10}$[28]；(b) 基于未掺杂 $CsPbBr_3$ 和 Ce^{3+} 掺杂 $CsPbBr_3$ 纳米晶的器件的 EQE 与驱动电压的函数关系[51]；(c) PL 能量随掺杂 $CsPb_{1-x}M_xBr_3$（M=Sn、Cd 和 Zn）纳米晶中晶格矢量的变化[59]；(d) 在不同热处理温度下制备的 $CsPbBr_3$：0.8Rb 玻璃基质的荧光光谱[29]

7.2.4　蓝光钙钛矿材料

钙钛矿纳米晶在绿光区域具有可调谐的光发射和高荧光量子效率，但是高效的蓝光发射仍然是一个挑战。目前用于蓝光发射的混合卤素钙钛矿会出现卤素离子迁移，从而导致发光器件工作时出现富 Cl 和富 Br 的相偏析，并导致电致发光波长从蓝光区域红移至绿光区域。超小尺寸 $CsPbBr_3$ 纳米晶发出的蓝光在 460 nm 附近，具有很窄的半峰宽，并且不像 Cl-Br 同类物那样具有相分离的问题。但是随着时间的推移，超小尺寸 $CsPbBr_3$ 纳米晶的蓝光发射也容易变为绿光，并且荧光量子效率仍然很低。因此，有必要引入特定的金属离子来改变晶体内部或表面上的带隙、缺陷态和激子动力学。

Zhang 等将 Sb^{3+} 掺杂到 $CsPbBr_3$ 中以降低表面能、改善晶格能、钝化缺陷并将蓝光发射的荧光量子效率提升至 73.8%，即使在高温下也具有良好的光谱稳定性[39]。根据美国国家电视标准委员会(National Television Standards Committee,NTSC)的显色标准,他们测量的 CIE 坐标为(0.14,0.06),接近标准蓝色坐标(0.155,0.070)。另外 Wang 等通过将 RbX 前驱体掺杂到 $CsPbBr_3$ 钙钛矿薄膜中来研究掺杂对薄膜制备的影响[31]。不仅通过掺杂获得了具有蓝光发射的薄膜,而且薄膜的均匀性也大大提高。基于 RbBr 和 RbCl 掺杂 $CsPbBr_3$ 的发光器件表现出亮蓝色发射,其电致发光峰分别位于 492 nm 和 468 nm[图 7.8(a)]。

近年来的研究证明 Mn 掺杂可以有效提高钙钛矿的发光产率,即使引入了向锰离子长寿命发射态的衰减途径。Hou 课题组采用 Mn 掺杂来增强蓝光亮度,其导通电压相对于未掺杂器件降低约 1 V[20]。Mn 含量为 0.25%的器件显示出最大亮度为 389 cd·m^{-2},比无掺杂器件的亮度高三倍[图 7.8(b)]。Mn 掺杂提高了光致发光产量和寿命,减少缺陷态,从而使蓝光钙钛矿发光二极管量子效率超过 2%。

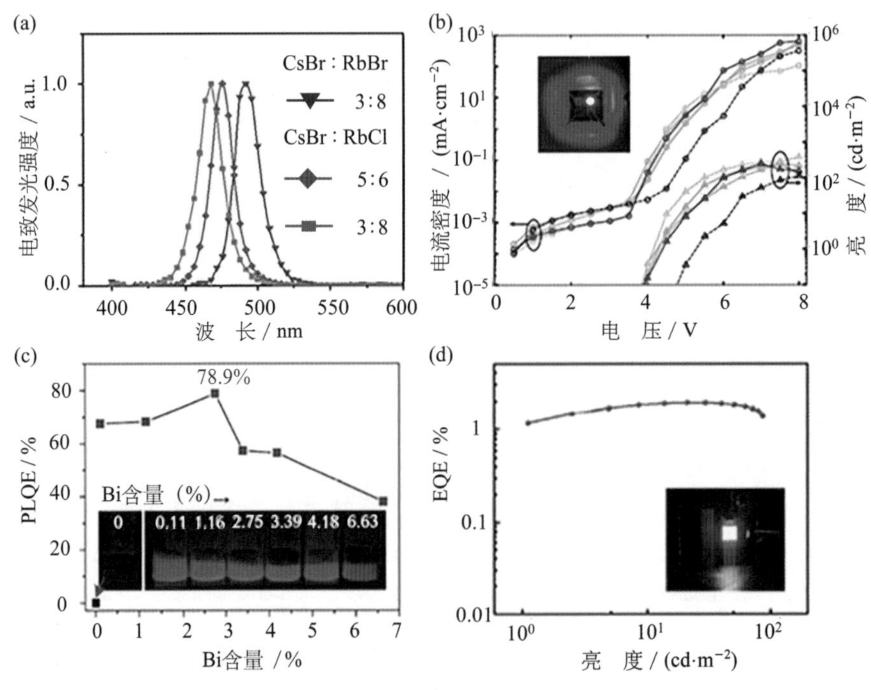

图 7.8 (a) 基于不同 RbX 掺杂的蓝光钙钛矿的电致发光光谱[8];(b) 在不同掺杂浓度下器件 *J-V-L* 特性曲线,插图显示了 0.19%Mn 器件的图像[60];(c) Cs_2SnCl_6 : xBi 的室温 PLQE,x 为 0%、0.11%、1.16%、2.75%、3.39%、4.18% 和 6.63%,插图是 Cs_2SnCl_6 : xBi 在紫外线照射下的照片[12];(d) 基于 $CsPb(Br/Cl)_3$: 4.0%K 的发光器件 EQE 曲线[7]

蓝光卤化铅钙钛矿显示出优异的光电性能,但在稳定性和毒性方面令人担忧。

Tan 课题组报道了 Bi 掺杂的无铅无机钙钛矿 Cs_2SnCl_6 作为蓝光磷光体[34]。在 Bi 掺杂后，最初不发光的 Cs_2SnCl_6 在 455 nm 处显示出高效的深蓝光发射，Stokes 位移为 106 nm，并且荧光量子效率接近 80%[图 7.8(c)]。Cs_2SnCl_6：Bi 由于其全无机构成和保护性氯化氧铋(BiOCl)层的形成，还显示出良好的水热稳定性。

另有一些研究从碱金属离子掺杂表面工程方向改善蓝光钙钛矿材料的光电性能。Yang 等引入 K^+ 以占据外围有机配体的位置[7]，K^+ 的引入抑制了非辐射复合，从而获得了荧光量子效率达到 38.4% 的 $CsPb(Br/Cl)_3$ 纳米晶。K^+ 的掺入还改善了钙钛矿纳米晶的载流子传输，所制备的蓝光发光二极管具有光谱稳定性，发射峰在 477 nm，最大外量子效率为 1.96%[图 7.8(d)]。

7.3　金属离子掺杂方法

由于卤化钙钛矿以多晶膜、单晶或纳米晶形式存在的不同，金属离子掺杂方法存在很大差异。在这里我们介绍主要使用的几种合成策略，包括合成后离子交换、胶体合成法、热注入法、高温固态合成法。

合成后离子交换通常可以获得无法直接合成的组成，但是使用本体或薄膜金属卤化物前驱体进行离子交换并非易事，因为它们在大多数极性溶剂中存在溶解性问题。具有软晶格、动态表面配体和高比表面积的胶态卤化钙钛矿纳米晶是离子交换的良好平台。Hazarika 等提出了一种阳离子交换方法来合成 $Cs_{1-x}FA_xPbI_3$，将 $CsPbI_3$ 和 $FAPbI_3$ 纳米晶分散在辛烷的胶体溶液中以不同比例混合，从而得到所需的 Cs/FA 化学计量比[61]。在混合之前，测量各个样品的吸收光谱并以此调节浓度，从而使每种溶液在能带边缘附近具有相似的光密度，之后混合物在室温下反应 48 h 即可获得产物。

胶体合成方法以无机盐或金属醇盐为原料，在有机介质中水解。借助于胶体分散体系，之后通过干燥或退火获得目标产物。Zou 等根据胶体合成方法合成了 $CsPbX_3$：Mn[57]。首先将 0.188 mmol 的 PbX_2 和 MnX_2 的混合物以指定 Mn/Pb 物质的量之比添加到包含 5 mL 十八烯、0.5 mL 油酸和 0.5 mL 油胺中，并在 N_2 气流下脱气 20 min，然后在 N_2 气流下 120℃加热并持续搅拌 60 min，去除原料中的水分。此后在 N_2 气流下将混合物加热至 150℃，然后快速注射 0.4 mL Cs-油酸酯前驱体。反应 5～10 s 后，使用冰水浴将反应混合物迅速冷却至 0℃，以获得单分散的 Mn^{2+} 掺杂的 $CsPbX_3$，其平均纳米晶尺寸约为 10 nm。通过离心收集获得产物，并在氩气保护下保存在手套箱中。胶体合成可用于制备低温下具有高纯度和均匀粒度的材料，是一种有应用前景的掺杂方法。

热注入法是通过高温驱动将掺杂离子掺入晶格，这是一种可行且有效的合成方法。Zhang 等用热注入法制备了 Yb^{3+} 掺杂的 $CsPbCl_3$ 纳米晶[13]。在烧瓶中将 $YbCl_3 \cdot 6H_2O$ 和 $Pb(OAc)_2 \cdot 3H_2O$ 与油酸、油胺和十八烯混合。在真空中于 120℃ 脱气 1 h 后，反应物完全溶解，将烧瓶切换至 N_2 气氛。温度迅速升高至 260℃并保持 3 min。然后通过注射器迅速注入预热的 Cs-油酸酯溶液，将烧瓶置于冰浴中终止反应得到产物。

尽管适用性低并且可能损坏晶格，但高温固态合成法是最简单的合成方法。Ji 课题组通过高温固相合成法制备了 $Gd_{2-x}ZnTiO_6 : xBi(0<x<0.015)$ 粉末[62]。原材料为 Gd_2O_3、ZnO、TiO_2 和 Bi_2O_3。称量化学计量比的所需粉末，并用玛瑙研钵将其与少量乙醇充分混合。将获得的混合物转移至刚玉坩埚，然后在空气中于 1300℃ 焙烧 4 h。自然冷却至室温后，即可获得最终的掺杂产物 $Gd_{2-x}ZnTiO_6 : xBi$。

7.4 结论与展望

迄今为止，相关研究已经成功地将多种金属离子掺杂到卤化钙钛矿材料中，从而产生了与主体材料不同的特性。掺杂金属离子可以调节晶体结构，增强空气、潮湿、高温等环境下的稳定性并钝化表面缺陷，从而调节带隙和载流子动力学，改善材料和器件的光电性能。

但是，掺杂卤化钙钛矿领域目前仍处于起步阶段。仍然有以下问题需要解决：

(1) 大多数 A 位掺杂仅限于几种现有的碱金属离子 Rb^+ 和 K^+，但是这些离子尺寸偏小，因此需要探索更多具有合适尺寸的阳离子来稳定钙钛矿的相结构。

(2) B 位掺杂比较复杂，关于 B 位掺杂离子的部分报道存在争议。因此需要进行更多的研究工作，以探索理论指导的掺杂离子与钙钛矿主体之间电子结构和载流子动力学的筛选关系。

(3) 尽管绿光钙钛矿发光二极管和红光钙钛矿发光二极管取得了理想的性能，但是蓝光钙钛矿发光二极管的性能仍不能令人满意，因此其潜藏的问题和解决方案在理论和实践上仍有待挖掘。

(4) 尽管卤化钙钛矿在快速发展中取得了长足的进步，仍然需要研究许多内部机理问题，例如 Mg^{2+} 等掺杂离子占据的确切晶体学位置和确切的结构信息。

毫无疑问，掺杂和表面钝化已经成为一种有效策略，可以改善卤化钙钛矿的多种性能，使这种具有前景的材料在实际应用中更具吸引力。尽管有关金属离子掺杂的许多问题尚待研究和解决，我们认为，掺杂金属离子将在钙钛矿领域的发展和应用中起到关键作用。

参考文献

[1] Parobek D, Roman B J, Dong Y, et al. Exciton-to-dopant energy transfer in Mn-doped cesium lead halide perovskite nanocrystals[J]. Nano letters, 2016, 16(12): 7376-7380.

[2] Wang Q, Lyu M, Zhang M, et al. Transition from the tetragonal to cubic phase of organohalide perovskite: The role of chlorine in crystal formation of $CH_3NH_3PbI_3$ on TiO_2 substrates[J]. The Journal of Physical Chemistry Letters, 2015, 6(21): 4379-4384.

[3] Zheng X, Wu C, Jha S K, et al. Improved phase stability of formamidinium lead triiodide perovskite by strain relaxation[J]. ACS Energy Letters, 2016, 1(5): 1014-1020.

[4] Song J, Li J, Xu J, et al. Superstable transparent conductive Cu@Cu_4Ni nanowire elastomer composites against oxidation, bending, stretching, and twisting for flexible and stretchable optoelectronics[J]. Nano letters, 2014, 14(11): 6298-6305.

[5] Mocatta D, Cohen G, Schattner J, et al. Heavily doped semiconductor nanocrystal quantum dots [J]. Science, 2011, 332(6025): 77-81.

[6] Akkerman Q A, Rainò G, Kovalenko M V, et al. Genesis, challenges and opportunities for colloidal lead halide perovskite nanocrystals[J]. Nature Materials, 2018, 17(5): 394-405.

[7] Yang F, Chen H, Zhang R, et al. Efficient and spectrally stable blue perovskite light-emitting diodes based on potassium passivated nanocrystals[J]. Advanced Functional Materials, 2020, 30 (10): 1908760.

[8] Wang H, Zhao X, Zhang B, et al. Blue perovskite light-emitting diodes based on RbX-doped polycrystalline $CsPbBr_3$ perovskite films[J]. Journal of Materials Chemistry C, 2019, 7(19): 5596-5603.

[9] Lu M, Zhang X, Bai X, et al. Spontaneous silver doping and surface passivation of $CsPbI_3$ perovskite active layer enable light-emitting devices with an external quantum efficiency of 11.2%[J]. ACS Energy Letters, 2018, 3(7): 1571-1577.

[10] Lu M, Zhang X, Zhang Y, et al. Simultaneous strontium doping and chlorine surface passivation improve luminescence intensity and stability of $CsPbI_3$ nanocrystals enabling efficient light-emitting devices[J]. Advanced Materials, 2018, 30(50): 1804691.

[11] Akkerman Q A, Meggiolaro D, Dang Z, et al. Fluorescent alloy $CsPb_xMn_{1-x}I_3$ perovskite nanocrystals with high structural and optical stability[J]. ACS Energy Letters, 2017, 2(9): 2183-2186.

[12] Tan Z, Li J, Zhang C, et al. Highly efficient blue-emitting Bi-Doped Cs_2SnCl_6 perovskite variant: Photoluminescence induced by impurity doping[J]. Advanced Functional Materials, 2018, 28(29): 1801131.

[13] Zhang X, Zhang Y, Zhang X, et al. Yb^{3+} and Yb^{3+}/Er^{3+} doping for near-infrared emission and improved stability of $CsPbCl_3$ nanocrystals[J]. Journal of Materials Chemistry C, 2018, 6(37): 10101-10105.

[14] Song J, Kulinich S A, Li J, et al. A general one-pot strategy for the synthesis of high-performance transparent-conducting-oxide nanocrystal inks for all-solution-processed devices [J]. Angewandte Chemie International Edition, 2015, 127(2): 472-476.

[15] Kubicki D J, Prochowicz D, Hofstetter A, et al. Phase segregation in Cs-, Rb-and K-doped mixed-cation $MA_xFA_{1-x}PbI_3$ hybrid perovskites from solid-state NMR [J]. Journal of the American Chemical Society, 2017, 139(40): 14173-14180.

[16] Amgar D, Binyamin T, Uvarov V, et al. Near ultra-violet to mid-visible band gap tuning of mixed cation $Rb_xCs_{1-x}PbX_3$ (X=Cl or Br) perovskite nanoparticles[J]. Nanoscale, 2018, 10(13): 6060-6068.

[17] Travis W, Glover E N K, Bronstein H, et al. On the application of the tolerance factor to inorganic and hybrid halide perovskites: A revised system[J]. Chemical Science, 2016, 7(7): 4548-4556.

[18] Ju M G, Dai J, Ma L, et al. Lead-free mixed tin and germanium perovskites for photovoltaic application[J]. Journal of the American Chemical Society, 2017, 139(23): 8038-8043.

[19] Shi Z, Guo J, Chen Y, et al. Lead-free organic-inorganic hybrid perovskites for photovoltaic applications: Recent advances and perspectives[J]. Advanced Materials, 2017, 29(16): 1605005.

[20] Stoumpos C C, Malliakas C D, Kanatzidis M G. Semiconducting tin and lead iodide perovskites with organic cations: Phase transitions, high mobilities, and near-infrared photoluminescent properties[J]. Inorganic Chemistry, 2013, 52(15): 9019-9038.

[21] Yin W J, Shi T, Yan Y. Unique properties of halide perovskites as possible origins of the superior solar cell performance[J]. Advanced Materials, 2014, 26(27): 4653-4658.

[22] Ball J M, Lee M M, Hey A, et al. Low-temperature processed meso-superstructured to thin-film perovskite solar cells[J]. Energy & Environmental Science, 2013, 3(6): 18762.

[23] Xiao J, Zhang H L. Recent progress in organic-inorganic hybrid perovskite materials for luminescence applications[J]. Acta Physico-Chimica Sinica, 2016, 32(8): 1894-1912.

[24] Yantara N, Bhaumik S, Yan F, et al. Inorganic halide perovskites for efficient light-emitting

diodes[J]. The Journal of Physical Chemistry Letters, 2015, 6(21): 4360-4364.

[25] Filip M R, Eperon G E, Snaith H J, et al. Steric engineering of metal-halide perovskites with tunable optical band gaps[J]. Nature Communications, 2014, 5(1): 1-9.

[26] Singh S, Kabra D. Influence of solvent additive on the chemical and electronic environment of wide bandgap perovskite thin films[J]. Journal of Materials Chemistry C, 2018, 6(44): 12052-12061.

[27] Li Z, Yang M, Park J S, et al. Stabilizing perovskite structures by tuning tolerance factor: Formation of formamidinium and cesium lead iodide solid-state alloys[J]. Chemistry of Materials, 2016, 28(1): 284-292.

[28] Yang G, Liu X, Sun Y, et al. Improved current efficiency of quasi-2D multi-cation perovskite light-emitting diodes: The effect of Cs and K[J]. Nanoscale, 2020, 12: 1571-1579.

[29] Zhang H, Yuan R, Jin M, et al. Rb^+-doped $CsPbBr_3$ quantum dots with multi-color stabilized in borosilicate glass via crystallization[J]. Journal of the European Ceramic Society, 2020, 40(1): 94-102.

[30] Trots D M, Myagkota S V. High-temperature structural evolution of caesium and rubidium triiodoplumbates[J]. Journal of Physics and Chemistry of Solids, 2008, 69(10): 2520-2526.

[31] Saliba M, Matsui T, Domanski K, et al. Incorporation of rubidium cations into perovskite solar cells improves photovoltaic performance[J]. Science, 2016, 354(6309): 206-209.

[32] Philippe B, Saliba M, Correa-Baena J P, et al. Chemical distribution of multiple cation (Rb^+, Cs^+, MA^+, and FA^+) perovskite materials by photoelectron spectroscopy[J]. Chemistry of Materials, 2017, 29(8): 3589-3596.

[33] Hu Y, Aygueler M F, Petrus M L, et al. Impact of rubidium and cesium cations on the moisture stability of multiple-cation mixed-halide perovskites[J]. ACS Energy Letters, 2017, 2(10): 2212-2218.

[34] Wang N, Cheng L, Ge R, et al. Perovskite light-emitting diodes based on solution-processed self-organized multiple quantum wells[J]. Nature Photonics, 2016, 10(11): 699-704.

[35] Abdi-Jalebi M, Andaji-Garmaroudi Z, Cacovich S, et al. Maximizing and stabilizing luminescence from halide perovskites with potassium passivation[J]. Nature, 2018, 555(7697): 497-501.

[36] Li G, Rivarola F W R, Davis N J L K, et al. Highly efficient perovskite nanocrystal light-emitting diodes enabled by a universal crosslinking method[J]. Advanced Materials, 2016, 28(18): 3528-3534.

[37] Zhou L, Liao J F, Huang Z G, et al. All-inorganic lead-free Cs_2PdX_6 (X= Br, I) perovskite nanocrystals with single unit cell thickness and high stability[J]. ACS Energy Letters, 2018, 3(10): 2613-2619.

[38] Chan S H, Wu M C, Lee K M, et al. Enhancing perovskite solar cell performance and stability by doping barium in methylammonium lead halide[J]. Journal of Materials Chemistry A, 2017, 5(34): 18044-18052.

[39] Zhang X, Wang H, Hu Y, et al. Strong blue emission from Sb^{3+}-doped super small $CsPbBr_3$ nanocrystals[J]. The Journal of Physical Chemistry Letters, 2019, 10(8): 1750-1756.

[40] Yong Z J, Guo S Q, Ma J P, et al. Doping-enhanced short-range order of perovskite nanocrystals for near-unity violet luminescence quantum yield[J]. Journal of the American Chemical Society, 2018, 140(31): 9942-9951.

[41] Song J, Fang T, Li J, et al. Organic-inorganic hybrid passivation enables perovskite QLEDs with an EQE of 16.48%[J]. Advanced Materials, 2018, 30(50): 1805409.

[42] Swarnkar A, Ravi V K, Nag A. Beyond colloidal cesium lead halide perovskite nanocrystals: Analogous metal halides and doping[J]. ACS Energy Letters, 2017, 2(5): 1089-1098.

[43] Zhou D, Liu D, Pan G, et al. Cerium and ytterbium codoped halide perovskite quantum dots: A novel and efficient downconverter for improving the performance of silicon solar cells[J]. Advanced Materials, 2017, 29(42): 1704149.

[44] Wang L, Zhou H, Hu J, et al. A Eu^{3+}-Eu^{2+} ion redox shuttle imparts operational durability to Pb-I perovskite solar cells[J]. Science, 2019, 363(6424): 265-270.

[45] Lee W, Hong S, Kim S. Colloidal synthesis of lead-free silver-indium double-perovskite $Cs_2AgInCl_6$ nanocrystals and theirdoping with lanthanide ions[J]. The Journal of Physical Chemistry C, 2019, 123(4): 2665-2672.

[46] Li C, Lu X, Ding W, et al. Formability of ABX_3 (X=F, Cl, Br, I) halide perovskites[J]. Acta Crystallographica Section B: Structural Science, 2008, 64(6): 702-707.

[47] Ogomi Y, Morita A, Tsukamoto S, et al. $CH_3NH_3Sn_xPb_{1-x}I_3$ perovskite solar cells covering up to 1060 nm[J]. The journal of physical chemistry letters, 2014, 5(6): 1004-1011.

[48] Xu L, Yuan S, Zeng H, et al. A comprehensive review of doping in perovskite nanocrystals/quantum dots: Evolution of structure, electronics, optics and light-emitting diodes[J]. Materials Today Nano, 2019, 6: 100036.

[49] Brandt R E, Stevanović V, Ginley D S, et al. Identifying defect-tolerant semiconductors with high minority-carrier lifetimes: Beyond hybrid lead halide perovskites[J]. MRS Communications, 2015, 5(2): 265-275.

[50] Das Adhikari S, Dutta S K, Dutta A, et al. Chemically tailoring the dopant emission in manganese-doped $CsPbCl_3$ perovskite nanocrystals[J]. Angewandte Chemie International Edition, 2017, 56(30): 8746-8750.

[51] Yao J, Ge J, Han B, et al. Ce^{3+}-doping to modulate photoluminescence kinetics for efficient $CsPbBr_3$ nanocrystals based light-emitting diodes[J]. Journal of the American Chemical Socie-

ty, 2018, 140(10): 3626-3634.

[52] Ishii A, Miyasaka T. Sensitized Yb^{3+} luminescence in $CsPbCl_3$ film for highly efficient near-infrared light-emitting diodes[J]. Advanced Science, 2020, 7(4): 1903142.

[53] Zhou Y, Yong Z J, Zhang K C, et al. Ultrabroad photoluminescence and electroluminescence at new wavelengths from doped organometal halide perovskites[J]. The Journal of Physical Chemistry Letters, 2016, 7(14): 2735-2741.

[54] Protesescu L, Yakunin S, Kumar S, et al. Dismantling the "red wall" of colloidal perovskites: Highly luminescent formamidinium and formamidinium-cesium lead iodidenanocrystals[J]. ACS Nano, 2017, 11(3): 3119-3134.

[55] Zhang J, Zhang L, Cai P, et al. Enhancing stability of red perovskite nanocrystals through copper substitution for efficient light-emitting diodes[J]. Nano Energy, 2019, 62: 434-441.

[56] Yao J S, Ge J, Wang K H, et al. Few-nanometer-sized α-$CsPbI_3$ quantum dots enabled by strontium substitution and iodide passivation for efficient red light emitting diodes[J]. Journal of the American Chemical Society, 2019, 141(5): 2069-2079.

[57] Zou S, Liu Y, Li J, et al. Stabilizing cesium lead halide perovskite lattice through Mn(Ⅱ) substitution for air-stable light-emitting diodes[J]. Journal of the American Chemical Society, 2017, 139(33): 11443-11450.

[58] Arunkumar P, Gil K H, Won S, et al. Colloidal organolead halide perovskite with a high Mn solubility limit: A step toward Pb-free luminescent quantum dots[J]. The journal of physical chemistry letters, 8(17): 4161-4166.

[59] van der Stam W, Geuchies J J, Altantzis T, et al. Highly emissive divalent-ion-doped colloidal $CsPb_{1-x}M_xBr_3$ perovskite nanocrystals through cation exchange[J]. Journal of the American Chemical Society, 2017, 139(11): 4087-4097.

[60] Hou S, Gangishetty M K, Quan Q, et al. Efficient blue and white perovskite light-emitting diodes via manganese doping[J]. Joule, 2018, 2(11): 2421-2433.

[61] Hazarika A, Zhao Q, Gaulding E A, et al. Perovskite quantum dot photovoltaic materials beyond the reach of thin films: Full-range tuning of A-site cation composition[J]. ACS Nano, 2018, 12(10): 10327-10337.

[62] Ji C, Huang Z, Wen J, et al. Blue-emitting Bi-doped double perovskite Gd_2ZnTiO_6 phosphor with near-ultraviolet excitation for warm white light-emitting diodes[J]. Journal of Alloys and Compounds, 2019, 788: 1127-1136.

第八章　非铅金属卤化物钙钛矿材料

8.1　非铅蓝光钙钛矿材料的发展历程

金属卤化钙钛矿材料因其优异的光电性质引起了科研界的广泛关注。它具有发光半峰宽窄、波长可调、易于制造且载流子迁移率高等特点，这些独特的性质有利于实现高性能的钙钛矿发光二极管。

在可见光钙钛矿发光二极管中，绿光和红光发光二极管的效率已经达到了令人满意的数值，而蓝光发光二极管的各项性能仍较为落后[1-2]。蓝光钙钛矿发光二极管性能提升较难的原因主要有以下几点：① 目前实现蓝光钙钛矿发光二极管的策略是使用 Cl/Br 混合的卤化物钙钛矿材料，但是在电压的作用下卤素离子的迁移会导致钙钛矿薄膜中产生相分离，从而使得发光峰位置产生移动[3]；② 准二维钙钛矿材料也可用于制备蓝光发光二极管，但由于量子效应的存在，准二维体系中的激子结合能过大，八面体框架中的激子快速淬灭，而外围有机层——长链绝缘氨基基团的存在也会抑制电荷载流子的传输，从而导致器件电致发光光谱中出现双峰或三峰发射的现象[4]；③ 除了上述两点导致发光峰不纯以外，由于蓝光钙钛矿材料的带隙较大，现有的商用电子传输材料的 HOMO 能级难以与之匹配，使得电荷注入势垒增大，进而导致器件效率低下。目前，有文献报道可以通过使用混合添加剂修饰的策略来抑制器件中的离子迁移，稳定电致发光光谱，提升器件稳定性。

钙钛矿材料中铅元素的毒性已经引起人们的重视，成为不可忽视的问题。常见的钙钛矿材料中的铅元素不仅会对环境造成损害，还会对人体健康造成危害，尤其是会损伤儿童的大脑发育。美国环境保护署已经要求对空气和水中的 Pb^{2+} 含量分别严格限制为 $0.15\ \mu g \cdot L^{-1}$ 和 $15\ \mu g \cdot L^{-1}$[5]。因此，如何避免铅元素的毒性显得十分重要。许多科研工作者致力于用其他更环保的元素代替钙钛矿中的铅元素。但是，当铅被其他元素替代时，发光材料的光致发光量子效率会急剧降低到非常低的水平，目前无铅蓝光钙钛矿材料仍在研究中。

Marcus L. Böhm 等人于 2016 年首次报道了无铅蓝光钙钛矿材料，但合成后的 $CsSnCl_3$ 在蓝色区域发出了宽广的发射峰，荧光量子效率也并不令人满意[6]。虽然研究人员已经做出了很多努力来改善其性能，并且已经合成了铋、锡、锑、铜、铕基钙钛矿和双钙钛矿材料，但是目前这方面的研究成果仍然有限。图 8.1 和图 8.2 展示了 2016 年至 2020 年 3 月各年合成的非铅蓝光钙钛矿材料的发展历程与荧光量子效率最高值。

8.2 非铅金属卤化物材料的制备

钙钛矿量子点的常用合成方法主要有两种：热注射法和配体辅助再沉淀法(LARP)。热注射法是按照一定的物质的量之比将一种前驱体溶液注入另一种前驱体溶液中，并在高温下反应以获得钙钛矿量子点的方法。例如可以利用 Cs_2CO_3 和 $SnCl_2$ 合成 $CsSnCl_3$ 钙钛矿纳米晶，操作如图 8.3(a)[6]。具体来讲，可以将 $SnCl_2$ 溶解在三正辛基膦溶剂中制备锡前驱体溶液，然后将该溶液在 170℃下注入含有一定量油酸和油胺(作为配体实现钝化缺陷的目的)的 Cs_2CO_3 前驱体溶液中，得到胶体稳定的 $CsSnCl_3$。制备过程中，反应物的物质的量之比、温度和溶剂都会影响最终产物的光学性能。其中，温度对于调节钙钛矿晶体的大小起着关键作用。值得注意的是，当温度较低的前驱体溶液添加到高温反应溶剂中时，温度会产生不可控变化，导致实验重复率低。

配体辅助再沉淀法是一种制备条件相对温和的合成方法。它利用了钙钛矿纳米晶在过饱和情况下析出的特点。例如制备 $Cs_3Bi_2Br_6$ 量子点时[图 8.3(b)]，可以通过将 CsBr 和 $BiBr_3$ 以及油胺(配体)混合溶剂在 DMSO(良溶剂)中溶解，制备前驱体溶液，然后在搅拌条件下将该前驱体溶液缓慢滴入不良溶剂中[7]。最后，钙钛矿量子点会由于过饱和重结晶而析出。合成过程中溶剂和不良溶剂的选择都会影响量子点的荧光量子效率[图 8.3(c)]。通过阴离子交换可以制备出一系列卤化物量子点，例如可以将 CsCl 或 CsI 添加到已经制备好的 $Cs_3Sb_2Br_9$ 量子点溶液中。在反应后即可得到阴离子交换后的钙钛矿材料。虽然配体辅助再沉淀法成本低并且非常容易在室温下使用，但是实验中低温反应条件下会产生高密度的结构缺陷以及陷阱态，降低了材料的性能。

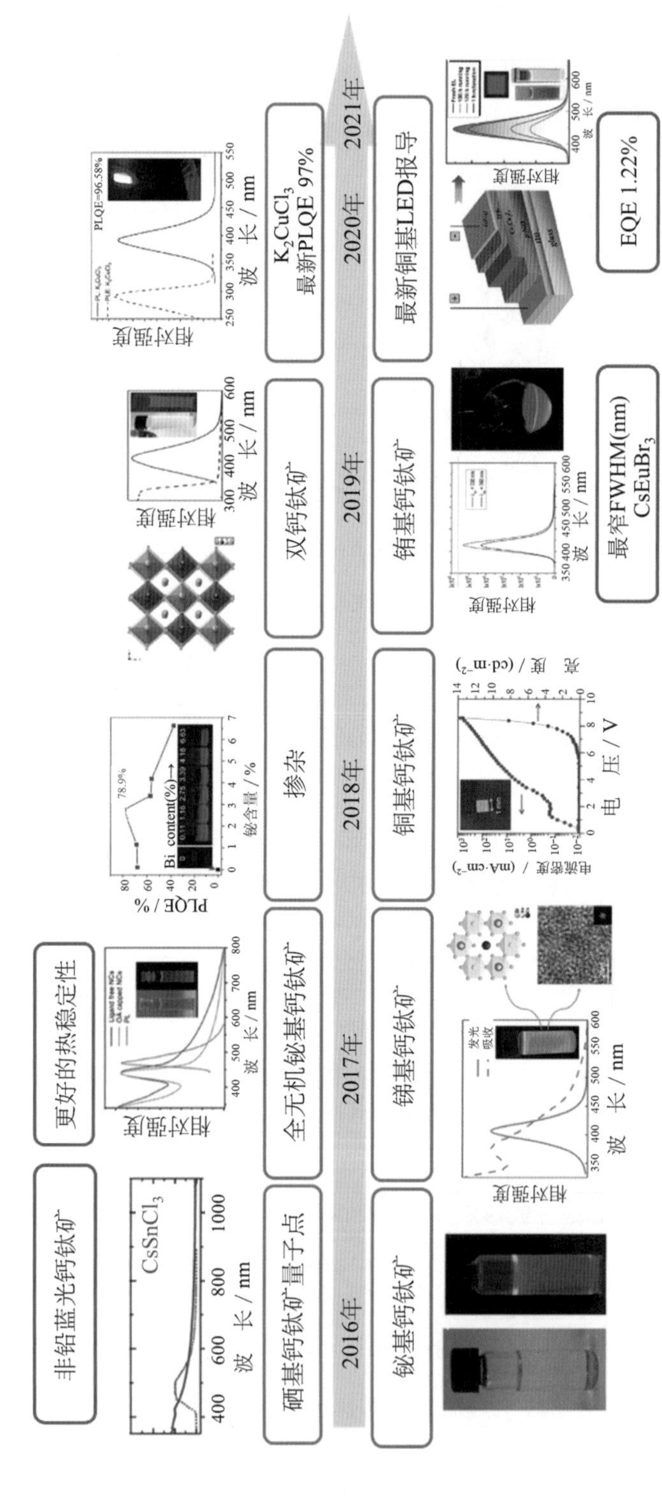

图 8.1 2016 年到 2020 年的非铅蓝光钙钛矿材料发展历程

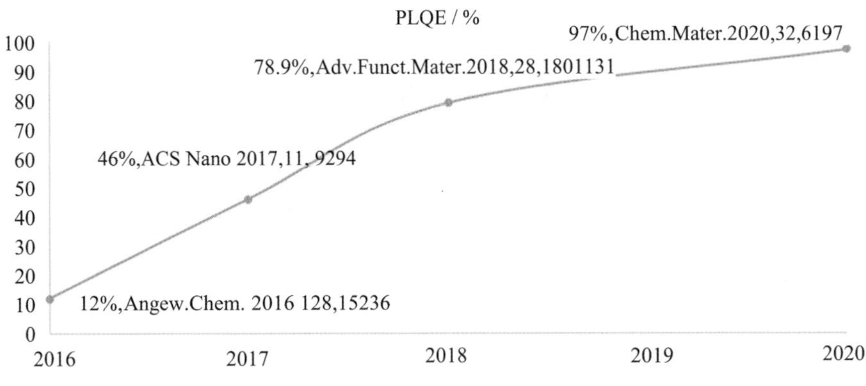

图 8.2　2016 年到 2020 年的非铅蓝光钙钛矿材料发展历程

量子点的封装有利于材料的稳定性。而将量子点复合到聚合物基质中是一种常见的封装方法。唐江等人通过图 8.3(d)的方法制备了 $Cs_3Bi_2Br_9$ 量子点/二氧化硅基质：首先，将原硅酸四乙酯、乙醇和量子点的乙醇溶液混合，然后加入去离子水，再通过滴入痕量的 HBr 混合物以调节溶液的 pH。剧烈搅拌后，反应物会形成无色透明溶液。最后打开瓶盖，空气环境中几分钟后溶液会在室温下自然胶凝[7]。

除量子点外，Hideo Hosono 还报道了直接合成零维 $Cs_3Cu_2I_5$ 薄膜材料：用 DMSO 和 DMF 作为混合溶剂制备 CsI-CuI 溶液，再将其在 60℃下搅拌过夜后，通过旋涂滤液制备薄膜，最后将所得的薄膜在手套箱中 60℃下退火即可。

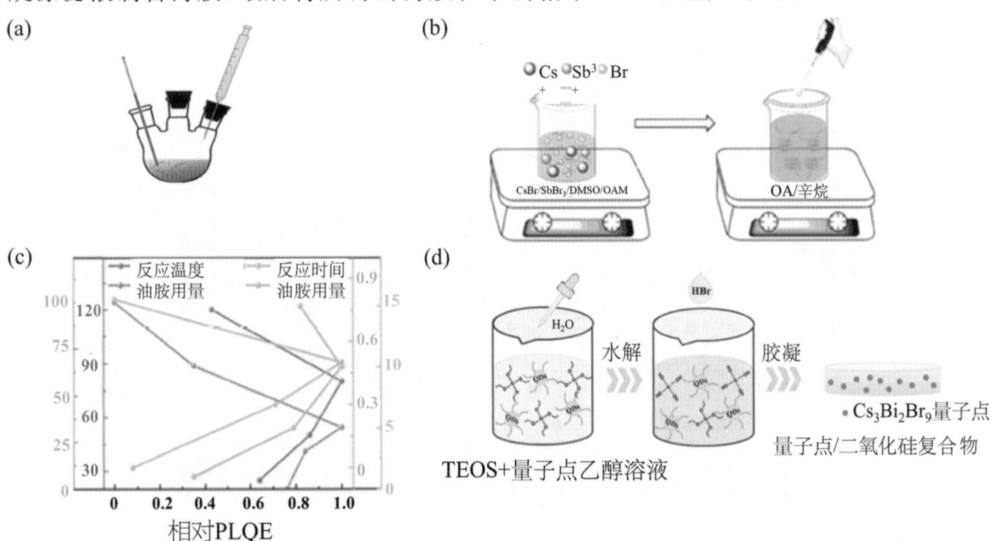

图 8.3　(a) 热注射法示意[8]；(b) 配体辅助再沉淀法示意[9]；(c) 不同条件下制备的 $Cs_3Bi_2Br_9$ 量子点的相对归一化 PLQE[7]；(d) 钙钛矿量子点的封装

8.3 非铅金属卤化物材料的种类

通常情况下,ABX_3 钙钛矿化合物为立方晶系。但是根据 A 原子半径的大小及其与 BX_6 八面体的相互作用,钙钛矿可以适应不同的晶体结构。[10] 目前常使用 Goldschmidt 的容忍因子(t)来表示钙钛矿结构的稳定性和变形程度。该因子取决于钙钛矿材料结构中离子的有效离子半径。

$$t=\frac{R_A+R_X}{\sqrt{2}(R_B+R_X)} \tag{8-1}$$

式 8-1 中,R_A、R_B 和 R_X 分别是 A、B 和 X 离子的有效离子半径。容忍因子值小于 0.7 时,制备的材料往往是非钙钛矿结构的。因此,一般而言,制备稳定的钙钛矿结构通常要求容忍因子范围在 0.75~1.0。此外,八面体系数也有利于钙钛矿材料各个基团的选择,它被定义为 $\mu=R_B/R_X$,稳定的钙钛矿结构往往具有 $0.44<\mu<0.90$。这两个基本规则为铅元素的替代元素选择提供了指导。

铅元素的替代元素可以从元素周期表中得到启发,特别是周期表中与铅相邻的元素。如图 8.4,由于与铅相邻元素的离子和 Pb^{2+} ([Xe]$4f^{14}5d^{10}6s^2$)存在相似的外部电子结构,半径相似,包括 Bi、Sn 和 Sb 在内的元素已经被科研工作者广泛探索。其他金属元素,例如铜和铕相关的钙钛矿材料,因其独特的性能也有部分文献报道。

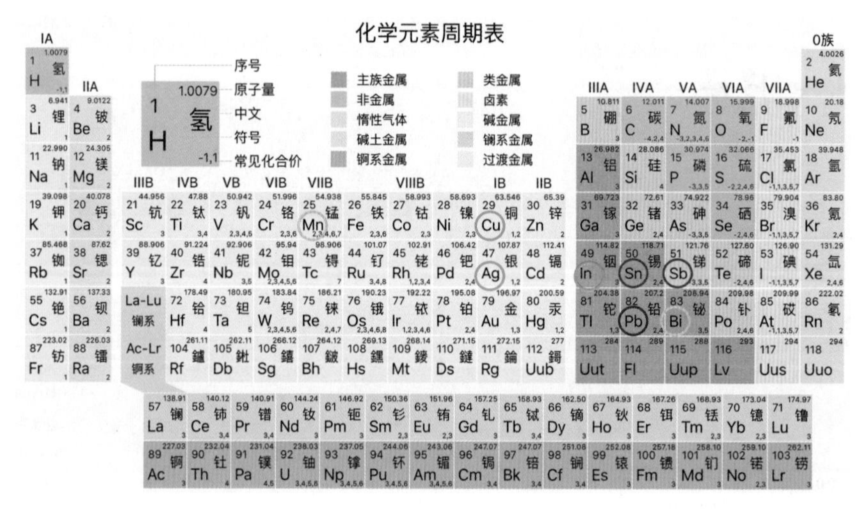

图 8.4　元素周期表中常用于替代 Pb 的元素,圆圈颜色红-黄-绿表示毒性依次降低

表 8.1 列举了钙钛矿材料中常见的 A、B、X 位离子及其价态、配位数和半径等参数。

表 8.1　钙钛矿材料中常见离子和离子团的半径

离子位置	离子	离子价态	配位数	半径/Å
A	Cs	+1	6～12,16	1.52～1.83
	CH_3NH_3	+1	6,8～12	2.17
	$NH_2(CH)NH_2$	+1		2.53
	Rb	+1		1.52～1.83
B	Pb	+2	4,6～12	0.98～1.49
		+2	6	1.19
	Sn	+2	4,6～12	0.96～1.46
		+2	6	1.18
		+4	4～8	0.55～0.81
		+4	6	0.69
	Bi	+3	3,6,8	0.96,1.03,1.17
	Sb	+3	4,5,6	0.76,0.80,0.76
	In	+3	4,6,8	0.62,0.80,0.92
	Na	+1	4～9,12	0.99～1.39
		+1	6	1.02
	Cu	+1	2,4,6	0.46,0.60,0.77
		+2	4,5,6	0.57,0.65,0.73
	Ag	+1	2,4～8	0.67～1.28
		+1	6	1.15
X	Cl	−1	6	1.81
	Br	−1	6	1.96
	I	−1	6	2.20

8.3.1　锡基钙钛矿材料

Sn 和 Pb 属于同一主族，比起其他元素与铅具有更多的相似性。Sn 具有与 Pb 相似的化合价和离子半径，早在 2016 年就有研究者尝试用其替代铅，合成了一系列 Cs_2SnX_6 量子点，并对其进行了 XRD、吸收、荧光和 TEM 表征[图 8.5(a)]。其中获得的 Cs_2SnCl_6 量子点在蓝光波段显示出宽发射峰，并且荧光量子效率相当低(该系列钙钛矿量子点的最高荧光量子效率为 0.14%)[6]。值得注意的是，Sn^{2+} 易氧化成 Sn^{4+}，限制了锡基钙钛矿的稳定性。为此，也有科研工作者在 Cs_2SnI_6 中使用了 Sn^{4+}，希望提高稳定性，但该钙钛矿材料发黄光[8]。2018 年唐江等人用 Bi 掺杂了 Cs_2SnCl_6，荧光量子效率首次高达 78.9%[图 8.5(b)]。实验和计算表明，Bi^{3+} 被掺入 Sn 位的 Cs_2SnCl_6 基底中，形成 $Bi_{Sn}+V_{Cl}$ 缺陷复合物，该缺陷复合物产生强烈的蓝色光。Zhao 等人对 Bi 掺杂的 Cs_2SnCl_6 进行了高温退火处理，这提高了稳定性，但降低了荧光量子效率(50.8%)[11]。最近又有新的 Sn 基钙钛矿 $(C_6N_2H_{16}Cl)_2SnCl_6$ 被合成，所获得的单晶[图 8.5(c)]表现出了源自自陷激子的蓝色宽发射峰，并且发射强度保持稳定三个月以上[12]。而当温度升至 450 K 时，发光强度仅降低至 50%左右，表明 $(C_6N_2H_{16}Cl)_2SnCl_6$ 具有良好的热稳定性。

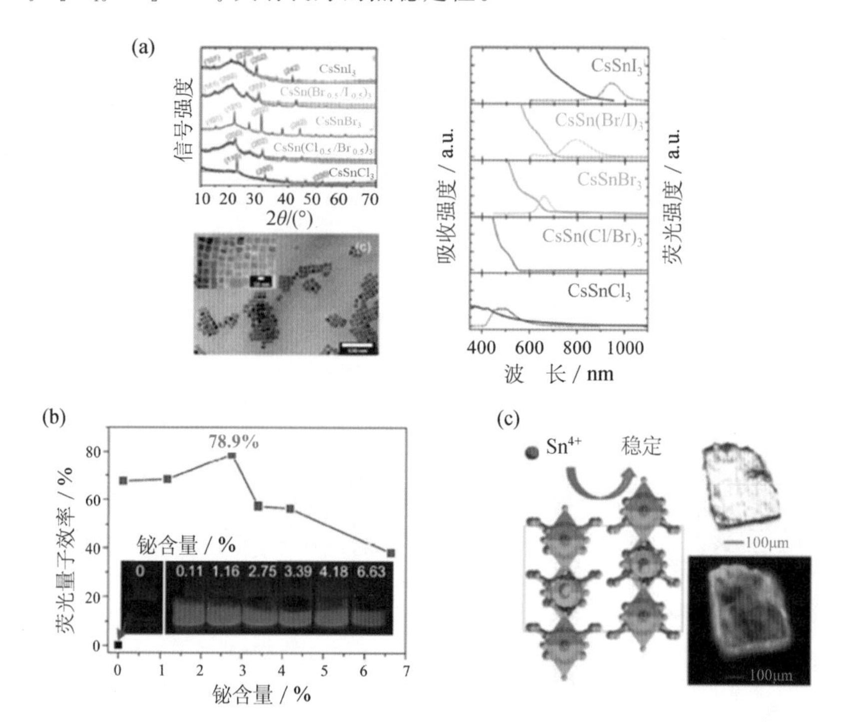

图 8.5 (a) 从左至右、从上至下依次为 $CsSnX_3$ 钙钛矿纳米晶的 XRD 光谱、吸光度和 PL 光谱，$CsSnI_3$ 纳米晶的 TEM 图像；(b) 具有不同 Bi 掺杂值的 $Cs_2SnCl_6:x$Bi 的室温 PLQE 值，插图是 $Cs_2SnCl_6:x$Bi 在 365 nm 紫外线照射下的照片；(c) $C_6N_2H_{16}Cl_2SnCl_6$ 的晶体结构以及单晶在环境光和紫外灯照射下的光学图像

8.3.2 铋基金属卤化物材料

铋是一种常见的在钙钛矿材料中替代铅的元素。Bi^{3+} 与 Pb^{2+} 是等电子体，性质接近，此外与铅相比，铋的毒性小，更加环保。唐江等人于 2016 年首次合成蓝色钙钛矿 $MA_3Bi_2Br_9$ 量子点[13]，结构如图 8.6(a)所示。该组所制备的材料在 423 nm 处有荧光发射峰，荧光量子效率为 12%，而 FWHM 为 62 nm。之后该小组使用 Cl^- 钝化了 $MA_3Bi_2Br_9$ 量子点的表面，如图 8.6(b)。他们利用 $MABiBr_3$ 和 $MABiCl_3$ 的结晶

速度与不同晶体结构的差异，在 $MABiBr_3$ 的表面外生长一层 $MABiCl_3$ 的薄壳并抑制了外壳与内层卤素原子交换，成功地将荧光量子效率从 12%提高到 54.1%，并将 FWHM 从 62 nm 缩小到 41 nm，而发射峰几乎保持不变[14]，如图 8.6(c)。科研工作者也尝试了其他有机阳离子来合成非铅的蓝光钙钛矿材料，制备的量子点包括 $FA_3Bi_2Br_9$、$(BA)_2BiBr_5$($BA=C_4H_9NH_3^+$)和$(C_8NH_{12})_4BiBr_7 \cdot H_2O$，其荧光量子效率分别为 52%、1.26%和 0.7%[15-17]。

全无机钙钛矿比有机-无机杂化钙钛矿具有更好的稳定性。如图 8.6(d)，Keli Han 等人使用 Cs^+ 代替 MA^+ 来获得无机卤化物钙钛矿，制备的 $Cs_3Bi_2Br_9$ 量子点的荧光量子效率分别为 0.2%(无配体)和 4.5%(加入配体油酸钝化表面)，并且在空气中展现出超过 30 d 的优异稳定性[18]。随后唐江等人改变合成过程中的不良溶剂，用乙醇代替异丙醇，其他步骤基本不变，将荧光量子效率显著提高至 19.4%[7]。张道礼等人继续优化了合成条件，他们使用了相对弱极性的溶剂体系[19]，旨在减缓常规合成条件中极性溶剂对颗粒的降解。该课题组合成的 $Cs_3Bi_2Br_9$ 量子点在 414 nm 和 433 nm 处显示蓝色双发射峰，荧光量子效率高达 29.6%。双发光峰可能源自不同的激子重组途径，包括直接和间接带隙跃迁。最近宋俊玲等人合成了该系列新的蓝光钙钛矿单晶 $Rb_7Bi_3Cl_{16}$ 材料[20]，它由两种不同的变形八面体组成。研究人员还制备了其纳米晶，在 437 nm 处显示蓝色发射，荧光量子效率为 28.43%，并且在一个月内显示出良好的光学和湿度稳定性，如图 8.6(e)。

8.3.3 锑基金属卤化物材料

最早由 Haisheng Song 用配体辅助再沉淀法合成 $Cs_3Sb_2Br_9$ 量子点，该材料发光峰在 410 nm 处[图 8.7(a)]，荧光量子效率为 46%[9]，TEM 结果显示量子点晶粒均匀、尺寸较小。该小组优化了配体辅助再沉淀法合成过程中的前驱体浓度溶剂/配体比例和反应温度以实现较高的荧光量子效率，如图 8.7(b)所示。合成的钙钛矿单晶结构的分析表明，沿(111)方向每隔三层去除一次 Sb，将形成二维层状 $Cs_3Sb_2Br_9$ 结构。研究者为了探究主要的表面钝化机理，使用紫外线臭氧和 Ar^+ 离子蚀刻对材料进行了测试，结果表明，丰富的 Br 原子产生的限域效应是导致材料具有较高的荧光量子效率的因素(表面中较宽的带隙可能会产生内置场，避免了激发电子被表面缺陷捕获)，而不是由于配体带来的钝化效应。同时材料中激子结合能相对较高(530 meV)也解释了 $Cs_3Sb_2Br_9$ 中荧光强度的增强。研究者也测试了 $Cs_3Sb_2Br_9$ 量子点的空气稳定性和光稳定性，分别为 35 d 和 108 h。2019 年单崇新等人合成了

$Cs_3Sb_2Br_9$ 量子点，并研究了该类量子点的热稳定性和光稳定性，发现它们具有优异的光、热、空气稳定性。如图 8.7(c)，他们制备了具有 Al/MoO_3/TCTA/$Cs_3Sb_2Br_9$/PEI/ZnO/ITO 结构的电致发光器件[21]。该器件的发射光谱与量子点形状和位置相似，外量子效率为 0.206%。此外，该器件还表现出了良好的稳定性，连续运行 6 h 后，其电致发光强度仅下降至初始的 90%。根据理论计算，V_{Sb^+} 在 $Cs_3Sb_2Br_9$ 中的扩散势垒远高于在立方晶系中的 $CsPbBr_3$，这可以解释 $Cs_3Sb_2Br_9$ 发光二极管的稳定性和恒定电流密度。

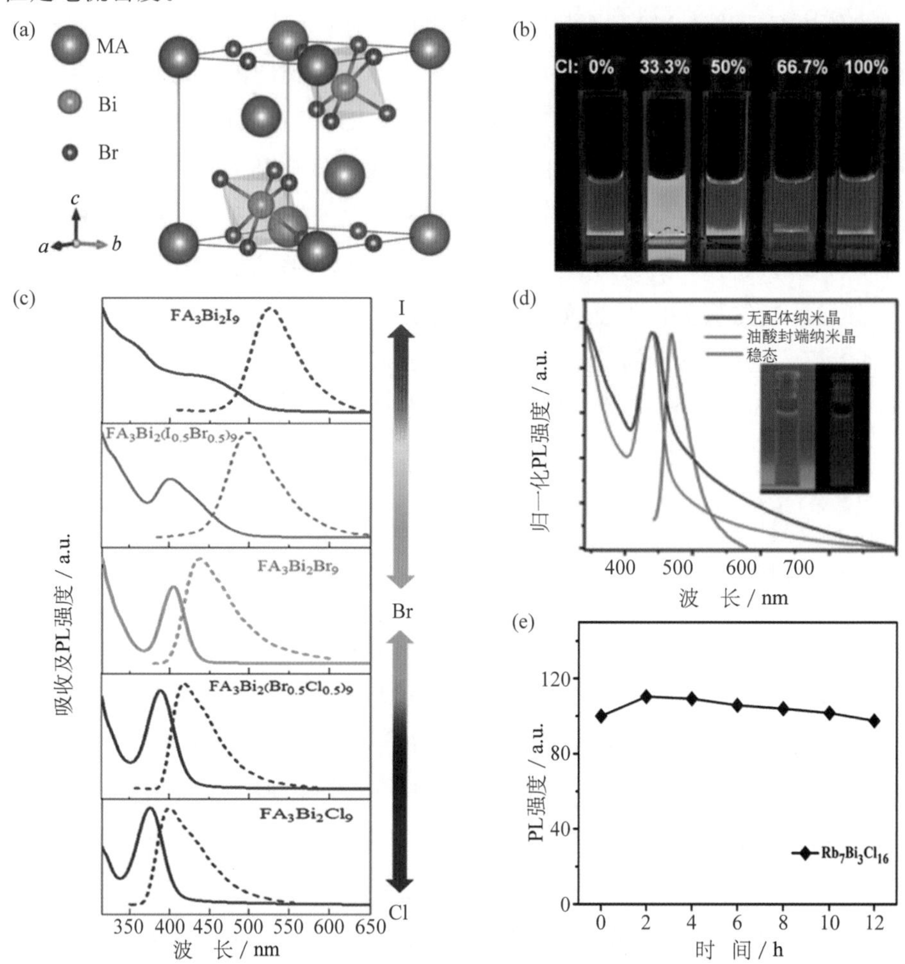

图 8.6 (a) $MA_3Bi_2Br_9$ 结构示意；(b) 不同 Cl 含量的 $MA_3Bi_2Br_9$ 量子点溶液在 325 nm 激发下的照片；(c) 不同 I/Br/Cl 含量的 FA_3BiX_9 量子点溶液的吸收和 PL 强度；(d) 无配体的 $Cs_3Bi_2Br_9$ 纳米晶（红色），油酸封端的纳米晶（橙色）和 $Cs_3Bi_2Br_9$ 纳米晶的稳态荧光光谱；(e) $Rb_7Bi_{13}Cl_{16}$ 纳米晶在空气中的稳定性

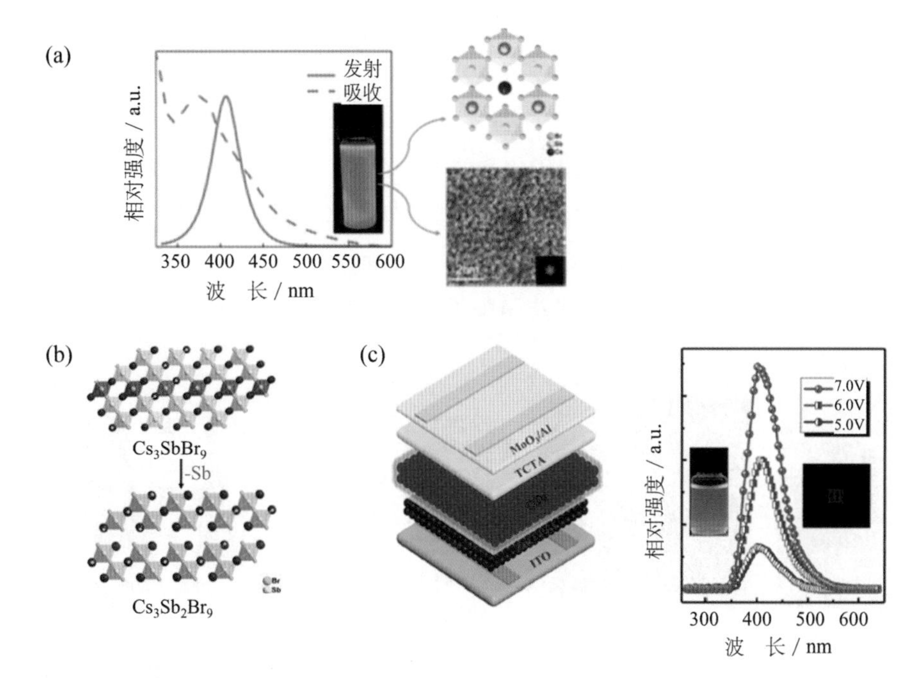

图 8.7　(a) $Cs_3Sb_2Br_9$ 量子点在紫外灯照明下的荧光光谱和吸收光谱，光学图像和 TEM 图像；(b) $Cs_3Sb_2Br_9$ 的晶体结构；(c) $Cs_3Sb_2Br_9$ 量子点的器件结构与发光光谱

8.3.4　铜基金属卤化物材料

铜是一种低毒性的过渡金属，也有科研工作者用铜取代铅来制备非铅钙钛矿材料。因为铜原子轨道的空间散布小到足以限制激子的扩散，研究人员将重点放在卤化铜(I)化合物上，其价带的分散度比 $CsPbX_3$ 中由杂化 Pb 6s 和卤素 p 轨道组成的价带分散度小得多，更加有利于材料的发光。目前制备的发射蓝光的 $Cs_3Cu_2I_5$ 量子点、薄膜和单晶的荧光量子效率分别为 29.5%、62.5% 和 91.2%[22-23]。Hosono 课题组制备了 $Cs_3Cu_2I_5$ 单晶及薄膜，如图 8.8(a)，并首次将该薄膜应用于器件结构为 ITO/ZSO/$Cs_3Cu_2I_5$/NPD/MoO_x/Ag[22] 的电致发光二极管中。但是该器件的性能不尽人意，其最大亮度约为 10 cd · m^{-2}。唐孝生等使用乙酸乙酯作为反溶剂来处理钙钛矿薄膜，即在旋涂钙钛矿前驱体溶液过程中，滴加乙酸甲酯来改善 $Cs_3Cu_2I_5$ 薄膜的成核生长。该步骤有效地改善了薄膜的粗糙度和晶体的规整性，并成功地将荧光量子效率提高至 76%，且薄膜性能在环境空气中存放两个月后基本不变(76.3%)。王永田课题组采用溶剂蒸发结晶法制备了 $Cs_3Cu_2I_5$ 晶体材料[24]，将单晶研磨成粉末

后，其荧光量子效率从 89%降低到 60%。之后他们探索了该类材料在显示上的应用，发现将前驱体溶液用作荧光墨水[图 8.8(b)]，绘制的图形在空气中的荧光效果可以稳定数月。此外，他们还探索了激光写入技术在 $Cs_3Cu_2I_5$/PVDF 复合膜中可以产生特定图案的应用。二价铜基钙钛矿化合物 $Cs_2Cu_2X_4$ 发光呈现出不同的趋势，随着卤原子直径的增加，发射波长发生红移。通过调节前驱体的比例来控制粒径，可以调节这些量子点的光学性能，如图 8.8(c)所示，合成的 $Cs_2Cu_2Cl_4$ 发蓝光[25]。Zhanxin Wu 组则通过双源热蒸镀的方法，成功制备了钙钛矿薄膜并将其用于电致发光器件上，

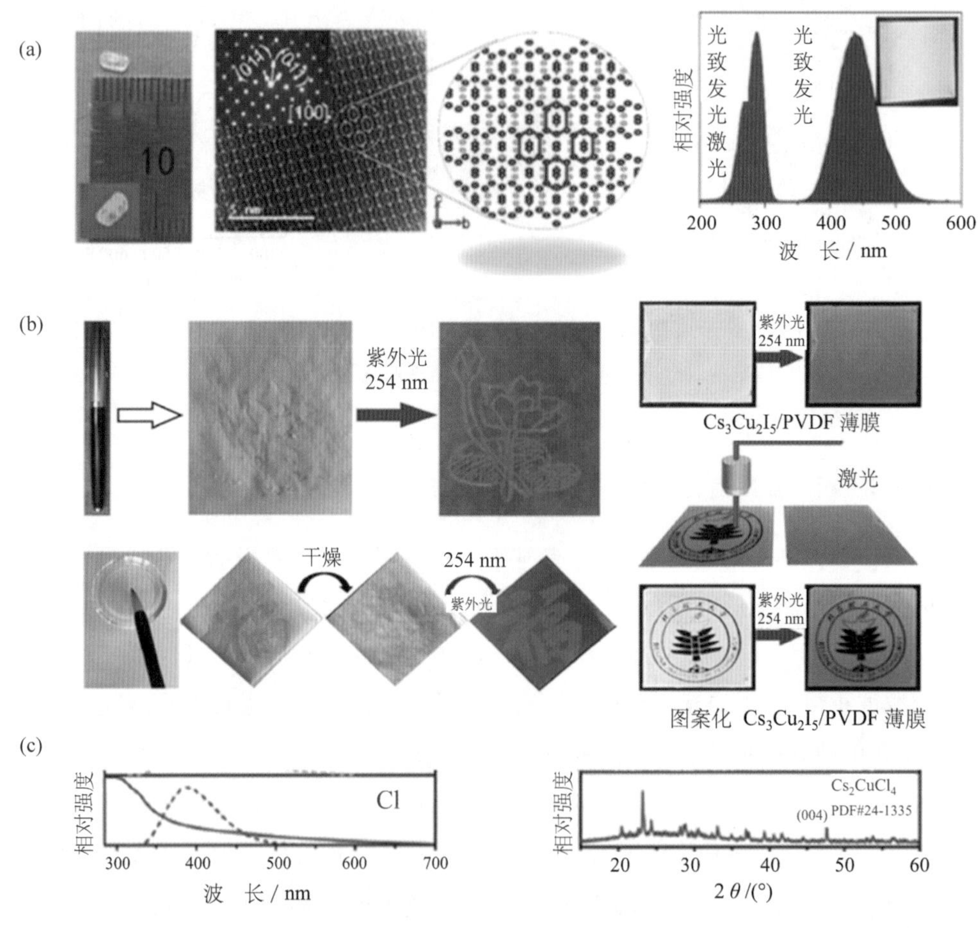

图 8.8 (a) $Cs_3Cu_2I_5$ 单晶在光激发(245 nm)下的照片以及 $Cs_3Cu_2I_5$ 单晶的 TEM 图像和选定区域的电子衍射图，在玻璃基板上制备的 $Cs_3Cu_2I_5$ 薄膜的光致发光和光致发光激发光谱(由 245 nm 单色光激发，插图显示其照片)；(b) $Cs_3Cu_2I_5$ 材料在显示方面的应用；(c) Cs_2CuCl_4 的稳态吸收、PL 光谱和 XRD 光谱与 TEM 图像

实现了约 0.1%的外量子效率，达到 70 cd・m^{-2} 的亮度[26]。Bayrammurad Saparov 组最近制备的 K_2CuCl_3 更是达到了 97%的荧光量子效率，但他们的报道中并没有涉及在器件上的应用[27]。同年单崇新课题组用热注入法成功制备了 $Cs_3Cu_2I_5$ 纳米晶，并且在薄膜的基础上制成了发光器件，所使用到的器件结构为 Al/LiF/TPBi/$Cs_3Cu_2I_5$/NiO/ITO，实现了深蓝色发射光和 1.12%的外量子效率，器件的 T_{50} 超过了 100 h[28]。

8.3.5　铕基金属卤化物材料

到目前为止，金属卤化物钙钛矿型蓝光材料很少用到稀土元素。Peter Reiss 等人首次报道了稀土元素 Eu 在该方面的应用，铕的二价态为八面体配位，并且在六配位构型下(117 pm/119 pm)具有与 Pb^{2+} 相似的离子半径[29]。该小组使用热注射方法在 130℃下合成了铕基钙钛矿材料。该材料对合成的温度具有一定要求，在高温下(>130℃)会导致材料发光效率极低(180℃)或 Eu^{2+} 的部分氧化(150℃)；而较低的反应温度(110℃)下仅发生部分前驱体转化，反应产率较低，且稳定性有限。该类材料的发射光源自 Eu^{2+} 的 Laporte 允许的 $4f^7$-$4f^6 5d^1$ 跃迁，其能量无法通过改变颗粒大小或卤化物的性质来调节。相应的钙钛矿 $CsEuBr_3$ 发光峰在 413 nm 处，荧光量子效率为 39%(无铅 ABX_3 纳米晶报道的最高值)，材料同时具有良好的稳定性和目前非铅蓝光钙钛矿材料中最窄的 FWHM(30 nm)。该类材料的优异性质使得 $CsEuBr_3$ 纳米晶有望作为蓝光器件中的发光材料。其他稀土元素(例如 Sm^{2+})在钙钛矿发光二极管上的应用也值得去探索。

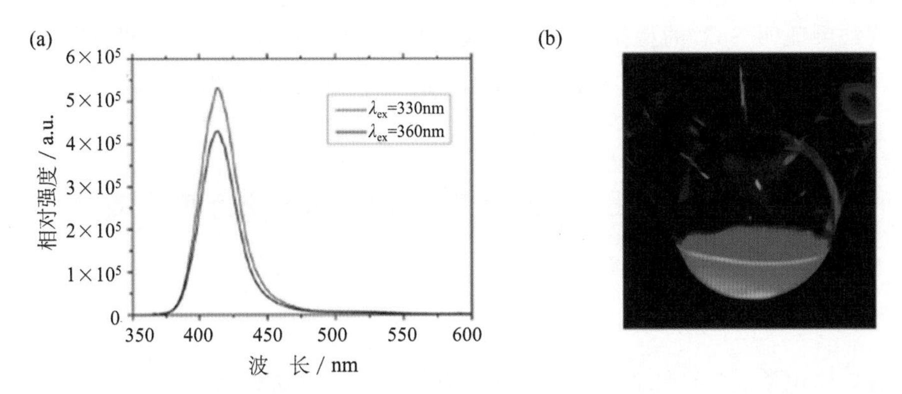

图 8.9　(a) 在己烷中使用两种不同的激发波长的 $CsEuBr_3$ 纳米晶的光致发光光谱；(b) 在 360 nm 紫外光激发下胶体溶液的照片

8.3.6 双金属阳离子卤化物钙钛矿材料

已报道的文献中钙钛矿结构的维度降低通常会导致能带扩散减小、有效的载流子质量和迁移率的降低，不利于材料的电学性能[13]，限制了电致发光器件的制备。而双钙钛矿材料中使用一个一价的 B 阳离子和一个的三价 B′阳离子替代两个 Pb^{2+}，所获得的 $ABB'X_6$ 型双钙钛矿可以形成三维立方体钙钛矿结构。Keli Han 等人尝试用一个单价的 Ag^+ 和一个三价的 Bi^{3+} 代替两个 Pb^{2+}，合成的钙钛矿材料 $Cs_2AgBiCl_6$ 的荧光量子效率为 6.7%，值得指出的是，该类材料在引入油酸来钝化表面缺陷时，荧光量子效率增加了 100 倍[30]。所制备的量子点在空气中放置 90 d 和 500 h 后表现出良好的稳定性。娄永兵等人用乙酸乙酯作为不良溶剂合成了双钙钛矿 $Cs_2AgBiCl_6$ 材料，其荧光量子效率为 31.33%[31]。它能在空气环境中保持约六个月的稳定性，是目前非铅蓝光材料中稳定性最优异的。理论计算表明，价带顶和导带底主要来自 Ag 4d-Br 5p 的反键轨道和 Bi 6p-Br 4p 的成键轨道，它们将空穴和电子的波函数分别限制在[$AgBr_6$]和[$BiBr_6$]八面体上。这解释了双钙钛矿材料中低的载流子迁移率和较大的载流子有效质量，并且说明电子尺寸对卤化物钙钛矿的光电性能的影响比结构尺寸更重要。最近，邹炳锁等人合成了掺杂 Sb^{3+} 的 $Cs_2NaInCl_6$ 双钙钛矿材料[32]，该复合钙钛矿由自陷激子发出蓝光。当掺杂浓度为 10% 时，$Cs_2NaInCl_6:Sb^{3+}$ 材料的荧光量子效率高达 75.89%。而且该材料显示出优异的光照稳定性，在 365 nm 紫外线照射下，经过 1000 h 后，发光强度仅下降 10%。XRD 图谱的衍射峰表明掺杂制备的量子点具有较高的纯度。X 射线光电子能谱和能量散射光谱仪结果证明 Sb^{3+} 的掺杂占据 In^{3+} 晶格位点并形成 $Cs_2NaIn_{1-x}Sb_xCl_6$。因此，Sb^{3+} 的掺杂不会引入降低荧光量子效率的空位和缺陷的可能。

8.4 优化非铅金属卤化物材料荧光量子效率的方法

8.4.1 表面钝化

表面钝化是提高钙钛矿材料荧光量子效率的有效方法。因为钙钛矿晶体通常是在相对较低的温度下形成的(即使是通过热注射方法合成也通常低于 200℃)，材料结构中的离子键往往会存在各种缺陷状态。同时由于钙钛矿晶体是软晶格，易于在表面发生变形，所以加速了缺陷在纳米颗粒表面上的形成。电子-声子耦合和离子迁移也会形成缺陷状态,其能级位于钙钛矿材料带隙以下 100～400 meV,因此会俘获电荷载流子并限制发光[33]。

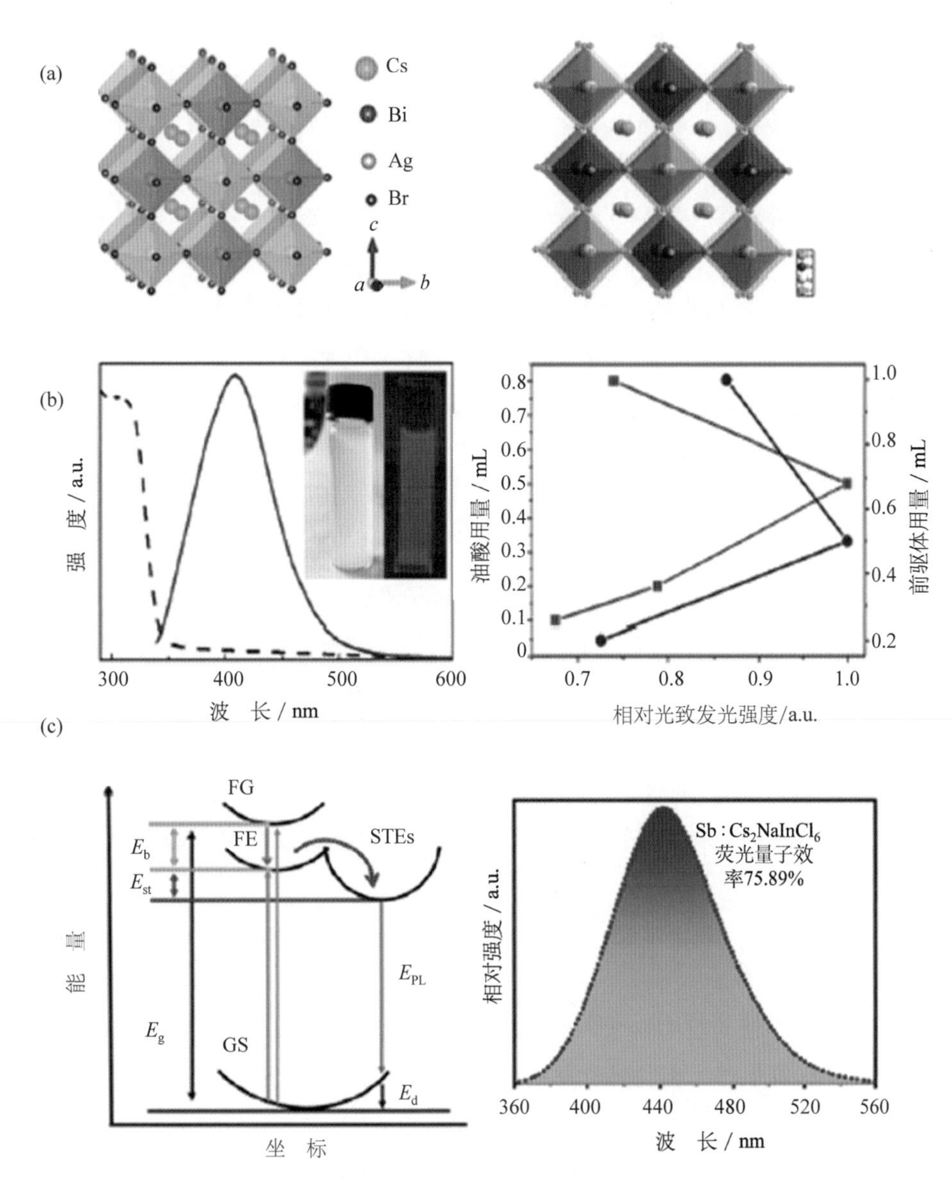

图 8.10 (a) $Cs_2AgBiCl_6$(左)和 $Cs_2AgSbCl_6$(右)的晶体结构;(b) 稳态吸收和荧光光谱,插图为量子点溶液在普通环境中和 325 nm UV 灯照射下的图像,以及在不同条件下钙钛矿胶体溶液的相对荧光强度,对于每个试验,PL 强度皆为归一化;(c) Sb^{3+} : $Cs_2NaInCl_6$ 的能级示意与 PL 光谱

配体通常有助于钝化钙钛矿的表面。通过在合成过程中添加适量的表面活性剂(油酸),$Cs_3Bi_2Br_9$ 量子点的荧光量子效率可以从 0.2%增加到 4.5%[18]。Keli Han 等人也发现,油酸可以使基于部分纳米晶的荧光强度增长 100 倍,从而将荧光量子效率提高到 6.7%[30]。但是另一方面,这些绝缘的有机配体可能会严重阻止晶体薄膜中的电荷注入和传输[33]。$Cs_3Bi_2Br_9$ 量子点中富含 Br 的表面对于光学性能有很好的帮助,因为表面中较宽的带隙可以引入内电场,并且可以避免激发的电子被表面缺陷捕获。准量子阱能带结构有利于有效的辐射复合,以增强荧光量子效率。唐江等人设计的 Cl^- 阴离子主要作为钝化配体覆盖在 $MA_3Bi_2Br_9$ 量子点的表面,$MA_3Bi_2Br_9$ 和 $MA_3Bi_2Cl_9$ 之间不相容的晶体结构有效地抑制了表面缺陷和卤素原子的穿梭,增强了荧光量子效率。此外,唐江等人指出,由于反应产物 BiOBr 的自钝化作用,水可能会与材料表面发生反应并使 $Cs_3Bi_2Br_9$ 胶体量子点钝化[7]。

8.4.2 溶剂和不良溶剂的选择

溶剂和不良溶剂极大地影响钙钛矿材料的合成及光学性能。唐江等人简单地用乙醇代替了不良溶剂异丙醇,可将 $Cs_3Bi_2Br_9$ 量子点的荧光量子效率从 4.5%显著提高到 19.4%[7]。张道礼等人采用了一种相对较弱的极性溶剂,成功地减缓了实验中极性溶剂对晶体颗粒的降解作用[19]。他们用传统的配体辅助再沉淀方法评估了该方案的溶剂的效果,传统方案中 DMSO 充当良好溶剂,甲苯充当不良溶剂,油胺和油酸充当辅助配体,合成后的量子点荧光量子效率为仅为 4.3%。另外,由于极性溶剂的溶解和破坏作用,传统方案产率非常低,显示了使用较弱极性溶剂的合成方法的优越性。

8.4.3 掺杂

掺杂是调控钙钛矿材料物理性质的有效方法。其中,Bi^{3+} 的离子半径和电子构型与 Pb^{2+} 相似,有望作为卤化钙钛矿的发光中心,常用于掺杂。Zhou 等人制备了 Bi 掺杂的卤化铅钙钛矿,并实现了超宽光致发光和电致发光[34]。尽管目前关于无铅蓝色钙钛矿量子点掺杂的文献很少,但通过 Bi 掺杂 Cs_2SnCl_6 可以实现目前最高的荧光量子效率,高达 78.9%。之前已有许多研究人员尝试过用 Sn 元素制备钙钛矿发光材料,但是获得的量子点既不稳定,蓝色区域发光也非常宽[6,8]。唐江等人通过在 Sn 基钙钛矿材料中掺杂 Bi 元素,成功地制备了发光性能优异的钙钛矿材料,他们将该发光强化效应归因为 Bi^{3+} 被掺入 Sn 位的 Cs_2SnCl_6 基底中,形成 $Bi_{Sn}+V_{Cl}$ 缺陷复合物，该缺陷复合物能够发出强烈的蓝光，研究者对其进行了计算，结果如图 8.11 所示。Bi 掺杂后的 Cs_2SnCl_6 带隙明显减小，由 3.95 eV 降至 3.05 eV。这是由于掺杂后，Bi 6s 轨道能与 Cl 3p 轨道耦合形成反键轨道。之后邹炳锁等人合成了 $Cs_2NaInCl_6:Sb^{3+}$ 双钙钛矿材料。对掺杂浓度进行优化后，获得的 $Cs_2NaInCl_6:Sb^{3+}$ 的荧光量子效率最高值为 75.89%。邱等人用 X 射线衍射光谱的衍射峰表明所制备的量子点具有高纯度，而 X 射线光电子能谱和能量色散 X 射线光谱结果也证明了掺入的 Sb^{3+} 会占据 In^{3+} 晶格位点并形成 $Cs_2NaIn_{1-x}Sb_xCl_6$。因此，掺入 Sb^{3+} 不会引入大量空位和缺陷，降低荧光量子效率。计算还表明，适当的 Sb 掺杂浓度可以打破宇称禁戒跃迁规则，并有效地调节电子态密度，从而显著提高荧光量子效率[图 8.11(b)]。

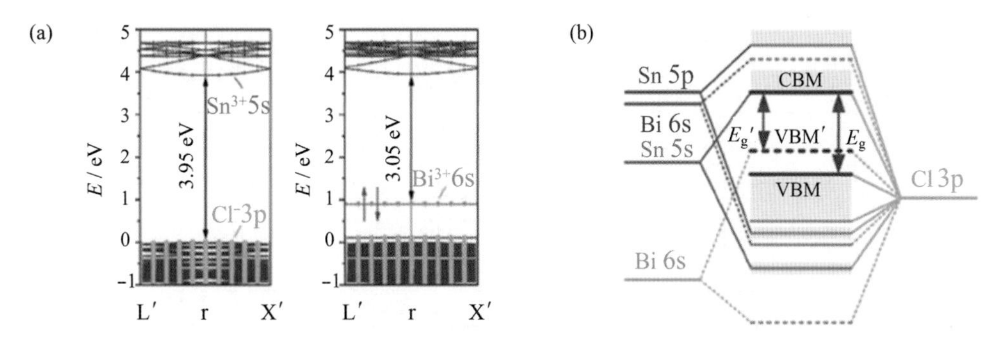

图 8.11 (a) 计算出的纯 Cs_2SnCl_6 和 Bi 掺杂 Cs_2SnCl_6 的能带结构；(b) Bi 6s 轨道和 Cl 2p 轨道之间的反键状态形成 VBM′

表 8.2 统计了部分文献报道的非铅蓝光材料体系，以及它们的发光峰位置、荧光量子效率、半峰高、空气稳定性和光稳定性。

表 8.2 文献报道的非铅蓝光钙钛矿材料的性质

ABX_3	发光峰/nm	荧光量子效率/%	半峰高/nm	空气稳定性	光稳定性	文献来源
$Cs_3Bi_2Br_9$	468	4.5	40		400 min	[18]
$Cs_3Bi_2Br_9$	410	19.4	48		78 h	[7]
$Cs_3Bi_2Br_9$	414&433	29.6	50	21 d		[19]
$Cs_3Bi_2Br_9$	414	22	38			[35]
$Rb_7Bi_3Cl_{16}$	437	28.43	93		12 h	[20]
$FA_3Bi_2Br_9$	437	52	65	30 d		[15]
$MA_3Bi_2Br_9$	423	12	62		25 h	[13]
Cl-$MA_3Bi_2Br_9$	422	54.1	41	26 d	12 h	[14]
$(BA)_2BiBr_5$	415	1.26	57			[16]

续表

ABX_3	发光峰/nm	荧光量子效率/%	半峰高/nm	空气稳定性	光稳定性	文献来源
$(C_8NH_{12})_4BiBr_7 \cdot H_2O$	450	0.7	≈50			[17]
$Cs_2AgSb_{1-x}Bi_xCl_6$	452		≈60			[36]
$Cs_2AgBiCl_6$	395	6.7	68	90 d	500 h	[30]
$Cs_2SnCl_6:Bi$	455	78.9	66	96 h		[37]
$(C_6N_2H_{16}Cl)_2SnCl_6$	450	8.1	125			[12]
$Cs_2SnCl_6:Bi$	483	50.8	80	3 m		[11]
$Cs_2NaInCl_6:Sb$	442	75.9	66		1000 h	[21]
$Cs_3Sb_2Br_9$	410	46	41	35 d	108 h	[9]
$Cs_3Sb_2Br_9$	408	51.2			72 h	[32]
$Cs_2AgSbCl_6$	409	31.33	≈100	6 m		[31]
$CsEuBr_3$	413	39	30	30 d		[29]
$Cs_3Cu_2I_5$	445	62.1	≈70	2 m		[22]
Cs_2CuBr_4	410	37.5		30 d	83 h	[25]
$Cs_3Cu_2I_5$	445	29.2	≈90	45 d		[23]
$Cs_2ZrCl_6:xBi$	456	50	63			[38]
$Cs_3Cu_2I_5$	440	58	70			[26]
K_2CuCI_3	392	97	54			[27]
$Cs_3Cu_2I_5$	445	87				[28]

8.5 结论与展望

本章主要讨论了非铅蓝光钙钛矿的发展历程与优化荧光量子效率的方法。目前合成非铅蓝光钙钛矿的主要方法有两种：热注射法和配体辅助再沉淀法。许多元素已经被尝试用来替代 Pb 元素，其中 Bi 掺杂的 Sn 基卤化物钙钛矿量子点表现非常优秀。提高非铅蓝光钙钛矿材料的荧光量子效率的方法目前主要包括：优化溶剂和反溶剂、表面钝化和掺杂等，仍然有许多方法尚待进一步的开发，例如后处理和配体工程。已有的基于非铅材料体系的电致发光器件性能仍然不能令人满意，主要是由于材料的荧光量子效率较差或者带隙较大导致的电学性能较差，因此所报道的文献大部分未成功实现电致发光器件。此外，非铅金属卤化物蓝光材料的半峰宽通常为 40～60 nm，远远宽于铅卤钙钛矿材料，不利于材料在显示方面的应用。目前，半高峰宽报道最窄的是稀土 Eu 基钙钛矿，但在这方面的文献报道不多，该材料的合成有待进一步改善和优化。

当今对于钙钛矿的探索更多是基于试验的不断尝试，材料具体设计原理尚不明了，原理的探索有助于我们的理解和研究。毫无疑问，同时具有优异性能和无毒性的非铅蓝光钙钛矿的实现将是钙钛矿发光二极管的重大突破。

参考文献

[1] Tian Y, Zhou C, Worku M, et al. Highly efficient spectrally stable red perovskite light-emitting diodes[J]. Advanced Materials, 2018, 30(20): 1707093.

[2] Lin K, Xing J, Quan L N, et al. Perovskite light-emitting diodes with external quantum efficiency exceeding 20 per cent[J]. Nature, 2018, 562(7726): 245-248.

[3] Sadhanala A, Ahmad S, Zhao B, et al. Blue-green color tunable solution processable organolead chloride-bromide mixed halide perovskites for optoelectronic applications[J]. Nano letters, 2015, 15(9): 6095-6101.

[4] Xing J, Zhao Y, Askerka M, et al. Color-stable highly luminescent sky-blue perovskite light-emitting diodes[J]. Nature Communications, 2018, 9(1): 3541.

[5] Hailegnaw B, Kirmayer S, Edri E, et al. Rain on methylammonium lead iodide based perovskites: Possible environmental effects of perovskite solar cells[J]. The Journal of Physical Chemistry Letters, 2015, 6(9): 1543-1547.

[6] Jellicoe T C, Richter J M, Glass H F, et al. Synthesis and optical properties of lead-free cesium tin halide perovskite nanocrystals[J]. Journal of the American Chemical Society, 2016, 138(9): 2941-2944.

[7] Leng M, Yang Y, Zeng K, et al. All-inorganic bismuth-based perovskite quantum dots with bright blue photoluminescence and excellent stability[J]. Advanced Functional Materials, 2018, 28(1): 1704446.

[8] Wang A, Yan X, Zhang M, et al. Controlled synthesis of lead-free and stable perovskite derivative Cs_2SnI_6 nanocrystals via a facile hot-injection process[J]. Chemistry of Materials, 2016, 28(22): 8132-8140.

[9] Zhang J, Yang Y, Deng H, et al. High quantum yield blue emission from lead-free inorganic antimony halide perovskite colloidal quantum dots[J]. ACS Nano, 2017, 11(9): 9294-9302.

[10] Chatterjee S, Pal A J. Influence of metal substitution on hybrid halide perovskites: Towards lead-free perovskite solar cells[J]. Journal of Materials Chemistry A, 2018, 6(9): 3793-3823.

[11] Yan A, Li K, Zhou Y, et al. Tuning the optical properties of Cs_2SnCl_6 : Bi and Cs_2SnCl_6 : Sb lead-free perovskites via post-annealing for white LEDs[J]. Journal of Alloys and Compounds,

2020, 822: 153528.

[12] Song G, Li M, Yang Y, et al. Lead-free tin(IV)-based organic-inorganic metal halide hybrids with excellent stability and blue-broadband emission[J]. The Journal of Physical Chemistry Letters, 2020, 11(5): 1808-1813.

[13] Leng M, Chen Z, Yang Y, et al. Lead-free, blue emitting bismuth halide perovskite quantum dots[J]. Angewandte Chemie International Edition, 2016, 55(48): 15012-15016.

[14] Leng M, Yang Y, Chen Z, et al. Surface passivation of bismuth-based perovskite variant quantum dots to achieve efficient blue emission[J]. Nano letters, 2018, 18(9): 6076-6083.

[15] Shen Y, Yin J, Cai B, et al. Lead-free, stable, high-efficiency (52%) blue luminescent $FA_3Bi_2Br_9$ perovskite quantum dots[J]. Nanoscale Horizons, 2020, 5(3): 580-585.

[16] Wang J, Li J, Wang Y, et al. A new organic-inorganic bismuth halide crystal structure and quantum dot bearing long-chain alkylammonium cations[J]. Organic Electronics, 2019, 70: 155-161.

[17] Zhang R, Mao X, Yang Y, et al. Air-stable, lead-free zero-dimensional mixed bismuth-antimony perovskite single crystals with ultra-broadband emission[J]. Angewandte Chemie International Edition, 2019, 58(9): 2725-2729.

[18] Yang B, Chen J, Hong F, et al. Lead-free, air-stable all-inorganic cesium bismuth halide perovskite nanocrystals[J]. Angewandte Chemie International Edition, 2017, 56(41): 12471-12475.

[19] Gao M, Zhang C, Lian L, et al. Controlled synthesis and photostability of blue emitting $Cs_3Bi_2Br_9$ perovskite nanocrystals by employing weak polar solvents at room temperature[J]. Journal of Materials Chemistry C, 2019, 7(12): 3688-3695.

[20] Xie J L, Huang Z Q, Wang B, et al. New lead-free perovskite $Rb_7Bi_3Cl_{16}$ nanocrystals with blue luminescence and excellent moisture-stability[J]. Nanoscale, 2019, 11(14): 6719-6726.

[21] Ma Z, Shi Z, Yang D, et al. Electrically-driven violet light-emitting devices based on highly stable lead-free perovskite $Cs_3Sb_2Br_9$ quantum dots[J]. ACS Energy Letters, 2019, 5(2): 385-394.

[22] Jun T, Sim K, Iimura S, et al. Lead-free highly efficient blue-emitting $Cs_3Cu_2I_5$ with 0D electronic structure[J]. Advanced Materials, 2018, 30(43): 1804547.

[23] Luo Z, Li Q, Zhang L, et al. 0D $Cs_3Cu_2X_5$ (X = I, Br, and Cl) nanocrystals: Colloidal syntheses and optical properties[J]. Small, 2020, 16(3): 1905226.

[24] Zhang F, Zhao Z, Chen B, et al. Strongly emissive lead-free 0D $Cs_3Cu_2I_5$ perovskites synthesized by a room temperature solvent evaporation crystallization for down-conversion light-emitting devices and fluorescent inks[J]. Advanced Optical Materials, 2020, 8(8): 1901723.

[25] Yang P, Liu G, Liu B, et al. All-inorganic Cs_2CuX_4 (X = Cl, Br, and Br/I) perovskite quantum dots with blue-green luminescence[J]. Chemical Communications, 2018, 54(82):

11638-11641.

[26] Liu X, Yu Y, Yuan F, et al. Vacuum dual-source thermal-deposited lead-free $Cs_3Cu_2I_5$ films with high photoluminescence quantum yield for deep-blue light-emitting diodes[J]. ACS Applied Materials Interfaces, 2020, 12(47): 52967-52975.

[27] Creason T D, McWhorter T M, Bell Z, et al. K_2CuX_3 (X = Cl, Br): All-inorganic lead-free blue emitters with near-unity photoluminescence quantum yield[J]. Chemistry of Materials, 2020, 32(14): 6197-6205.

[28] Wang L, Shi Z, Ma Z, et al. Colloidal synthesis of ternary copper halide nanocrystals for high-efficiency deep-blue light-emitting diodes with a half-lifetime above 100 h[J]. Nano letters, 2020, 20(5): 3568-3576.

[29] Alam F, Wegner K D, Pouget S, et al. Eu^{2+}: A suitable substituent for Pb^{2+} in $CsPbX_3$ perovskite nanocrystals? [J]. The Journal of Chemical Physics, 2019, 151(23): 231101.

[30] Yang B, Chen J, Yang S, et al. Lead-free silver-bismuth halide double perovskite nanocrystals [J]. Angewandte Chemie International Edition, 2018, 57(19): 5359-5363.

[31] Lv K, Qi S, Liu G, et al. Lead-free silver-antimony halide double perovskite quantum dots with superior blue photoluminescence[J]. Chemical Communications, 2019, 55(98): 14741-14744.

[32] Zeng R, Zhang L, Xue Y, et al. Highly efficient blue emission from self-trapped excitons in stable Sb^{3+}-doped $Cs_2NaInCl_6$ double perovskites[J]. The Journal of Physical Chemistry Letters, 2020, 11(6): 2053-2061.

[33] Kim Y H, Kim J S, Lee T W. Strategies to improve luminescence efficiency of metal-halide perovskites and light-emitting diodes[J]. Advanced Materials, 2019, 31(47): 1804595.

[34] Zhou Y, Yong Z J, Zhang K C, et al. Ultrabroad photoluminescence and electroluminescence at new wavelengths from doped organometal halide perovskites[J]. Journal of Physical Chemistry Letters, 2016, 7(14): 2735-2741.

[35] Lou Y, Fang M, Chen J, et al. Formation of highly luminescent cesium bismuth halide perovskite quantum dots tuned by anion exchange[J]. Chemical Communications, 2018, 54(30): 3779-3782.

[36] Kshirsagar A S, Nag A. Synthesis and optical properties of colloidal $Cs_2AgSb_{1-x}BixCl_6$ double perovskite nanocrystals[J]. The Journal of Chemical Physics, 2019, 151(16): 161101.

[37] Tan Z, Li J, Zhang C, et al. Highly efficient blue-emitting Bi-doped Cs_2SnCl_6 perovskite variant: Photoluminescence induced by impurity doping[J]. Advanced Functional Materials, 2018, 28(29).

[38] Xiong G, Yuan L, Jin Y, et al. Aliovalent doping and surface grafting enable efficient and stable lead-free blue-emitting perovskite derivative[J]. Advanced Optical Materials, 2020, 8(20): 2000779.

第九章　白光钙钛矿材料

9.1　白光的产生

1879 年爱迪生制造了世界上第一批可供实用的钨丝白炽灯，引发一场新兴电光源技术革命。迄今为止，人类利用电能照明来扩大生产活动已有一百多年的历史。电能是经济可持续发展的重要因素，照明的损耗占到了全世界能源消耗的 20%左右，而照明灯又仅有 30%的电能用来发光，其他以热的形式耗散。一直以来，研发出新型高效的电光源一直是人类科学研究的重要目标。

照明器件一般采用白光发光二极管（WLED），发光二极管是一种常用的发光半导体器件，通过电子与空穴复合释放能量发光，发光二极管可高效地将电能转化为光能，它在各种需要照明及显示的领域应用十分广泛。在过去五十年，许多课题组对发光二极管的研究投入了极大的努力，制备出了各种具备优异光电性能的发光材料和器件。

在这些性能各异的发光材料中，有机-无机金属卤化物钙钛矿发光二极管由于其杰出的性能和广阔的应用前景吸引了越来越多研究者的注意。钙钛矿是一种以 ABX_3 为结构通式的特殊材料，仅调节卤素原子的种类便可以使得发光峰位从紫外到近红外全波段调控，实现全彩显示与白光照明。

对于白光钙钛矿发光二极管而言，目前广泛采用的方法有以下三种：

第一种为使用红绿蓝三基色的发光二极管组成白光器件，但是其成本高且白光光色调控与反馈复杂，限制了其广泛应用。

第二种方法是通过蓝光发光二极管加上黄色荧光粉转换层形成白光器件，但是蓝光对人眼有伤害，容易导致白内障和黄斑病等眼疾。

第三种为紫外发光二极管加上红绿蓝三基色荧光粉转换层，这种方法虽然减少了蓝光伤害，但是会造成不同荧光粉之间的重吸收及长期使用条件下多个复合荧光粉所导致的光色不稳定。

为了解决以上问题，寻找紫外激发的单基质白色钙钛矿材料是有效可行的办法之一[1]。

9.2　单一白光钙钛矿

单一白光钙钛矿是一种本身就可以发射宽带(400～700 nm)白光的单一白光材料[2]。相对于普通的自由激子，研究者们利用一些材料中特殊的自陷态激子(self-trapped exciton，STE)，自陷态激子广泛存在于电声耦合作用大、晶格软的物质当中，如碱金属卤化物、有机分子晶体等。当电子和空穴被激发之后，由于大的电声耦合作用，晶体结构迅速产生晶格变形转换成亚稳态，在这种状态下，电子和空穴被自限不能移动，故名自陷态激子。由于激发态下晶体结构已经发生变化，电声耦合作用形成了自由激子(FE)和自陷态激子(图 9.1)，且激子能级与基态构型之间存在偏移。自陷态激子发光相对于带边发光或者自由激子发光而言，有两个突出的特点：大的 Stokes 位移以及宽的发射谱，因此非常适合用于单基质白光照明。

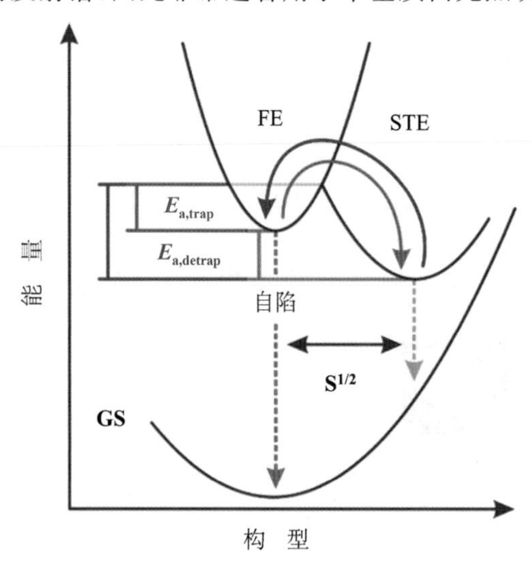

图 9.1　自陷激子能带示意[3]

9.2.1　具有波纹无机层的(110)钙钛矿

大多数铅卤钙钛矿具有平坦的(001)无机层，当受到紫外辐射激发时产生窄的自由激子光致发光(图 9.2)[3-4]。但是在紫外激发下，具有波纹无机层的(110)钙钛矿

(*N*-MEDA)$PbBr_4$(*N*-MEDA＝*N*-甲基乙烷-1,2-二铵)在 560 nm 左右发射宽带白光,实现从 400 nm 到 700 nm 的连续发射(图 9.3)[5]。同时因为自由激子的贡献,在 420 nm 左右有一个肩峰[6]。虽然这种(110)钙钛矿和其他(001)钙钛矿的光吸收光谱非常相似,但它们的发射光谱却有显著的不同[图 9.2(a)和 9.3(a)]。发射颜色可以通过卤化物替代来调节,以提供"暖"和"冷"白光,相关色温(CCTs)分别为 4669 K 和 6502 K。增加(*N*-MEDA)$PbBr_{4-x}Cl_x$ 中的氯化物含量,从而通过蓝移增加发光光谱的色温。

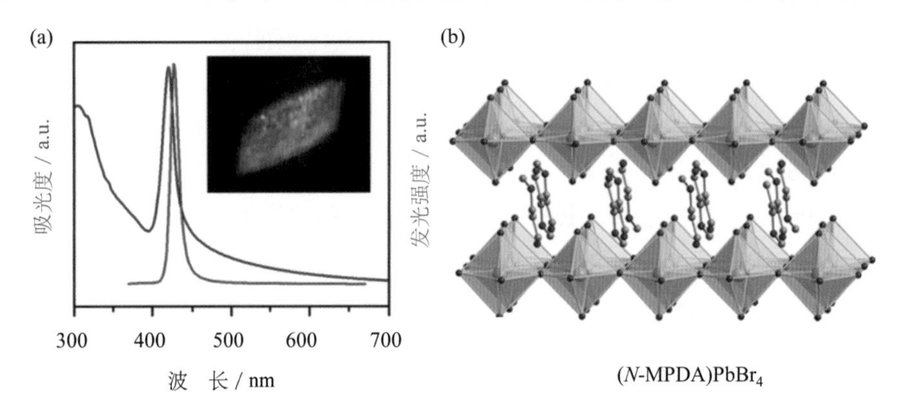

图 9.2　(a) (001)钙钛矿(*N*-MPDA)$PbBr_4$ 在紫外光照射下发出蓝光的(*N*-MPDA)$PbBr_4$ 粉末的吸光度(蓝色)和光致发光光谱(红色);(b) 对应的晶体结构,绿色、棕色、蓝色和灰色球体分别代表铅、溴、氮和碳原子

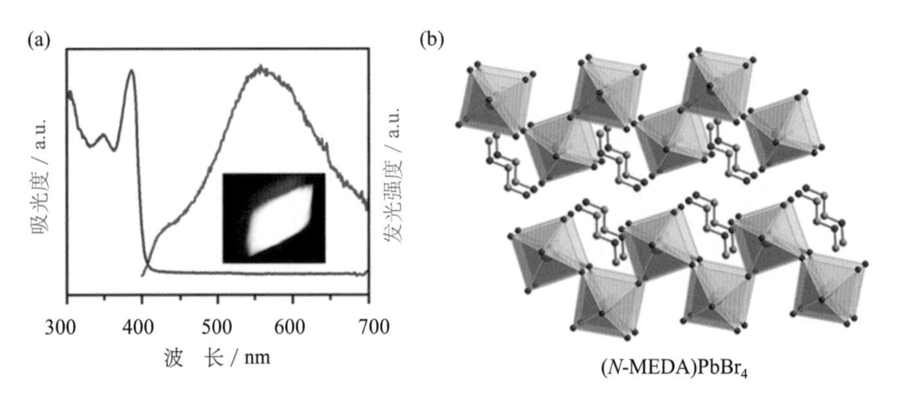

图 9.3　(a) (110)钙钛矿(*N*-MEDA)$PbBr_4$ 在紫外光照射下发出白光的(*N*-MEDA)$PbBr_4$ 粉末的吸光度(蓝色)和光致发光光谱(红色),(b) 对应的晶体结构,绿色、棕色、蓝色和灰色球体分别代表铅、溴、氮和碳原子

用于室内照明的商用白光光源要求显色指数(CRI)大于 80[7],氯化物替代可将荧光粉的 CRI 值提高到 85。(*N*-MEDA) $PbBr_{2.8}Cl_{1.2}$ 到(*N*-MEDA)$PbBr_4$ 的氯化

物替代使光致发光量子产率从 0.5%略微提高到 1.5%。(110)白色发光钙钛矿(EDBE)$PbBr_4$[EDBE=2,2′-(乙基二氧基)双(乙基铵);图 9.4]在温暖白光下表现出更高的荧光量子效率(9%),CRI 为 84[8],而氯化物替代[图 9.4(b)]在不损害荧光量子效率的情况下调谐了宽的光致发光,若在(EDBE)$PbBr_4$ 中掺入少量碘也会使发光的宽组分淬灭,与(EDBE)$PbBr_4$ 一致显示出更窄的绿色发射。在观察(N-MEDA)$PbBr_4$ 和(EDBE)$PbBr_4$ 的白光发射之前,报道了(110)钙钛矿(API)$PbBr_4$[API=1-(3-氨基丙基)咪唑]实现 400～650 nm 的发射区域显示为深黄色[9]。在这里,宽带发光是因为有机 API^+ 生色团中的 π^*-π 跃迁。然而,由于(API)$PbBr_4$ 和(110)钙钛矿(含有简单的阳离子,如 N-MEDA)之间发射的相似性,这种机制现在看来不太可能[5]。有一份报告显示,API^+ 阳离子模板化发出宽白光的(110)Pb-Cl 钙钛矿[10],与(110)Pb-Br 和(001)Pb-Cl 钙钛矿[8]相似。虽然严格来说,α-(DMEN)$PbBr_4$(DMEN=N_1,N_1-二甲基乙烷-1,2-二铵)不是钙钛矿,但其晶体重复单位比(110)钙钛矿[图 9.4(d)]大。最近发现其在室温下发出冷白光,显色指数为 73(表 9.1)[8]。

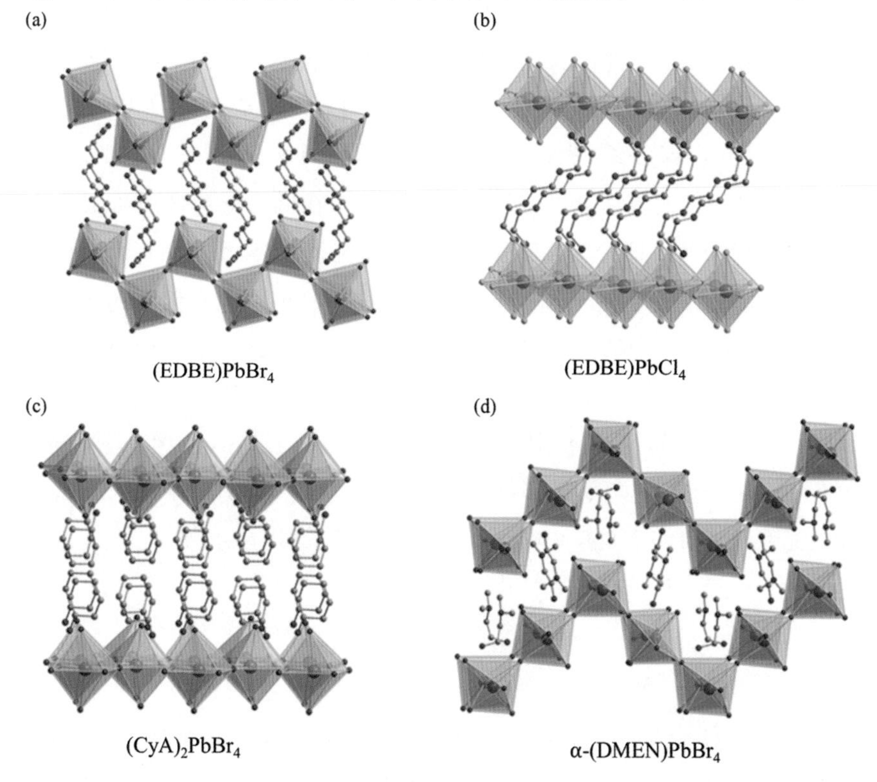

图 9.4　(a)(EDBE)$PbBr_4$;(b)(EDBE)$PbCl_4$;(c)$(CyA)_2PbBr_4$(CyA=环己胺)和(d)α-(DMEN)$PbBr_4$ 的晶体结构

表 9.1　白光钙钛矿的 PLQE、CRI 和 CIE 值

复合物	PLQE/%	CRI	CIE(x,y)
(N-MEDA)$PbBr_4$	0.5	82	(0.36,0.41)
(EDBE)$PbBr_4$	9	84	(0.39,0.42)
(EDBE)$PbCl_4$	2	81	(0.33,0.39)
α-$(DMEN)_2PbBr_4$	/	73	(0.28,0.36)
(AEA)$PbBr_4$	/	87	(0.29,0.34)
$(PEA)_2PbCl_4$	<1	84	(0.37,0.42)
$(EA)_4Pb_3Cl_{10}$	/	66	(0.27,0.39)
(API)$PbCl_4$	<1	93	(0.36,0.37)
(MPenDA)$PbBr_4$	3.4	91	(0.24,0.23)
(CyBMA)$PbBr_4$	1.5	/	(0.23,0.29)

9.2.2　(001)具有平坦无机层的钙钛矿

白光发射(001)钙钛矿的第一例是(EDBE)$PbCl_4$[7-8]。激子吸收和带隙相对于(110)钙钛矿(EDBE)$PbBr_4$ 蓝移，类似于(N-MEDA)$PbBr_{4-x}Cl_x$ 中卤化物取代的效果，并且这种材料发出“冷”白光。然而，PLQE 测量值为 2%，低于(EDBE)$PbBr_4$。之后，Boukheddaden 课题组合成了第一个白色发光(001) Pb-Br 钙钛矿 $(C_6H_{11}NH_3)_2PbBr_4$[11]，其光学特性与两个(EDBE)PbX_4(X=Cl、Br)钙钛矿的光学特性非常相似。他们还观察到尽管在$(C_6H_{11}NH_3)_2PbI_4$ 中在低温下观察到宽光谱发射[13]，随着碘取代度的增加，$(C_6H_{11}NH_3)_2PbBr_{4-x}I_x$ 中的宽发光淬灭[12]。高度扭曲的(001)钙钛矿(AEA)$PbBr_4$[AEA=$^+H_3NC_6H_4(CH_2)_2NH_3^+$]发出白色室温下的光，显色指数相对较高为 87。Mathews 等研究者报告的白光发射的 Pb-X(X=Br,Cl)钙钛矿的进一步成果是$[C_6H_5(CH_2)_2NH_3]_2PbCl_4$ 和$(H_3NCH_2C_6H_{10}CH_2NH_3)PbBr_4$[14-15]。Kanatzidis 等人发现，$n=3$ 的钙钛矿$(C_2H_5NH_3)_4Pb_3Cl_{10-x}Br$ 发出白光，且 Cl∶Br 比率也调节了发射颜色[16]。虽然只有少数(001)钙钛矿是室温下的白光发射体，但 Karunadasa 等人发现宽的光致发光事实上是整个(001)Pb-Br 钙钛矿系列的共同点[3]。

9.3　复合白光钙钛矿

复合型白光钙钛矿通过在发光层实现三基色的全彩发射得到白光。但不同层之间发光衰减速率的不同，会导致能量的损失以及总体发光颜色随时间变化。目前大多是通过多层结构，以高效黄光器件综合蓝光器件合成得到白光。目前已经报道了

诸多单一钙钛矿发光二极管突破性的进展，如绿光、红光、近红外光钙钛矿发光二极管已经实现了超过 20%的高外量子效率。但蓝光和黄光钙钛矿发光二极管的研究进展始终不尽如人意，效率十分不理想。

蓝光和黄光高效率器件的制备是白光器件至关重要的基石，而白光器件则广泛应用于照明，潜在商业价值巨大。由于蓝光不可合成，而黄光可以由红光和绿光组合得来，因此学术界主要将注意力放在高效率蓝光器件的合成上。如果能够实现高效率黄光器件的一步制备，相较于使用红光和绿光合成黄光，在效率上依然具备显著的提升。故此，研究高性能蓝光及黄光钙钛矿发光二极管，都具有相当的潜在研究活力。

9.3.1　黄光钙钛矿发光二极管

1. CdSe/ZnS 量子点

2011 年，Norell 课题组报道了一种以 CdSe/ZnS 量子点为基础的、颜色可调节的发光二极管[17]，器件结构如图 9.5 所示。

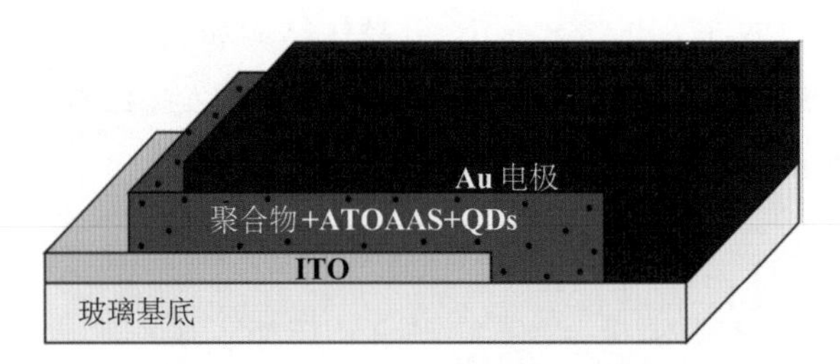

图 9.5　LEC 器件结构示意

CdSe/ZnS 量子点被包覆在光电化学电池结构的器件中。器件基底为 PF/PPV 共聚物[(9-二辛基-2,7-二乙烯基-芴)/(甲氧基-5-(2-乙基己氧基)-1,4-苯撑)]，核心为 CdSe/ZnS 共核量子点，以烯丙基三辛基铵烯丙基磺酸盐(ATOAAS)的离子溶液作为反离子源。这种新颖的结构避开了量子点的电荷隧穿势垒。随着两个量子点比例的变化，发光波长由 576 nm 变为 615 nm(如图 9.6)，分属于黄色和橙色。Norell 等的工作在单层设备结构中实现了精确的颜色控制，但显然，器件效率很低(EQE<0.1%)，16 V 下测试亮度在 40～50 $\mu W \cdot cm^{-2}$ 或 200～300 $cd \cdot m^{-2}$ 之间，也比较不理想。另外，这项工作提出，降低开启电压和提升设备寿命之间具有不兼容性。高离子液体浓度可以降低器件的开启电压，但众所周知会降低器件的寿命，这需要进一步的研究和探索。

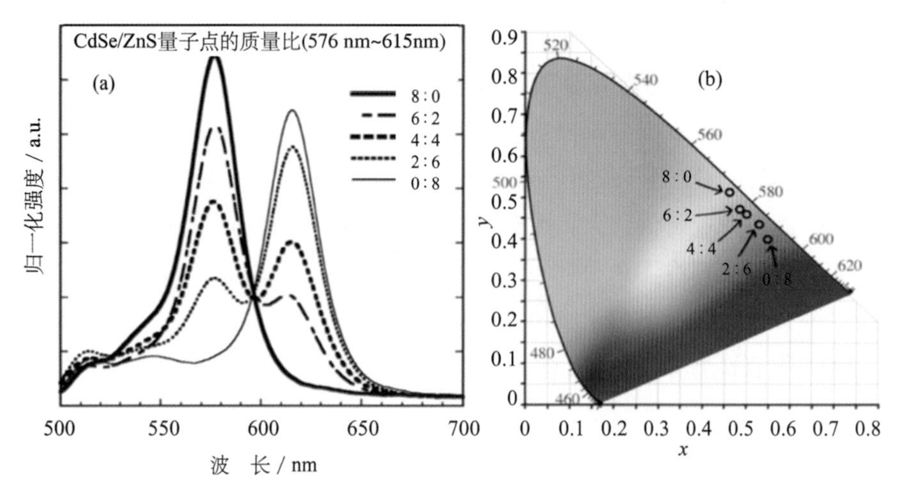

图 9.6 不同比例量子点所呈现的(a)光谱及(b)色坐标

2. 零维 Sn 掺杂卤化物钙钛矿

Zhou 课题组 2017 年报道了另一项关于零维 Sn 掺杂卤化物钙钛矿纳米晶的研究。[18]其分子式为$(C_4N_2H_{14}Br)_4SnBr_xI_{6-x}$，晶体结构如图 9.7 所示。该材料在 582 nm 处出现强烈的 Stokes 位移宽带黄色发射峰，这是激发态结构重组的结果，其半峰宽为 126 nm，室温下的光致发光量子效率为 85%。

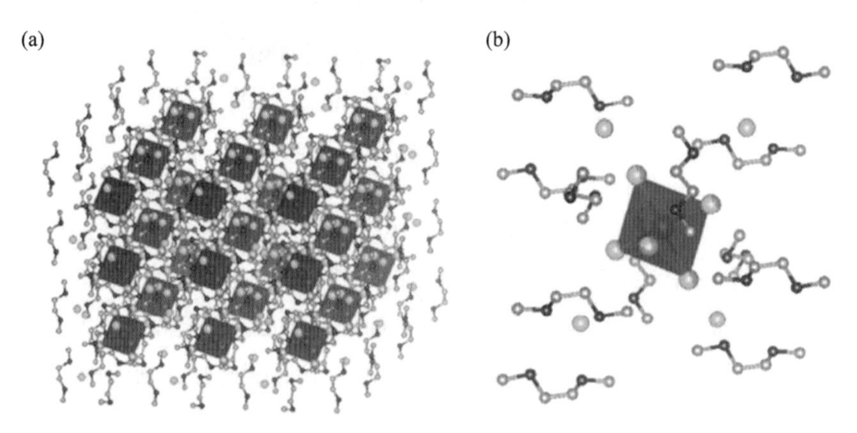

图 9.7 (a) $(C_4N_2H_{14}Br)_4SnBr_xI_{6-x}$ 的单晶结构；(b) 完全被有机配体包围的锡卤化物八面体：其中红色为锡原子，绿色为溴原子，橙色为碘原子，蓝色为氮原子，灰色为碳原子

该材料在 365 nm 激发下为黄色[图 9.8(a)]，其激发光谱和荧光发射光谱如图 9.8(b)所示。在温度为 77 K 时，$(C_4N_2H_{14}Br)_4SnBr_xI_{6-x}$ $(x=3)$晶体的荧光光谱随激发波长增大而红移[图 9.8(c)]，而在纯的$(C_4N_2H_{14}Br)_4SnBr_6$（紫色虚线）和

$(C_4N_2H_{14}Br)_4SnI_6$（红色虚线）晶体中未观察到此现象，说明发射与激发能量无关，激发依赖性可能是由于混合卤化物钙钛矿中的多激发态，如图 9.8(d)所示。

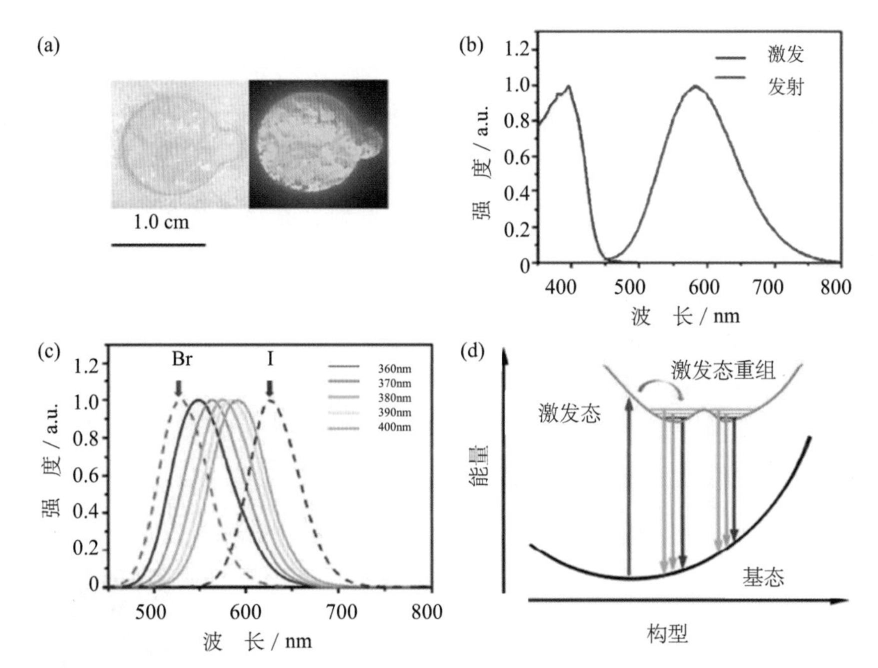

图 9.8　(a) Sn 混合卤化物钙钛矿晶体在环境光和紫外线灯照射(365 nm)下的照片；(b) 室温下 Sn 混合卤化物钙钛矿晶体的激发光谱(蓝色)和发射光谱(红色)；(c) 77 K 下$(C_4N_2H_{14}Br)_4SnBr_xI_{6-x}$ 的荧光光谱；(d) 混合型卤化物钙钛矿晶体势能曲线

该黄色发光体与商用掺 Eu^{2+} 的铝酸钡镁蓝色荧光粉($BaMgAl_{10}O_{17}$ ∶ Eu^{2+})合成白光器件，可显示高达 85 的显色指数(表 9.2)。这项工作的优势在于黄光荧光粉不含稀土元素，能大幅度降低成本，同时白光发光二极管没有显色指数的损失。虽然这项工作并没有直接制作高效黄色器件，但它确实为未来白光发光二极管的发展提供了一个全新的想法，这对未来的商业照明具有重要意义。

表 9.2　不同质量比例荧光粉的紫外激发 LED 的 CIE 坐标、CCT 和 CRIs

蓝色∶黄色	CIE(x,y)	CCT/K	CRI
1∶0	(0.15,0.09)	N/A	N/A
4∶1	(0.32,0.32)	6160	84
2∶1	(0.36,0.38)	4600	85
1∶1	(0.41,0.44)	3740	78
0∶1	(0.46,0.49)	3200	67

3. 二维$(C_{18}H_{35}NH_3)_2SnBr_4$钙钛矿

2018 年，Zhang 课题组提出了一种无铅二维 Ruddlesden-Popper 型$(C_{18}H_{35}NH_3)_2SnBr_4$钙钛矿[19]，通过紫外光电子能谱测试得到此二维材料的 HOMO 和 LUMO 分别为−5.4 eV、−3.4 eV，带隙为 2 eV[图 9.9(a)(b)]。这种材料具有较强的自陷态发射，表现为宽谱发射，在胶体悬浮液和薄膜中的光致发光量子效率分别为 88%和 68%。有机油酸胺阳离子的绝缘特性阻止了$[SnBr_6]^{4-}$八面体层之间电子带的形成，从而导致 Stokes 位移橙色发射。宽橙色发射位于 620 nm，在

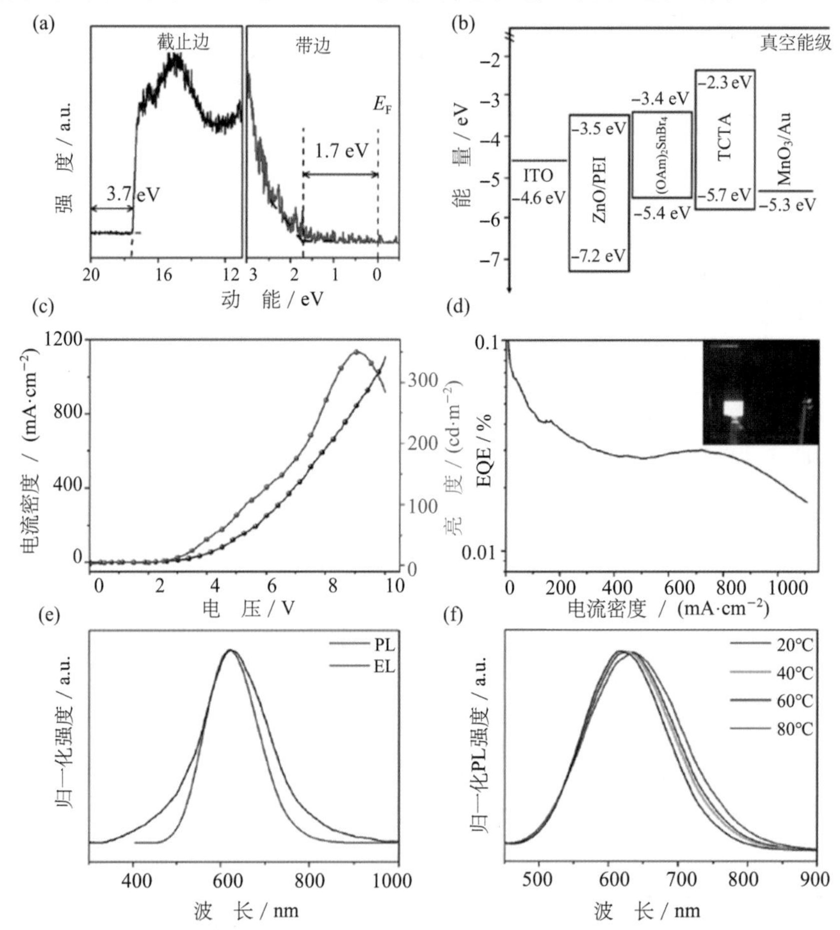

图 9.9 (a) ITO 玻璃衬底上$(OAm)_2SnBr_4$钙钛矿薄膜的 UPS 光谱，E_F：费米能级；(b) 基于$(OAm)_2SnBr_4$钙钛矿的倒置器件结构能带；(c) 当前发光器件的电流密度(黑色)和亮度(红色)与驱动电压的关系；(d) 发光二极管的 EQE 与电流密度(插图：器件工作时的照片)；(e) $(OAm)_2SnBr_4$的荧光光谱(红色)溶液中的钙钛矿的荧光光谱(红色)和电致发光光谱(黑色)；(f) $(OAm)_2SnBr_4$ 2D 钙钛矿薄膜在 20℃到 80℃的温度范围内测量的归一化 PL 光谱

365 nm 的激发下，其 FWHM 为 140 nm。基于$(OAm)_2SnBr_4$制备得到的橙色发光二极管的最大亮度达到 350 cd・m^{-2}，外量子效率为 0.1%[图 9.9(c)(d)]。从图 9.9(e)可以看出，器件的光谱与薄膜的荧光光谱能够较好吻合，说明受电致激发的是$(C_{18}H_{35}NH_3)_2SnBr_4$材料本身。且薄膜在不同温度下的荧光光谱并没有较大的变化，说明材料的温度稳定性较好[图 9.9(f)]。这是在制备适于固态照明实际应用的明亮环保钙钛矿型无铅发光二极管的道路上的一次突破。

4. 胶体非掺杂和双掺杂 $Cs_2AgInCl_6$ 纳米晶

Liu 课题组在 2019 年报告了通过使用无毒和简易热注入工艺制备 Bi 掺杂的双钙钛矿$Cs_2AgInCl_6$纳米晶，晶体结构和制备工艺如图 9.10(a)(b)所示。在温度为 180～280℃下合成的纳米晶对应的 X 射线衍射图如图 9.10(c)所示，$Cs_2AgInCl_6$：Bi 纳米晶的所有 XRD 图谱大多与报告的$Cs_2AgInCl_6$体材料的标准 pdf 卡片相匹配，说明 Bi 掺杂对钙钛矿的结构影响不大，在高于 260℃的温度下可获得完全结晶。相对而言，在 180℃和 230℃下合成的$Cs_2AgInCl_6$：Bi 的 TEM 显微照片均显示除立方形纳米晶外还存有杂质[图 9.10(d)(e)]。而在 280℃的合成温度下，TEM 和高分辨率 TEM(HRTEM)图像显示尺寸均匀的立方形纳米晶体，其具有高结晶度和 3.8Å 晶格间距，与$Cs_2AgInCl_6$结构的(022)表面相容[图 9.10(f)(g)]。$Cs_2AgInCl_6$：Bi 纳米晶在不同合成温度下的荧光发射均为 580 nm 处宽带橙色发射峰[图 9.10(h)]，280℃合成得到的晶体荧光量子效率可达 11.4%[图 9.10(i)]。这为新型无铅钙钛矿纳米晶材料的光学性能优化提供了可靠的途径[20]。但遗憾的是，这项工作没有进行器件制备实验，进一步表征其特性。

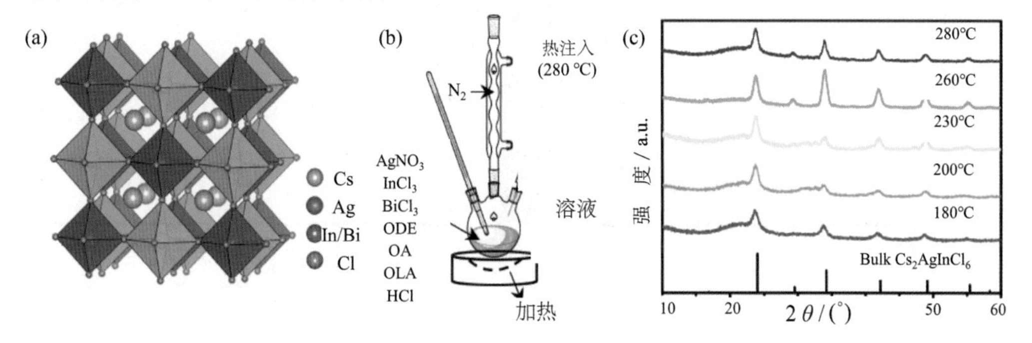

图 9.10 $Cs_2AgInCl_6$：Bi 纳米晶的(a)结构模型和(b)合成图解；(c) 不同合成温度下$Cs_2AgInCl_6$：Bi 纳米晶的 XRD 谱；(d)～(f) 不同合成温度$Cs_2AgInCl_6$：Bi 纳米晶的 TEM；(g) 该纳米晶 280°C 高分辨 HRTEM 图像；(h) $Cs_2AgInCl_6$：Bi 纳米晶的紫外-可见吸收(虚线)、光致发光激发光谱和发射光谱(插图为样品在 365°C 下辐照紫外线灯的情况)；(i) 不同合成温度下$Cs_2AgInCl_6$：Bi 纳米晶光致发光量子效率的变化

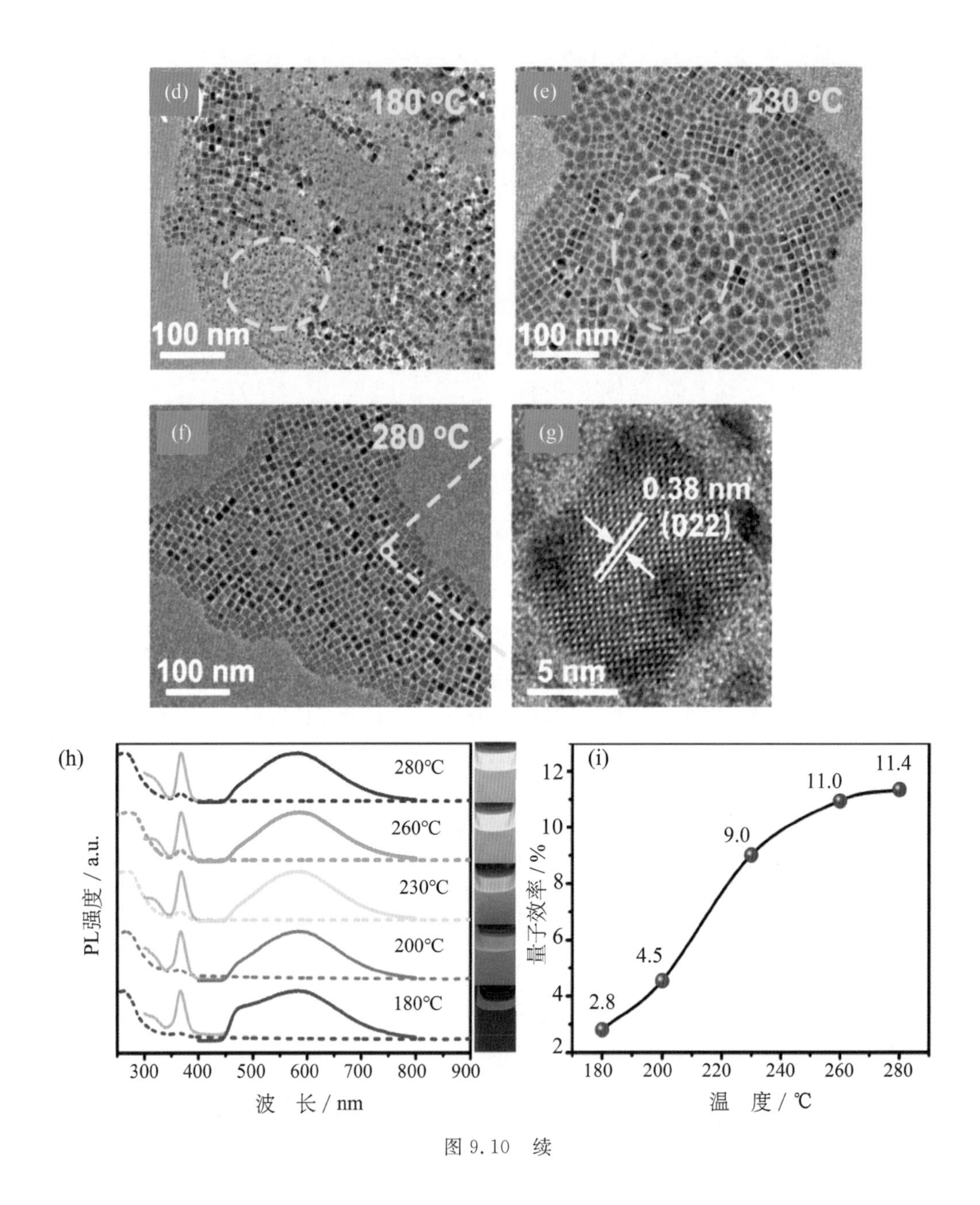

图 9.10 续

5. 水相法合成 2D 卤化锡钙钛矿

2019 年，Wang 课题组发表了一篇关于高量子效率的二维卤化锡钙钛矿 $(OCTAm)_2SnX_4$（X＝Br，I 或其混合物）水相法合成的工作[21]，具体步骤如图 9.11 所示。其中，合成出的 $(OCTAm)_2SnBr_4$ 粉末常温下呈白色，但在 365 nm 激发下发射黄光，如图 9.12(a)。该材料的荧光宽谱发射发光峰位置为 600 nm、半高宽为 136 nm、大 Stokes 位移(250 nm)[吸收、荧光光谱、激发光谱如图 9.12(b)(c)]。$(OCTAm)_2SnBr_4$ 具有高的光致发光量子效率，且不同激发波长下的荧光量子效率不一致，最高接近 100%[图 9.12(d)]。该材料的瞬态荧光显示出较长的寿命(τ = 3.3 ms)[图 9.12(e)]，且材料的稳定性优异，暴露于空气 240 d 后荧光量子效率几乎没有下降[图 9.12(f)]。这种新型黄色荧光粉具有优异的光学性能，可用于制备紫外激发白光发光二极管。

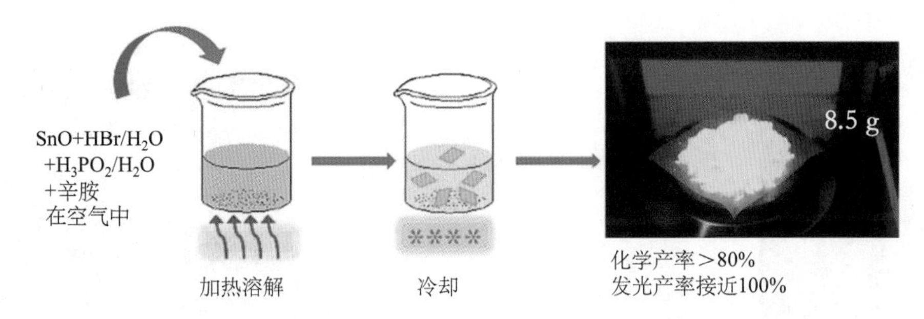

图 9.11　$(OCTAm)_2SnBr_4$ 在空气下的简易水基酸合成法

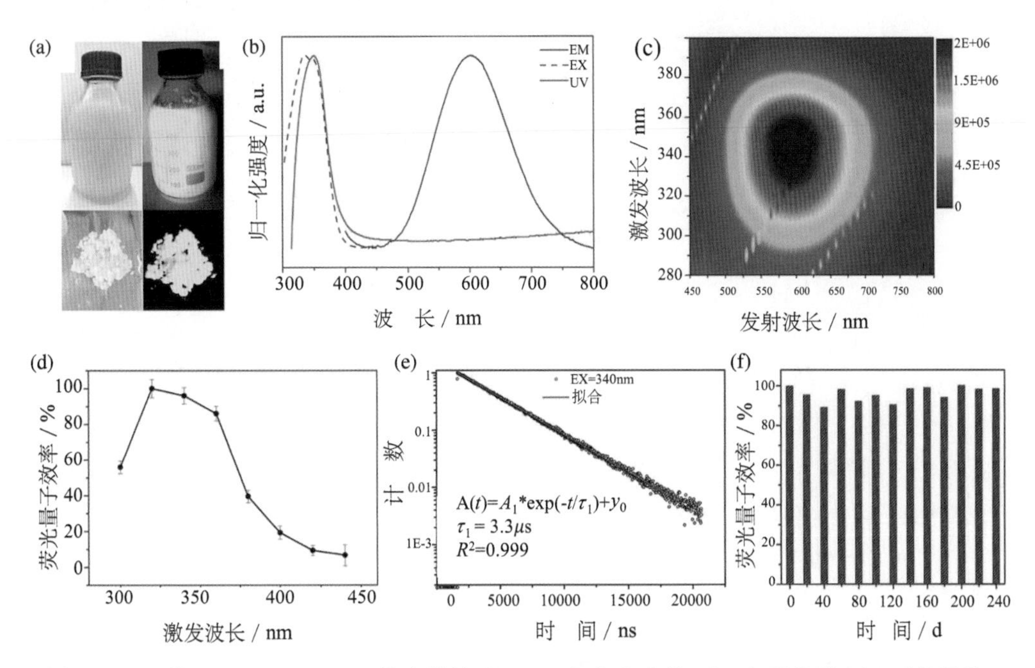

图 9.12　二维 $(OCTAm)_2SnBr_4$ 的光学性质：(a) 在室内光线(左)和紫外线(右)下的照片；(b) 紫外可见吸收光谱、荧光激发光谱(EX)和荧光发射光谱(EM)；(c) 三维的激发-发射光谱；(d) 不同激发波长下的荧光量子效率；(e) 瞬态荧光光谱及其拟合曲线；(f) PLQE 稳定性

Wang等人一步合成了$(OCTAm)_2SnBr_4$、$(OCTAm)_2Sn(Br/I)_4$、$(OCTAm)_2SnI_4$三种量子点，与铅卤钙钛矿一致，通过调节$(OCTAm)_2SnX_4$中卤素的种类，可以调控其发光波长。如图9.13(a)所示，三种量子点分别发射出黄光、橙光和深红光，PL光谱显示它们的半峰高均很大[图9.13(b)]，XRD结果能看出它们形成的是二维结构，其中(002)面的衍射峰，位于9°左右，随着卤素从Br至I向小角度移动[图9.13(c)]。以纯$(OCTAm)_2SnBr_4$为原料，增加其中碘化的氢浓度，发光从黄色变为深红色[图9.13(d)(e)]，与之前关于铅基钙钛矿材料的报道一致。

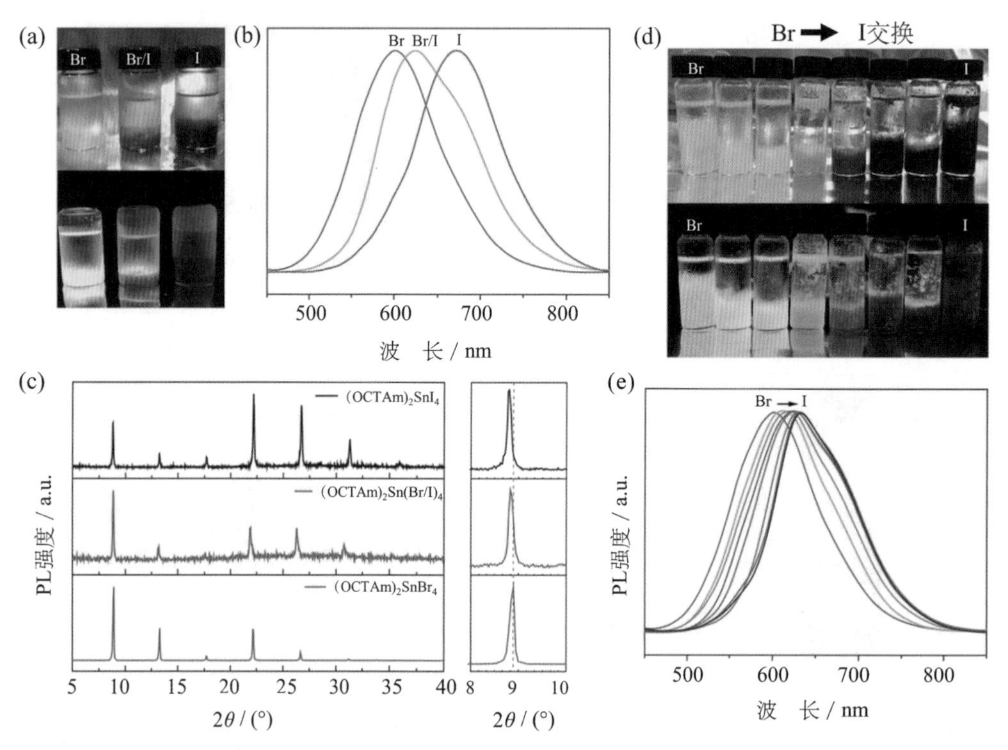

图9.13　阴离子调控的可控光致发光：(a)～(c) 直接合成二维相卤化锡钙钛矿卤化物前驱体；(a) 在室温和紫外光下，从左到右，Sn-Br，Sn-Br/I和Sn-I钙钛矿的混合钙钛矿照片；(b)(c) 同一钙钛矿样品的光谱和PXRD图谱，(c) 的右图是8°～10°的精细PXRD；(d)(e) 合成的$(OCTAm)_2SnBr_4$卤化物阴离子交换得到的照片和光谱

9.3.2　天蓝色钙钛矿发光二极管研究进展

一般而言，制备白光器件所需的发光层材料主要为黄光和天蓝光的荧光粉。近

年来，随着蓝光钙钛矿发光二极管的不断研究，许多以蓝光钙钛矿纳米晶作为荧光粉进行白光器件制备的文献陆续被报道。2017 年 Yao 课题组[22] 报道了一种 $CsPbBr_xCl_{3-x}$ 的复合纳米晶，以该纳米晶作为发光层制备出蓝光器件，器件结构如图 9.14 所示，得到的蓝光器件亮度 0.18 cd·A^{-1}、外量子效率 0.07%，电致发光光谱峰位为 480 nm[图 9.15(b)]。将一种橙色的聚合材料 MEH：PPV(聚[2-甲氧基-5-(2-乙基己氧基)-1,4-苯基乙烯基])包覆在上述 $CsPbBr_xCl_{3-x}$ 纳米晶上，制备白光器件后，所得白光色纯较好，CIE 色坐标为(0.33,0.34)。

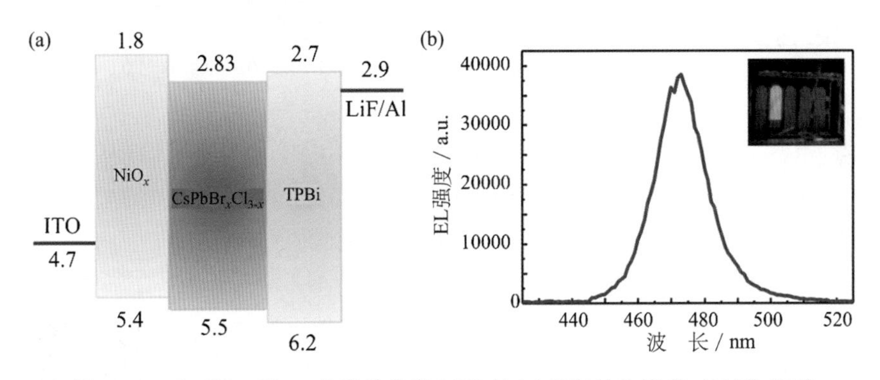

图 9.14　$CsPbBr_xCl_{3-x}$ 纳米晶蓝光 LED 的(a)能级结构示意；(b)EL 光谱

2018 年 Leng 课题组报道了一项关于 $Cs_3Bi_2Br_9$ 钙钛矿量子点的新型蓝光钙钛矿材料[23]。该材料具备高荧光量子效率(19.4%)和良好的稳定性，合成方式简便绿色，采用了乙醇为溶剂。如图 9.15(a)所示，材料的发射波长在 410 nm。通过调整混合前驱体，可以将发光范围从 393 nm 调整到 545 nm。此外，将 $Cs_3Bi_2Br_9$ 量子点与 $Y_3Al_5O_{12}$ 荧光粉及二氧化硅组合作为发光层，所得白光器件如图 9.15 所示，可得色坐标为(0.29,0.30)的白光发光二极管。

2018 年 Tan 课题组提出了一种以 Bi 掺杂无铅无机钙钛矿 Cs_2SnCl_6 的蓝色荧光粉[24]。进行掺杂后，最初不发光的 Cs_2SnCl_6 显示出在 455 nm 的高效率深蓝色发光，光致发光量子效率接近 80%。将此荧光粉与商业化的黄色荧光粉($Ba_2Sr_2SiO_4$：Eu^{2+} 和 $GaAlSiN_3$：Eu^{2+})组合后制备成白光器件，其 EL 光谱及色坐标如图 9.16 所示，光谱覆盖整个可见光波段，CIE 色坐标为(0.36,0.37)。

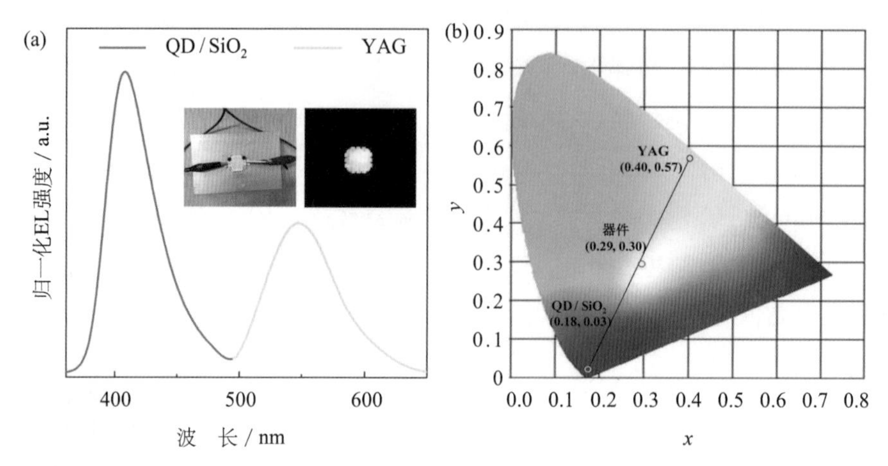

图 9.15　白光发光器件：(a) 蓝色发光 $Cs_3Bi_2Br_9$ QD 和黄色发光稀土 YAG 发光二极管 EL 光谱，插图为 YAG 与钙钛矿量子点/SiO_2 复合材料的器件图像(开关)；(b) 与 $Cs_3Bi_2Br_9$ 量子点、YAG 和白光发光二极管对应的 CIE 色坐标

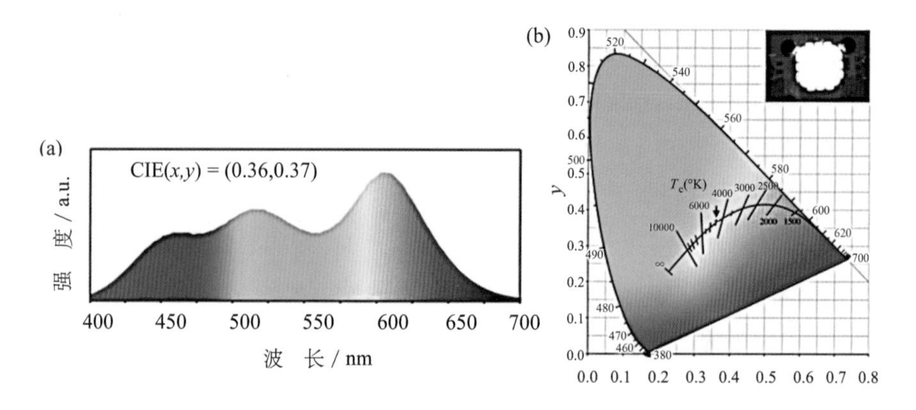

图 9.16　(a) Cs_2SnCl_6 ∶2.75%Bi 暖白光发光二极管的电致发光光谱；(b) CIE 色坐标图(插图为器件工作时的照片)

Jun 课题组 2018 年发表了一篇关于非铅溶液制备 $Cs_3Cu_2I_5$ 钙钛矿量子点的研究[25]。如图 9.17(a)所示，将 $Cs_3Cu_2I_5$ 钙钛矿量子点粉末与一种黄光粉末以 2∶8 质量比例混合，可以得到白色荧光粉末。相应的，混合两者薄膜也可以旋涂得到白光薄膜，其发光光谱如图 9.17(b)所示，有两个发光峰。调节二者的混合比例，可以改变混合物荧光的 CIE 坐标，如图 9.17(c)所示，当 $Cs_3Cu_2I_5$ 量子点粉末与黄色荧光粉的比例由 8∶2 至 5∶5 至 2∶8 时，混合物的色坐标逐渐向白光区域移动。该材料的单晶

和薄膜的荧光量子效率分别为90%和60%，将 $Cs_3Cu_2I_5$ 量子点薄膜制备成电致发光器件，其EL发射峰约在445 nm，如图9.17(d)所示。将该钙钛矿量子点与商业用黄色荧光粉掺杂，可以获得光泵白光器件，CIE坐标为(0.33，0.33)。

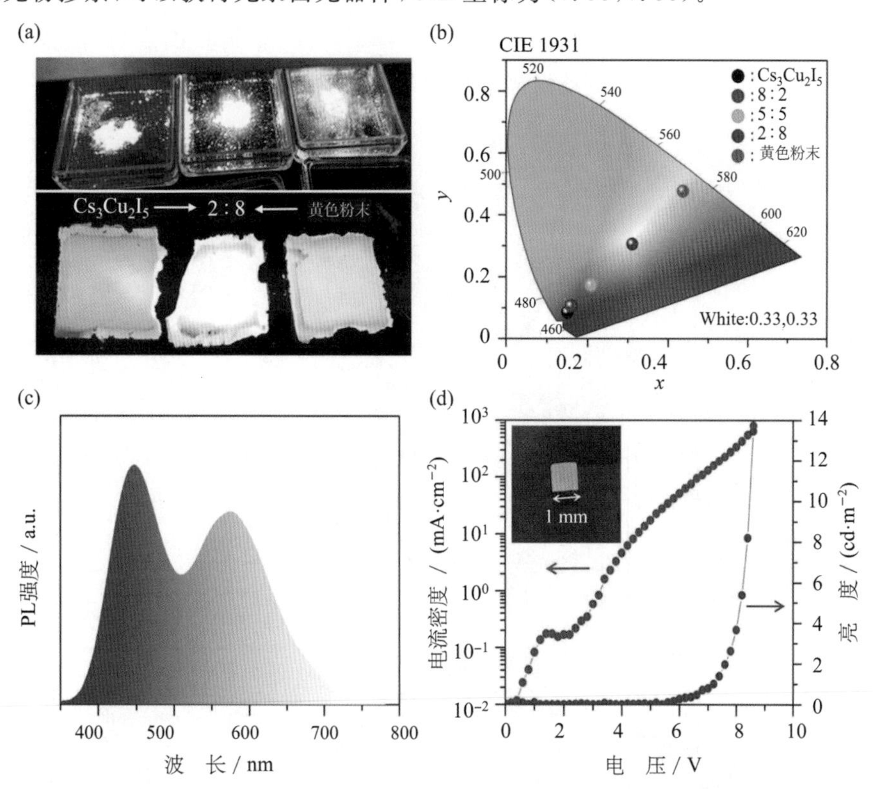

图9.17 (a) 从左至右为 $Cs_3Cu_2I_5$、2∶8混合物、黄色荧光粉的粉末及薄膜的照片；(b) 粉末混合物中PL的CIE坐标；(c) $Cs_3Cu_2I_5$ 与黄色荧光粉混合物(2∶8)的PL光谱；(d) 电流密度-亮度-电压特性(使用 $Cs_3Cu_2I_5$ 薄膜作为发光层的蓝色LED)

2019年，Ji课题组报道了一种Bi掺杂的双钙钛矿 Gd_2ZnTiO_6 荧光粉。其中当Bi含量为0.75%时的材料 $Gd_{1.9925}ZnTiO_6$ ∶0.0075 Bi^{3+} 荧光粉呈不规则晶体形状，表面光滑，边缘清晰。结合370 nm近紫外芯片将其制备成器件，如图9.18(a)～(c)所示，$Gd_{1.9925}ZnTiO_6$ ∶0.0075 Bi^{3+} 器件的电致发光光谱峰位为419 nm，在60 mA下的色坐标为(0.1961，0.1099)，随工作电流的增加，器件亮度随之增强。此外，热淬火及光致衰变实验表明，$Gd_{1.9925}ZnTiO_6$ ∶0.0075 Bi^{3+} 具有良好的热稳定性。将 $Gd_{1.9925}ZnTiO_6$ ∶0.0075 Bi^{3+} 与商业化的红色荧光粉(Ca，Sr)$AlSiN_3$ ∶ Eu^{2+} 和绿色荧光粉$(Ba,Sr)_2SiO_4$ ∶ Eu^{2+} 按质量比2∶1∶5混合在近紫外芯片驱动下制备成白光器件后，如图 9.18(d)～(f)所示，得到的器件色温为 3079 K，显色指数 CRI 达 85.5，在 60 mA 下的色坐标为(0.4466，0.4060)。而将上述三者以质量比为 2：2：5 混合，制备成白光器件后，其性能得到进一步提升，如图 9.18(g)～(i)所示，该白光器件具有良好的发光特性，显色指数上升至 89.4，在 60 mA 下的色坐标为(0.4485，0.4222)，该工作为发展白光电致发光器件提供了另一种思路。

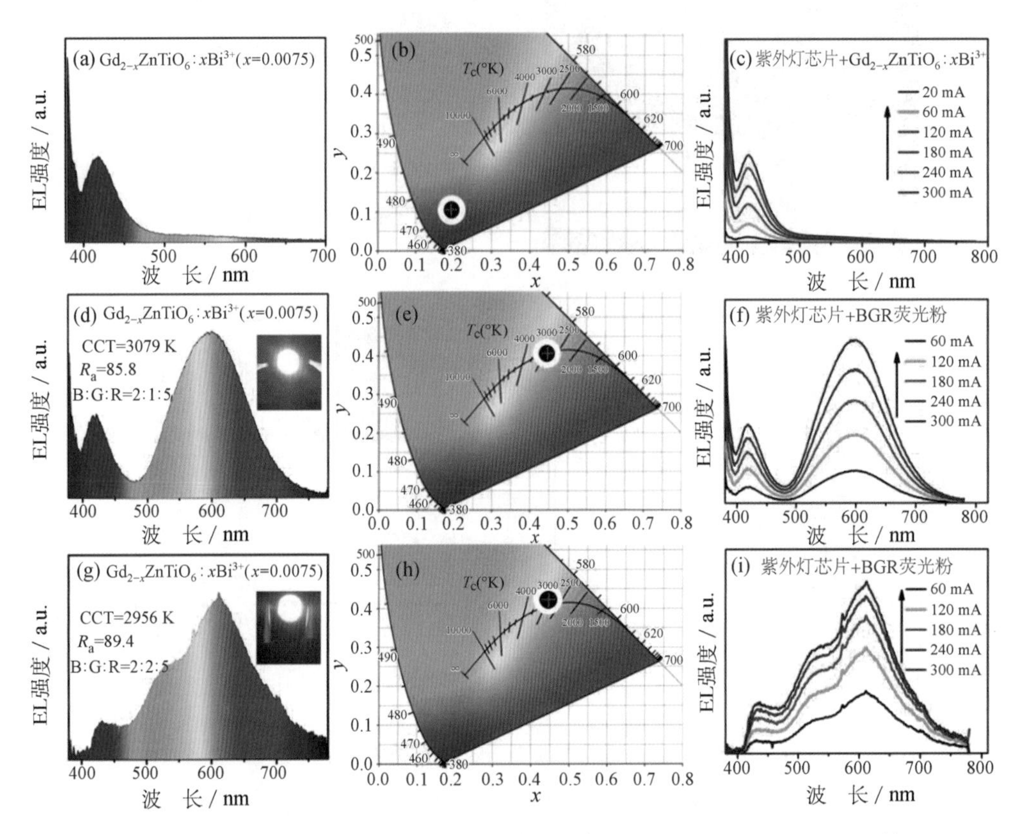

图 9.18 近紫外芯片驱动下 $Gd_{1.9925}ZnTiO_6$：0.0075Bi^{3+}、($Gd_{1.9925}ZnTiO_6$：0.0075Bi^{3+})：[$(Ba,Sr)_2SiO_4$：Eu^{2+}]：[$(Ba,Sr)_2SiO_4$：Eu^{2+}]质量比为 2：1：5 和 2：2：5 的三种器件[(a)(d)(g)]EL 光谱(插图为器件工作时照片)；(b)(e)(h) 色坐标；(c)(f)(i) 20～300 mA 下的 EL 光谱

9.4 结论与展望

从国内外的研究现状可以得出，白光钙钛矿发光二极管器件效率的主要影响因素在于其发光层的载流子传输能力以及器件的整体载流子注入平衡，前者取决于钙

钛矿本身的特性，后者依赖于器件能级结构的设计。

总而言之，从材料分子本身而言，合适的分子设计可以调节带隙和激子的产生，使所得发光峰变窄，注入激子的难度降低，激子复合效率提升；从器件的制备角度而言，合适的器件工艺可以使激子的输运和复合更加有效，避免过多缺陷态的产生，从而避免了荧光量子效率和器件的外量子效率低下；适当的注入层、传输层的选取，可以有效降低激子传输的势垒，提高器件整体的效率。另外，对于器件的寿命研究也是重中之重，这关系到商业化照明白光器件的使用寿命问题，器件在室温下的稳定性及对空气湿度的敏感程度也需要进一步探索。想要制备出高效的白光钙钛矿发光二极管，需要将现有的黄光荧光粉和蓝色荧光粉的材料做出合适的调整，掺杂金属离子是行之有效的策略之一，不同维度的纳米晶也各有其优势所在。值得一提的是，通过改变卤素离子的种类，也可能为以后的优化提供一个备选的方向。特别是类卤素离子（CN^-，SCN^- 等）的加入，可能为器件带来全新的性能和特点。对于复合多层白光器件而言，不只是合成元素的蓝光器件的效率优化至关重要，在未来也必须解决黄光器件的优化，只有如此，才能够对白光发光二极管和照明技术的发展提供有益的突破。

参考文献

[1] Pimputkar S, Speck J S, DenBaars S P, et al. Prospects for LED lighting[J]. Nature Photonics 2009, 3: 180-182.

[2] Smith M D, Connor B A, Karunadasa H I. Tuning the luminescence of layered halide perovskites[J]. Chemical Review, 2019, 119(5): 3104-3139.

[3] Smith M D, Jaffe A, Dohner E R, et al. Structural origins of broadband emission from layered Pb-Br hybrid perovskites[J]. Chemical Science, 2017, 8(6): 4497-4504.

[4] Tanaka K, Takahashi T, Kondo T, et al. Electronic and excitonic structures of inorganic-organic perovskite-type quantum-well crystal $(C_4H_9NH_3)_2PbBr_4$ [J]. Japanese Journal of Applied Physics, 2005, 44(8): 5923-5932.

[5] Dohner E R, Hoke E T, Karunadasa H I. Self-assembly of broadband white-light emitters[J]. Journal of the American Chemical Society, 2014, 136(5): 1718-1721.

[6] Hu T, Smith M D, Dohner E R, et al. Mechanism for broadband white-light emission from two-dimensional (110) hybrid perovskites[J]. The Journal of Physical Chemistry Letters, 2016, 7 (12): 2258-2263.

[7] M. Nazarov. Luminescent materials and applications[J]. Research and Reviews in Materials

Science and Chemistry. 2016, 6: 41-74.

[8] Dohner E R, Jaffe A, Bradshaw L R, et al. Intrinsic white-light emission from layered hybrid perovskites[J]. Journal of the American Chemical Society, 2014, 136(38): 13154-13157.

[9] Li Y Y, Lin C K, Zheng G L, et al. Novel (110)-oriented organic-inorganic perovskite compound stabilized by *N*-(3-aminopropyl)imidazole with improved optical properties[J]. Chemical Materials, 2006, 18(15): 3463-3469.

[10] Wu Z, Ji C, Sun Z, et al. Broadband white-light emission with a high color rendering index in a two-dimensional organic-inorganic hybrid perovskite[J]. Journal of Materials Chemistry C, 2018, 6(5): 1171-1175.

[11] Yangui A, Garrot D, Lauret J S, et al. Optical investigation of broadband white-light emission in self-assembled organic-inorganic perovskite $(C_6H_{11}NH_3)_2PbBr_4$[J]. The Journal of Physical Chemistry C, 2015, 119(41): 23638-23647.

[12] Yangui A, Pillet S, Lusson A, et al. Control of the white-light emission in the mixed two-dimensional hybrid perovskites $(C_6H_{11}NH_3)_2[PbBr_{4-x}I_x]$[J]. Journal of Alloys and Compounds, 2017, 699: 1122-1133.

[13] Yangui A, Pillet S, Mlayah A, et al. Structural phase transition causing anomalous photoluminescence behavior in perovskite $(C_6H_{11}NH_3)_2[PbI_4]$[J]. The Journal of Chemical Physics, 2015, 143(22): 224201.

[14] Thirumal K, Chong W K, Xie W, et al. Morphology-independent stable white-light emission from self-assembled two-dimensional perovskites driven by strong exciton-phonon coupling to the organic framework[J]. Chemistry of Materials, 2017, 29(9): 3947-3953.

[15] Neogi I, Bruno A, Bahulayan D, et al. Broadband-emitting 2D hybrid organic-inorganic perovskite based on cyclohexane-bis (methylamonium) cation[J]. ChemSusChem, 2017, 10(19): 3765-3772.

[16] Mao L, Wu Y, Stoumpos C C, et al. Tunable white-light emission in single-cation-templated three-layered 2D perovskites $(CH_3CH_2NH_3)_4Pb_3Br_{10-x}Cl_x$[J]. Journal of the American Chemical Society, 2017, 139(34): 11956-11963.

[17] Bader A J, Ilkevich A A, Kosilkin I V, et al. Precise color tuning via hybrid light-emitting electrochemical cells[J]. Nano letters, 2011, 11(2): 461-465.

[18] Zhou C, Tian Y, Yuan Z, et al. Highly efficient broadband yellow phosphor based on zero-dimensional tin mixed-halide perovskite[J]. ACS Applied Materials & Interfaces, 2017, 9(51): 44579-44583.

[19] Zhang X, Wang C, Zhang Y, et al. Bright orange electroluminescence from lead-free two-dimensional perovskites[J]. ACS Energy Letters, 2018, 4(1): 242-248.

[20] Liu Y, Jing Y, Zhao J, et al. Design optimization of lead-free perovskite $Cs_2AgInCl_6$: Bi nano-

crystals with 11.4% photoluminescence quantum yield[J]. Chemistry of Materials, 2019, 31(9): 3333-3339.

[21] Wang A, Guo Y, Zhou Z, et al. Aqueous acid-based synthesis of lead-free tin halide perovskites with near-unity photoluminescence quantum efficiency[J]. Chemical Sicence, 2019, 10(17): 4573-4579.

[22] Yao E P, Yang Z, Meng L, et al. High-brightness blue and white leds based on inorganic perovskite nanocrystals and their composites[J]. Advanced Materials, 2017, 29(23): 1606859.

[23] Leng M, Yang Y, Zeng K, et al. All-inorganic bismuth-based perovskite quantum dots with bright blue photoluminescence and excellent stability[J]. Advanced Functional Materials, 2018, 28(1): 1704446.

[24] Tan Z, Li J, Zhang C, et al. Highly efficient blue-emitting Bi-doped Cs_2SnCl_6 perovskite variant: Photoluminescence induced by impurity doping[J]. Advanced Functional Materials, 2018, 28(29): 1801131.

[25] Jun T, Sim K, Iimura S, et al. Lead-free highly efficient blue-emitting $Cs_3Cu_2I_5$ with 0D electronic structure[J]. Advanced Materials, 2018, 30(43): 1804547.

第十章　电子传输和空穴传输材料

钙钛矿材料近十年来因其可调能带、高发光量子产率和窄带激发得到广大研究者的关注。然而，要想在未来实现产业化，器件的长期稳定性和可靠程度仍然是一个亟须解决的挑战。因此，为进一步促进载流子在传输过程中的平衡，设计开发载流子传输材料是有必要的。电荷传输材料是一类当有载流子（电子或空穴）注入时，在电场作用下可以实现载流子的定向有序的可控迁移从而达到传输电荷的半导体材料。

对于高效率钙钛矿发光二极管，设计器件结构时考虑加入电子注入层和空穴注入传输层，可控制注入电流并避免钙钛矿薄膜与电极发生直接接触，有效提升效率。最近，一些在有机发光二极管中被发掘的传统电子注入材料如 TPBi、B3PYMPM、BPhen、TmPyPB、3TPYMB 和 PO-T2T，已经被广泛应用于钙钛矿发光二极管中，但其热稳定性仍然面临挑战；也涌现出 TiO_2、ZnO、SnO_2 等无机金属氧化物作为电子注入层，在拥有良好热稳定性的同时，仍可表现出良好的电子迁移速率、高可见透过性等优势。但进一步提升电子注入特性并增加电子注入层与钙钛矿薄膜的结合程度，仍然是电子注入层面临的一大挑战。

空穴传输材料是光电器件中的重要组成部分，合适的空穴传输材料能够促进电极与发光层之间的能级匹配，提高空穴的传输效率，有利于发光层激子的复合与降低器件的起始电压，从而实现器件效率的整体提升[1]。在钙钛矿发光二极管中，尽管空穴传输材料十分重要，但却尚未引起研究者的广泛关注。因此，寻找合适的空穴传输材料来提升钙钛矿发光二极管的器件效率，是未来具有广阔发展前景的研究方向。

本章将会综述最近几年来对电子传输和空穴传输材料优化的进展，并对未来的电子传输和空穴传输材料设计方向进行展望。

10.1　无机电子传输材料

10.1.1　无机氧化物充当电子传输材料

众所周知，金属氧化物对于全无机钙钛矿发光二极管具有更好的适配性和温度稳定性，所以已被广泛应用。其中，ZnO 纳米颗粒（nanoparticles，简称 NPs）或者量子点因其合适的功函、良好的价键连接和易于低温合成等优势得到广泛应用[2-4]。然而，氧吸附形成的缺陷会分解钙钛矿薄膜并导致电子传输性能的衰退[5-6]。同时，如何减少纳米粒子或者量子点的团聚，使电子注入层铺展成光滑的平面也是现如今面临的主要问题[7]。在 Heyong Wang 等人的研究中发现，将有机聚合物 PEIE 与 ZnO 纳米晶结合并配合电子传输基体中原位形成的钙钛矿纳米晶复合薄膜，控制钙钛矿的亲核过程，使得钙钛矿发光二极管的 EQE_{max} 达到 17.3%，T_{50} 实现 100 h[8]。他们还发现钙钛矿发光二极管在高电压下的衰退机制有别于低电压的情况，这为设计高效稳定的钙钛矿发光二极管提供了新的思路。

另外，为便于制备，人们通常希望材料本身可以溶液加工或者旋涂处理，这就需要避免粒子发生团聚。Yun Cheol Kim 等人巧妙地运用油酸（OA）改性表面处理的 ZnO 量子点成功解决了这个问题[9]。这种 OA 改性 ZnO 量子点 ETL 实现均方根粗糙度为 1.62 nm 的同时还能保证在可见光范围内（380～750 nm）透过率达 88.7%，表明减少 ZnO 量子点的团聚可以得到一个光滑且高透光性的 ETL。与此同时，通过结合应用 $MAPbBr_3$-PVP 薄膜作为钙钛矿发光层，发现器件在电压为 6 V 时可以达到最大发光亮度 11095.1 $cd \cdot m^{-2}$，在电压为 4 V 时最大电流效率可以达到 6.79 $cd \cdot A^{-1}$。由此可见，油酸改性是用来优化电子注入层，制备光滑、高透明度的薄膜的有效途径。

在此之前，Heyong Wang 还报道了使用溶液加工的 SnO_2 作为电子注入层且应用 n-i-p 结构的钙钛矿发光二极管，这是因为他们发现 SnO_2 相比于 ZnO 具有更好的化学兼容性[10]，而且 SnO_2 还表现出良好的透过性、成膜形态和合适的能级，可实现 EQE_{max} 达到 7.9%，这些性能都使得 SnO_2 在三维和更低维的钙钛矿发光二极管中显得十分有前景。然而，经过修饰的 SnO_2 仍然面临不可忽视的光致发光淬灭，使得器件效率大打折扣，成为优化的阻碍。

10.1.2　无机掺杂型电子传输材料

Khan Qasim 等发现在钙钛矿中，ZnO 的能带结构可通过 Ca 掺杂形成 Ca 掺杂的 ZnO(CZO)来调整从阴极到钙钛矿的传导能级[2]。这个能带组合可以有效增强CZO 电子注入层的传导性和电子迁移率,并且还能控制电子注入,从而分别实现红光激发 1.65 V、黄光 1.8 V 及绿光 2.2 V 的子带隙启动电压。使用该种电子注入层的发光器件在电流效率和外量子效率方面都显示出了优异的性能:红光激发达到 19 cd·A^{-1} 和 5.8%,黄光可以实现 16 cd·A^{-1} 和 4.2%,绿光分别为 21 cd·A^{-1} 和 6.2%。在流明效率方面,红光、黄光、绿光钙钛矿发光二极管可分别高达 36 lm·W^{-1}、28 lm·W^{-1} 和 30 lm·W^{-1}。同时通过使用两步法热注技术得到的无气孔钙钛矿层还可实现高亮度的发光,红光、黄光、绿光的亮度分别高达 10100 cd·m^{-2}、4200 cd·m^{-2} 和 16060 cd·m^{-2}。这项策略为未来实现溶液处理、电子传输层可调的钙钛矿发光二极管发展提供了可能性。

10.2 有机电子注入材料

10.2.1 有机单层电子注入材料

同时,在传统有机电子注入材料基础上有机电子注入层也有所发展。Sudhir Kumar 等人就提升电子迁移率和热稳定性方面开发出一种新型电子注入层——9,10-双(*N*-苯并咪唑)蒽[9,10-bis(*N*-benzimidazole)anthracene,BBIA][11]。其电子迁移率可以在 10^5 V·cm^{-1} 的电场强度下达到 4.17×10^{-4} cm^2·V^{-1}·S^{-1},T_d(质量降至初始值的 95%的热分解温度)高达 325℃。与 TPBi 作为电子注入层的器件相比较,基于 BBIA 的器件显示出两倍的性能增强:将电流效率从 6.25 cd·A^{-1} 提升至 12.2 cd·A^{-1},外量子效率从 1.51%提升至 2.96%。经过分析,这可能是因为 BBIA 具有合适的 LUMO 能级(3.0 eV),更易在发光层中实现载流子的传输平衡。同时实验证明,应用 BBAI 的器件还在发光亮度为 2000 cd·m^{-2} 时显示出 8%±1%的小幅效率滚降。2.35 V 的低启动电压表明电子注入能力的提升。此外,在寿命提升方面,发光亮度为 100 cd·m^{-2} 时 T_{50} 估算值为 37 h;而基于 TPBi 的器件,在低电流密度的情况下(20 mA·cm^{-2}),寿命 T_{50} 仅有 0.13 h,表明在提升器件寿命方面,蒽复合物也能起到一定的作用。自此,基于蒽的复合物在钙钛矿发光二极管中的应用可能为钙钛矿研究打开了新的机遇。

10.2.2 有机多层电子注入材料

Khan Qasim 等人开发出一种用于 TPBi 的新策略:将应用于有机发光二极管的

传统电子注入层三(8-羟基喹啉)铝[tris(8-hydroxyquinoline) aluminum,Alq_3]与之相结合形成多层电子注入层 TPBi/Alq_3/TPBi,这种结合方式可同时促进载流子平衡和束缚[2]。在将其应用于绿光钙钛矿发光二极管时最大外量子效率可以达到1.43%,电流效率可以达到4.69 cd·A^{-1},流明效率可以达到1.84 lm·W^{-1},这比使用单一 TPBi 作为电子注入材料的钙钛矿发光二极管近乎高 200%。在保证高电子迁移率的基础上,外量子效率提升了 16 倍。

关于此种设计,Khan Qasim 等人立足三个层面来考虑。从选择合适的 HTL 层面来说,一味提升电子注入层的性质而不能保证空穴数量也会限制激子的形成,所以采用聚(9-乙烯基咔唑)[poly(9-vinlycarbazole),PVK]作为空穴注入材料,因为它具有合适的 HOMO 能级(5.6 eV)[12-13];在电子迁移率方面,Alq_3、BPhen(4,7-二苯基-1,10-菲罗啉;4,7-diphenyl-1,10-phenanthroline)和 TPBi 同为广泛应用在绿光钙钛矿发光二极管中的电子注入材料,但同时它们又拥有不同的电子迁移率和载流子束缚能力(不同的 HOMO 值);从 ETL 的厚度角度,当 ETL 过于薄(比如小于 25 nm)时,易因电极表面发生的激子淬灭造成效率衰减,因而固定厚度为 35 nm。通过一系列的表征发现,电子迁移速率最高的 BPhen 并非性能提升最多,复合结构 TPBi/Alq_3/TPBi 更好地表现出载流子平衡和束缚能力。这为全无机钙钛矿发光二极管的性能优化设计提供了新的思路。

10.2.3　掺杂型有机电子注入材料

当涉及钙钛矿发光二极管不稳定因素时,一个不可忽略的原因是电子注入层和钙钛矿层以及电子注入层和阴极电极之间的界面不稳定,当钙钛矿发光二极管工作时,电场诱导离子迁移的过程易形成缺陷,对钙钛矿纳米晶造成破坏。即便在室温下工作,也可能造成钙钛矿发光二极管的衰减,导致本征区的消失[14]。此外,像传统的 p-i-n 结发光二极管,在增加偏压时,p 型掺杂区和 n 型掺杂区会向本征区移动,造成本征区的移动[15]。

Taejun Kim 课题组分别将聚[9,9-二(3′-(*N*,*N*-二甲氨基)丙基)芴基-2,7-二基-alt-(9,9-二正辛基芴基-2,7-二基)][poly(9,9-bis(3′-(*N*,*N*-dimethylamino)propyl)-2,7-fluorene)-alt-2,7-(9,9-dioctylfluorene),PFN-DOF]和聚乙烯亚胺(polyethylenimine,PEI)充当掺杂剂,TPBi 充当钙电子注入层尝试提升钙钛矿发光二极管的稳定性[16]。因此,PEI 或者 PFN 掺杂的 TPBi 显示出的高表面功函使得钙钛矿发光二极管中的钙钛矿层的电子注入趋向平衡,进而使最大发光亮度分别高达 14358 cd·m^{-2}

和 11465 cd · m^{-2}。与此同时，掺杂型电子注入层的钙钛矿发光二极管在电压为 4 V 时相比未掺杂的 TPBi 显示出 3.6 倍的 T_{50} 寿命延长。值得注意，对比不同的掺杂浓度，只有掺杂量为 5%时可以有效提升发光亮度并降低启动电压。

10.3 有机-无机杂化电子注入材料

Won-Chul Choi 等人将聚环氧乙烷(polyethylene oxide，PEO)与金属氧化物电子注入层相结合形成多层结构，使得发光强度得到 5 倍的增强[17]。当没有 PEO 的参与时，发光器件基本不亮，而当使用隔层后钙钛矿发光二极管在 1300 cd · m^{-2}的发光亮度下显示出 0.8 cd · A^{-1} 的最大电流效率。通过优化电子注入层的厚度，钙钛矿发光二极管在 11300 cd · m^{-2} 的发光亮度下可实现最大电流效率(7.7 cd · A^{-1})。同时还发现，降低电子注入层的厚度可以改善器件的载流子平衡。当使用最薄的电子注入层时，电流密度发生轻微的衰减。当调整金属前驱体溶液的物质的量浓度从 0.7 mol · L^{-1} 到 0.3 mol · L^{-1} 时，发光亮度从 350 cd · m^{-2} 提升至 1300 cd · m^{-2}，电流效率也从 0.6 cd · A^{-1} 提升至 7.7 cd · A^{-1}。

10.4 空穴注入材料核心问题

空穴注入材料在有机发光二极管中已被广泛研究，有机发光二极管与钙钛矿发光二极管具备一定的相似性，因此钙钛矿发光二极管中空穴注入层所面临的核心问题可以借鉴有机发光二极管的经验。其核心问题如下：

(1) 适当的空穴传输速率

由于空穴传输速率远高于电子传输速率，因此空穴注入材料需要一定程度上降低空穴传输速率，避免载流子在发光层不能有效复合而产生载流子非辐射损耗，降低器件的效率。

(2) 适当的最高占据轨道(HOMO)能级和最低未占据轨道(LUMO)能级

空穴注入过程主要是空穴注入层在电场作用下，将自身 HOMO 上的一个电子传递给电极后，再从发光层的 HOMO 带走一个电子，表观体现为将一个空穴从电极转移给发光层。因此 HOMO 能级应当需要恰当的选择，避免与电极及发光层产生过大的能垒，否则将造成较大的传输障碍；而其 LUMO 能级不能低于发光层的 LUMO 能级，否则将使得被注入发光层 LUMO 的电子有机会逃逸到空穴注入层的

LUMO,从而导致激子损失。

(3) 恰当的吸收光谱范围

一般而言,空穴注入层需要测试吸收光谱,避免其吸收带与发光层的发射带出现重叠,影响发光亮度和效率。

(4) 良好的热稳定性(高 T_g)及化学稳定性,长寿命

发光二极管在工作时会出现发热现象,良好的热稳定性可以避免材料变质而产生缺陷,缩短器件寿命,通常以玻璃化转变温度(T_g)来表征材料热稳定性。器件在不同环境下都有工作的可能,因此空穴注入层的化学稳定性及寿命同样重要。

(5) 足够高的三线态能级(E_T)

许多激子呈现激发三重态的特性,空穴传输材料要具备足够高的三线态能级,避免发光层激子逃逸而导致的激子损失。

(6) 器件加工工艺的影响

器件加工方式不同,对器件各层材料的要求也各不相同。如果材料不满足器件加工工艺的要求,可能导致成膜不够均匀而产生各类缺陷态。缺陷态的存在会使得激子传输效率降低,出现不必要的激子损失,降低整体器件的效率,因此空穴传输材料需要匹配相应的器件加工工艺。

10.5 钙钛矿发光二极管中空穴注入层的研究进展

10.5.1 PVK 掺杂 TPD、TCTA

钙钛矿发光二极管的发光效率与器件形态学及结晶质量存在很大关联,这对器件工艺提出了较高的要求。因此,空穴传输材料往往需要匹配器件的制备工艺,否则将由于缺陷的存在而导致激子复合效率的降低。最常见的加工方法一般是溶液旋涂法,这对空穴传输材料在常用有机溶剂中的溶解能力做出了明确的限制。Meng 等于 2017 年报道了一篇关于溶液加工 $CH_3NH_3PbBr_3$ 钙钛矿发光二极管空穴传输材料的文献[18]。他们采用了一种以高分子空穴注入材料 PVK(聚乙烯基咔唑)为基底,掺杂传统空穴传输材料 TPD[*N*,*N*′-双(3-甲基苯基)-*N*,*N*′-双(苯基)联苯胺]及 TCTA[4,4′,4″-三(咔唑-9-基)三苯胺]的新型空穴传输材料,并对比了不同掺杂情况下器件的性能。所使用的器件结构及能级结构如图 10.1 所示。

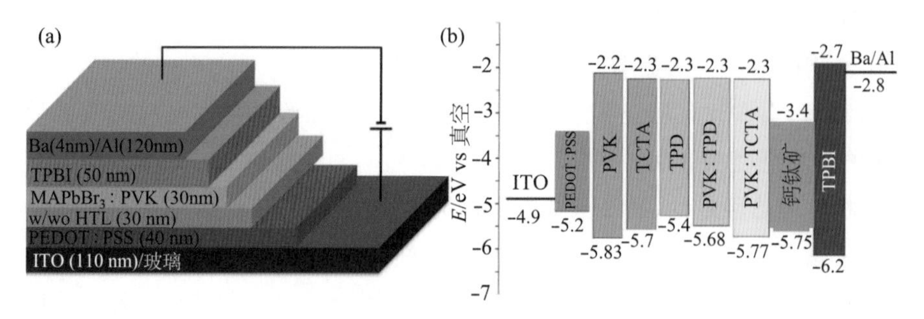

图 10.1 (a) 器件结构；(b) 不同空穴注入层下钙钛矿发光二极管能级

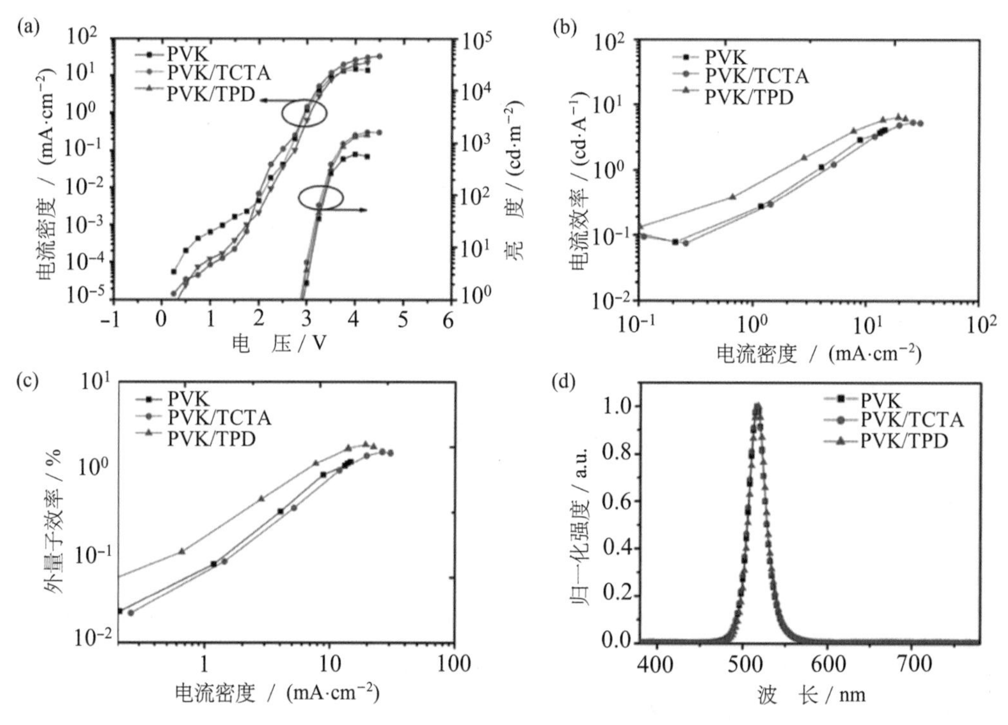

图 10.2 (a) 电流密度-亮度-电压(J-L-V)曲线；(b) 电流效率-电流密度(CE-J)曲线；(c) 外量子效率-电流密度(EQE-J)曲线；(d) 归一化 EL 光谱(10 mA · cm^{-2})，基于不同 HTL 的钙钛矿发光二极管，混合膜 PVK : $MAPbBr_3$(质量比为 2 : 20)经晶体改性(MABr+TPBI)后作为发光层

他们的尝试是对溶液加工法最常用的小分子空穴传输层——Spiro-OMeTAD 的一次挑战。由于 Spiro-OMeTAD 合成路线复杂，成本较为昂贵，因此采用合成简单且已经商业化的 TPD 及 TCTA 作为代替。但对于单独 TPD 及 TCTA 而言，它们不如 Spiro-OMeTAD，在有机溶剂里溶解度不佳，直接进行溶液法制备期间将会导致形

态学上的缺陷。因此他们采用了PVK掺杂TPD及TCTA的方法,大幅度改善了TPD及TCTA的溶解问题,得到了良好效果,这为许多不适用于旋涂工艺的空穴注入层的制备提供了新的突破方向,器件性能如图10.2所示,部分器件性能总结于表10.1。

表10.1 不同空穴注入层器件性能表

器件	HTLs	V_{on}^{a}	$CE_{max}/(cd\cdot A^{-1})$	$EQE_{max}/\%$	$L_{max}/(cd\cdot m^{-2})$
G	PVK	3.0	4.18	1.21	61.3
H	PVK : TCTA	2.9	5.44	1.57	1615
I	PVK : TPD	2.9	6.50	1.88	1.427

10.5.2 甲醇处理后的PEDOT : PSS

PEDOT : PSS是一种常见的商业化空穴注入材料,溶解性好、空穴注入效率高,十分有利于溶液加工法制备光电器件。然而,由于PEDOT : PSS的HOMO能级过低,用于空穴传输材料时,常常会与发光层材料产生较大的能垒而降低空穴传输效率;如果想要使用PEDOT : PSS作为空穴注入和传输一体化层,有两种已报道的策略可以使用:其一是掺杂其他空穴传输材料,如PVK等,使得掺杂材料呈现出较单独PEDOT : PSS层更优良的光电性质;其二则是采用一定的溶剂处理手段,使得PEDOT与PSS出现一定的屏蔽效应,从而降低其HOMO能级。Wang课题组于2017年报道了一种用甲醇(MeOH)处理PEDOT : PSS的新方法[19],器件结构及PEDOT : PSS和TPBi的结构式如图10.3所示。

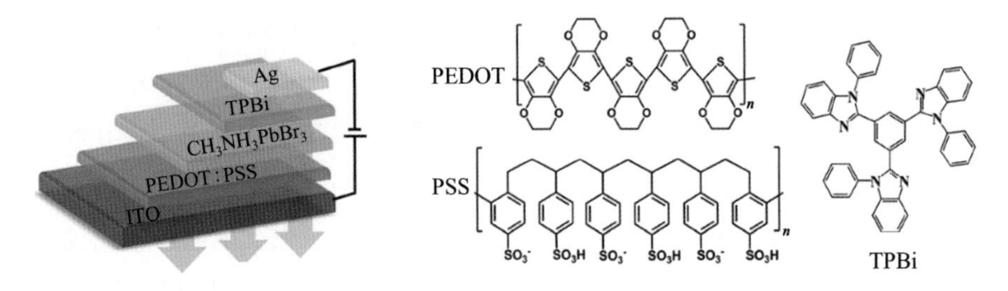

图10.3 器件结构示意及PEDOT : PSS、TPBi结构式

图10.4为器件性能。在常规方法涂布PEDOT : PSS薄膜后,用高介电常数和高亲水性的甲醇溶剂溶解亲水且绝缘性较好的PSS膜成分,有效降低了PEDOT : PSS与$CH_3NH_3PbBr_3$钙钛矿发光层的能垒,使得注入与传输效率得到了较大提升。

对比未处理的 PEDOT∶PSS 器件，其亮度由 7.5 V 时 201 cd·m^{-2} 提升为 5.1 V 实现最高亮度 1565 cd·m^{-2}，开启电压从 3.3 V 降低到 2.4 V。Wang 等的工作为改进旧有的空穴传输材料提供了新思路。

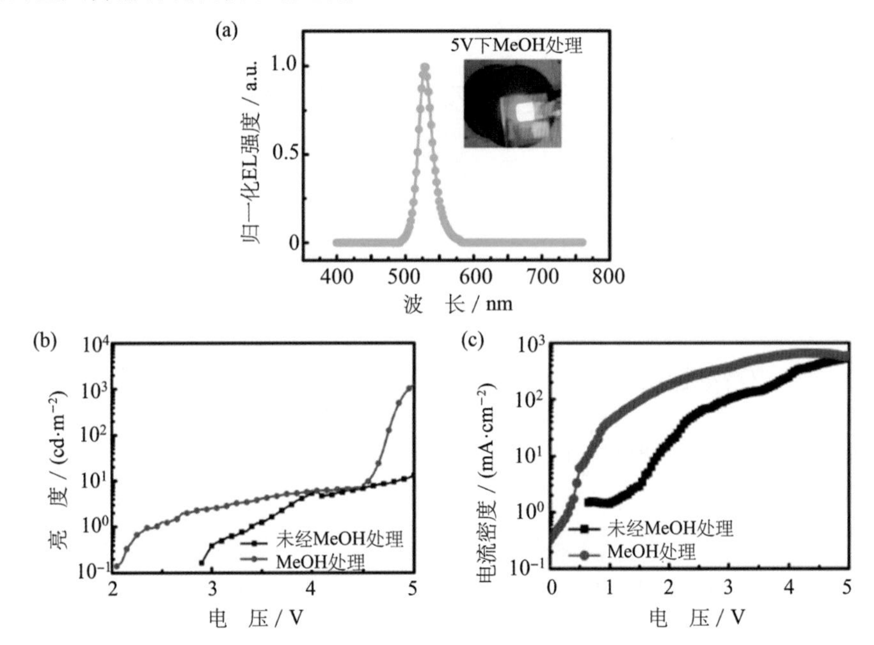

图 10.4 (a) 归一化 EL 谱和器件照片(插图)；(b) 亮度-电压曲线和(c) 电流密度-电压曲线

10.5.3 PVK 掺杂 NiO

无机氧化镍(NiO)是一种很有前途的空穴注入层，具备良好的稳定性、高空穴传输效率以及溶液的可加工性。然而，NiO 层会引起载流子的非辐射复合，从而限制了钙钛矿发光二极管的发光效率。在钙钛矿和 NiO 中插入新的空穴注入层被证明是一种抑制非辐射复合的有效方法。Liu 等在 2019 年发表了关于在 PVK 中掺杂 NiO 作为空穴注入层的研究工作。这个方法将漏电流降低一个数量级，有效地改善了激子的非辐射复合损失，荧光量子效率自 23%提升到了 54%[20]。他们所使用的器件结构如图 10.5(a)所示，为常见的 p-i-n 结构。器件性能如图 10.5(b)(c)，双层空穴注入层对于器件的电致光谱峰位几乎没有影响，但能大幅降低器件的漏电流，同时提升亮度，进而提高器件性能，使用 NiO_x-PVK 作为空穴注入层的器件电流效率高达 34.2 cd·A^{-1}，外量子效率为 11.2%。

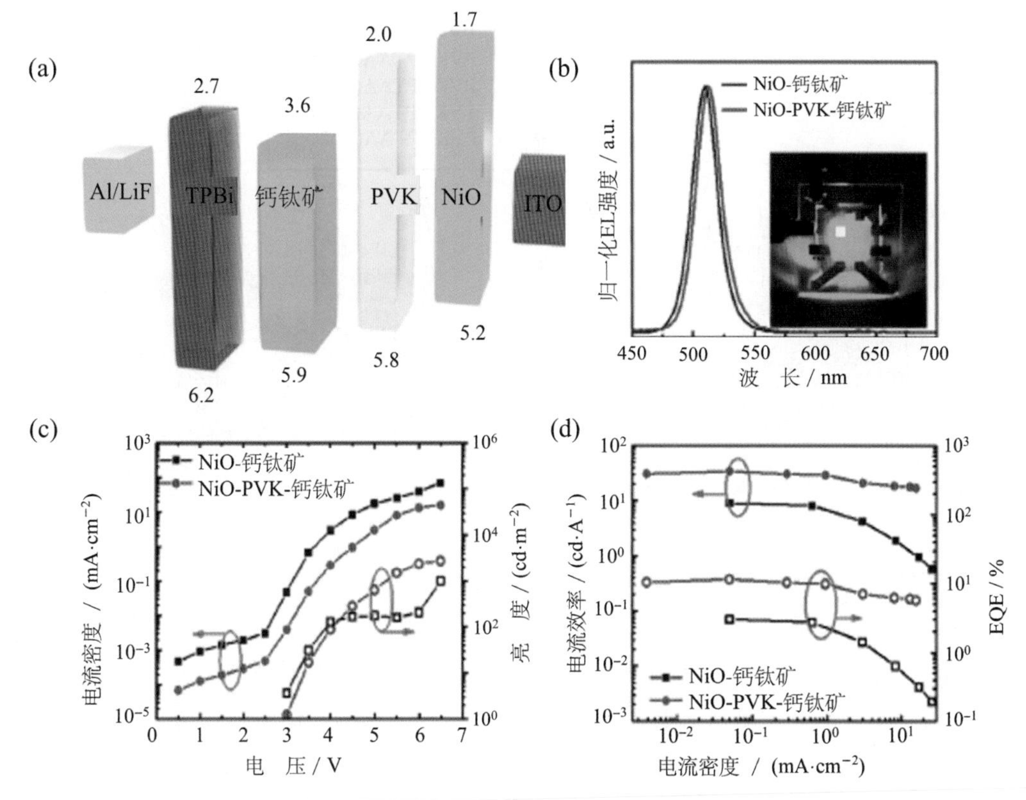

图 10.5　(a) 器件结构与能带；(b) EL 光谱，插图是工作条件下 NiO/PVK 器件照片；(c) *J*-*V* 和亮度-电压曲线；(d) 器件的 EQE 和电流效率

10.5.4　量子点钙钛矿发光二极管：PVK 掺杂 PTAA

考虑到空穴注入层与量子点之间的势垒通常大于 1 eV，人们报道了不同的溶液处理高温超导材料，如 PVK、聚[双(4-丁基苯基)-双(苯基)联苯](polyTPD)和掺杂小分子的 PVK，以提高器件性能。然而，本征 PVK 薄膜的空穴迁移率相对较低，聚 TPD 的 HOMO 能级较低。目前小分子掺杂 PVK 性能优异，前景广泛。Lin 课题组报道了一种以 PTAA(聚[双(4-苯基)(2,4,6-三甲基苯基)胺])与 PVK 进行掺杂作为正己烷溶液中的荧光胶体 $CH_3NH_3PbBr_3$ 量子点发光层的空穴注入层[21]，器件结构如图 10.6(a)，图 10.6(b)为器件的截面 SEM。其中器件 A～E 分别表示以 PVK、PVK∶PTAA(3∶1)、PVK∶PTAA(2∶1)、PVK∶PTAA(1∶1)、PVK∶PTAA(1∶2)为空穴注入层的器件。

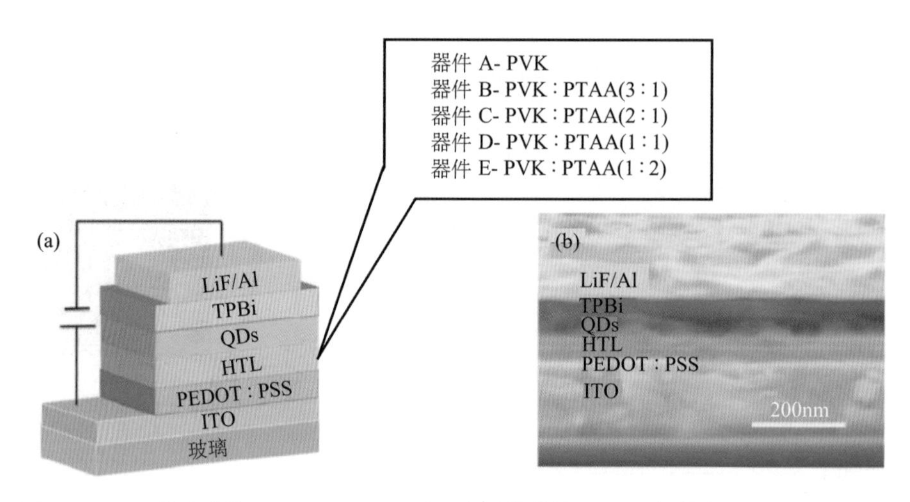

图 10.6 (a) 荧光胶体 $CH_3NH_3PbBr_3$ 量子点器件结构;(b) 器件横截面扫描电镜 SEM

相应的器件性能如图 10.7 所示,可以发现,空穴注入层掺杂后的器件性能要优于未掺杂器件,而随着 PVK∶PTAA 的比值降低,器件的电流密度、亮度、电流效率和外量子效率均呈现出先增大后减小的趋势。其中器件 C[空穴注入层为 PVK∶PTAA(2∶1)]的性能最优,发光峰位于 524 nm,如图 10.7(a),该器件的开启电压低至 3.2 V,电压至 9 V 时达到最大亮度,为 7352 $cd \cdot m^{-2}$,最大电流效率为 11.1 $cd \cdot A^{-1}$,最高外量子效率约为 3%。作者还比较了 PVK 掺杂其他空穴传输材料的器件性能,统计于表 10.2,其中器件 G~I 分别对应空穴注入层为 PVK、PVK∶TCTA、PVK∶TPD 的器件。可以看出在掺杂 TCTA 及 TPD 后,器件性能均有所上升,但仍不如掺杂 PTAA 的器件。

表 10.2 PVK 掺杂 PTAA 与其他类似空穴传输材料主要数据对比

器件	HTLs	V_{on}/V	$CE_{max}/(cd \cdot A^{-1})$	EQE_{max}/%	$L_{max}/(cd \cdot m^{-2})$
G	PVK	3.0	4.18	1.21	61.3
H	PVK∶TCTA	2.9	5.44	1.57	1615
I	PVK∶TPD	2.9	6.50	1.88	1427

10.5.5 聚芴苯阴离子共轭聚电解质与反离子

钙钛矿晶体缺陷态的存在一直是钙钛矿发光二极管研究中的一个难题。由于缺陷态的存在,激子将通过非辐射复合而损失。因此,减少缺陷态的严重程度至关重

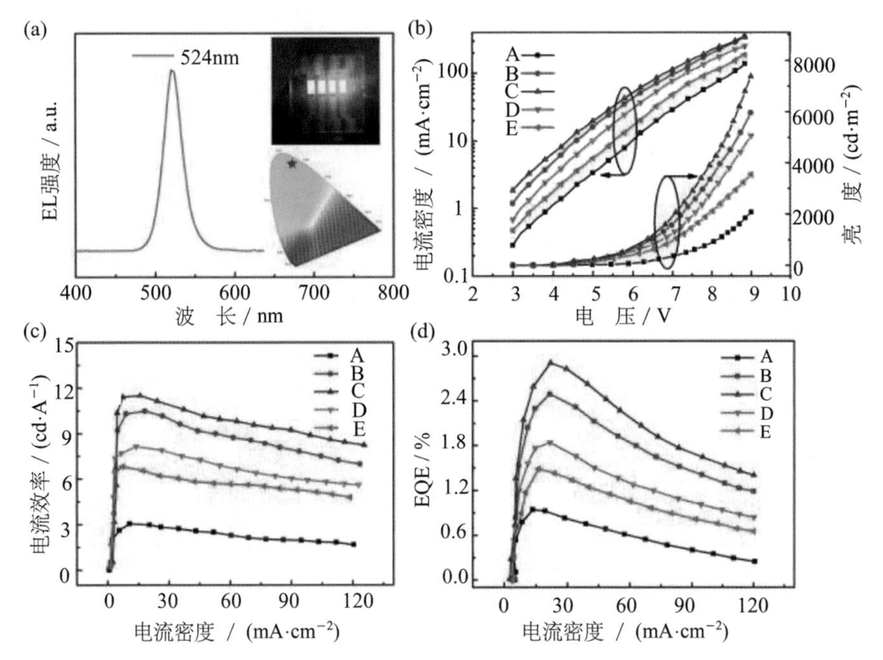

图 10.7 (a) 器件 C 的 EL 光谱,插图为器件 C 在 6 V 下的工作照片和相应的 CIE 色度;(b) 电流密度-电压-亮度(J-V-L)曲线;(c) 电流效率-电流密度曲线;(d) EQE-电流密度曲线

要。许多研究者试图通过缩小晶粒大小、选用准二维钙钛矿晶型等方式来减少缺陷态的出现。另外一些研究者则采用表面钝化的方式来减少缺陷态对激子造成的损耗。一些工作证明,氨基(—NH_2)、羟基(—OH)、氧化膦(P ═O)、羰基(C ═O)、羧基(—COOH)和溴化铵均有对缺陷的钝化作用。但从另一方面来讲,加入这些基团将造成一定的绝缘作用,降低载流子的传输效率和器件的开启电压。Lee 等在 2019 年报道了一种在聚芴基阴离子共轭聚电解质(CPEs)中加入不同反离子[K^+ 和四甲基铵(TMA^+)]来作为空穴传输材料的钙钛矿发光二极管[22]。其分子结构如图 10.8(a) 所示。

他们以准二维的 $FAPbBr_3$ 晶体作为发光层,通过结合多功能(缺陷钝化和空穴传输)阴离子聚芴苯包覆的 K^+ 或 TMA^+ 电解质,有效地探索了钙钛矿晶体的生长和钝化 CPEs 对界面缺陷的影响。从图 10.8(b)可以看出 FPS-K 的吸收边比 FPS-TMA 的吸收边更蓝,体现在带隙上则是更大,如图 10.8(c)。与含 K^+ 的 CPEs 相较,含 TMA^+ 的 CPEs 有效地抑制了界面缺陷的产生,增强了光致发光与电致发光的各类性质。电致发光器件通过老化测试后,得到了进一步优化。结果表明,CPEs 层和钙钛矿层表面缺陷明显减少,用 CPEs 作为空穴注入层成功地制备了发光器件,其中

以 TMA^+ 作为反离子的器件最大亮度 14800 cd・m^{-2}，最大电流效率达 43.6 cd・A^{-1}，最大外量子效率为 10.2%。

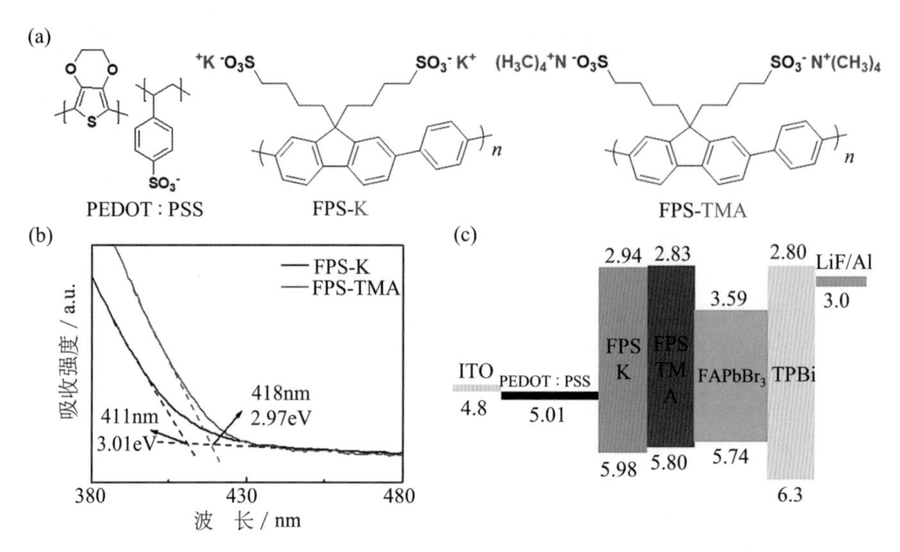

图 10.8 (a) CPEs 的化学结构式；(b) FPS-K 和 FPS-TMA 的吸收光谱；(c) 器件构能级

10.6 结论与展望

通过以上综述不难发现，关于电子传输层的设计中，有机材料可以很好地提升器件性能，但同时在中等温度或者相对低的湿度下也伴随着效率衰减[19]；而无机材料有较好的稳定性，但控制电子注入和载流子平衡这方面仍有欠缺。为了更好地提升钙钛矿发光二极管的发光效率，可以选择将有机小分子或者聚合物及无机金属氧化物用多层复合的方式很好地优化电子传输层的注入传输特性。此外，在金属氧化物层中掺杂金属颗粒也可以很好地对电子传输层进行调控以保证载流子传输平衡。

表 10.3 不同电子注入层的钙钛矿器件结构及性能统计

电子注入层	器件结构	电流效率/（cd・m^{-2}）	流明效率/（lm・W^{-1}）	EQE/%	亮度/（cd・m^{-2}）
PEI ZnO	Au MoO_x TFB EML PEI ZnO ITO				

续表

电子注入层	器件结构	电流效率/(cd・m^{-2})	流明效率/(lm・W^{-1})	EQE/%	亮度/(cd・m^{-2})
SnO_2	Ag / MoO_3 / TFB / $FAPbI_3$ / SnO_2 / ITO			7.9	
BBIA	Al / LiF / BBIA / EML / PEDOT : PSS / ITO	12.2		2.96	2225
TPBi/Alq_3/TPBi	Cs_2CO_3/Al / ETLs / $CsPbBr_3$ / PVK / PEDOT : PSS / ITO	4.69	1.84	1.43	
金属 ETL	Al / HAT-CN / NPB / TCTA / 钙钛矿 / PEO / 0.5 mol・L^{-1} ETL / ITO	7.7			
Ca : ZnO	Ca : Al / Ca : ZnO / EML / PEDOT : PSS / ITO	21	30	6.2	
PEO 掺杂	Ag / ETL / PMMA / $MAPbBr_3$-聚合物 / PEDOT : PSS / ITO				11300
OA-ZnO	Al / LiF / OA-ZnO / $MAPbBr_3$-PVP / PEDOT : PSS / ITO	6.79			11095.1

就目前而言，钙钛矿发光二极管的主要研究方向是发光层的性能优化与材料改进，但不难推测，想要进一步提升器件效率，传输层的深入研究必不可少。针对钙钛矿发光二极管的空穴传输材料所面临的核心问题，可以较为清晰地总结出其研究进展与未来挑战。

首先，加工工艺是钙钛矿发光二极管空穴传输层最大的影响因素。溶液加工法目前是钙钛矿发光二极管最普遍最适用的加工方法，所以空穴传输材料必须匹配相应的工艺,否则就会出现形态学和结晶学上的不匹配问题,出现过多缺陷态,影响效率。可以见得,相关文献所报道的材料几乎都是利于溶液法加工的。对于一些仅溶解性不佳的传统空穴传输材料,如 TPD、TCTA 等,许多研究者采用了以 PVK 作为基底的掺杂策略,结果表明十分有效,这可能是未来一个很重要的研究方向:即以良加工性的空穴传输材料与良光电性质的空穴传输材料进行掺杂,从而改良空穴传输层的传输效率。

其次,对于无机空穴传输材料而言,限制因素比较多。无机空穴传输材料最常面临的问题就是非辐射损失。以 NiO、MoO_3 为代表的一系列无机空穴传输材料,一般都会出现漏电流过大的问题。而且,无机空穴传输材料不像有机空穴传输材料一样具备能级的可调节性,从商业化角度而言,高温加工使得它的成本明显高于有机材料。此外,能级匹配也成为一个较为严峻的挑战,在与一些主要以有机离子作为核心的钙钛矿材料进行匹配的时候,无机空穴传输材料常常表现不佳。解决这些问题最佳的策略就是采用有机-无机空穴传输材料掺杂进行性能改良,这种策略常常是极其有效的。在改善无机空穴传输材料性质的同时,掺杂往往也能改善其溶液加工的有效性。因此,未来无机空穴传输材料主要还是作为性能改良剂与有机空穴传输材料一起掺杂使用。

再次,从能级匹配、稳定性和材料合成上讲,有机空穴传输材料都将是未来钙钛矿发光二极管的空穴传输层首选。但对比有机发光二极管,钙钛矿发光二极管发光层较为单一,因此对传输层能级的匹配程度要求较高,这就限制了空穴传输材料的选用范围,使得有机空穴传输材料的分子可设计程度大幅度削弱。针对这一特点,计算模拟对于分子筛选的帮助就显得尤为重要,但目前相关的研究工作很少,未来可能成为一个热点。另外,很多研究者主张将空穴注入层与空穴传输层进行合并,以减少多层器件导致的效率损失,在未来,对 PEDOT∶PSS 的各种优化处理及材料掺杂也许是一个不错的研究选择。

最后,钙钛矿发光二极管的空穴传输材料有许多重要的问题目前还没有被发掘,如热稳定性(T_g)、化学稳定性等,这些在器件实际工作时极为关键,但鲜有研究工作报道。因此,提升材料的各项稳定性,也是重要的研究方向。

参考文献

[1] Mahmood K, Sarwar S, Mehran M T. Current status of electron transport layers in perovskite

solar cells: Materials and properties[J]. RSC Advances, 2017, 7(28): 17044-17062.

[2] Qasim K, Wang B, Zhang Y, et al. Solution-processed extremely efficient multicolor perovskite light-emitting diodes utilizing doped electron transport layer[J]. Advanced Functional Materials, 2017, 27(21): 1606874.

[3] Baek S D, Biswas P, Kim J W, et al. Low-temperature facile synthesis of Sb-doped p-type ZnO nanodisks and its application in homojunction light-emitting diode[J]. ACS Applied Materials & Interfaces, 2016, 8(20): 13018-13026.

[4] Liu J, Wu J, Shao S, et al. Printable highly conductive conjugated polymer sensitized ZnO NCs as cathode interfacial layer for efficient polymer solar cells[J]. ACS Applied Materials & Interfaces, 2014, 6(11): 8237-8245.

[5] Cheng Y, Yang Q D, Xiao J, et al. Decomposition of organometal halide perovskite films on zinc oxide nanoparticles[J]. ACS Applied Materials & Interfaces, 2015, 7(36): 19986-19993.

[6] Zhao X, Shen H, Zhang Y, et al. Aluminum-doped zinc oxide as highly stable electron collection layer for perovskite solar cells[J]. ACS Applied Materials & Interfaces, 2016, 8(12): 7826-7833.

[7] Chen S, Manders J R, Tsang S W, et al. Metal oxides for interface engineering in polymer solar cells[J]. Journal of Materials Chemistry, 2012, 22(46): 24202-24212.

[8] Wang H, Kosasih F U, Yu H, et al. Perovskite-molecule composite thin films for efficient and stable light-emitting diodes[J]. Nature Communications, 2020, 11(1): 891.

[9] Kim Y C, Baek S D, Myoung J M. Enhanced brightness of methylammonium lead tribromide perovskite microcrystal-based green light-emitting diodes by adding hydrophilic polyvinylpyrrolidone with oleic acid-modified ZnO quantum dot electron transporting layer[J]. Journal of Alloys and Compounds, 2019, 786: 11-17.

[10] Wang H, Yu H, Xu W, et al. Efficient perovskite light-emitting diodes based on a solution-processed tin dioxide electron transport layer[J]. Journal of Materials Chemistry C, 2018, 6(26): 6996-7002.

[11] Kumar S, Marcato T, Vasylevskyi S I, et al. Efficient perovskite nanocrystal light-emitting diodes using a benzimidazole-substituted anthracene derivative as the electron transport material[J]. Journal of Materials Chemistry C, 2019, 7(29): 8938-8945.

[12] Huang H, Lin H, Kershaw S V, et al. Polyhedral oligomeric silsesquioxane enhances the brightness of perovskite nanocrystal-based green light-emitting devices[J]. The Journal of Physical Chemistry Letters, 2016, 7(21): 4398-4404.

[13] Mashford B S, Stevenson M, Popovic Z, et al. High-efficiency quantum-dot light-emitting devices with enhanced charge injection[J]. Nature Photonics, 2013, 7(5): 407-412.

[14] Berhe T A, Su W N, Chen C H, et al. Organometal halide perovskite solar cells: Degradation

and stability[J]. Energy & Environmental Science, 2016, 9(2): 323-356.

[15] Shan X, Li J, Chen M, et al. Junction propagation in organometal halide perovskite-polymer composite thin films[J]. The Journal of Physical Chemistry Letters, 2017, 8(11): 2412-2419.

[16] Kim T, Kim J H, Triambulo R E, et al. Improving the stability of organic-inorganic hybrid perovskite light-emitting diodes using doped electron transport materials[J]. Physica Status Solidi A-Applications and Materials Science, 2019, 216(20): 1900426.

[17] Won-Chul C, Kanwat A, Moyen E, et al. Role of interlayers in inorganic perovskite thin films LEDs[J]. SID Symposium Digest of Technical Papers, 2019, 50(S1): 859-860.

[18] Meng F, Zhang C, Chen D, et al. Combined optimization of emission layer morphology and hole-transport layer for enhanced performance of perovskite light-emitting diodes[J]. Journal of Materials Chemistry C, 2017, 5(25): 6169-6175.

[19] Wang Z, Li Z, Zhou D, et al. Low turn-on voltage perovskite light-emitting diodes with methanol treated PEDOT : PSS as hole transport layer[J]. Applied Physics Letters, 2017, 111(23): 233304.

[20] Liu Y, Wu T, Liu Y, et al. Suppression of non-radiative recombination toward high efficiency perovskite light-emitting diodes[J]. APL Materials, 2019, 7(2): 021102.

[21] Lin X, Wu X, Zheng J, et al. Enhanced performance of green perovskite quantum dots light-emitting diode based on co-doped polymers as hole transport layer[J]. IEEE Electron Device Letters, 2019, 40(9): 1479-1482.

[22] Lee S, Jang C H, Thanh Luan N, et al. Conjugated polyelectrolytes as multifunctional passivating and hole-transporting layers for efficient perovskite light-emitting diodes[J]. Advanced Materials, 2019, 31(24): 1900067.

第十一章　钙钛矿发光二极管的稳定性

11.1　钙钛矿发光二极管的稳定性现状分析

目前，高性能的钙钛矿发光二极管的外量子效率已经超过了 20%，这标志着钙钛矿发光二极管在器件效率方面的研究取得了重大突破，充分展现了钙钛矿发光二极管在全彩显示和固态照明领域的巨大应用潜力，但是稳定性问题仍然是限制钙钛矿发光二极管走向大规模产业化的重要影响因素之一[1-3]。表 11.1 展示了已发表的一些高性能、高亮度钙钛矿发光二极管的外量子效率、寿命数据和相对应的检测条件。从表中可以明显看出，即便是外量子效率超过 20%的钙钛矿发光二极管，器件寿命仍然十分低，其中最长的寿命纪录是绿光体系在 1000 cd・m^{-2} 初始亮度条件下 T_{50}（效率降至初始值一半）105 h，最短的寿命是在 4.4 V 偏压条件下的 T_{50}，仅为 10 min。

表 11.1　部分高性能钙钛矿发光二极管的 T_{50} 数据[4-9]

钙钛矿	EQE_{max}/%	EL_{peak}/nm	T_{50}	T_{50} 检测条件
FAPbL-5AVA PCs	20.7	803	20 h	100 mA・cm^{-2}
FAI：PbI_2：ODEA PCs	21.6	800	20 h	25 mA・cm^{-2}
NMAI：FAI：PbI_2：Poly-HEMA PCs	20.1	≈795	46 h	0.1 mA・cm^{-2}
$CsPbBr_{0.6}I_{2.4}$ QD	21.3	653	5 min	100 cd・m^{-2}
$CsPbBr_s$/MABr PCs	20.3	525	105 h	100 cd・m^{-2}
Quasi-2D $CsPbCI_{0.9}Br_{2.1}$	5.7	480	10 min	4.4 V

表中 PCs 代表多晶（polycrystals），QD 代表量子点（quantum dots），Quasi-2D 代表准二维，T_{50} 代表器件亮度衰减到初始亮度值一半的时间。

为了更加详细地展现出钙钛矿发光二极管在电致发光稳定性方面所面临的挑战，截取钙钛矿发光二极管领域中从 2015 年至 2019 年的 EL 寿命最高纪录绘成图

11.1[10]。2017 年发表的钙钛矿发光二极管最高亮度可以超过 5000 cd・m^{-2}，但必须工作在－193℃的液氮条件下，且此条件下其 T_{50} 寿命只能维持 54 h。钙钛矿发光二极管的最长 T_{50} 寿命是在 2018 年度发表的，在最高亮度超过 1000 cd・m^{-2} 条件下其 T_{50} 寿命可以维持 491 h。然而，钙钛矿发光二极管的最长 T_{50} 寿命与有机发光二极管或量子点发光二极管的最长 T_{50} 记录相比仍然有巨大的差距，据文献报道有机发光二极管的最长的 T_{50} 可以达到 1.0×10^6 h（初始亮度为 1000 cd・m^{-2}），量子点发光二极管的最长的 T_{50} 可以达到 2.26×10^6 h（初始亮度为 100 cd・m^{-2}）。相比之下，不难发现钙钛矿发光二极管所面临的器件稳定性问题依然非常严峻，亟须解决。

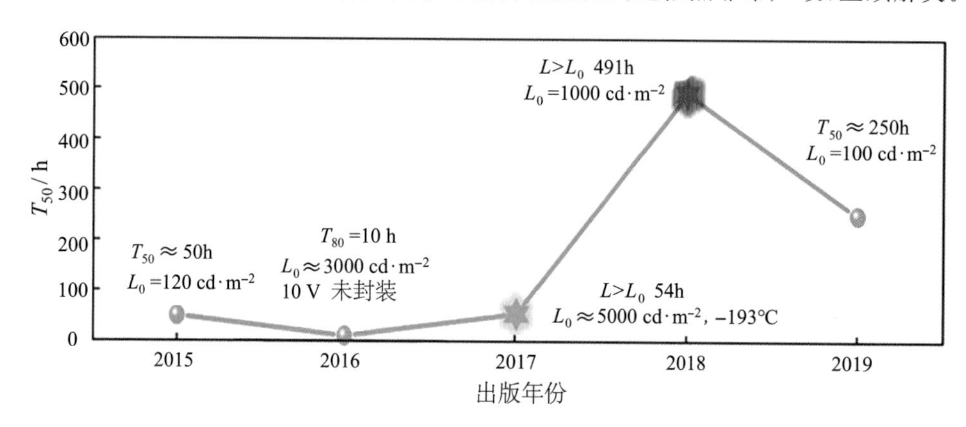

图 11.1 钙钛矿发光二极管最佳的电致发光寿命（2015—2019）[11-15]

11.2 影响效率滚降的因素

器件在高电流密度状态下，外量子效率趋于下降，这种现象称为效率滚降。通常，效率滚降用来衡量发光器件的稳定性。在高电流密度下，效率滚降幅度越小，说明该器件的稳定性越好[16]。效率滚降也可以用临界电流密度来进行量化表征，临界电流密度表示器件的外量子效率从最大值下降到其一半时的电流密度，临界电流密度相对变化越大，则器件的效率滚降效应也相应越小。

影响钙钛矿发光二极管在高电流密度下的效率滚降的因素已经开始受到关注。对于大多数类型的发光二极管来说，效率滚降是一个不得不考虑的问题，虽然它的起源仍然存在一些争议，但是目前普遍认为俄歇复合机制是导致在高电流密度条件下器件发生效率滚降的重要影响因素。俄歇复合是指在半导体中，电子与空穴复合时把能量通过碰撞转移给另一个电子或者另一个空穴，造成该电子或者空穴跃迁的复合过程，是一种非辐射复合。俄歇复合会导致发光淬灭从而降低器件的发光效率[17-19]。邹等人为了研究俄歇复合对效率滚降的影响，通过改变钙钛矿前驱体溶液的组分比例来调整多量子阱结构(二维/三维)的阱宽，结果表明大的量子阱宽可以有效地缓解效率滚降过程。一些报告表明，在较高的电流密度($J \approx 100\ \mathrm{mA \cdot cm^{-2}}$)时，外量子效率会发生非常明显的滚降，在电流密度 $J \approx 10 \sim 30\ \mathrm{mA \cdot cm^{-2}}$ 的情况下，外量子效率的峰值反而更高，表明在这些器件中，存在一个显著的陷阱诱导的非辐射复合与辐射复合之间的竞争，低电流密度下的高外量子效率与高电流密度下的低效率滚降相结合的器件目前尚未实现[20-21]。

器件内部焦耳热效应和电荷注入不平衡也常常被认为是影响器件效率滚降的因素之一。Kim 等人通过使用脉冲电流驱动来研究钙钛矿发光二极管的效率滚降，发现其可以承受高达 $150\ \mathrm{A \cdot cm^{-2}}$ 的电流密度，并且没有任何俄歇复合的迹象。因此他们把观察到的效率滚降归咎为焦耳热和不平衡的电荷注入。与之前的报道一致[22]。焦耳热增加了器件的局部温度，导致激子的解离率提高，并且可能影响有机层的电荷输运和载流子注入性能。而电荷注入不平衡的器件，多余的载流子可能会增大漏电流，使其外量子效率降低。

对于一些三维钙钛矿纳米晶，在高电流密度下材料的降解和薄膜形态的破坏将在效率滚降过程中起到关键作用。图 11.2 展示了钙钛矿发光二极管工作时外加电场对离子迁移的加速作用[23]。钙钛矿发光二极管阴阳两极之间的距离通常仅有数百纳米，施加低电压即可产生大电场，假定电极之间的距离为 500 nm，器件工作电压为 5 V，则电极之间的电场强度为 $10^7\ \mathrm{V \cdot m^{-1}}$，而实际上钙钛矿器件在电场强度为 $5\times10^5\ \mathrm{V \cdot m^{-1}}$ 时仅工作 6 min 就会产生显著的离子迁移和光致发光淬灭现象。

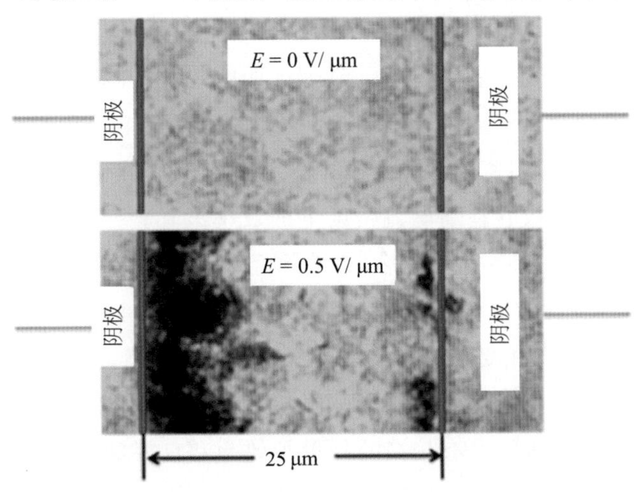

图 11.2　对钙钛矿施加电场，6 min 后观察到的 PL 淬灭现象

图 11.3 展示了不同偏压下钙钛矿薄膜的形态变化，其中 10SCN 代表在钙钛矿前驱体加入 10 μL 的硫氰酸盐[24]。在 30SCN 的情况下，不同电压下薄膜的整体粗糙度小于 10SCN 条件下的[图 11.3(g)～(i)]。随着外加电压从 3 V 增加到 7 V，30SCN 薄膜的粗糙度从 2.2 nm 直接增大到 3.1 nm[图 11.3(m)]。特别是在 7 V 时，少数没有覆盖的大区域出现了[图 11.3(l)]。在 3 V 时，当前图像主要被蓝白色和黄绿色区域所占据[图 11.3(j)]。在 5 V 时，小的红色区域开始增加，图像中以黄绿点为主[图 11.3(k)]，表明纳米晶中存在有效的电荷注入，这与 5 V 附近的最佳器件性能相一致。在 7 V 时，图像的大部分区域为蓝白色，有几个大的红斑[图 11.3(i)]，说明高压下电荷的泄漏增强，高电流密度下辐射复合效率降低。在 3 V 时，整个膜处于低电流水平，平均电流约为 18 pA[图 11.3(d)]。在 5 V 时，薄膜的总电流随着红色区域电流增大而增大[图 11.3(e)]，当前电流映射图像的红色区域表示比其他部分更大的电荷泄漏，在外加电压为 7 V 时，红色和蓝白色区域的分布发生明显变化[图 11.3(f)]，形成大面积的裸露区域和局部的高电流密度，也可以解释在 7 V 时的效率滚降幅度远超过 5 V 时。因此，结果表明随着外加电压的增加，钙钛矿纳米晶膜的形貌会发生恶化，可能导致电荷的泄漏增强，这可能是在高电流密度下钙钛矿发光二极管效率滚降的另一个原因。

11.3 应对效率滚降的策略

11.3.1 钙钛矿结构调控

为了应对钙钛矿发光二极管在高电流密度下的效率滚降问题，研究者们开发出一种新型的钙钛矿结构——多量子阱结构。目前，黄维院士团队的研究表明可以通过将甲脒(FA)和铯(Cs)阳离子混合的方法来制备多量子阱钙钛矿发光二极管，从而进一步抑钙钛矿发光二极管在高电流密度下的效率滚降。使用 Cs 部分取代 FA 有利于形成更宽的量子阱，抑制俄歇复合，有效地降低了效率滚降。实验通过让该多量子阱钙钛矿发光二极管的电流密度为 125 $mA \cdot cm^{-2}$，器件的外量子效率最大值为 7.8%；进一步增大电流密度至 500 $mA \cdot cm^{-2}$，器件的外量子效率依然可以达到 6.6%，器件在高电流密度下的效率稍微下降，从而证实这一方法的有效性。基于多量子阱的钙钛矿发光二极管具有较高的外量子效率和良好的稳定性，这是由于多量子阱结构可以抑制离子的迁移。与Ⅲ-Ⅴ型发光二极管类似，这些钙钛矿多量子阱结

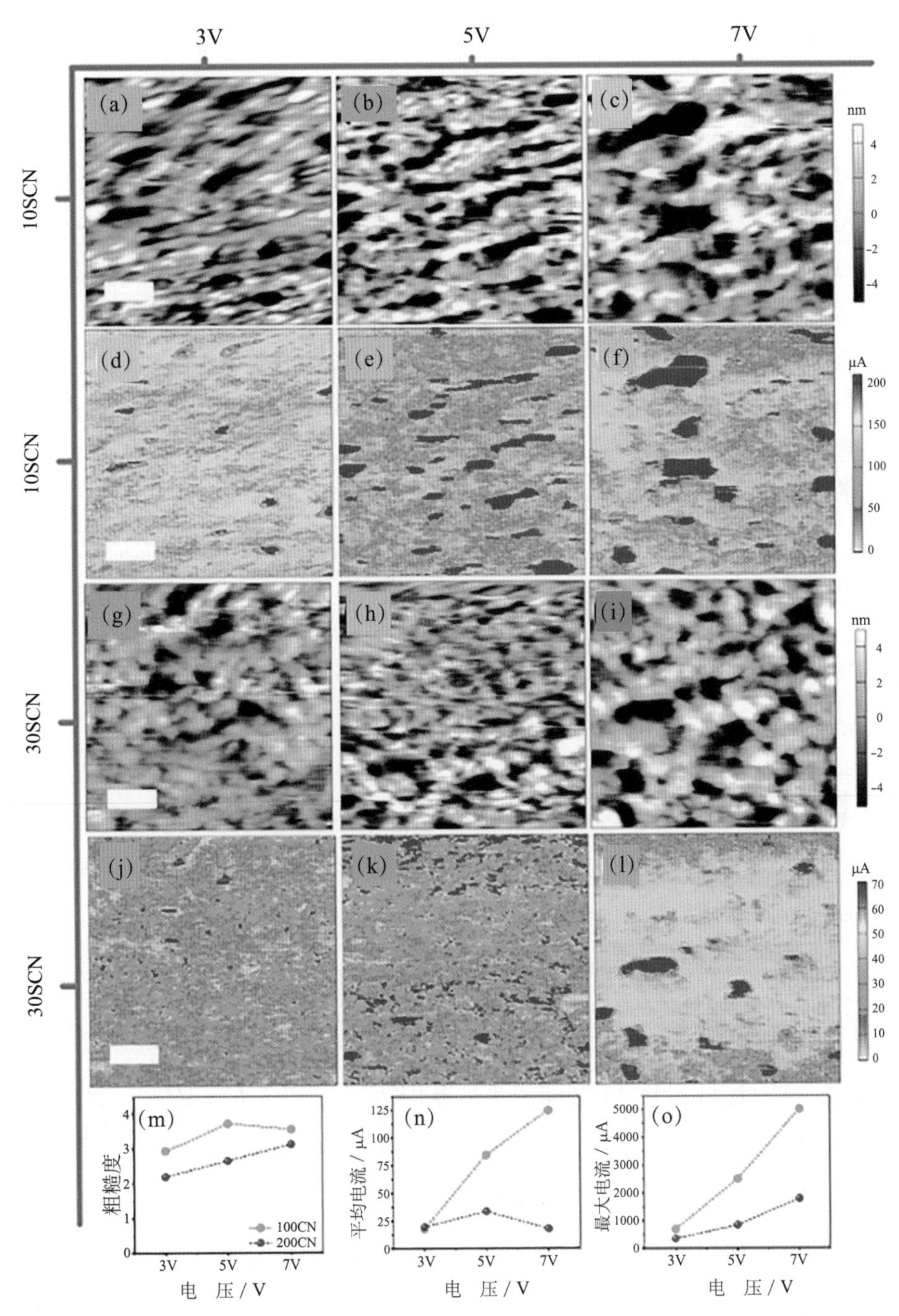

图 11.3 (a)～(c) 在 3 V、5 V 和 7 V 下 10SCN 膜的表面形貌以及(d)～(f) 电流映射；(g)～(i) 代表在 3 V、5 V、7 V 下的 30SCN 膜表面形貌和(j)～(l) 电流映射；在不同偏压下，(m)～(o) 分别代表 10SCN 和 30SCN 的膜的粗糙度、平均电流和最大电流之间的比较，标尺为 200 nm

构促进了载流子的约束,提高了辐射复合的概率[图 11.4(a)][26]。此外,通过使用钙钛矿多量子阱结构,发光器件的运行稳定性得到了显著提高,这使得对这些发光二极管器件物理性能的可靠评估成为可能。并且他们还发现在高电流密度下,光致发光量子效率下降趋势与外量子效率几乎相同[图 11.4(b)]。这种极好的相关性表明,发光淬灭是效率滚降的主要原因,并且极有可能是由俄歇复合引起的。另一种调整钙钛矿量子阱宽度的方法是使用 2D/3D 混合钙钛矿。最近报道了 2D/3D 混合钙钛矿在电流密度为 1 A·cm^{-2} 的高电流密度下可以正常工作几个小时,这表明这种材料本质上可以承受高电流密度。对优化后的钙钛矿薄膜和器件进行了大量的光谱测量,结果表明,这些性能的提高来自三个方面:① 使用优化后的 2D/3D 混合钙钛矿,对发光层中的三维区域的载流子有更强的有益约束;② 对钙钛矿半导体中空间电子/空穴分布的有效控制;③ 优化后的器件中均衡的载流子注入[26]。

另一种钙钛矿结构调控的方法是通过配体工程来实现钙钛矿表面的钝化,增加其稳定性。硫氰酸盐(SCN)作为一种准卤化物,已经被证明对钙钛矿具有良好的钝化作用,SCN 能够增加钙钛矿薄膜的晶粒尺寸,减少钙钛矿表面的缺陷,这对增加钙钛矿发光二极管的器件性能有有益的影响,尤其是在稳定性和迟滞抑制等方面。并且,核壳结构也被证明有利于提高器件的性能,减少效率滚降。

在钙钛矿结构调控中还有一些不同的方法,例如,Antonella Giuri 等人报道了一种简单的微调钙钛矿晶粒尺寸的方法,他们通过使用淀粉生物聚合物作为模板来制备 $FAPbI_3$ 三维钙钛矿晶粒来实现对尺寸的调控,结果表明这可以保持提高电流密度的同时也提高辐射效率,并且抑制器件的效率滚降[27]。

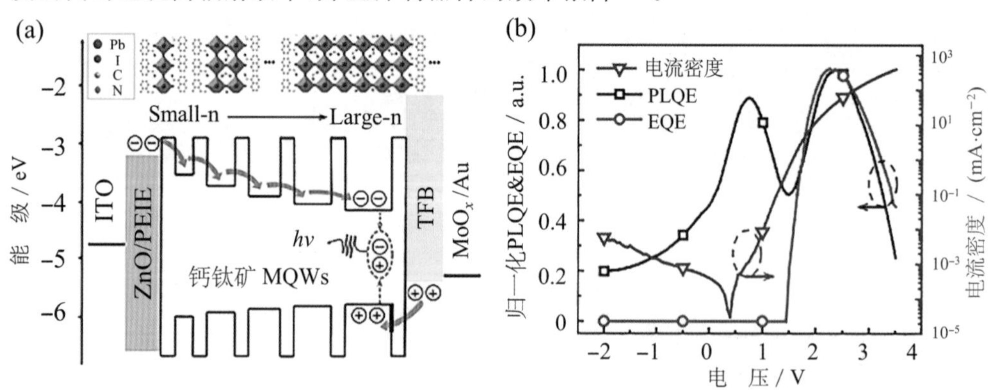

图 11.4 (a) 基于多量子阱结构钙钛矿发光二极管的器件结构;(b) 电流密度(蓝色三角形)、归一化 PLQE(黑色正方形)和 EQE(红色圆形)与驱动电压的关系

11.3.2　空穴注入层调控

众所周知，钙钛矿发光二极管常用的器件结构是阳极（透明基底）/空穴注入层/钙钛矿发光层/电子注入层/阴极，器件中载流子不平衡的注入会造成极大的效率滚降，因而对空穴注入层的调控是至关重要的。目前，聚乙撑二氧噻吩-聚（苯乙烯磺酸盐）(PEDOT：PSS)是最常见的空穴运输材料，并且 PEDOT：PSS 在可见范围内（380～760 nm）具有很高的透明度。Yu 等人研究了在退火处理之前，在 PEDOT：PSS 薄膜上制备以 $MAPbBr_3$ 为发光层的高亮度钙钛矿发光二极管。他们通过对甲醇（MeOH）、乙烯醇（EtOH）和异丙醇（IPA）的特性分析发现，醇类溶剂的极性是提高钙钛矿发光二极管性能的主导因素[28]。高极性的醇类会在带正电的 PEDOT 和带负电的 PSS 之间引入屏蔽效应，从而可以在旋涂过程中带走一些 PEDOT：PSS 上多余的 PSS 绝缘体，因此，空穴从 PEDOT：PSS 层到钙钛矿发光层的注入能力得到了显著的改善。同时，经过高极性醇类处理后，PEDOT：PSS 膜更加光滑，通过提高 PEDOT：PSS 膜的表面能，可以获得更小的钙钛矿颗粒和更好的钙钛矿覆盖，从而减少了钙钛矿薄膜的内部缺陷，对器件的效率滚降问题有一定的改善。进一步地，Richard H. Friend 团队研究了各种共轭聚合电解质作为空穴注入层的应用[图 11.5(a)]。结果表明 PCPDT-K 能够有效地传递空穴，阻断钙钛矿到底层 ITO 层的电子传递，降低钙钛矿/PCPDT-K 界面的发光淬灭[图 11.5(b)]。他们使用 PCPDT-K 对钙钛矿发光二极管进行了优化，结果显示与使用 PEDOT：PSS 作为空穴注入层相比，外量子效率增强了约 4 倍，达到了 5.66%，并表现出优秀的器件稳定性，这也为通过调控空穴注入层来应对效率滚降问题提供一个重要的方向[图 11.5(c)]。

11.3.3　电子注入层调控

同样的，对电子注入层调控也是应对钙钛矿发光二极管效率滚降的一种有效策略。在钙钛矿发光二极管中，如果电子注入和传输之间存在较大的势垒，通常会导致注入的电子不稳定，这将会极大加剧器件的效率滚降问题。Azhar Fakharuddin 等人设计了一种对电子注入层调控的钙钛矿发光二极管[图 11.6(a)]，他们将 Bphen 作为电子注入层与小分子 Alq_3 掺杂在一起，用来改变钙钛矿发光二极管中的电子注入与传输过程，以此来减少器件的效率滚降。从扫描电子显微镜下可以清晰地观察到钙钛矿发光二极管截面中的各层形貌，钙钛矿发光二极管的边缘被覆盖，这样从边缘发出的光就不会对外量子效率的计算产生影响[图 11.6(b)]。图 11.6(c)显示了掺

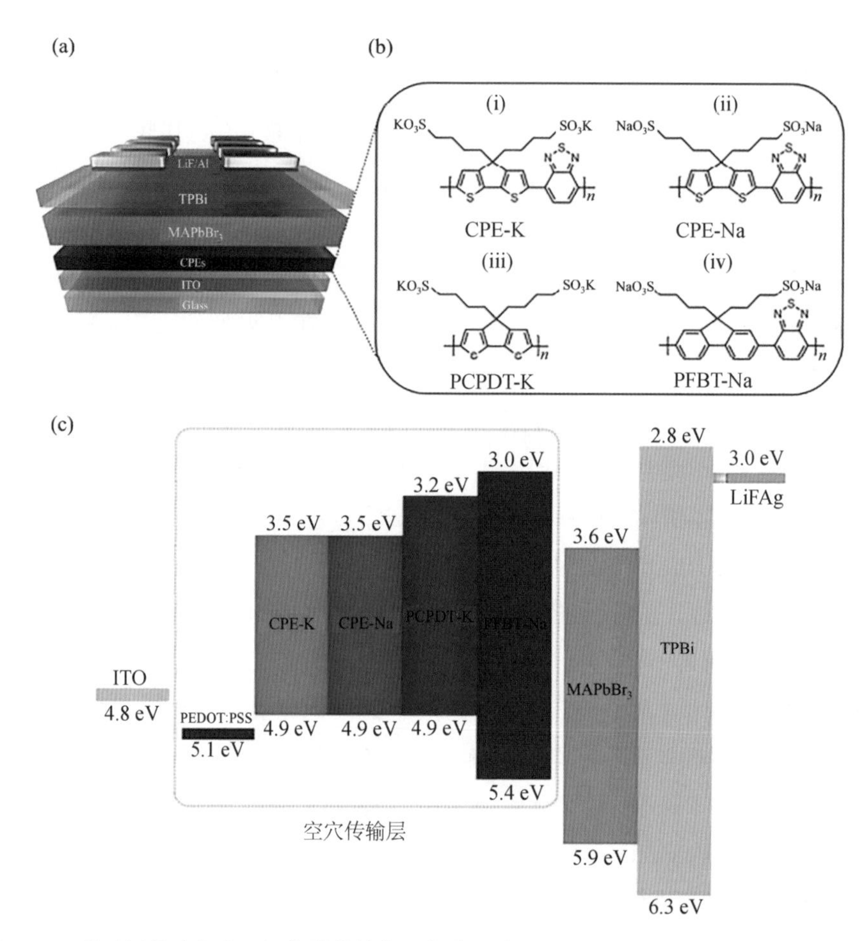

图 11.5 所示钙钛矿发光二极管器件结构及能带示意：(a) 钙钛矿发光二极管的器件架构；(b) 共轭聚合电解质的化学结构；(c) 钙钛矿发光二极管的各种共轭聚合电解质的能带

杂 Alq_3 对钙钛矿发光二极管的外量子效率的影响，例如，未掺杂 Bphen 的 EQE_{max} 在电压为 6.5 V 时下降了 72%，而掺有 5%和 10% Bphen 的钙钛矿发光二极管表现是完全不同的，其 EQE_{max} 的下降不超过 10% ，并且电压值最高可达 7 V。为了进一步探索掺杂 Bphen 对大量器件的稳定性影响，他们对 12 个不同批次的 150 多个器件的外量子效率进行统计分析[图 11.6(d)]，结果表明，掺杂了 Bphen 的器件的外量子效率平均值明显增大，并且掺有 5%和 10% Bphen 的外量子效率更加稳定。除此之外，还有通过纳米 ZnO 颗粒作为 ETL 的控制来制备低效率滚降的器件。ZnO 具有优良的光学带隙和稳定性，能够高效地传输电子，目前的一个挑战是如何在基底上制备出高度均匀纳米 ZnO 层，值得进一步探究[29]。这些对电子注入层调控的报道表明了钙钛矿发光层空间电荷载流子分布的重要性，当提供平衡的载流子注入/输运时，在高电流密度的情况下，可以有效地避免过量载流子通过器件泄漏，从而达到降低效率滚降的目的[24-25,30]。

除了上述的这几种应对钙钛矿发光二极管效率滚降的策略外，还有一些同样有效的方法，比如相工程、界面工程和金属电极优化等等。这些策略原理上都是通过减少俄歇复合引起的发光淬灭，降低器件内部的焦耳热，平衡载流子的注入/输运以及对薄膜形态的优化来实现的[27,31]。

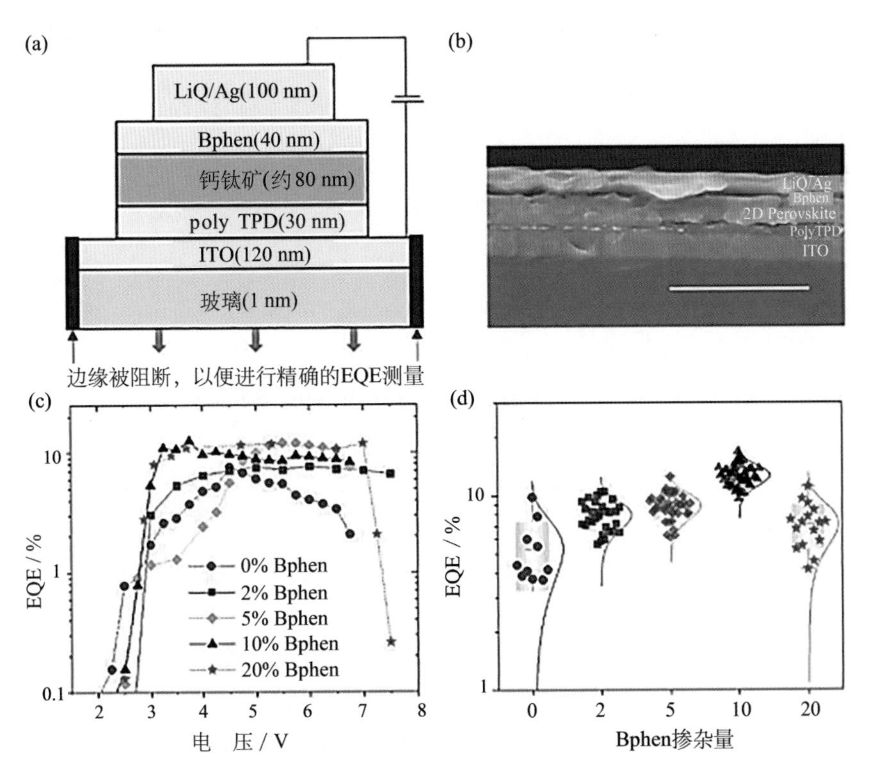

图 11.6 (a) 钙钛矿发光二极管的各个功能层以及厚度；(b) 器件 SEM 截面，标尺为 500 nm；(c) 不同 Bphen 含量的掺杂电子注入层的钙钛矿发光二极管的外量子效率；(d) 超过 150 个不同含量的 Bphen 掺杂电子注入层的器件 EQE 分布

11.4 结论与展望

如果钙钛矿发光二极管要走向大规模的产业化运用，效率滚降问题是不可能被忽略的，但目前对钙钛矿发光二极管的研究仍处于初步阶段，对这个问题的研究报告

并不多,即便钙钛矿发光二极管的效率超过了 20%,但是在稳定性方面,与有机发光二极管或者量子点发光二极管仍有较大的差距,这也可能是对钙钛矿发光二极管的效率滚降的影响机理的研究与理解还不够深入导致的。

在未来,对于应对钙钛矿发光二极管效率滚降的问题,可以从以下三个方面进行切入。一是使用更加稳定的全无机材料体系,可以承受更高的电压;二是抑制膜的分解与离子的迁移,膜的质量对效率有至关重要的影响;三是进一步平衡器件中空间电荷载流子的注入与传输。钙钛矿发光二极管效率滚降的问题值得后续深入研究,一旦这个关键点被突破,钙钛矿发光二极管将在全彩显示与固态照明领域发挥极大的作用。

参 考 文 献

[1] Jeong B, Han H, Choi Y J, et al. All-inorganic $CsPbI_3$ perovskite phase-stabilized by poly(ethylene oxide) for red-light-emitting diodes[J]. Advanced Functional Materials, 2018, 28(16): 1706401.

[2] Yuan F, Xi J, Dong H, et al. All-inorganic hetero-structured cesium tin halide perovskite light-emitting diodes with current density over 900 A cm^{-2} and its amplified spontaneous emission behaviors[J]. PhysicaStatus Solidi-Rapid Research Letters, 2018, 12(5): 1800090.

[3] Chiba T, Hayashi Y, Ebe H, et al. Anion-exchange red perovskite quantum dots with ammonium iodine salts for highly efficient light-emitting devices[J]. Nature Photonics, 2018, 12(11): 681-687.

[4] Zou Y, Ban M, Yang Y, et al. Boosting perovskite light-emitting diode performance via tailoring interfacial contact[J]. ACS Applied Materials & Interfaces, 2018, 10(28): 24320-24326.

[5] Xu B, Wang W, Zhang X, et al. Bright and efficient light-emitting diodes based on MA/Cs double cation perovskite nanocrystals[J]. Journal of Materials Chemistry C, 2017, 5(25): 6123-6128.

[6] Clasen Hames B, Sanchez Sanchez R, Fakharuddin A, et al. A comparative study of light-emitting diodes based on all-inorganic perovskite nanoparticles ($CsPbBr_3$) synthesized at room temperature and by a hot-injection method[J]. ChemPlusChem, 2018, 83(4): 294-299.

[7] Ye S, Sun J Y, Han Y H, et al. Confining Mn^{2+}-doped lead halide perovskite in Zeolite-Y as ultrastable orange-red phosphor composites for white light-emitting diodes[J]. ACS Applied Materials & Interfaces, 2018, 10(29): 24656-24664.

[8] Li D, Liu D, Wang M, et al. Cyanopyridine based bipolar host materials for phosphorescent

light-emitting diodes with low efficiency roll-off: Importance of charge balance[J]. Dyes and Pigments, 2018, 159: 230-237.

[9] Leyden M R, Terakawa S, Matsushima T, et al. Distributed feedback lasers and light-emitting diodes using 1-naphthylmethylamnonium low-dimensional perovskite[J]. ACS Photonics, 2019, 6(2): 460-466.

[10] 谢淦澂，彭俊彪. 钙钛矿发光二极管稳定性研究进展[J]. 光电子技术，2019，39(3)：0145.

[11] Murawski C, Leo K, Gather M C. Efficiency roll-off in organic light-emitting diodes[J]. Advanced Materials, 2013, 25(47): 6801-6827.

[12] Yang X, Zhang X, Deng J, et al. Efficient green light-emitting diodes based on quasi-two-dimensional composition and phase engineered perovskite with surface passivation[J]. Nature Communications, 2018, 9(1): 570.

[13] Yuan S, Hao Y, Miao Y, et al. Enhanced light out-coupling efficiency and reduced efficiency roll-off in phosphorescent OLEDs with a spontaneously distributed embossed structure formed by a spin-coating method[J]. RSC Advances, 2017, 7(69): 43987-43993.

[14] Shi Z, Li Y, Zhang Y, et al. High-efficiency and air-stable perovskite quantum dots light-emitting diodes with an all-inorganic heterostructure[J]. Nano Letters, 2017, 17(1): 313-321.

[15] Yusoff A R B M, Gavim A E X, Macedo A G, et al. High-efficiency, solution-processable, multilayer triple cation perovskite light-emitting diodes with copper sulfide-gallium-tin oxide hole transport layer and aluminum-zinc oxide-doped cesium electron injection layer[J]. Materials Today Chemistry, 2018, 10: 104-111.

[16] Yan F, Xing J, Xing G, et al. Highly efficient visible colloidal lead-halide perovskite nanocrystal light-emitting diodes[J]. Nano letters, 2018, 18(5): 3157-3164.

[17] Yu J C, Kim D B, Baek G, et al. High-performance planar perovskite optoelectronic devices: A morphological and interfacial control by polar solvent treatment[J]. Advanced Materials, 2015, 27(23): 3492-3500.

[18] Yang G, Liu X, Sun Y, et al. Improved current efficiency of quasi-2D multi-cation perovskite light-emitting diodes: The effect of Cs and K[J]. Nanoscale, 2020, 12(3): 1571-1579.

[19] Yang D, Zou Y, Li P, et al. Large-scale synthesis of ultrathin cesium lead bromide perovskite nanoplates with precisely tunable dimensions and their application in blue light-emitting diodes [J]. Nano Energy, 2018, 47: 235-242.

[20] Cho Y J, Lee J Y. Low driving voltage high quantum efficiency high power efficiency and little efficiency roll off in red, green, and deep-blue phosphorescent organic light-emitting diodes using a high-triplet-energy hole transport material[J]. Advanced Materials, 2011, 23(39): 4568-4572.

[21] Chen M, Shan X, Geske T, et al. Manipulating ion migration for highly stable light-emitting diodes with single-crystalline organometal halide perovskite microplatelets[J]. ACS Nano,

2017, 11(6): 6312-6318.

[22] Cao X A, Yang Y, Guo H. On the origin of efficiency roll-off in InGaN-based light-emitting diodes[J]. Journal of Applied Physics, 2008, 104(9): 093108.

[23] Chen F, Wen X M, Sheng R, et al. Mobile ion induced slow carrier dynamics in organic-inorganic perovskite $CH_3NH_3PbBr_3$[J]. ACS Applied Materials& Interfaces, 2016, 8(8): 5351-5357.

[24] Chen F, Boopathi K M, Imran M, et al. Thiocyanate-treated perovskite-nanocrystal-based light-emitting diodes with insight in efficiency roll-off[J]. Materials, 2020, 13(2): 367.

[25] Wang H, Zhang X, Wu Q, et al. Trifluoroacetate induced small-grained $CsPbBr_3$ perovskite films result in efficient and stable light-emitting devices[J]. Nature Communications, 2019, 10(1): 665.

[26] Yang M, Wang N, Zhang S, et al. Reduced efficiency roll-off and enhanced stability in perovskite light-emitting diodes with multiple quantum wells[J]. The Journal of Physical Chemistry Letters, 2018, 9(8): 2038-2042.

[27] Giuri A, Yuan Z, Miao Y, et al. Ultra-bright near-infrared perovskite light-emitting diodes with reduced efficiency roll-off[J]. Science Reports, 2018, 8(1): 15496.

[28] Wu M, Zhao D, Wang Z, et al. High-luminance perovskite light-emitting diodes with high-polarity alcohol solvent treating PEDOT : PSS as hole transport layer[J]. Nanoscale Research Letters, 2018, 13: 128.

[29] Yu Y, Ma L, Feng Z, et al. Strategy for achieving efficient electroluminescence with reduced efficiency roll-off: Enhancement of hot excitons spin mixing and restriction of internal conversion by twisted structure regulation using an anthracene derivative[J]. Journal of Materials Chemistry C, 2019, 7(19): 5604-5614.

[30] Song M X, Wang G F, Wang J, et al. Theoretical study on a series of iridium complexes with low efficiency roll-off property[J]. Spectrochim Acta A Mol Biomol Spectrosc, 2015, 134: 406-412.

[31] Wu W K, Wang C M, Chan M C, et al. Tuning the color temperature of white-light-emitting electrochemical cells by laser-scanning perovskite-nanocrystal color conversion layers [J]. ChemPlusChem, 2018, 83(4): 239-245.